W0364180

Das bietet Ihnen die CD-ROM

Übersichten/Checklisten

Hier finden Sie zahlreiche Checklisten aus dem Buch, die Sie einfach in die Textverarbeitung übernehmen und bearbeiten können.

Rechner

Mit den Rechnern zu Balanced Scorecard, Deckungsbeitragsrechnung und Nutzwertanalyse sind Sie bestens für die täglichen Anforderungen im Beruf gerüstet.

Musterverträge

Die Muster helfen Ihnen, Arbeitsverträge – ob befristet oder unbefristet – juristisch einwandfrei abzuschließen.

Leitfäden

Hier finden Sie u. a. Leitfäden zu den Themen Konfliktmanagement, Mitarbeitergespräche und zum Allgemeinen Gleichstellungsgesetz (AGG). Die Leitfäden erleichtern Ihnen Ihre Arbeit wesentlich.

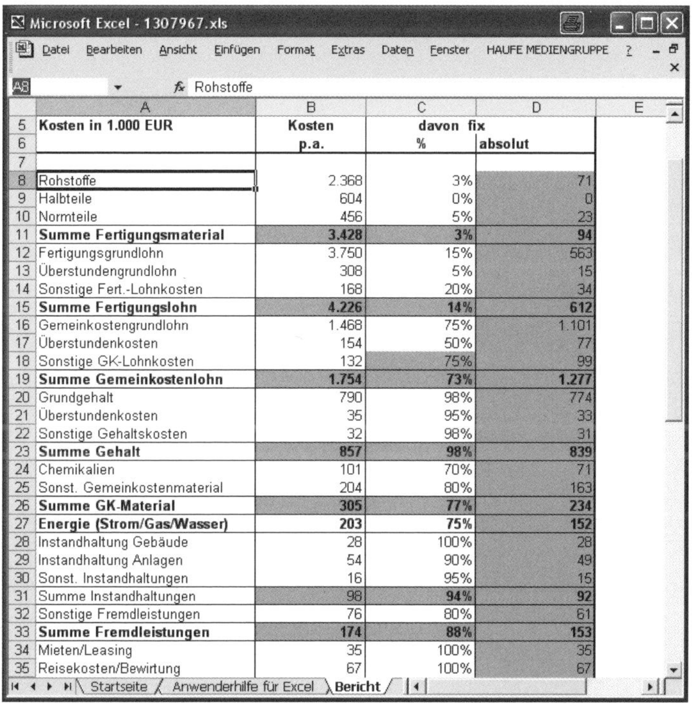

	A	B	C	D
5	**Kosten in 1.000 EUR**	**Kosten**	**davon fix**	
6		**p.a.**	**%**	**absolut**
7				
8	Rohstoffe	2.368	3%	71
9	Halbteile	604	0%	0
10	Normteile	456	5%	23
11	**Summe Fertigungsmaterial**	**3.428**	**3%**	**94**
12	Fertigungsgrundlohn	3.750	15%	563
13	Überstundengrundlohn	308	5%	15
14	Sonstige Fert.-Lohnkosten	168	20%	34
15	**Summe Fertigungslohn**	**4.226**	**14%**	**612**
16	Gemeinkostengrundlohn	1.468	75%	1.101
17	Überstundenkosten	154	50%	77
18	Sonstige GK-Lohnkosten	132	75%	99
19	**Summe Gemeinkostenlohn**	**1.754**	**73%**	**1.277**
20	Grundgehalt	790	98%	774
21	Überstundenkosten	35	95%	33
22	Sonstige Gehaltskosten	32	98%	31
23	**Summe Gehalt**	**857**	**98%**	**839**
24	Chemikalien	101	70%	71
25	Sonst. Gemeinkostenmaterial	204	80%	163
26	**Summe GK-Material**	**305**	**77%**	**234**
27	**Energie (Strom/Gas/Wasser)**	**203**	**75%**	**152**
28	Instandhaltung Gebäude	28	100%	28
29	Instandhaltung Anlagen	54	90%	49
30	Sonst. Instandhaltungen	16	95%	15
31	Summe Instandhaltungen	98	**94%**	**92**
32	Sonstige Fremdleistungen	76	80%	61
33	**Summe Fremdleistungen**	**174**	**88%**	**153**
34	Mieten/Leasing	35	100%	35
35	Reisekosten/Bewirtung	67	100%	67

Rechner zur Analyse der fixen Kosten

Geyer • Praxiswissen BWL

Bibliographische Information Der Deutschen Bibliothek

Die Deutsche Bibliothek verzeichnet diese Publikation in der Deutschen Nationalbibliographie; detaillierte bibliographische Daten sind im Internet über http://dnb.ddb.de abrufbar.

ISBN 978-3-448-07479-6 Bestell-Nr. 01045-0001

1. Auflage 2007

Niederlassung München
Redaktionsanschrift: Postfach, 82142 Planegg/München
Hausanschrift: Fraunhoferstraße 5, 82152 Planegg/München
Telefon: (089) 895 17-0
Telefax: (089) 895 17-290
www.haufe.de
online@haufe.de
Lektorat: Dipl.-Kffr. Kathrin Menzel-Salpietro

Redaktion: Dr. Ilonka Kunow, 82131 Königswiesen

Umschlag: 102prozent design, Simone Kienle, 70199 Stuttgart
Druck: Bosch-Druck GmbH, 84030 Ergolding

Zur Herstellung dieses Buches wurde alterungsbeständiges Papier verwendet

Praxiswissen BWL

Crash-Kurs für Führungskräfte und Quereinsteiger

Professor Dr. Helmut Geyer

Haufe Mediengruppe
Freiburg · Berlin · München

Inhaltsverzeichnis

Vorwort

Dass Führungskräfte über ein breites betriebswirtschaftliches Know-how verfügen müssen, ist heute selbstverständlich. Dieses Buch ist nicht nur ein Nachschlagewerk für alle, die dieses Wissen täglich anwenden müssen. Es bietet Ihnen auch ganz praktische Unterstützung bei der Erfüllung Ihrer Management-Aufgaben, ob es nun um die Analyse betriebswirtschaftlicher Zahlen und Prozesse geht oder um die Umsetzung einschlägiger Methoden und Techniken: Wie z. B. funktioniert die Prozesskostenrechnung? Welche Idee steckt hinter Kaizen? Wie unterscheiden sich Hilfskostenstellen von Hauptkostenstellen? Was gehört in ein Mailing? Was brauche ich zur Budgetierung? Welche Vorteile bietet Factoring? Was sollte und was darf in einer Personalakte stehen? Zu Fragen wie diesen finden Sie auf den nächsten rund 600 Seiten eine Antwort – praxisnah, leicht verständlich und auf den Punkt gebracht.

Wenn Sie ein bestimmtes Stichwort suchen, können Sie über das Inhaltsverzeichnis gehen oder das betreffende Gebiet durchblättern; so etwa steht das Stichwort „Buchwert" im Kapitel „Buchführung und Bilanzierung", die „SWOT-Analyse" unter „Marketing", weil sie dort häufig zum Einsatz kommt. Doch weil die Zuordnung nicht immer eindeutig erfolgen konnte, können Sie auch über das ausführliche Stichwortverzeichnis suchen. So ist der „Gewinn" natürlich für die Bilanz eine wichtige Größe, trotzdem erscheint der Eintrag unter „Allgemeiner BWL", weil diese Größe für die Existenz des Unternehmens und den Unternehmerverdienst entscheidend ist.

Die zahlreichen Querverweise führen Sie zu verwandten Themen, die Icons verweisen auf nützliche Tools auf der CD-ROM. Auf dieser finden Sie übrigens auch alle Checklisten aus dem Buch zum Ausdrucken.

Wir wünschen Ihnen viel Erfolg bei der Erfüllung Ihrer vielseitigen, herausfordernden und hoffentlich auch spannenden Aufgaben!

Prof. Dr. Helmut Geyer und die Haufe Buchredaktion

1 Allgemeine Betriebswirtschaftslehre

Arbeitsaufgaben in der Wirtschaft, aber auch in der Verwaltung, sind zunehmend mit betriebswirtschaftlichen Fragestellungen verknüpft. Es reicht nicht mehr aus, ein technisches Problem zu lösen, sondern man muss sich parallel dazu Gedanken zu den wirtschaftlichen Folgen und Ergebnissen von Entscheidungen machen.

Dabei ist es nicht entscheidend, ob man betriebswirtschaftliches Detailwissen hat – das ist das Feld der ausgebildeten Betriebswirte und Kaufleute. Vielmehr ist es wichtig, sich die betriebswirtschaftliche Denkweise zu Eigen zu machen. Damit wird man in die Lage versetzt, betriebswirtschaftlich relevante Zusammenhänge zu erkennen und entsprechend zu handeln.

Das erste Kapitel stellt grundlegende Begriffe und Methoden der Betriebswirtschaft vor, die in allen Bereichen des Unternehmens wichtig sind und dem Leser einen allgemeinen, weit gespannten Überblick verschaffen sollen: Welche Fertigungsverfahren gibt es? Wie plant man? Was sind die wichtigsten Kennzahlen?

Aber auch Managementmethoden wie Kaizen, Benchmarking oder Business Reengineering finden in diesem Abschnitt ihren Platz. Und schließlich werden Begriffe zur Unternehmenskultur und zu den wesentlichen Unternehmenszielen erläutert.

ABWL

Abkürzung für allgemeine Betriebswirtschaftslehre. Die Betriebswirtschaftslehre befasst sich mit einzelnen Wirtschaftseinheiten (Betrieben, Unternehmen, Haushalten). Dazu gehören die Strukturen in den Betrieben und Unternehmen genauso wie die Untersuchung der in den Betrieben ablaufenden Prozesse.

→ Besondere Betriebswirtschaftslehren, S. 19

Die Betriebswirtschaftslehre ist einzelwirtschaftlich orientiert, d. h. gesamtwirtschaftliche Prozesse werden nur insoweit betrachtet, als sie für die einzelnen Wirtschaftseinheiten relevant sind. Die allgemeine Betriebswirtschaftslehre untersucht Gegebenheiten, die für alle Wirtschaftseinheiten gleichermaßen gelten. Auf der ABWL bauen die *besonderen Betriebswirtschaftslehren* auf.

Im Gegensatz zur Betriebswirtschaftslehre befasst sich die Volkswirtschaftslehre (VWL)

- mit den Zusammenhängen in den nationalen Wirtschaften,
- dem Ineinandergreifen der Einzelwirtschaften und
- den Zusammenhängen zwischen den nationalen Ökonomien verschiedener Staaten.

Wesentliche Bestandteile der Volkswirtschaftslehre sind u. a.:

- Volkswirtschaftstheorie
- Wirtschaftspolitik
- Finanzwissenschaft (Geldtheorie, Geldmengensteuerung, finanzwirtschaftliche Kennzahlen des Staates)
- Statistik
- Wirtschaftsgeschichte und Wirtschaftsgeographie

Nicht immer sind die Trennlinien zwischen VWL und BWL scharf. So sollte ein Betriebswirt auch volkswirtschaftliche Zusammenhänge und ihre Wirkungen verstehen, genau wie ein Volkswirt betriebswirtschaftliche Auswirkungen in seine Betrachtungen einbeziehen sollte. Die grundsätzlich unterschiedliche Betrachtungsebene, Einzelwirtschaft hier und Gesamtheit da, bleibt jedoch bestehen.

Benchmarking

Benchmarking wird eingesetzt, wenn ein Unternehmen seine Leistungsfähigkeit erhöhen will. Im Kern geht es darum, Vorbilder zu finden und zu kopieren, um ein Produkt, eine Dienstleistung oder auch einen betrieblichen Prozess zu optimieren. Man braucht zum Benchmarking einen kooperierenden Partner, der entsprechende Zahlen und das Know-how zur Verfügung stellt.

Benchmarking lässt sich innerhalb eines Unternehmens durchführen (internes Benchmarking), meist aber findet es zwischen mehreren Unternehmen, auch über Branchengrenzen hinweg, statt. Durch Messen am sog. „Klassenbesten" werden Verbesserungspotenziale identifiziert und durch gezielte Maßnahmen erschlossen.

Wie weit kann Benchmarking gehen?

Innerhalb eines Unternehmens lassen sich gleichartige Tätigkeiten in verschiedenen Abteilungen, Profit-Centern o. Ä. Organisationseinheiten vergleichen. Das interne Benchmarking bietet sich insbesondere bei Filial- und Spartenorganisation an.

Beispiele für internes Benchmarking

Profitcenter A hat seinen Kundendienst/seine Fakturierung vorbildlich organisiert. Profitcenter B hat hier Defizite und will von Profitcenter A lernen.

Die Stuttgarter Filiale der Kette X kämpft mit hoher Personalfluktuation. Die Münchner Filiale – mit der niedrigsten Quote im Filialnetz – empfiehlt sich als Benchmark-Partner.

Externes Benchmarking

Beim externen Benchmarking findet ein Vergleich mit Unternehmen der gleichen Branche statt, die hinsichtlich Struktur und Produkt gleich gelagert sind. Aufgrund der Konkurrenzsituation lässt sich ein Partner für ein solches Projekt am ehesten in solchen Bereichen und Prozesse finden, die außerhalb oder neben dem eigentlichen Kerngeschäft liegen (z. B. Einkauf).

Tipp:

Für externe Benchmarking-Projekte ist ein internes Benchmarking als „Pilotvorhaben" unverzichtbar.

Funktionales Benchmarking: der Klassenbeste wird gesucht

Beim funktionalen Benchmarking werden über Branchengrenzen hinweg Prozesse und/oder Bereiche mit logischer Gleichartigkeit verglichen. So lässt sich etwa der Schalterservice von Banken mit denen von Fluglinien vergleichen. Auf der Suche nach dem „Weltmeister" hat diese Benchmarking-Art das größte Ergebnispotenzial.

Schritte beim Benchmarking

Benchmarking ist stets den Gegebenheiten im Unternehmen entsprechend zu gestalten. Um den individuellen Prozess zu strukturieren, empfehlen sich fünf Schritte:

1. Auswahl des Benchmark-Objekts
2. Suche nach Vergleichspartnern
3. Informations- und Datensammlung
4. Auswertung der Vergleichsdaten und Maßnahmenkatalog
5. Umsetzung der Maßnahmen

Auf CD-ROM

Checkliste Benchmarking:

- Benchmarking erfordert ein breites Know-how-Spektrum. Bilden Sie eine Projektgruppe mit einer entsprechenden Kombination von Qualifikation und Kompetenz.
- Benchmarking zielt auf Veränderungen und stellt Gewohntes infrage. Beziehen Sie die Betroffenen rechtzeitig ein.
- Benchmarking erfordert Zeit. Vermeiden Sie insbesondere in den Schritten 1 und 2 unnötigen Zeitdruck.
- Benchmarking beruht auf Partnerschaft. Respektieren Sie die Wünsche Ihres Partners. Stellen Sie nur Fragen, die auch Sie beantworten würden.
- Benchmarking ist ein Lernprozess. Stellen Sie sicher, dass im Unternehmen eine „Lernkette" entsteht, die auch nach Projektabschluss nicht reißt. Stabilisieren Sie die Lernerfolge.

Beschäftigungsgrad

Siehe *Kapazität*, S. 52

Besondere Betriebswirtschaftslehren

Die besonderen Betriebswirtschaftslehren befassen sich mit speziellen Teilbereichen der Betriebe und Unternehmen oder mit speziellen Gebieten der Betriebswirtschaft.

So können einmal die klassischen Ablaufphasen im Betrieb – Beschaffung, Produktion oder Absatz – oder bestimmte Aufgabenbereiche im Unternehmen, wie Controlling, Finanzwirtschaft, Organisation, Personalwesen, Rechnungswesen und Logistik usw. im Zentrum der Betrachtung besonderer Betriebswirtschaftslehren stehen (funktionale Aspekte).

Oder es sind die unterschiedlichen Gebiete, in denen die Unternehmen tätig sind, die untersucht werden (institutionelle Aspekte): So existiert eine Betriebswirtschaft der Industrie, eine Bankbetriebswirtschaft, die Betriebswirtschaft des Handels, der Land- und Forstwirtschaft usw. Aber auch spezielle Obliegenheiten gehören in diesen Bereich: etwa die Wirtschaftsprüfung, das Genossenschaftswesen, das Gründungsmanagement (Entrepreneurship) usw.

Wie in der ABWL werden auch hier wirtschaftliche Zusammenhänge immer nur in einzelnen Wirtschaftseinheiten untersucht.

Business Reengineering

Business Reengineering ist eine Managementmethode, die nicht die Optimierung bekannter Abläufe, sondern die völlige Neugestaltung der Geschäftsprozesse, die für den Unternehmenserfolg verantwortlich sind, zum Ziel hat.

Ein ganzheitlicher Ansatz

Im Gegensatz zum japanischen *Kaizen* (S. 49), bei dem in kleinen Schritten ein stetiger Wandel stattfindet, soll beim Business Reengineering ein radikaler Wandel (in „Quantensprüngen") geschaffen werden. Dabei werden nicht einzelne Prozesse auf den Prüfstand gestellt, sondern das Unternehmen soll grundlegend umgestaltet werden. Der Ausgangspunkt des Business Reengineering ist demnach auch nicht ein bestehender Prozess, sondern ein Nullpunkt, von dem aus die anvisierten Ziele kurzfristig erreicht werden sollen. Flexibilisierung und/oder Kostenreduzierung stehen dabei oft im Vordergrund.

Beispiel:

Reengineering kann bedeuten, dass bestehende Strukturen ganz aufgelöst werden. Sog. Querschnittorganisationen sind das Ergebnis solcher Umgestaltungen: wenn etwa Marketing, Vertrieb und Entwicklung in eine Abteilung zusammengefasst werden oder ein übergeordnetes Kundenmanagement im Unternehmen eingeführt wird.

Wie läuft Business Reengineering ab?

In der Praxis verläuft Business Reengineering in drei Phasen:

Phase 1: Identifikation von Kernprozessen

Kundenorientierung wichtig

- Über welche Kernkompetenzen verfügt das Unternehmen?
- Was sind die Erwartungen der Kunden an die Leistungen des Unternehmens?
- Was sind die Haupttätigkeiten, die zur vom Kunden erwarteten Wertschöpfung beitragen?
- Welche Haupttätigkeiten entsprechen am ehesten unseren unternehmerischen Fähigkeiten?

Phase 2: Vergleich zwischen den vorgefundenen und den im ersten Schritt herausgearbeiteten Kernprozessen

- Stimmen die Kernkompetenzen mit den laufenden Prozessen überein?
- Wo ergibt sich konkreter Handlungsbedarf?
- Können wir Qualitätsstandards definieren?
- Definition messbarer Ziele
- Optimierung von Prozessen oder komplette Neugestaltung von Prozessen

Phase 3: Steuerung der Kernprozesse

- Laufende Überprüfung der Messgrößen
- Überprüfung und Weiterentwicklung sowohl von Qualitätsstandards als auch der Kernkompetenzen

Eine Kernaussage des Business Reengineering lautet: Evolutionäre Entwicklungen ziehen in den Unternehmen Anpassungen nach sich. Handelt es sich jedoch um tief greifende Neuheiten oder Innovationen, sind generelle Neugestaltungen von Prozessen erforderlich.

Beispiel:

Unternehmen A muss sich an neue Marktgegebenheiten anpassen. So entschließt man sich dazu, die bisherige Softwareabteilung in ein separates Profit-Center umzuwandeln, das weltweit Software-Lösungen für bestimmte Bereiche anbietet. Dazu sind generelle Neugestaltungen von Prozessen erforderlich. Eine evolutionäre Weiterentwicklung dürfte dann kaum noch ausreichen.

Continuous Improvement Process (CIP)

Siehe *Kaizen*, S. 49.

Durchlaufzeit

Wichtige Kennzahl für die Produktion

Die Durchlaufzeit ist die Zeit, die für die Fertigung eines Auftrags benötigt wird. Die Kennzahl spielt vor allem in der Industrie bzw. im produzierenden Gewerbe eine Rolle. Sie kann aber auch bei Aufträgen im Dienstleistungsbereich bestimmt werden.

Die Durchlaufzeit beginnt ab dem Vorliegen eines Auftrags in der Fertigung bzw. im Dienstleistungsbereich dann, wenn die Bearbeitung eines Auftrags beginnt, und endet mit seiner Fertigstellung bzw. Abarbeitung.

Was zur Durchlaufzeit gehört

Die Durchlaufzeit lässt sich weiter unterteilen in

- die Rüstzeit,
- die Bearbeitungszeit,
- die Transportzeit und
- die Liegezeit (auch: Lagerzeit).

Die Kosten eines Produkts bzw. eines Auftrags werden stark von der Durchlaufzeit bestimmt, denn während dieser Zeit ist Kapital in Material, unfertigen Erzeugnissen oder Fertigprodukten gebunden. Die Finanzierung dieses Kapitals, beispielsweise über Kredite, verursacht Kosten, die wiederum das Produkt verteuern.

Tipp:

Die Durchlaufzeit hat besondere Bedeutung für die Planung der Produktion. Mit einer optimalen Durchlaufzeit erreichen Sie einen schnelleren Produktdurchlauf und kürzere Fertigungszeiten, gleichzeitig eine bessere Nutzung der betrieblichen Ressourcen und damit eine höhere Rentabilität.

Rüstzeit

Die Rüstzeit ist der Zeitbedarf für die Einstellung und Umrüstung einer Maschine für einen Fertigungsauftrag. Sie umfasst das Vor- und Nachbereiten einer Maschine oder eines Auftrags.

Beispiel:

Das Auswechseln eines verbrauchten Bohrers in der Bohrmaschine oder das Umstellen einer Speiseeismaschine auf eine andere Eissorte fällt unter Rüstzeit.

Lange Rüstzeiten in der Fertigung wirken sich umso negativer aus, je kleiner die Mengen pro Auftrag sind (sog. kleine „Losgrößen“). Wenn nach der Fertigung von kleinen Losgrößen sofort wieder zeitaufwendig umgerüstet werden muss, verteuert sich das Produkt unverhältnismäßig.

Wie lassen sich Rüst- und Einrichtezeiten verkürzen?

Um die Flexibilität vor allem bei variantenreicher Fertigung zu erhöhen, ist die aufzuwendende Zeit für das Ein- und Umrüsten der Maschinen zu senken. Folgende Maßnahmen können Sie ergreifen:

- **Produktbezogene Maßnahmen** setzen in den Bereichen Konstruktion und Entwicklung an. Beispiele sind: Standardisierung und Typisierung der Produkte oder die Verringerung des Teilespektrums durch gezielte Vielfachverwendung.
- **Produktionsbezogene Maßnahmen** bestehen in erster Linie in der flexiblen Automatisierung der Fertigung. Darunter sind flexible Fertigungssysteme, also flexible Fertigungszellen, -linien und -netze zu verstehen.
- **Organisatorische Maßnahmen** umfassen vor allem die Trennung der Rüst- und Einrichtearbeiten in vorbereitende Tätigkeiten und den eigentlichen Werkzeugwechsel, den Einsatz von spezialisierten Rüstteams sowie die Festlegung einer rüstoptimalen Reihenfolge für die Bearbeitung der einzelnen Fertigungsaufträge.

Tipp:

Moderne Maschinen wie CNC-Maschinen (Computer Numeric Control) ermöglichen einen schnellen Werkzeugwechsel, erlauben mehrere Bearbeitungsschritte an einer Maschine und sind damit rationell und effektiv.

Bearbeitungszeit

Die Bearbeitungszeit umfasst den Zeitraum, in welchem ein Produkt bearbeitet wird. Bei anspruchsvollen Produkten kann ein Teil oft mehr als 20 unterschiedliche Bearbeitungsstätten durchlaufen.

Die Bearbeitungszeit für einen Auftrag kann durch folgende Formel ermittelt werden:

Formel

Bearbeitungszeit = Auftragsmenge × Stückzeit

Beispiel: 10 Stück × 30 Minuten = 6 Stunden Bearbeitungszeit

Transportzeit

Unter Transportzeit versteht man den Zeitbedarf für die Ortsveränderung der Werkstücke und Produkte von einem Arbeitsplatz zum anderen. Die Teile werden z. B. durch Fließbänder, Gabelstapler oder fahrerlose Transportsysteme (FTS) transportiert. Bei großen Werken und vielen Bearbeitungsstellen kann die Gesamttransportstrecke bis zur Fertigstellung oft mehrere Kilometer betragen.

Liegezeit

Auch: Lagerzeit

Die Liege- oder Lagerzeit ist der zeitliche Puffer zwischen der Anlieferzeit eines Auftrags am Arbeitsplatz und der Arbeitsaufnahme bzw. Fertigung. Da die gesamte Fertigung eines Teils aus vielen Arbeitsgängen bestehen kann, lagern die Teile je nach Komplexität des Prozesses vor dem eigentlichen Produktionsvorgang sehr häufig, „warten“ z. B. auf freie Maschinen- und Arbeitskapazitäten.

Warum die Lagerzeit oft im Fokus von Einsparungen steht

Bei einer Untersuchung der Durchlaufzeiten in der Einzel- und Kleinserienfertigung wurden an 32 Arbeitsplätzen 9.000 Arbeitsvorgänge über vier Monate analysiert. Dabei wurde festgestellt, dass die eigentliche Bearbeitungszeit in der Regel weniger als 10 % der Durchlaufzeit beträgt. Auf die Lagerzeiten entfielen 85 %, während die Transport- und Rüstzeiten nur insgesamt 5 % betrugen. Von den 85 % Lagerzeit waren wiederum 75 % ablaufbedingt, während nur 10 % störungsbedingt anfielen bzw. durch Menschen verursacht wurden.

Methoden zur Verkürzung der Durchlaufzeit

Um wirtschaftliche Fertigungsprozesse rationell zu gestalten, stehen verschiedene Methoden zur Verfügung:

→ Optimale Losgröße, S. 75

- **Losteilung:** Die Auftragsmenge wird in mehrere kleinere Aufträge bzw. Lose aufgeteilt. Ein Los von 100 Stück kann z. B. in vier Lose von je 25 Stück aufgeteilt werden. Die einzelnen Aufträge bzw. Lose lassen sich so schneller abarbeiten, die Durchlaufzeit verkürzt sich. Vorteil: Bei Störungen sind weniger Stück betroffen und nicht das gesamte Los (hier nur 25 anstatt 100 Stück).

Am Schluss müssen die einzelnen Lose aber wieder zusammengeführt werden, was wiederum Zeit kostet.

- **Überlappung:** Dabei werden zwei oder mehr Arbeitsgänge gleichzeitig durchgeführt.
- **Arbeitsgang-Splittung:** Hierbei erfolgt die Trennung eines Auftrags nur bei einem Arbeitsgang, z. B. bei der Lackierung eines Teiles. Bei Engpässen an einer bestimmten Arbeitsverrichtung wird dadurch der Engpass auf mehrere Arbeitsplätze verteilt und entzerrt. Dies hilft schon im Vorfeld, Störungen zu vermeiden.
- **Familienfertigung:** Zusammenfassung von Aufträgen mit ähnlichen oder gleichen Fertigungsverfahren (z. B. Fräsen von Teilen).
- **Outsourcing:** Teile, die nicht in eine Fertigungslinie passen und Störungen des Ablaufs verursachen bzw. die Durchlaufzeiten verlängern, werden an externe Firmen als Lohnaufträge vergeben („verlängerte Werkbank“).

→ Outsourcing, S. 81

- **Just-in-time:** Durch die Einführung des Just-in-time-Verfahrens können die Durchlaufzeiten um 30–50 % reduziert werden. Allerdings müssen die Teile für Just-in-time geeignet sein und vorher umfangreiche organisatorische und fertigungstechnische Vorbereitungen getroffen werden.

→ Just-in-time, S. 46

E-Commerce

Beim E-Commerce (auch Online-Handel, elektronischer Handel) kann der Kunde nicht nur über das Internet bestellen, sondern auch online bezahlen und – sofern geeignet – die Ware sogar auf diesem Weg beziehen. Das E-Business – hier verstanden als komplette Abwicklung von Geschäftsprozessen – wird im B-to-B-Bereich immer wichtiger. Eine wichtige Voraussetzung für E-Commerce wie E-Business ist die Datensicherheit.

Online-Handel als wichtiger Wirtschaftsfaktor

Es gibt zwei Spielarten des elektronischen Handels: Bei der einfacheren Alternative kann der Kunde online Waren auswählen und bestellen, der Rest des Geschäfts – Lieferung und Bezahlung der

Vollständige oder teilweise Abwicklung übers Internet

Ware – wird in herkömmlicher Weise abgewickelt, z. B. auf dem Postweg/per Nachnahme.

Beispiele:

Beim Online-Banking wickeln Banken und Kunden ihr Geschäft komplett über das Internet ab. Elektronische Bezahlsysteme ermöglichen das Bezahlen direkt beim Online-Kauf. Softwarehäuser oder Internet-Musikbörsen sind sogar nicht einmal mehr auf eine physische Auslieferung der Ware angewiesen, sie kann vom Kunden einfach heruntergeladen werden.

Zunehmend werden aber auch ganze Geschäftsprozesse – von der Anfrage bis zur Bezahlung der Rechnung einschließlich der Logistik – zwischen den Beteiligten sowie innerhalb der Unternehmen mit elektronischer Unterstützung abgewickelt. Das dabei genutzte System der normierten Datenübertragung ist *EDIFACT* (S. 28).

Wie identifizieren sich die Vertragspartner?

Im virtuellen Raum bleibt die Identität des Kunden meist verborgen. Der Händler kann nie ganz sicher sein, ob bei der Bestellung die Adresse eines anderen oder ein falscher Name verwendet wird. Hinzu kommt, dass digitale Erklärungen im Internet von Dritten manipuliert werden können. Aus diesen Gründen erkennen die Gerichte solche Erklärungen in einem Prozess nur sehr eingeschränkt an.

Die digitale Signatur verspricht mehr Sicherheit

Bisher waren Vertragsabschlüsse im Internet schwer zu beweisen. Eine Lösung für dieses Problem bietet die digitale Signatur. Nunmehr ist es jedem möglich, bei einer Treuhandstelle eine persönliche digitale Signatur zu beantragen, mit der er seine Verträge beweisbar abschließen kann. Dabei wird den entsprechenden Daten ein elektronisches Siegel angehängt. Mit digitalen Signaturen können persönliche Daten, die Kunden z. B. per E-Mail verschicken, vor Fälschungen geschützt werden. Mittels eines Zahlencodes, der in der digitalen Signatur enthalten ist, lassen sich sowohl der Absender, als auch die Echtheit des unterschriebenen Textes feststellen. Der Empfänger erkennt an dem veränderten Zahlencode sofort, wenn ein Dritter die elektronische Post verändert hat.

Mittlerweile hat auch der Gesetzgeber die digitale Signatur in § 126a BGB der herkömmlichen Schriftform gleichgestellt. D. h., dass Verträge für die bisher die Schriftform vorgesehen war, nunmehr auch per elektronischem Datenaustausch geschlossen werden können.

Informationspflichten des Händlers im Online-Handel

Selbstverständlich hat auch der Kunde ein Recht darauf, vom Händler bestimmte Informationen zu bekommen. Das soll ihn vor allem in die Lage versetzen, seine Rechte im E-Commerce genauso wahrzunehmen wie im normalen Handel. Der Verbraucher muss wissen, an wen er sich wenden kann, wenn Probleme mit der Lieferung oder mit den Waren auftreten.

Verbraucherrechte im Online-Handel

Folgende Informationen müssen dem Kunden seit 1.1.2002 aufgrund des neu geschaffenen § 312 e BGB (Pflichten im elektronischen Geschäftsverkehr) bereits vor Vertragsschluss auf der Website des Anbieters zur Verfügung stehen:

Auf CD-ROM

Checkliste: Informationspflichten im E-Commerce

- Genaue Anschrift des Unternehmens mit Angaben über die Firma und deren gesetzliche Vertreter (z. B. Geschäftsführer)
- Eigenschaften und wesentliche Merkmale der Ware/Dienstleistung
- Angaben darüber, was passiert, wenn die Ware nicht lieferbar ist
- Preise der Waren und Dienstleistungen inklusive aller Steuern in Form von Endpreisen. Auch zusätzliche Liefer- und Versandkosten müssen aufgeführt sein sowie erhöhte Telefonkosten bei Inanspruchnahme von 0180-/0190-Telefonnummern.
- Einzelheiten über die technischen Schritte des Vertragsschlusses
- Einzelheiten der Zahlungsweise und der Lieferung
- Zeitpunkt des Zustandekommens des Vertrags
- Gültigkeitsdauer von Angeboten, die nur eine bestimmte Zeit vorrätig gehalten werden
- Angaben darüber, wo der Vertrag gespeichert ist und wie der Kunde Einsicht nehmen kann
- Informationen über die AGB des Unternehmens und wie der Kunde diese downloaden kann.

Der Unternehmer hat weiterhin sicherzustellen, dass

- der Kunde von der Abgabe seiner Bestellung etwaige Eingabefehler erkennen und berichtigen kann;
- der Kunde unverzüglich nach seiner Bestellung eine Bestätigung auf elektronischem Weg erhält.
- die üblichen Widerrufs- und Rückgaberechte gewährleistet sind.

EDIFACT

EDIFACT („Electronic Data Interchange for Administration, Commerce and Transport") ermöglicht den elektronischen Austausch geschäftlicher Daten auf nationaler und internationaler Ebene. Mit EDIFACT lassen sich die verschiedensten Geschäftsprozesse abbilden.

→ E-Commerce, S. 25

Mit EDIFACT wird die Datenübertragung zwischen den beteiligten Unternehmen normiert. Das System wurde von den UN initiiert und wird schrittweise ausgebaut. Der Vorteil besteht vor allem darin, dass die Übertragungsprotokolle auch international problemlos austauschbar sind. Datenverarbeitungssysteme können durch das EDIFACT-Format direkt miteinander in Verbindung treten.

Beispiel:

Banken müssen in der Lage sein, EDIFACT-Formate zu verarbeiten. Im länderübergreifenden Zahlungsverkehr bieten sie ihren Kunden EDIFACT an, sodass diese ihre Überweisungen und Lastschriften elektronisch abwickeln können. Avise (Gutschrifts- und Belastungsanzeigen) sowie die Tagesauszüge werden im EDIFACT-Format zur Verfügung gestellt.

Leistungen von EDIFACT

Mithilfe von EDIFACT werden Geschäftsdokumente in einem einheitlichen Format übertragen. So gibt es u. a. Formate für

- Anfragen und Angebote,
- Bestellungen,

- Rechnungen,
- Mahnungen,
- Zollabfertigungen u. v. m.

Idealerweise wird eine Anfrage per EDIFACT an einen potenziellen Lieferanten gestellt. Dieser ergänzt den Datensatz um sein Angebot und schickt ihn an den Besteller zurück. Durch einen weiteren Zusatz wird der Datensatz zur Bestellung, die schließlich in einer Rechnung mündet. Auf diese Weise werden komplette Geschäftsvorfälle einheitlich abgewickelt.

EDIFACT ist so konzipiert, dass es Schnittstellen zu den internen Rechnersystemen, etwa zum Warenwirtschaftssystem (ERP), besitzt. So müssen die Daten nicht erneut erfasst und in die internen Systeme eingespeist werden. Das spart nicht nur Zeit und Kosten, sondern vermindert auch potenzielle Fehlerquellen deutlich. Weitere Vorteile können die Verbesserung des Kundenservices sein und mehr Flexibilität bei Veränderungen.

Erfahrungskurvenkonzept

Konzept, das den Effekt zunehmender Erfahrung (Lerneffekt) ausnutzt. Dieser Effekt tritt auf, wenn eine betriebliche Leistung über eine längere Zeit erbracht wird.

Klassisch angewendet in der Produktion

Empirisch wurde nachgewiesen, dass mit zunehmender Ausbringungsmenge die Produktionskosten je Stück (oder anderer fakturierungsfähiger Einheiten) deutlich abnehmen. Die Leerlaufzeiten und – insbesondere dort, wo direkt Hand angelegt wird – auch die laufenden Aufwände für die Produktionsprozesse sinken sukzessive aufgrund zunehmender Erfahrung der Bediener, geringerer Reibungsverluste in der Prozessorganisation und ähnlicher Lerneffekte.

Eine typische Erfahrungskurve zeigt folgende Abbildung:

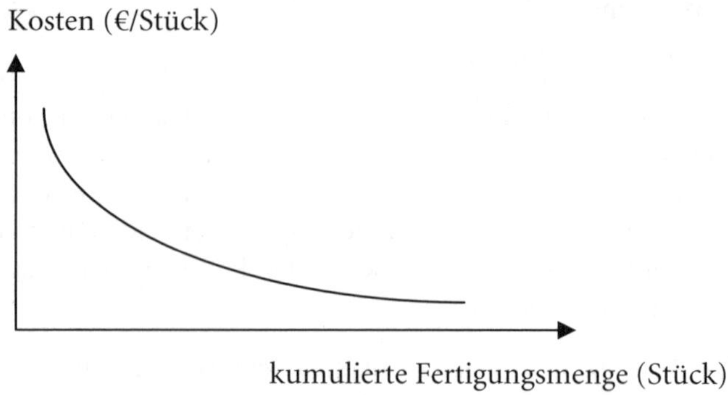

Portfoliotechnik, S. 492

Das Konzept der Erfahrungskurve macht man sich zunutze, um durch hohe Ausbringungsmengen relative Kostenvorteile zu erzielen. Gemeinsam mit dem Konzept des Lebenszyklus von Produkten ist die Erfahrungskurve eine Grundlage für die strategische Planung. Ziel sollte sein, immer eine Mischung von Produkten verschiedener Lebenszyklusphasen im Programm zu haben, gekoppelt mit hohen Erfahrungswerten, um die *Stückkosten* gering zu halten.

Factory Outlet

Auch: Fabrikverkauf

Ein Vertriebssystem, bei dem Unternehmen unter Umgehung von Zwischenhändlern ihre Produkte direkt verkaufen.

Zumeist handelt es sich bei den Angeboten um Textilien, Raumausstattung, Elektronik und andere für den persönlichen Verbrauch bestimmte Konsumgüter. Durch den direkten Absatzweg ist es möglich, die Waren unter den im Handel üblichen Preisen anzubieten. Teilweise werden auch Erzeugnisse mit leichten Fehlern oder Auslaufprodukte angeboten.

Seit etwa den 1970er Jahren entstanden zunächst in den USA, später auch in Europa ganze Factory-Outlet-Center, in denen unter einheitlicher Regie eines Betreibers diverse Outlet-Stores verschiedener

Hersteller zusammengefasst werden. Diese Center liegen überwiegend außerhalb von Städten, jedoch in Gebieten mit einem Einzugsbereich von etwa zwei bis drei Millionen Menschen. Als Maß für das Einzugsgebiet gilt, dass das Center innerhalb einer Autostunde erreichbar sein sollte. Aufgrund der umfangreichen und günstigen Angebote haben sich Factory-Outlet-Center teilweise zu Zielen von organisierten Busreisen entwickelt und stellen damit auch eine ernsthafte Konkurrenz für den etablierten Einzelhandel dar.

Factory Outlet: Welche Vorteile haben Sie als Hersteller?

- Sie können den Absatz Ihrer Markenprodukte forcieren – zu günstigen Konditionen und ohne die Gefahr des „Verramschens", weil Sie als Hersteller die Preise bestimmen.
- Synergieeffekte durch große Verkaufsflächen und verschiedene Anbieter in Factory-Outlet-Centern
- kürzerer und direkter Kontakt zu den Kunden
- verstärkter Abverkauf von Produkten, die aus dem Sortiment genommen werden sollen oder bereits nicht mehr produziert werden
- Sie können Waren zweiter Wahl (z. B. in der Porzellanindustrie) verkaufen, ohne das Image hochpreislicher Qualitätserzeugnisse zu verlieren.

Factory Outlet ist eine Sonderform des Vertriebs und existiert neben anderen etablierten Vertriebsformen. Es ist nicht gleichzusetzen mit dem *Direktvertrieb* (s. Kap. „Marketing“, S. 444), wie er in manchen Branchen üblich ist.

Fertigungsplanung

Fertigung umfasst sowohl die eigentliche Produktion als auch die Erstellung von Dienstleistungen und den Handel. Die Planung dieses zentralen Teils von betrieblicher Tätigkeit wird als Fertigungsplanung bezeichnet.

In einem klassischen herstellenden Produktionsbetrieb umfasst die Fertigungsplanung

- die Erzeugnisplanung,
- die Planung des Fertigungsprogramms und der Beschaffung,
- die Arbeitsplanung und
- die Fertigungsprozessplanung.

Erzeugnisplanung

Beginnt im Marketing

Es klingt selbstverständlich, aber die Erzeugnisse an sich müssen geplant werden. Das beginnt mit der Frage, welche Erzeugnisse in das Programm aufgenommen werden (*Produktpolitik*, S. 498) und setzt sich mit der Planung der Gestaltung des Erzeugnisses fort.

Auf CD-ROM

Checkliste: Wie gehen Sie vor?

- Zunächst sollten Sie das Erzeugnis graphisch beschreiben. Die technische Zeichnung, egal ob manuell oder elektronisch erstellt, ist die Informationsquelle für alle, die mit der Fertigung des Produkts zu tun haben.
- Erstellen Sie eine Stückliste, die Rohstoffe, Teile, Baugruppen usw. zusammenfasst.
- Auch die Verwendung der Erzeugnisse in weiteren Produkten sollten Sie dokumentiert werden. Insbesondere für die Auswirkungen von Änderungen, Fehlmengen usw. ist das bedeutsam.
- Zur datentechnischen Verarbeitung sollte die gesamte Erzeugnisplanung nach einem einheitlichen Ordnungsprinzip verschlüsselt werden. So können sachlich zusammengehörende Bestandteile besser erkannt werden.

Fertigungsprogramm- und Beschaffungsplanung

Im zweiten Schritt geht es um die eigentliche Produktionsprogrammplanung. Sie erfolgt in zwei grundsätzlichen Richtungen:

Kernstück der Fertigungsplanung

- **Breite** des Programms: Welche Erzeugnisarten, Dienstleistungen, Ausführungen usw. sollen hergestellt werden? Dieser Teil geht bis hin zur Festlegung von Farben, Qualitätsstufen usw.
- **Tiefe** des Programms: Welche Teile, Baugruppen usw. sind für das Produktionsprogramm erforderlich?

Je nachdem, ob es sich um die langfristige Planung des Fertigungsprogramms oder um mittel- bzw. kurzfristige Planungen handelt, ist ein unterschiedlicher Detailliertheitsgrad erforderlich.

Tipp:

Schenken Sie der Programmplanung besondere Aufmerksamkeit. Denn spätere Änderungen sind i. d. R. mit Neudispositionen, Mehrkosten und erhöhtem Aufwand verbunden.

Eng verbunden mit der Planung des Fertigungsprogramms ist die Beschaffungsplanung; die sich um die erforderlichen Arbeitskräfte, Werkstoffe und Betriebsmittel (*Produktionsfaktoren*) kümmert Dabei wird gefragt: Wie viele Arbeitskräfte und welche, welche Betriebsmittel und Werkstoffe in welcher Menge braucht man wann und wo?

→ Produktionsfaktoren, S. 87

Arbeitsplanung

Die Arbeitsplanung baut auf der Erzeugnisplanung auf. Verfahren, Arbeitsgänge, Reihenfolge der Bearbeitung und Zeitplanung (ein wesentlicher Bestandteil der Arbeitsplanung ist die Bestimmung des jeweils erforderlichen Zeitaufwands) gehören in diesen Bereich.

Wichtig: Bestimmung des Zeitaufwands

Für die Arbeitsplanung stehen Ihnen eine Reihe von Hilfsmitteln zur Verfügung, wie Stücklisten, Arbeitsbegleitpapiere, Materialentnahmescheine usw.

Fertigungsprozessplanung

Hier wird der Fertigungsablauf, bezogen auf die einzelnen Produktionsfaktoren, geplant. Weiterhin gehören die Auftragsplanung einschließlich der Auftragsverwaltung und die Terminierung dazu.

Tipp: So können Sie den Fertigungsprozess zeitlich planen

Die Terminplanung können Sie als Vorwärtsterminierung oder als Rückwärtsterminierung gestalten. Bei der **Vorwärtsterminierung** gehen Sie bei der Planung von einem festgelegten Starttermin aus und planen von dort aus die Zwischentermine und den Zeitpunkt, wann das Produkt/die Dienstleistung fertig gestellt sein wird. **Rückwärtsterminierung** bedeutet: Ausgehend von einem feststehenden Endtermin (z. B. einem vertraglich vereinbarten Liefertermin) berechnen Sie, wann spätestens die einzelnen Arbeitsgänge beginnen müssen, um den Liefertermin einhalten zu können.

Fertigungsverfahren

Unter Fertigungsverfahren versteht man die allgemeine Vorgehensweise bei der Fertigung. Fertigungsverfahren beziehen sich demnach vor allem auf industrielle Unternehmen. Man unterscheidet ablaufbezogene und mengenbezogene Verfahren.

Ablaufbezogene Verfahren

Am Anfang steht die Frage, ob gleichartige Arbeitsverrichtungen zusammengefasst werden sollen (Werkstattfertigung) oder die Anordnung nach dem Fertigungsablauf erfolgt.

Werkstattfertigung

Werkstattfertigung ist u. a. gegeben, wenn das Unternehmen aufgeteilt ist in eine Bohrerei, Dreherei, Härterei usw. Die Teile werden immer in die Bereiche gebracht, in denen der nächste Arbeitsgang abläuft.

- Vorteil: Ermöglicht Kapazitätsausgleich zwischen verschiedenen Produktlinien, wenig störanfällig.
- Nachteil: Erhöhter Transport- und Koordinationsaufwand, Entstehen von Zwischenlagern.

Fließfertigung

Bei der Fließfertigung werden die Arbeitsplätze so angeordnet, dass sie sich räumlich am Fertigungsablauf orientieren. Erfolgt eine starre zeitliche Taktung (immer nach einem festgelegten Zeitintervall werden die Teile weitergegeben) spricht man von Fließbandfertigung, ist der Zeitablauf nicht so streng getaktet, von Reihenfertigung.

- Vorteil: Geringe Durchlauf- und Transportzeiten, wenig Zwischenlager.
- Nachteil: Anpassungsfähigkeit begrenzt, erhöhte Störanfälligkeit, psychologischer Druck auf die Mitarbeiter („Ich komme nicht mit!“).

Eine Mischform von Werkstatt- und Fließfertigung ist die Gruppenfertigung.

Mengenbezogene Verfahren

Es ist ein grundlegender Unterschied, ob die Produkte einzeln (individuell) oder mehrfach angefertigt werden; man spricht im ersten Fall von Einzelfertigung, im zweiten von Mehrfachfertigung.

Beispiel:

Für Fußballnationalspieler werden Fußballschuhe, für den Keeper Handschuhe in Einzelfertigung angefertigt.

Bei der Mehrfachfertigung werden mehrere Erzeugnisse parallel oder hintereinander hergestellt, entweder als

- Massenfertigung,
- Kuppelproduktion: Hier wird das Hauptprodukt in großer Menge hergestellt und führt zu Nebenprodukten; tritt regelmäßig in der chemischen Industrie auf, aber nicht nur dort.
- Sortenfertigung: gleichartige Produkte in unterschiedlichen Ausführungen; oder
- Serienfertigung: unterschiedliche Produkte in einzelnen Serien.

Fundraising

Mittelbeschaffung (Einwerben) für nicht gewinnorientierte Organisationen. Hauptziel und Aufgabe eines Fundraisers ist es, durch den Aufbau von Kontakten Spenden in Form von Sponsorengeldern oder Sachwerten, aber auch Know-how zu gewinnen.

Zuwendungen müssen nicht zwingend materieller Art sein

Fundraising findet zumeist im sozialen, gemeinnützigen oder sportlichen Bereich statt. Die Kontaktherstellung erfolgt überwiegend über Kommunikationsinstrumente wie Mailings, Telefonakquisition oder persönliche Kontakte, aber auch über Events. Bei sog. Wohltätigkeitsbällen etwa werden regelmäßig hohe Beträge für soziale und andere gemeinnützige Zwecke gesammelt.

Die Organisationsform der Fundraiser sind zumeist Fördervereine, die aufgrund ihrer Gemeinnützigkeit Spendenquittungen ausstellen können und als eingetragene Vereine agieren (z. B. „Förderkreis der städtischen Bibliothek e.V.“, „Kirchenbauverein XY e.V.“).

Tipp:

Spenden an gemeinnützige Organisationen können steuerlich geltend gemacht werden. Verlangen Sie eine „abzugsfähige" Spendenquittung.

Speziell bei Ausbildungsstätten (Schulen, Hochschulen, Universitäten) hat sich als spezielle Form des Fundraising die *Alumni*-Tätigkeit (S. 519) herausgebildet. Hierbei schließen sich z. B. ehemalige Studenten in einem Alumni-Verein zusammen und unterstützen ihre ehemalige Ausbildungsstätte in Form von Spenden, aber auch durch die Vermittlung von Arbeitsplätzen, Praktika usw.

Gewinn

Der Gewinn eines Unternehmens ist die positive Differenz zwischen *Erträgen* und *Aufwendungen* innerhalb eines Geschäftsjahrs. Basis zum Erwirtschaften von Erträgen ist der *Umsatz*. Den Gewinn können Sie nicht einfach festlegen, denn er ist abhängig von den Preisen, die Sie am Markt erzielen. Der Gewinn muss jedoch ausreichend sein, um die Existenz des Unternehmens zu sichern und gleichzeitig die finanziellen Bedürfnisse des Unternehmers und der Investoren zu befriedigen. Nur wenn diese Voraussetzungen auf mittlere und lange Sicht gegeben sind, lohnt es sich unter wirtschaftlichen Gesichtspunkten, Geld in ein Unternehmen bzw. in ein Projekt zu investieren.

Der Gewinn ist immer auf einen Zeitraum bezogen. Das übliche Maß dabei ist der Zeitraum des Geschäftsjahrs – deshalb spricht man auch vom Jahresgewinn. Ein Wirtschaftsunternehmen kann auf Dauer nur bestehen, wenn es ausreichende Gewinne erwirtschaftet.

Sicherlich sollte grundsätzlich jedes Unternehmen nach Gewinnen streben, und diese sollten so hoch wie möglich sein. Die Frage stellt sich jedoch, ob das alleinige Ziel einer Unternehmung in der Maximierung des Gewinns liegen kann und soll. Das kann eigentlich nur bei kurzfristiger Betrachtungsweise der Fall sein. Will die Unternehmensführung hingegen den Bestand des Betriebs im Markt langfristig sicherstellen, müssen auch andere Ziele im Blick behalten werden, z. B. Innovationen, Personalentwicklung, Kundenzufriedenheit, Qualität u. v. m.

Tipp:

Die wichtigste Voraussetzung, um langfristig ausreichende Gewinne zu erzielen, ist und bleibt die Erstellung bedarfsgerechter Produkte bzw. Dienstleistungen. Nur wenn Ihre Kunden Ihre Produkte oder Dienstleistungen nachfragen und bereit sind, Ihre Preise (einschließlich Gewinnzuschlag) zu zahlen, können Sie mit langfristigen Gewinnen rechnen.

Gewinnkennzahlen

Die obige Definition des Unternehmensgewinns ist recht allgemein. Um ihn messbar und vor allem vergleichbar (mit anderen Unternehmen oder mit den Gewinnen der Vorjahre) zu machen, muss man sich festlegen, welche Form des Gewinns gemeint ist.

→ Gewinn- und Verlustrechnung, S. 167

Der Gewinn wird innerhalb der Jahresrechnung in der Gewinn- und Verlustrechnung des Unternehmens ermittelt. Hierfür maßgeblich sind die Vorschriften des Handelsgesetzbuchs (HGB), insbesondere die §§ 275 ff. Aus dem Schema der Gewinn- und Verlustrechnung kann man unterschiedliche Formen des Gewinns ermitteln.

→ Abschnitt Controlling/Internes Rechnungswesen

Übliche Gewinnkennzahlen sind u. a.

- das ordentliche Betriebsergebnis,
- das außerordentliche Betriebsergebnis,
- das Finanzergebnis,
- der Jahresüberschuss vor/nach Steuern,
- EBIT,
- EBITDA.

→ Deckungsbeitragsrechnung, S. 250

Achtung:
Hier haben wir in erster Linie den Gewinn des ganzen Unternehmens im Blick. Natürlich interessiert den Unternehmer (bzw. die Anteilseigner) auch, ob einzelne Produkte oder Produktgruppen, Projekte, Unternehmensbereiche (Profit Center) Gewinn erwirtschaften. Dieses Interesse leitet sich letztlich aus dem Streben nach dem Gesamtgewinn ab.

Warum Gewinn wirtschaftlich notwendig ist

Ausreichende Gewinne sind notwendig, um

- den Bestand des Unternehmens am Markt zu sichern,
- notwendige Investitionen durchzuführen und
- damit Arbeitsplätze zu sichern und
- soziale Leistungen für die Beschäftigten zu erbringen sowie
- neue Arbeitsplätze zu schaffen.

Abgesehen davon muss der Gewinn aber auch die Bedürfnisse der Eigentümer und Investoren zufrieden stellen (s. u.).

Erwirtschaftet ein Unternehmen nur Verluste, hat das weitreichende Folgen:

Gewinn oder Verlust? Davon hängt viel ab

- In Branchen und Unternehmen, in denen Gewinne erwirtschaftet werden, wird die Produktion regelmäßig ausgeweitet (Ausnahmen gibt es zwar, sie sind jedoch nicht üblich und wären auch nicht „unternehmerisch"). Wo Verluste entstehen, wird die Produktion dagegen in der Regel eingestellt oder zumindest eingeschränkt.
- In gewinnbringenden Branchen und Unternehmen werden Investitionen getätigt. In verlustbringenden Branchen und Unternehmen dagegen veralten Maschinen und Anlagen. Dies bedeutet aber gleichzeitig, dass die Konkurrenzfähigkeit schwindet und damit der Bestand des Unternehmens gefährdet ist.
- Kapital wird in die Unternehmen und Branchen geleitet, die Gewinne erzielen. Dies gilt sowohl für das Eigenkapital des Unternehmens als auch erst recht für Fremdkapital. Während beim Eigenkapital noch andere Motive eine Rolle spielen können, wird kein externer Kapitalgeber (z. B. Banken) Geld in ein Unternehmen investieren, das laufend mit Verlust oder unzureichenden Gewinnen arbeitet.
- Die erwirtschafteten Gewinne werden i. d. R. nicht voll ausgeschüttet, sondern dienen zu einem großen Teil der Finanzierung des Unternehmens. Gerade die Möglichkeit der *Eigenfinanzierung* (S. 380) ist für jedes Unternehmen notwendig, um nicht von externen Geldgebern abhängig zu werden.
- Die Möglichkeit der Gewinnerzielung ist zwar nicht der alleinige, aber einer der wesentlichsten Faktoren, der Unternehmer bewegt, ihr Geld produktiv, also in einem Unternehmen, anzulegen.

Gewinnerwartungen der Eigentümer

Der Gewinn muss so hoch sein, dass er auch die Bedürfnisse der Eigentümer oder Anteilseigner decken kann. Dazu zählen

- der Lohn des Unternehmers,
- eine ausreichende Eigenkapitalverzinsung sowie
- eine Risikoprämie.

Unternehmerlohn

Jedem Unternehmer steht es zu, einen Anteil am Gewinn zu entnehmen, ohne damit die Existenz und die Entwicklung des Unternehmens zu gefährden. Als Basis für die anzusetzende Höhe dient, was ein Geschäftsführer eines vergleichbaren Unternehmens verdienen würde. Der Grundgedanke: Der Unternehmer könnte auch einen Geschäftsführer einstellen, der in seinem Namen das Unternehmen führt. Diesen müsste er bezahlen, das Gehalt würde den Gewinn mindern. Andererseits verzichtet er auf ein Gehalt, das er selbst an anderer Stelle verdienen könnte.

Eigenkapitalverzinsung

Weiter sollte der Gewinn eine ausreichende Eigenkapitalverzinsung gewährleisten. Auf eingesetztes Eigenkapital müssen keine Zinsen gezahlt werden. Aber derjenige, der sein Kapital in ein Unternehmen steckt, kann es logischerweise nicht anderweitig anlegen. Demzufolge erwartet er eine Rendite (= Verzinsung), mindestens in Höhe des marktüblichen Zinssatzes.

Risikoprämie: Verlustrisiko bestimmt Gewinnchancen

Orientiert sich am Anlagemarkt

Zuletzt muss der Gewinn eine entsprechende Risikoprämie sicherstellen. Denn die Anlage von Kapital in einem Unternehmen birgt ein erhöhtes Risiko, das eingesetzte Kapital – unter Umständen ganz – zu verlieren. Unter dem Gesichtspunkt der Rentabilität ist es betriebswirtschaftlich unsinnig, sein Kapital in einem Unternehmen zu investieren, wenn andere Anlagemöglichkeiten bei gleichem Risiko eine höhere Rendite bzw. die gleiche Rendite bei niedrigerem Risiko erbringen.

Die genaue Höhe der Risikoprämie ist nicht mit einer einfachen Formel berechenbar (s. Checkliste unten). Es gilt aber: Je höher das Risiko ist, eingesetztes Kapital durch auflaufende Verluste zu verlieren, desto höher muss auch die Chance sein, Gewinne zu erwirtschaften. Diese sollten größer sein als die Gewinne weniger riskanter Investitionen. Diese Differenz ist letztlich die Risikoprämie.

Beispiel:

Ein junges Unternehmen und ein etablierter Konzern benötigen neues Kapital. Beide Unternehmen wollen zu diesem Zweck eine Inhaberschuldverschreibung emittieren. Das allgemeine Zinsniveau am Kapitalmarkt erlaubt es dem Konzern, dafür einen Zinssatz von 5 % p. a. anzubieten. Der als hoch spekulativ eingeschätzte Newcomer hingegen muss 12 % Verzinsung p. a. bieten, um Kapitalgeber zu finden.

Um einen Anhaltspunkt für die Höhe der Risikoprämie zu erhalten, sollten Sie die Fragen aus der folgenden Checkliste beantworten.

Auf CD-ROM

Checkliste: Risikoprämie

- Wie hoch ist der risikolose Zins am Markt? Unter risikolosen Anlagen werden Bundeswertpapiere verstanden, die die gleiche Restlaufzeit haben wie die zu emittierende Anleihe. Deren Zins ist auf jeden Fall zu erwirtschaften.
- Wie hoch ist die durchschnittliche Verzinsung riskanter Anlagen? Da ein solcher Durchschnitt nicht einfach zu bestimmen ist, nimmt man i. d. R. einen Aktienindex (z. B. den DAX) als Basis.
- Ist das Risiko der geplanten Anleihe höher einzuschätzen als das Durchschnittsrisiko des DAX? (I. d. R. wird dies so sein.)
- Um das Wievielfache ist das konkrete Risiko höher als das Durchschnittsrisiko? – Dieser Wert lässt sich nur schätzen. Lediglich bei börsennotierten Aktiengesellschaften kann man ihn anhand der Schwankungsbreite des Aktienkurses in den letzten 30 Tagen bzw. innerhalb des letzten Kalenderjahrs berechnen. Dieser Faktor heißt β (Beta). Ein β von 1,0 bedeutet, das Risiko ist genau so hoch wie das Durchschnittsrisiko des DAX; ein β von 1,5, dass das Risiko 1,5 mal so hoch ist; ein β kleiner 1, dass das Risiko geringer ist.
- Der Anhaltswert für die Risikoprämie (in %) lässt sich nun bestimmen:

$$\text{Risikoprämie} = r_{fix} + (r_{DAX} - r_{fix}) \times \beta$$

wobei gilt: r_{fix} = risikoloser Zins, r_{DAX} = Durchschnittsrendite des DAX

Innovationsmanagement

Innovationsmanagement ist die Planung, Steuerung und Kontrolle von innovativen Prozessen. Innovationen sind Ideen oder Erfindungen und ihre wirtschaftliche Umsetzung. Sie sind damit für jedes Unternehmen eine Grundvoraussetzung, um Wettbewerbsfähigkeit und langfristige Erfolgspotenziale zu sichern.

Betriebsinnovation oder Marktneuheit?

Nicht jede Innovation ist eine (Welt-)Neuheit; manche Innovationen spielen nur für den einzelnen Betrieb eine Rolle. Dabei kommt es nicht unbedingt darauf an, dass zuvor noch niemand auf die gleiche Idee gekommen ist. Im Vordergrund steht, dass die Innovation neue Wege bei den speziellen wirtschaftlichen Prozessen ermöglicht.

Wie entsteht das Neue?

Prozess statt „Geistesblitz"

Innovationen in der Wirtschaft sind keine einmaligen Akte, sondern tragen Prozesscharakter. In der Praxis werden Innovationen meist in Projekten (s. u.) erarbeitet.

Wie Innovationsprojekte idealtypisch ablaufen

Sondierung: In dieser ersten Phase geht es darum, zu eruieren, welche Trends und allgemeinen Entwicklungen für das Unternehmen relevant sein könnten und auf welchen Gebieten sich lohnenswerte Entwicklungsmöglichkeiten abzeichnen.

Entwicklung: Hier werden die einzelnen Ideen ausgearbeitet und zu ersten Ergebnissen geführt. Die Phase der Entwicklung von konkreten Ideen ist Voraussetzung für eine spätere Bewertung.

Selektion: Nicht jede ursprünglich entwickelte Idee lässt sich auch umsetzen. In der Selektionsphase werden unterschiedlichen Lösungsvarianten für Entwicklungsprozesse bewertet und die erfolgversprechendsten ermittelt. An diesen Varianten wird weiter gearbeitet.

Umsetzung: Nach der Selektion werden die verbliebenen Varianten konkretisiert und zu ersten greifbaren Ergebnissen geführt. In dieser Phase entstehen Baumuster, Prototypen, Messeprojekte und ähnliches. Anhand der in dieser Testphase gefundenen Ergebnisse (technische Erkenntnisse, aber auch erste Reaktionen künftiger Kunden) wird entschieden, ob, und wenn ja, welche Projekte kommerzialisiert werden sollen.

Kommerzialisierung: In dieser abschließenden Phase erfolgt die Markteinführung und wirtschaftliche Umsetzung der Projekte.

So lehrbuchmäßig spielt sich die Sache in der Praxis selten ab. Nicht alle Innovationsprozesse durchlaufen z. B. zwingend sämtliche Phasen: Projekte werden abgebrochen oder einzelne Phasen werden übersprungen. Aufgrund der Tatsache, dass oft mehrere Projekte parallel bearbeitet werden, kommt es aber auch zu Synergieeffekten zwischen verschiedenen Projekten, d. h. Teilergebnisse eines Projekts lassen sich in anderen Problemzusammenhängen nutzen.

Tipp:

Das Phasenmodell kann Ihnen helfen, innovative Prozesse im Unternehmen, z. B. Neuentwicklungen, besser zu planen.

Wann entstehen Innovationen?

Förderndes Umfeld nötig

Innovationen entstehen nicht von selbst. Mitarbeiter können nur kreativ sein, wenn im Unternehmen ein innovationsfreudiges Klima herrscht. Wie sich dies fördern lässt, entnehmen Sie der Checkliste auf der folgenden Seite.

→ Projektmanagement, S. 92

Die Entwicklung von Innovationen ist häufig geprägt durch bereichsübergreifende Projektarbeit. Hierbei kommt es u. a. darauf an, ein Klima zu schaffen, das Bereichsinteressen den Interessen des gesamten Unternehmens unterordnet.

Auf CD-ROM

Checkliste: So fördern Sie Innovationen

- Schaffen Sie Anreizsysteme, z. B. durch eine Prämierung von Verbesserungsvorschlägen.
- Setzen Sie sich für eine zielgerichtete Weiterbildung der Mitarbeiter ein.
- Initiieren Sie ein betriebliches Vorschlagwesen.
- Sorgen Sie dafür, dass Ihre Mitarbeiter in die Unternehmensentwicklung einbezogen werden. Die Kenntnis von strategischen Entwicklungsrichtungen und die Identifikation der Mitarbeiter mit ihnen fördert kreative Potentiale.
- Flache Hierarchien und kurze Entscheidungswege fördern nicht nur die Eigenverantwortung, sondern auch die Kreativität.
- Setzen Sie in Meetings *Kreativitätstechniken* (S. 468) ein.

Vorreiter oder Verfolger?

Innovationsstrategien

Vom Grundsatz her gibt es zwei Innovationsstrategien: den Vorreiter und den Verfolger.

Eine Vorreiterrolle ist nur bei Innovationen möglich, die auf dem für sie relevanten Markt eine Neuheit darstellen. Durch die Kommerzialisierung seiner Idee wird der Anbieter zum Monopolist.

Beispiel:

Zur Fußballweltmeisterschaft 1954 trat die deutsche Nationalmannschaft mit einer echten Innovation an: Adi Dassler (Adidas) hatte für die Fußballschuhe auswechselbare Stollen entwickelt, die je nach Bodenbeschaffenheit in verschiedenen Längen zur Verfügung standen. Dass diese Schuhe zum letztendlichen Sieg der deutschen Mannschaft geführt haben, ist zumindest eine oft erzählte Geschichte – dazu beigetragen haben sie allemal.

Der Erste ist man oft nur für kurze Zeit

Die Rolle als Vorreiter ist meist zeitlich beschränkt, da andere Anbieter versuchen werden, das innovative Produkt bzw. die Dienstleistung zu kopieren. Eine gewisse Schutzfunktion bieten Patente und Markenrechte, die allerdings mit Kosten verbunden sind.

Vorteile des Vorreiters	Nachteile
• Als einziger Anbieter ist man Marktführer und kann die Bedingungen festlegen. • Sicherung der Position durch Patente und Schutzrechte möglich.	• Erhöhtes Risiko, da die Reaktion des Marktes nicht bekannt ist. • Hohe Vorleistungen in Forschung und Entwicklung und in der Markterschließung mit ungewisser Amortisation. • Zwang, ständig etwas Neues zu entwickeln und Vorreiter zu sein.

Der Verfolger versucht, bereits auf dem Markt befindliche Innovationen für sich zu nutzen.

Verfolgerstrategie

Beispiel:

So dauerte es nicht lange, bis auch andere Hersteller von Fußballschuhen für ihre Modelle auswechselbare Stollen anboten (Nachentwicklungen).

Dadurch trägt der Verfolger ein deutlich geringeres Risiko, muss sich allerdings zumindest zu Beginn den Bedingungen (z. B. dem Preis) des Monopolisten anpassen. Weil er jedoch am eigenen Forschungs- und Entwicklungsaufwand sparen kann, hat er auch Kostenvorteile.

Achtung:

Unter der Verfolgerstrategie ist ausdrücklich nicht das widerrechtliche Kopieren von Produkten (Herstellung von Plagiaten) zu verstehen. Dabei handelt es sich um einen strafbaren Bruch des Markenrechts durch die Aneignung fremden geistigen Eigentums.

Just-in-time

Just-in-time ist ein Organisations- und Steuerungskonzept für die Produktion auf Abruf. Es erfordert eine flexible Anpassung der kurzfristigen Kapazitäts- und Materialbedarfsplanung an die aktuelle Fertigungs- und Auftragssituation. Just-in-time ist sowohl innerhalb eines Unternehmens möglich als auch zwischen verschiedenen Unternehmen im Rahmen einer Zulieferkette.

engl. *just in time* „termingerecht", „gerade rechtzeitig"

Durch Just-in-time wird die Produktion auf allen Fertigungsstufen in die Lage versetzt, die richtigen Teile am richtigen Ort, in der richtigen Menge, zum richtigen Zeitpunkt und in der richtigen Qualität zu erhalten bzw. zu liefern.

Zwei Arten: verbrauchs- und bedarfsorientiert

Die Planung und Ausgestaltung des Materialflusses und der damit verbundenen Informationen erfolgt entweder verbrauchsorientiert oder bedarfsorientiert.

Supermarktprinzip

Bei der **Verbrauchsorientierung** lautet das Motto: „Produziere heute das, was gestern verbraucht wurde." Es wird demnach ein Teil immer dann gefertigt und im Unternehmen (bzw. zwischen Unternehmen) weitergegeben, wenn sein Bestand auf ein bestimmtes Maß abgesunken ist. Der tatsächliche Warenverbrauch determiniert also die Bestellpolitik (Supermarktprinzip).

Synchronfertigung

Bei der **Bedarfsorientierung** lautet das Motto: „Produziere heute das, was morgen gebraucht wird". Dieses Schema ist auch unter dem Begriff „Synchronfertigung" bekannt. Synchronfertigung ist die „hohe Kunst" der *Fertigungsplanung*, insbesondere wenn mehrere Unternehmen (Zulieferer und Finalproduzenten) involviert sind. Das Just-in-time-Konzept soll sichern, dass (auch in anderen Unternehmen hergestellte) Zulieferteile immer im richtigen Augenblick, also nicht zu spät, aber auch nicht zu früh, vor Ort sind.

Bedeutsam ist Just-in-time vor allem dann, wenn beim Finalproduzenten im Fließprinzip gefertigt wird und die Anordnung der Arbeitsstationen entsprechend der Arbeitsabläufe erfolgt (Continuous

Flow Manufacturing, CFM). Werden nun je nach konkreter Fertigung immer wieder andere Teile benötigt, ist Just-in-time besonders wichtig, denn nur dann lassen sich die Vorteile des CFM auch wirklich nutzen.

Beispiel Automobilindustrie:

Just-in-time wurde zuerst in der Automobilindustrie eingeführt. Hier waren die Voraussetzungen, nämlich Fließfertigung und eine Vielzahl sich häufig (je nach gerade gefertigtem Wagen) ändernde Zulieferungen besonders gegeben. Inzwischen ist das Prinzip aber auch in anderen Bereichen der Industrie etabliert.

Ziel und Nutzen von Just-in-time

Mit dem Just-in-time-Konzept in der Produktion und Logistik werden u. a. folgende Ziele verfolgt:

Ziele von Just-in-time – Überblick

- Vermeidung von Warteschlangen vor den einzelnen Bearbeitungsstationen und damit auch der Wartezeiten
- Verkürzung von Rüst- und Einrichtezeiten
- Reduzierung der Durchlaufzeiten und flexibles Reagieren auf Änderungen
- Optimale Losgröße in Fertigung und Montage
- Reduktion der gelagerten Mengen (Material und Rohstoffe, auch in Zwischenlagern) und damit Reduzierung der Kapitalbindung und Lagerkosten.

Durch ein konsequentes Just-in-time-System verkürzen sich die *Durchlaufzeiten* in der Produktion, was wiederum zu einer Verminderung des gebundenen Kapitals führt.

Werden gleichzeitig die Zulieferer eingebunden, reduzieren sich die Lagerkosten erheblich. Einerseits, weil dann weniger Kapital in Lagerbeständen gebunden ist, andererseits, weil das Unternehmen auf weniger Lagerfläche angewiesen ist. Damit entfallen Lagerunterhaltskosten bzw. –miete, Kosten für die Einrichtung oder Instandhaltung, Personalkosten für Lagermitarbeiter usw. Nur noch die

Menge, die für die laufende Produktion bestimmt ist, sollte idealerweise (in kleinen Lagern) vorrätig sein.

Ein weiterer positiver Effekt von Just-in-time liegt darin, dass sich die Risiken beim Einkauf minimieren.

Beispiel:

Durch schnelle technische Entwicklungen, durch Diversifizierungen hergestellter Produkte, aber auch durch wechselnde Modetendenzen reduzieren sich die Stückzahlen aufgelegter Serien immer mehr. In der Automobilindustrie ist dies besonders deutlich. Schreitet der technische Fortschritt außerordentlich schnell voran, können auf Lager liegende Teile schnell veralten. Müssen sich die Unternehmen neuen Kundenwünschen (oder auch dem Wettbewerb) rasch anpassen, sind sie dazu besser in der Lage, wenn nicht zunächst alte Bestände aufgearbeitet werden müssen.

Wer *just in time* produziert, hat letztlich also auch erhöhte Chancen, auf Marktveränderungen rechtzeitig zu reagieren.

Was Just-in-time für Lieferanten bedeutet

Just-in-time ist kein „Wundersystem". Flexibilität und Vorausplanung von Produktionsmengen lassen sich nur bis zu einem bestimmten Genauigkeitsgrad erreichen.

Häufig sind auch die Vorteile für den Finalproduzenten mit Nachteilen für den oder die Zulieferer verbunden. So verlagert sich die erforderliche Vorratshaltung vom Finalisten auf den Lieferanten (und auf die Transportwege zwischen beiden). Der Lieferant hat den logistischen Aufwand zu treiben, den der Finalproduzent aus Kostengründen scheut.

Dem können Lieferanten entgegenwirken, etwa mit der Verlagerung ihrer Produktionsstätte in die Nähe des Auftraggebers. Doch das ist auch riskant, vergrößert sich dadurch doch die Abhängigkeit zum Kunden weiter. Auch ist das Abfangen kurzfristiger Bedarfsspitzen auf diese Weise nicht möglich.

Tipp: Kalkulation bei Just-in-time

All die Maßnahmen, die beim Zulieferer zu erhöhtem Aufwand führen, müsste dieser eigentlich in seine Angebotspreise einkalkulieren. Tut er das nicht, schmälert er zumindest seine Gewinnmarge, im Extremfall gefährdet er seine Existenz. Die Frage, inwieweit ihm das tatsächlich möglich ist, hängt natürlich auch von seiner Markt- und damit Verhandlungsstärke ab.

Andererseits ist aber zu bedenken: Marktgesetze können nicht ausgehebelt werden. Überzieht der Auftraggeber seine Forderungen und Preisvorstellungen, wird der Zulieferer aus dem Markt ausscheiden und gar nicht mehr liefern können. Und das ist nun auch nicht im Sinne einer Kostenersparnis beim Abnehmer.

Kaizen

Kontinuierlicher Verbesserungsprozess

Die aus Japan kommende Philosophie des Kaizen beschreibt einen kontinuierlichen Verbesserungsprozess, der unter Einsatz des gesunden Menschenverstands und geringer finanzieller Mittel langfristig zum Erfolg führt. Die Verbesserung rührt her aus dem stetigen Streben nach innerer und äußerer Harmonie.

Kein radikaler Wandel

Das japanische Wort Kaizen bedeutet übersetzt „die Chance zum Besseren hin“ (*Kai* = Veränderung, *Zen* = gut, zum Besseren). In Japan findet diese Philosophie sowohl im Arbeitsleben als auch im Privatbereich Anwendung. Kaizen bezeichnet dabei für sich allein nur die Verbesserung, d. h. dass der gegenwärtige Zustand als solcher akzeptiert und nach einer Analyse modifiziert fortgeschrieben wird. So wird das Streben nach ständiger, systematischer und schrittweiser Verbesserung zum Ausdruck gebracht.

Die Anwendung von Kaizen hat sich in Europa unter der Bezeichnung des kontinuierlichen Verbesserungsprozesses (KVP) durchgesetzt. Mit gleicher inhaltlicher Bedeutung wird Kaizen im angloamerikanischen Sprachraum als Continuous Improvement bzw. Continuous Improvement Process (CIP) bezeichnet.

Was Kaizen für die Qualität bedeutet

Der Kunde steht im Vordergrund

Kaizen kann als übergeordnete, allumfassende Strategie beschrieben werden, die auf der Erkenntnis beruht, dass die Kunden zufrieden gestellt und ihre Anforderungen erfüllt werden müssen, will ein Unternehmen erfolgreich wirtschaften und in Zukunft weiter bestehen. Als zentraler Ansatzpunkt für dieses Ziel wird Qualität angesehen, deren Steigerung dann wiederum zu höherer Produktivität führt. Qualität ist dabei nicht nur die Produktqualität, sondern die Qualität des gesamten Unternehmens, worin alle Aktivitäten miteinbezogen sind.

Demgemäß wird Kaizen als eine kundenorientierte Verbesserungsstrategie aufgefasst, die voraussetzt, dass alle Aktivitäten im Unternehmen schließlich zu einer Steigerung der Kundenzufriedenheit führen sollen.

Kaizen ist ein kontinuierlicher Prozess, eine evolutionäre Vorgehensweise in kleinen Schritten, der ständig erfolgt und nie als abgeschlossen betrachtet wird. Es handelt sich damit um eine permanente, nicht endende Folge von kleinen Verbesserungen aller betrieblichen Elemente unter Einbeziehung aller Mitarbeiter, Führungskräfte und der Geschäftsleitung.

Wichtig: Die Mitarbeiter werden ins Boot geholt

Die Methode setzt bei den Menschen an: Der Kaizen-Prozess fördert die Motivation der Mitarbeiter und ihre Identifikation mit den Arbeitsinhalten. Dies geschieht durch die konsequente Einbindung der Mitarbeiter in die Gestaltung der Prozesse.

Im Unternehmensbereich stellt Kaizen ein bedeutendes Managementkonzept dar, das das ständige Streben nach Qualitätssicherung und -verbesserung zum Inhalt hat.

Wie Kaizen umgesetzt wird

Lösungssuche in Workshops

Wichtigstes Element ist der Workshop. Darin analysieren die Teilnehmer – in der Regel Mitarbeiter des zu untersuchenden Bereichs – unter Anleitung eines eigens dafür ausgebildeten Moderators die eingeführten Arbeitsprozesse und erarbeiten Verbesserungsmöglichkeiten zu festgestellten Schwachstellen. Die Realisierung der erarbeiteten Lösungsvorschläge erfolgt in der Regel durch die Teilnehmer selbst unmittelbar im Anschluss an den Workshop.

Kaizen umfasst folgende grundlegende Methoden zu seiner Umsetzung:

Methoden des Kaizen

- Standardisierung von Prozessen im Unternehmen
- Durchgängigkeit der Unternehmenspolitik: Alle Aktivitäten im Unternehmen – durch sämtliche Hierarchieebenen hindurch – sollen aufeinander abgestimmt sein. In die Planung werden die einzelnen Bereiche umfassend einbezogen, um einen in sich geschlossenen Plan zu erhalten.
- Funktionsüberschneidendes Management: Koordinierung der Aktivitäten verschiedener organisatorischer Einheiten, die in der Unternehmenshierarchie nebeneinander stehen und ansonsten nicht direkt miteinander verbunden wären.
- *Just-in-time*
- *Total Quality Management*

Vorteile des Kaizen

Beim Kaizen geht die Initiative von der Gruppe aus. Der Prozess, einmal angestoßen durch erkannte Missstände, wiederholt sich ständig. Erreicht werden dabei je nach konkreter betrieblicher Situation Effekte wie

- Kosteneinsparung, Senkung der Ausschusszahlen,
- Senkung der Lagerbestände, Platzersparnis,
- verbesserte Wert- und Instandhaltung,
- verbessertes Betriebsklima,
- verbesserte Kommunikation innerhalb des Unternehmens, aber auch nach außen,
- Erhöhung der Eigenverantwortung der Mitarbeiter,
- Steigerung der Arbeitsmoral.

Tipp:

Werden Fehler erkannt, sollten Sie nicht nach Sündenböcken suchen, sondern nach den Ursachen. Sehen Sie das Erkennen von Fehlern als Chance an, dazuzulernen.

Grenzen des japanischen Ansatzes

Auf kulturelle Gegebenheiten achten

Kaizen ist aus einer Unternehmenskultur entstanden, wie sie für das fernöstliche Arbeitsleben typisch ist. Problemlos übertragbar auf mitteleuropäische Bedingungen sind eine Vielzahl von Grundgedanken, wie die Orientierung auf Prozesse, Konzentration auf das Kerngeschäft oder die Planung mit Budgets in verschiedenen Zeitebenen.

Nicht einfach zu adaptieren allerdings sind die Anforderungen des Kaizen, die aus den gesellschaftlichen Rahmenbedingungen in Japan resultieren: Hierzu gehören etwa eine starke Gruppenorientierung, auch die Unterordnung unter die Gruppe, eiserne Disziplin und Perfektionismus in der Leistungserbringung.

Dennoch: Das Grundprinzip, einen permanenten Learning-by-doing-Prozess anzustoßen, der in kleinen, aber eben gerade dadurch durchführbaren Schritten zum Erfolg führt, wird inzwischen auch in Deutschland erfolgreich angewendet.

Kapazität

Unter der Kapazität eines Unternehmens versteht man die mithilfe des vorhandenen Betriebsmittelbestands tatsächlich erbringbaren Leistungen. Sie ist damit das Leistungsvermögen eines Betriebs in einer bestimmten Zeiteinheit.

Quantitative Kapazität

Quantitative Kapazität ist die Menge, die mit den vorhandenen Betriebsmitteln hergestellt werden kann. Dabei sind die folgenden Arten zu unterscheiden:

- **Maximalkapazität**: technisch gesehen die höchstmögliche Leistung

Optimalkapazität: Die Inanspruchnahme, bei der das Betriebsmittel (bzw. die Gesamtheit der Betriebsmittel eines Betriebs) den günstigsten Wirkungsgrad hat. Die Optimalkapazität liegt im Allgemeinen unter der Maximalkapazität.

- **Normalkapazität:** Das Leistungsvermögen des Betriebs bei normaler Inanspruchnahme der Betriebsmittel, normaler Besetzung der Arbeitsplätze und normaler Leistung der Arbeitskräfte. Die Normalkapazität sollte möglichst nahe an der Optimalkapazität liegen.
- **Minimalkapazität:** Das Leistungsvermögen, das aus technischen oder wirtschaftlichen Gründen nicht unterschritten werden kann.

Beispiele für Minimalkapazität

Mindestgeschwindigkeit einer Fertigungsstraße; technologisch bedingte Geschwindigkeit bei Prozessen, wie chemische Reaktionen oder Härten von Metallen, Mindestleistung, um bestehende Fixkosten zu decken.

Die tatsächlich genutzte Kapazität wird auch als Ausbringungsmenge bezeichnet. Sie ist die Basis für die Berechnung des Beschäftigungsgrads.

Errechnet sich mit der Kapazität: Beschäftigungsgrad

Der Beschäftigungsgrad drückt die Ausnutzung der Kapazität in einem Prozentsatz aus und ist ein wesentlicher Einflussfaktor auf die Kosten. Er kann sich auf die Normalkapazität oder auf die Maximalkapazität beziehen. Wichtige Kennzahl

$$\text{Beschäftigungsgrad} = \frac{\text{Ausbringungsmenge}}{\text{normale bzw. maximale Kapazität}} \times 100$$

Formel

Achtung:

Es ist demzufolge wichtig, beim Beschäftigungsgrad die Bemessungsgrundlage anzugeben!

Qualitative Kapazität

Betriebsmittel haben üblicherweise eine Ausbringungsmenge, bei der ihre qualitativen Leistungen optimal sind. Werden diese Leistungsmengen nicht abgerufen, hat das qualitativ geringere Ergebnisse zur Folge. Auf die Wirtschaftlichkeit hat das ähnliche Auswirkungen wie die zu geringe Auslastung der quantitativen Kapazität.

Gleiches gilt, wenn Betriebsmittel von den qualitativen Leistungsanforderungen her nicht ausreichend beansprucht werden.

Beispiel: Qualitative Über- oder Unterforderung

Überforderung: Im innerstädtischen Tiefbau ist aufgrund des häufig dichten unterirdischen Leitungsnetzes der Einsatz von Baggern nicht optimal. Diese können zwar quantitativ größere Mengen bewältigen, erfüllen bei normalem Arbeitstempo jedoch nicht die qualitativen Anforderungen an die Vorsicht und Genauigkeit.

Unterforderung: Eine Maschine, die aufgrund ihrer Konstruktion in der Lage ist, auf einen Tausendstel Millimeter genau zu schleifen, ist bei einem Einsatz zum Schärfen von Werkzeugen unterfordert und damit zu teuer.

Kennzahlen

Betriebswirtschaftliche Kennzahlen sind Zahlen, die sich auf bestimmte betriebliche Sachverhalte beziehen und eine besondere Aussagekraft beinhalten. Sie lassen Aufschlüsse über die wirtschaftliche Stärke und die Entwicklung eines Unternehmens zu und sind eine zentrale Größe im Controlling. Aber auch in anderen Bereichen des Unternehmens und in volkswirtschaftlichen Zusammenhängen spielen Kennzahlen eine Rolle.

Andere Bezeichnungen, die gelegentlich synonym verwendet werden, sind Begriffe wie: Kennziffern, Kontrollziffern, Messzahlen, Richtzahlen, Schlüsselzahlen, Standardzahlen u. Ä. Kennzahlen informieren in präziser und zusammengefasster Form über wichtige betriebswirtschaftliche Tatbestände und die Entwicklung eines Unternehmens, seiner Teilbereiche, seiner Funktionen oder seiner Prozesse. In der Praxis werden Kennzahlen vor allem im Controlling und bei der Unternehmenssteuerung, etwa der Zielfestlegung, verwendet. Prominente Beispiele sind Gewinn, Rentabilität oder Deckungsbeitrag.

Systematisierung von Kennzahlen

Betriebswirtschaftliche Kennzahlen lassen sich nach vielen verschiedenen Gesichtspunkten gliedern. Einen Überblick über mögliche Gliederungen gibt die Abbildung auf der nächsten Seite. Einige wichtige Systematisierungsgesichtspunkte hieraus sollen erläutert werden.

Von Umsatz bis Mitarbeiter: absolute Zahlen

Kennzahlen können als absolute Größen oder Verhältniszahlen gebildet werden. Absolute Zahlen sind häufig Einzelzahlen, wie z. B. „Umsatz" oder „Anzahl der Lagerpositionen". Es gibt aber auch noch andere Möglichkeiten.

Beispiele für absolute Zahlen:

- Summenzahlen: Bilanzsumme, Anlagevermögen, Umlaufvermögen, Lohnsumme
- Differenzen: der Gewinn als Differenz zwischen Erträgen und Aufwendungen, das Deckungsbeitragsvolumen als Differenz zwischen Umsatz und variablen Kosten
- Mittelwerte oder Durchschnittszahlen: Anzahl der durchschnittlichen Bestellpositionen, durchschnittliche Anzahl der Mitarbeiter

Kennzahlenarten

Systematisierungsmerkmal	Kennzahlenarten
Betriebliche Funktionen	Kennzahlen aus dem Bereich Beschaffung; Lager; Produktion; Absatz; Service Logistik; Personal; DV; Finanzen; Abschluss
Quellen im Rechnungswesen	Kennzahlen aus Buchhaltung; Bilanz; Kostenrechnung; Casflow-Rechnung
Aussageumfang	Teilbetriebliche Kennzahlen; Gesamtbetriebliche Kennzahlen; Zwischenbetriebliche Kennzahlen
Planungsgesichtspunkte	Plan-/Sollkennzahlen; Wird-Kennzahlen; Istkennzahlen Operative Kennzahlen; Strategische Kennzahlen
Quantitative/ Zeitliche/ Inhaltliche Struktur	Gesamtgrößen; Teilgrößen Zeitpunktgrößen; Zeitraumgrößen Mengengrößen; Wertgrößen
Statistische/ Methodische Gesichtspunkte	Absolute Zahlen Einzelzahlen; Summen; Differenzen; Mittelwerte Verhältniszahlen Beziehungszahlen; Gliederungszahlen; Indexzahlen

Von Pro-Kopf-Umsatz bis Aktienindex: Verhältniszahlen

Den Verhältniszahlen wird gegenüber den Einzelzahlen eine größere Aussagekraft beigemessen. Verhältniszahlen werden durch Division aus zwei absoluten Zahlen gebildet. Die zu messende Größe wird im Zähler des Bruchs, die als Maß dienende Größe im Nenner des Bruchs abgebildet.

Beispiel:

Formel

$$\text{Pro-Kopf-Umsatz} = \frac{\text{Umsatz}}{\text{Anzahl der Mitarbeiter}}$$

Bei den Verhältniszahlen lassen sich Beziehungszahlen, Gliederungszahlen und Indexzahlen unterscheiden.

Beziehungszahlen setzen zwei unterschiedliche Größen, die sich auf den gleichen Zeitraum oder Zeitpunkt beziehen zueinander ins Verhältnis.

Beziehungszahlen

Beispiel:

$$\text{Rentabilität} = \frac{\text{Gewinn}}{\text{eingesetztes Kapital}} \times 100$$

Formel

Gliederungszahlen sollen eine Struktur der in Beziehung zueinander gesetzten Größen abbilden. Die in den Zähler gesetzte Zahl ist in der Regel eine Teilgröße der im Nenner aufgeführten Gesamtgröße.

Gliederungszahlen

Beispiel:

$$\text{Eigenkapitalquote} = \frac{\text{Eigenkapital}}{\text{Gesamtkapital}} \times 100$$

Formel

Indexzahlen finden Verwendung, wenn man z. B. die zeitliche Entwicklung einer Größe darstellen will. Soll etwa die Umsatzentwicklung im Zeitablauf beschrieben werden, nimmt man den Umsatz des Ausgangsjahrs als Basisgröße und setzt die Umsätze der folgenden Jahre dazu in Beziehung, wie das Beispiel zeigt. Als Basisgröße wird meist der Wert 1 oder auch 100 gesetzt.

Indexzahlen

Beispiel:

Jahr	Umsatz in TEUR	Index
2004	65.380	1,000
2005	64.895	0,993
2006	69.750	1,067

Indexzahlen werden häufig auch verwendet, um gesamtwirtschaftliche Entwicklungen zu verdeutlichen, z. B. über die vom Statistischen Bundesamt veröffentlichten Zahlen zum Lebenshaltungsindex.

Mit Plan-, Ist- und Sollzahlen steuern

Im Controlling spielen Kennzahlen eine besonders wichtige Rolle. Sie werden z. B. zur Konkretisierung der Planung vorgegeben (etwa Umsatz) und später erfasst, um Abweichungen festzustellen. Unterschieden wird dabei in

- Planzahlen,
- Ist-Zahlen (einschließlich dem sog. „voraussichtlichen Ist"),
- und Normzahlen: Normzahlen werden aus dem Ist vergangener Jahre entwickelt und dienen der Vereinfachung der Planung.

Beispiel Normzahlen:

Unternehmer Schmidt hat nach der Erfassung aller mit dem Fahrzeug verbundenen Kosten festgestellt, dass sein Firmenwagen im vergangenen Jahr Kosten in Höhe von 10.070 € verursacht hat. Die Fahrleistung betrug 26.500 km. So gelangt er zu Kosten von 0,38 €/km. Diese Kosten pro km setzt er für das kommende Jahr als Normkosten an.

Sollzahlen

Plan- und Istzahlen lassen sich nur direkt miteinander vergleichen, wenn sie sich auf die gleiche hergestellte Menge beziehen. Das wird selten der Fall sein. Weicht die tatsächlich hergestellte Menge von der geplanten Menge ab, ist es sinnvoll, Sollzahlen (z. B. für die Kosten) zu ermitteln: Ein Teil der Kosten (nämlich die Fixkosten) ändert sich mit der Mengenänderung nicht, diese kann man also 1:1 übernehmen. Die variablen Kosten sind jedoch von der hergestellten Menge abhängig. Die Sollkosten, die dann mit den tatsächlich entstandenen Istkosten verglichen werden, berechnen sich also wie folgt:

Formel Sollkosten

$$\text{Sollkosten} = \text{Fixkosten} + \frac{\text{Istmenge}}{\text{geplante Menge}} \times \text{geplante variable Kosten}$$

Grenzen von Kennzahlen

Kennzahlen für sich allein genommen sind nur begrenzt aussagefähig, sie müssen sorgfältig interpretiert werden. Dabei sind besonders folgende Einschränkungen zu beachten:

- Kennzahlen beziehen sich auf die Vergangenheit. Das lineare Fortschreiben in die Zukunft ist nur unter eingeschränkten Bedingungen möglich.
- Insbesondere bei Verhältniszahlen können gleichgerichtete Veränderungen bei Zähler und Nenner zu einer unveränderten Kennzahl führen, obwohl sich die Ausgangswerte eventuell deutlich geändert haben.

Beispiel:

Verändert sich das Eigenkapital von 200.000 € durch wirtschaftliche Verluste um die Hälfte auf 100.000 € und gleichzeitig das Gesamtkapital von ursprünglich 800.000 € auf 400.000 € (z. B. durch die Rückzahlung eines Kredits i. H. v. 300.000 €), bleibt die Eigenkapitalquote von 25 % bestehen, die absolute Haftungssumme hat sich jedoch halbiert.

- Durch Wechselwirkungen zwischen Kennzahlen können sich Änderungen gegenseitig aufheben.
- Die Ursachen von Veränderungen sind nicht aus einzelnen Kennzahlen erkennbar.
- Nicht sinnvolle Zusammenstellungen führen zu nicht relevanten Ergebnissen.
- Insbesondere bei Verhältniszahlen werden durch den Rechenvorgang Scheingenauigkeiten erzeugt, die bei unsicheren Ausgangswerten nicht gegeben sind. (Ein Ergebnis kann immer nur so genau sein wie die Ausgangsgrößen.)

Kennzahlensysteme

Unter einem Kennzahlensystem versteht man eine Zusammenstellung verschiedener Einzelkennzahlen in einer sinnvollen Beziehung zueinander, sodass sich die Einzelkennzahlen gegenseitig ergänzen und erklären und insgesamt über das System der Kennzahlen eine bessere Aussagekraft zum untersuchten Sachverhalt erreicht wird.

Da auf eine Kennzahl eine Vielzahl unterschiedlicher Faktoren in komplexer Art einwirken können, liefert die Kennzahl (und ihre Entwicklung) zwar einen schnellen Überblick, lässt aber durch die komprimierte Darstellung des zugrunde liegenden Sachverhalts keine Rückschlüsse auf die Entwicklung der einzelnen einwirkenden Faktoren zu. Mit der Verknüpfung oder Zusammenstellung mehrerer betrieblicher Kennzahlen zu einem Kennzahlensystem lässt sich dieser Nachteil reduzieren und die Aussagekraft erhöhen.

Ein Kennzahlensystem ist grundsätzlich auf die individuellen Besonderheiten des einzelnen Unternehmens abzustellen. Wichtig dabei ist, dass die in das Kennzahlensystem einfließenden Informationen mit dem Berichtswesen des Unternehmens abgestimmt sind.

Beispiel:

Verlangt die Kennzahl „durchschnittlicher Deckungsgrad" Umsätze und Deckungsbeitragsvolumen differenziert für die einzelnen Produkte, so muss das Rechnungswesen (die Kostenrechnung) in der Lage sein, die Deckungsbeiträge zu liefern. Voraussetzung dafür ist, dass in der Kostenrechnung mit Teilkosten gearbeitet wird und fixe und variable Kostenbestandteile getrennt ausgewiesen werden.

Individuelle Kennzahlensysteme sind jedoch in der Regel an die typischen als Rechensystem oder Ordnungssystem konzipierten bekannten Kennzahlensysteme angelehnt. Deren Grundgedanke wird übernommen, der individuelle Detaillierungsgrad angepasst.

→ Return on Investment, S. 432

Das wohl bekannteste Kennzahlensystem ist das Return-on-Investment-Kennzahlensystem (Du-Pont-Kennzahlensystem).

Kleine und mittelständische Unternehmen (KMU)

Klein oder mittelständisch ist entsprechend der Empfehlung der EU-Kommission ein Unternehmen, das weniger als 250 Beschäftigte hat, einen Jahresumsatz von höchstens 50 Mio. € oder eine Jahresbilanzsumme von höchstens 43 Mio. € aufweist.

engl. *Small and Medium-sized Enterprises* (SME)

Innerhalb der Gruppe der KMU unterscheidet die EU-Kommission zwischen

- Kleinstunternehmen (weniger als 10 Mitarbeiter und ein Jahresumsatz oder eine Jahresbilanzsumme von höchstens 2 Mio. €),
- kleinen Unternehmen (weniger als 50 Mitarbeiter und ein Jahresumsatz oder eine Jahresbilanzsumme von höchstens 10 Mio. €) und
- mittleren Unternehmen (weniger als 250 Mitarbeiter und ein Jahresumsatz von höchstens 50 Mio. € oder eine Jahresbilanzsumme von höchstens 43 Mio. €).

Kleine und mittelständische Unternehmen sind von der Anzahl her die dominierende Unternehmensgröße in Deutschland. Für die Einordnung in diesen Bereich ist die Rechtsform des Unternehmens nicht entscheidend, lediglich seine Größe.

Neben der oben aufgeführten Definition der EU-Kommission gibt es in anderen Bereichen auch abweichende Festlegungen zur Größe (z. B. durch das Institut für Mittelstandsforschung). Die Einordnung in den Bereich der KMU zieht in Deutschland u. a. den Zugang zu bestimmten Fördermöglichkeiten nach sich.

Konstitutive Entscheidungen

Konstitutive Entscheidungen sind die wesentlichen Entscheidungen, die den Bestand des Betriebs erst ermöglichen und seine Gesamterscheinung bestimmen.

Diese Entscheidungen werden vor oder mit der Unternehmensgründung getroffen und sind dadurch gekennzeichnet, dass sie gar nicht oder nur schwer und unter Kostenaufwand wieder rückgängig gemacht oder verändert werden können. Sie sollten deshalb mit größtmöglicher Voraussicht getroffen werden.

→Standortentscheidung, S. 105, Rechtsform, ab S. 583

Die wesentlichen konstitutiven Entscheidungen sind die

- Frage des Standorts und die
- Frage der Rechtsform des Unternehmens.

Kontinuierlicher Verbesserungsprozess (KVP)

Siehe *Kaizen*, S. 49.

Kulturtypen

Unter Kulturtypen versteht man repräsentative Ausprägungen verschiedener *Unternehmenskulturen.* Dabei konzentriert man sich auf die wichtigsten Merkmale, um die Komplexität des Phänomens „Unternehmenskultur" zu reduzieren.

Üblicherweise werden die folgenden Kulturtypen unterschieden, wobei man sich im Klaren darüber sein muss, dass diese Unterteilung eine starke Vereinfachung darstellt. Sinn einer solchen Typisierung ist, positive Elemente des für das eigene Unternehmen typischen Kulturtyps zu verstärken und negative Effekte nach Möglichkeit zu vermeiden.

Die Alles-oder-Nichts-Kultur

Die Mitarbeiter sind selbständige Individualisten mit hoher Risikobereitschaft. Geschätzt werden große Ideen, rasches Handeln und ein auffallendes Erscheinungsbild. Schnelles Feedback wird erwartet, Erfolge werden gefeiert und Misserfolge offen gelegt.

Beispiele für typische Unternehmen:

Am ehesten passen Unternehmen wie Devisen- und Finanzmakler, Zeitungen u. a. Medienunternehmen, Werbeagenturen, Marketingabteilungen und Unternehmensberatungen in dieses Schema.

Brot-und-Spiele-Kultur

Im Unternehmen wird harte, aber attraktive Arbeit geleistet. Die Umwelt ist voller Möglichkeiten, die nur genutzt werden müssen. Der Erfolg beruht auf Aktivität und Beharrlichkeit. Das Risiko wird gering eingeschätzt, der Umgangston ist locker und freundlich. Serviceorientierung steht im Vordergrund.

Beispiele:

Autohändler, Makler, Computerfirmen, Verkaufsabteilungen und Konsumgüterfirmen

Analytische Projekt-Kultur

Das Unternehmen und die Mitarbeiter gehen mit hohen Investitionen ein hohes Risiko ein. Das Feedback erfolgt erst nach Jahren. Fehlentscheidungen stellen somit eine große Bedrohung dar. Das bestimmende Ritual sind lange Konferenzen. Alternativen werden sorgfältig analysiert, die Entscheidung wird dann von der Unternehmensspitze getroffen. Fachkompetenz und menschliche Autorität sind Voraussetzungen für den Erfolg. Karriere wird schrittweise gemacht. Emotionen werden nicht gezeigt.

Beispiele:

Forschungsabteilungen und -institute, Stahl- und Energieunternehmen, pharmazeutische und chemische Unternehmen, Produzenten von Investitionsgütern.

Prozess-Kultur

Der Weg ist das Ziel. Fehler dürfen nicht gemacht werden. Die hierarchische Ordnung ist überall spürbar. Statussymbole werden hoch eingeschätzt. Geringe Risikobereitschaft und kaum Feedback führen zu hoher Vorsicht, Genauigkeit, Schema F. Traditionen und eingefahrene Verhaltensmuster prägen die Abläufe. Alles ist berechenbar, Veränderungen sind ein Gräuel.

Beispiele:

Staatlich geführte Unternehmen, Rechnungswesen, Banken und Versicherungen

Bewusst mit der Unternehmenskultur umgehen

→ Unternehmenskultur, S. 109

Zu welcher Unternehmenskultur ein Betrieb auch gekommen ist – es ist das Ergebnis einer langfristigen Entwicklung von Wertvorstellungen, Traditionen, Normen und Denkweisen. Diese lassen sich nicht willkürlich ändern oder bestimmen. Vielmehr gilt es, positiven Seiten, z. B. die in der Unternehmenskultur manifestierte Unternehmensgeschichte, bewusst zu pflegen, um eine gemeinsame Klammer – auch bei räumlich getrennten Unternehmensteilen – zu erhalten.

Lean Production/Lean Management

Lean Production bezeichnet einen Produktionsansatz mit dem Ziel der ständigen Verbesserung, der Vermeidung von Verschwendung, der Kundenorientierung und der Prozessbeherrschung. Erreicht werden soll dies durch konsequente Anwendung eines Qualitätsmanagements und durch flache Hierarchien.

Im Rahmen von Lean Production sollen fertigungstechnische und arbeitsablaufbezogene Strukturen optimiert werden. Hierfür ist eine umfassende Kenntnis der operativen Tätigkeiten im Unternehmen und die Analyse der entscheidenden Prozesse eine wesentliche Voraussetzung. Verschwendungen aller Art sollen vermieden werden.

Dazu gehören u. a. nicht unbedingt erforderliche Zwischenlager, das Vorhalten von Überkapazitäten usw.

Lean Production bedeutet aber auch eine ständige Verbesserung von Prozessen und vor allem ein hervorragendes *Qualitätsmanagement* (Nullfehlerproduktion). Gleichzeitig wird die konsequente Orientierung am Kunden in den Mittelpunkt gerückt.

Achtung:

Durch Lean Production und das daran anknüpfende Konzept des Lean Management dürfen nicht einseitige Kostensenkungsprogramme gefahren werden, die zu Lasten von Innovationsfähigkeit und Kundenorientierung gehen. Nicht Schlankheit an sich kann das Ziel sein, sondern die Abstimmung der verschiedenen Teile des Unternehmens.

Im Lean Management sind die Hierarchien abgeflacht, die Teamarbeit kennzeichnet die Organisation.

Tipp:

Bei der Einsparung von Managementpositionen ist zu bedenken, dass durch die Trennung von Führungskräften auch Know-how verloren geht. Mit dem Wegfall von Führungspositionen sinken auch die Aufstiegschancen für Nachwuchskräfte, denen demzufolge Alternativen geboten werden sollten, will man das eigene Unternehmen attraktiv halten.

Lebenszyklus/Produktlebenszyklus

Produkte und auch Dienstleistungen durchlaufen verschiedene Phasen, in denen sich Umsatz und Gewinn unterschiedlich entwickeln. Diese Phasen von der Einführung des Produkts bis zum Rückgang (und letztlich der Einstellung von Produktion und Angebot auf dem Markt) bezeichnet man als Produktlebenszyklus.

Die Kenntnis darüber, in welcher dieser Phasen sich bestimmte Produkte des eigenen Unternehmens gerade befinden, hat große Bedeutung vor allem für die Produktpolitik, die im Unternehmen betrieben wird.

→ Produktpolitik, S. 498

Lebenszyklusphasen

Vor dem eigentlichen Lebenszyklus eines Produkts liegt die Entwicklungsphase. In ihr werden generell Verluste anfallen. Das resultiert aus der Tatsache, dass zwar Aufwand für Forschung und Entwicklung entsteht, das Produkt aber noch keine Umsätze bringt.

> **Achtung:**
> Nicht immer entsteht aus einer Entwicklung auch ein verkaufsfähiges Produkt.

Die eigentlichen Lebenszyklusphasen sind die

Auf CD-ROM

- Einführungsphase,
- Wachstumsphase,
- Reifephase,
- Sättigungsphase,
- Rückgangsphase.

Die Phasen sind durch folgende Entwicklungen von Umsatz und Gewinn gekennzeichnet:

Phasen des Produktlebenszyklus

Phase	Umsatz	Gewinn
Einführung	langsam ansteigend	Gewinnschwelle wird am Ende der Einführungsphase erreicht und überschritten
Wachstum	stark ansteigend, erste Konkurrenten kommen auf den Markt und übernehmen Teile des Umsatzes	zunächst stärker, gegen Ende der Wachstumsphase langsamer ansteigend
Reife	immer langsamer ansteigend, gegen Ende erreicht der Umsatz sein Maximum	nur noch schwach ansteigend oder konstant
Sättigung	zunächst konstant, beginnt dann abzusinken	rückläufig
Rückgang	(stark) rückläufig	stark rückläufig, später in Verluste übergehend

Typische Entwicklung von Umsatz und Gewinn über die Produktlebenszyklusphasen

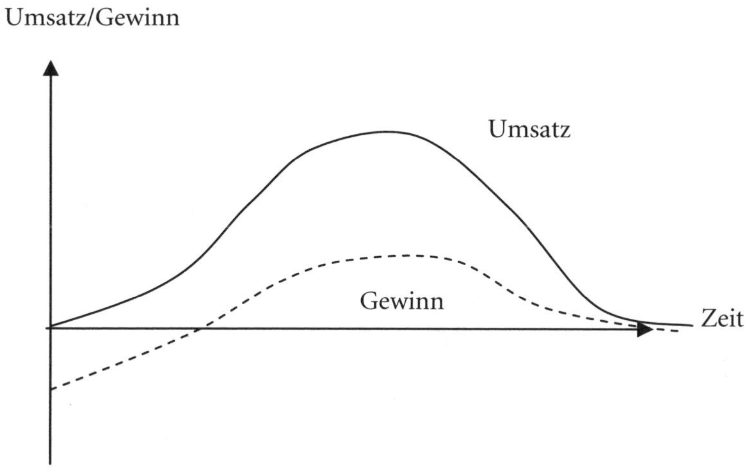

Lebenszyklus bei Dienstleistungen

Auch Dienstleistungen haben einen Lebenszyklus. Zwar handelt es sich hier nicht um „lagerbare" Produkte. Dennoch ändert sich das Angebot an bestimmten Dienstleistungen im Zeitablauf – ganz einfach, weil sie mehr oder weniger nachgefragt werden.

Insbesondere dann, wenn Dienstleistungen an bestimmte Produkte gebunden sind, z. B. Beratungen zur Installation usw., ist ihr Lebenszyklus an den des Produkts gebunden. Andererseits gibt es auch immer wieder Dienstleistungen, die schlicht aus der Mode kommen, weil sich das gesamte gesellschaftliche Umfeld geändert hat.

Beispiel für überholte Dienstleistungen:

Es ist noch keine hundert Jahre her, dass Reisende von „Sesselträgern" in einer Sänfte auch durch deutsche Mittelgebirge getragen wurden, um ihnen bestimmte Sehenswürdigkeiten zu zeigen.

Ziele der Betrachtung nach Lebenszyklen

Die Lebenszyklusbetrachtung hat zum Ziel, den Ablauf der einzelnen Unternehmensprozesse während aller Phasen hinsichtlich

- der entstehenden Kosten,
- der zu erwartenden Erlöse und
- der benötigten Zeit

zu optimieren.

Eine Lebenszyklus-Kostenrechnung stellt eine Kombination zwischen Investitions- und Kostenrechnung dar und soll

- die einmaligen (mit der Investition verbundenen) und
- die periodischen (mit dem laufenden Betrieb verbundenen)

Kosten- und Erlöseinflussgrößen berücksichtigen. Die dabei gewonnenen Erkenntnisse über alle Phasen hinweg unterstützen die Entscheidungen über die Produktgestaltung, Produktvermarktung, Produktionsverfahren usw. und liefern für neu geplante Entwicklungen eine verlässliche Entscheidungsgrundlage.

Tipp:

Zwischen den einzelnen Phasen bestehen enge Beziehungen. So werden z. B. in der Entwicklungsphase eines Produkts bereits mehr als 80 % der zu erwartenden laufenden Produktionsstückkosten festgelegt. Des Weiteren lassen Einsparungen bei den Investitionen häufig höhere Folgekosten (z. B. Wartungskosten) erwarten.

Achtung:

Nicht nur der Lebenszyklus der Produkte, sondern auch die Lebenszyklen der Kunden-, Lieferanten- und Mitarbeiterbeziehungen müssen im Management die nötige Beachtung finden.

Logistik

Logistik ist der Bereich einer Organisation, der sich mit den Problemen und Lösungen der Güterverteilung in Lager- und Produktionsstätten befasst.

Tätigkeiten, die sich auf die bedarfsgerechte, nach Art, Menge, Raum und Zeit abgestimmte Bereitstellung von Produkten beziehen, zählen also zur Logistik. Mit der Logistik beschäftigen sich ganze Branchen, wie z. B. Speditionen und Verpackungsbetriebe. Andere Branchen benötigen logistische Systeme, damit die Ware den Kunden in der richtigen Qualität und Quantität erreichen.

Je nach Branche und produktionstechnischer Notwendigkeit innerhalb des Unternehmens sind Beschaffungs-, Produktions- und Distributions- oder Marketinglogistik zu organisieren.

→Just-in-time, S. 46

Aufgabenfelder der Logistik

Die Aufgaben, die von der Logistik übernommen werden, betreffen fast alle Bereiche im Unternehmen. Dazu gehören etwa:

- Transport (außerbetrieblich und innerbetrieblich)
- Lager und Kommissionierung
- Beschaffungslogistik: Materialbeschaffung, Materialeingang und -bereitstellung
- Produktionslogistik: Planung und Steuerung der Fertigung
- Absatzlogistik: Auftragsabwicklung, Verpackung, Warenausgang
- Service- und Ersatzteillogistik
- Entsorgungslogistik

Logistikkosten

Logistische Prozesse lassen sich oft nur schwer von den üblichen Abläufen im Unternehmen trennen. Das führt dazu, dass der Aufwand, die mit den logistischen Abläufen verbundenen Kosten zu erfassen, oft höher erscheint, als der mit einer Optimierung verbundene Nutzen.

Beispiel:

Innerhalb eines Unternehmens werden permanent Teile transportiert und zwischengelagert. Diese Prozesse – oft dauern sie nur Minuten – lassen sich nur begrenzt erfassen. In ihrer Gesamtheit führen sie jedoch zu erheblichem Aufwand.

Trotz dieser Problematik sollten zumindest die wesentlichen Logistikkosten regelmäßig erfasst werden. Sie fallen z. B. in folgenden Bereichen an:

- Steuerungs- und Systemkosten (Kosten für die Disposition des Materialflusses, seine Planung und Kontrolle),
- Lagerkosten (sowohl für das Vorhalten von geeigneter Lagerfläche, als auch für die mit der Ein- und Auslagerung verbundenen Tätigkeiten),
- Transportkosten im internen und externen Bereich. Trägt die Transportkosten der Zulieferer, wird er sie in seinen Preis einkalkuliert haben. Damit werden sie indirekt weiterverrechnet.
- Sonstige Kosten, z. B. Etikettierung, Verpacken usw.

Tipp:

Aufwendungen für Logistik fallen nicht nur in produzierenden Unternehmen an. Der Transport von Belegen oder Akten, von Datenträgern usw. gehört ebenso dazu wie die Beschaffung von Büromaterial usw.

Worauf achten bei der Umsetzung?

Die konkreten Anforderungen bei der Umsetzung sind von der jeweiligen Unternehmenssituation abhängig und lassen sich nur schwer verallgemeinern. Vorschläge zum grundsätzlichen Herangehen können Sie der folgenden Checkliste entnehmen:

Checkliste: Logistische Probleme vermeiden

Auf CD-ROM

- Bündeln Sie alle logistischen Aktivitäten, um Zielkonflikte innerhalb der Logistik zu vermeiden.
- Berücksichtigen Sie alle logistischen Aktivitäten in Ihrer strategischen Unternehmensplanung.
- Arbeiten Sie möglichst eng mit Lieferanten, Spediteuren und Kunden zusammen, und tauschen Sie Informationen aus.
- Erfassen und vor allem nutzen Sie alle Informationen, die Sie durch Ihre logistischen Aktivitäten gewinnen können.
- Verbessern Sie durch systematische Weiterbildung die Qualifikation Ihres Personals.
- Prüfen Sie, ob sich Transport, Lagerhaltung und Kundenservice als Profit-Center organisieren lassen.
- Prüfen Sie, ob Fremd- oder Eigenbezug bei einzelnen Leistungen günstiger ist.
- Vereinfachen Sie die Abläufe in Ihrem Unternehmen, indem Sie die Zahl der Zulieferer und/oder Spediteure verringern, mit den übrig gebliebenen aber enger zusammenarbeiten. Begeben Sie sich möglichst nicht zu stark in Abhängigkeit zu einem Unternehmen.
- Versuchen Sie einzelne Logistikleistungen zusammenzufassen. Bündeln Sie z. B. heterogene Lieferungen.

Tipp:

In der Produktion sollten möglichst keine Engpässe bei der Rohstoffversorgung entstehen. Deshalb liegt eine großzügige Lagerhaltung meist im Interesse der dafür zuständigen Abteilung. Im Gegensatz dazu versucht die Logistik, Lagerkosten zu senken und möglichst wenig Rohstoffe auf Lager zu halten. Mit diesem Interessenskonflikt muss sich die Unternehmensführung befassen, da sonst der schwächere Bereich nachgeben muss, was sich negativ auf das Gesamtergebnis auswirken kann.

Nutzwertanalyse

Die Nutzwertanalyse ist ein Verfahren, das dazu dient, eine Vielzahl komplexer Handlungsalternativen zu erfassen und zu analysieren.

Ein Analyse-Instrument für Investitionsentscheidungen

In der Praxis wird die Nutzwertanalyse vor allem bei der Entscheidung zwischen mehreren Investitionsmöglichkeiten angewandt. Ziel des Entscheidungsträgers ist es, diese Alternativen entsprechend seinen Vorstellungen in Hinsicht auf ein vorgegebenes Zielsystem zu ordnen und die Vorteilhaftigkeit zu ermitteln. Genutzt wird dabei das *Scoring* (S. 102) als Punktbewertungsverfahren. Dabei wird der Wert des Nutzens einzelner Investitionsprojekte für sich bestimmt.

Auf CD-ROM

Nachfolgend kann anhand eines vereinfacht dargestellten Beispiels Schritt für Schritt nachvollzogen werden, wie mithilfe der Nutzwertanalyse eine Entscheidungsgrundlage geschaffen wird.

Anwendungsbeispiel

Das Problem

Aufgrund limitierter finanzieller Mittel sieht sich ein Unternehmen vor der Entscheidung, eines aus drei vorliegenden Projektvorschlägen zu priorisieren: Supply Chain Management (SCM), Customer Relationship Management (CRM) oder Overhead Cost Management (OCM).

Folgende Kriterien wurden für diese Projektentscheidung als wichtig und maßgeblich identifiziert:

Schritt 1: Kriterien festlegen

- Kundenfokussierung
- Prozessorientierung
- Kostenminimierung
- Projektdauer
- Erfolgswahrscheinlichkeit.

Zunächst wird nun eine Gewichtung vorgenommen.

Schritt 2: Kriterien gewichten

In diesem Beispiel wurden den einzelnen Kriterien gemäß einer Skala von 1 (wenig wichtig) bis 5 (sehr wichtig) folgende Gewichtungsfaktoren zugeordnet.

Kriteriengewichtung	
Kriterium	Gewichtungsfaktor
Kundenfokussierung	5
Prozessorientierung	4
Kostenminimierung	4
Projektdauer	1
Erfolgswahrscheinlichkeit	3

Die Kundenfokussierung hat damit den höchsten, die Projektdauer den niedrigsten Stellenwert.

Tipp:

Bei der Beurteilung ist strikt darauf zu achten, dass die Alternativenbeurteilungen und die Kriteriengewichtung gleich gerichtet sind. Den Zahlen muss immer dieselbe Metapher zugrunde liegen (hohe Werte sind gut, niedrige Werte sind schlecht, wie im vorliegenden Beispiel).

Die drei Projektvorschläge werden nun hinsichtlich der o. g. Kriterien bewertet. Dafür durften Punktwerte zwischen 10 (sehr gut) und 1 (sehr schlecht) vergeben werden. In unserem Beispiel ist die Projektbeurteilung zu folgenden Ergebnissen gelangt:

Schritt 3: Bewertung der Alternativen

Alternativenbeurteilung			
Kriterium	Zur Auswahl stehende Projekte		
	Supply Chain Management	Customer Relationship Management	Overhead Cost Management
Kundenfokussierung	10	10	1
Prozessorientierung	10	2	8
Kostenminimierung	4	2	10
Projektdauer	5	10	7
Erfolgswahrscheinlichkeit	8	5	10

Die Ermittlung der Ergebnisse erfolgt nun in zwei Rechenschritten:

Schritt 4: Auswertung

1. Die Kriteriengewichtung wird mit der jeweiligen Projektbeurteilung multipliziert (Ermittlung der Teilnutzwerte),
2. Die Multiplikationsergebnisse werden für jedes Projekt addiert (Ermittlung des Gesamtnutzens).

Das Kriterium „Kundenfokussierung“ mit einer Gewichtung von 5 ergibt beim Projekt SCM und der Beurteilung in diesem Punkt von 10 z. B. den Wert 50 [5 × 10 = 50]. Nach diesem Vorgehen werden nun alle Werte ermittelt.

Damit ergibt sich folgendes Ergebnis:

Nutzwertanalyse: Ergebnis

Kriterium	Gewichtung	Projekte					
		SCM		CRM		OCM	
		Beurt.	Wert	Beurt.	Wert	Beurt.	Wert
Kundenfokussierung	5	10	50	10	50	1	5
Prozessorientierung	4	10	40	2	8	8	32
Kostenminimierung	4	4	16	2	8	10	40
Projektdauer	1	5	5	10	10	7	7
Erfolgswahrscheinlichkeit	3	8	24	5	15	10	30
Nutzwertsumme			= 135		= 91		= 114
Projektrang			1.		3.		2.

Die Werte in der Spalte Gewichtung stammen aus der Kriteriengewichtung und jene der Spalten Beurteilung aus der Alternativenbeurteilung, während jene der Spalten „Wert“ durch Multiplikation der Kriteriengewichtung mit der jeweiligen Alternativenbeurteilung errechnet werden. Die Nutzwertsumme (Gesamtnutzen) ergibt sich durch die Addition der Einzelwerte. Das Ergebnis der Nutzwertanalyse spricht eindeutig dafür, dass zunächst das Projekt Supply Chain Management (mit 135 Punkten) durchzuführen ist.

Optimale Losgröße

Ein Los ist eine bestimmte Menge gleicher Teile, Baugruppen usw., die einzeln bearbeitet und dann als Ganzes an den nächsten Arbeitsgang weitergegeben werden. Die optimale Losgröße ist die Menge, bei der die Kosten am geringsten sind.

Beispiel:

Bei der Herstellung von Messern werden immer 100 Klingen bearbeitet und dann die gesamte Palette zum nächsten Arbeitsplatz gebracht. Die Losgröße beträgt in diesem Fall 100 Teile. Nun gilt es zu prüfen, ob diese Menge optimal ist.

Grundgedanke der Bestimmung der optimalen Losgröße ist folgender: Für jedes Los entstehen Kosten, die weitgehend von der Größe des Loses unabhängig sind. Das sind z. B. die Rüstkosten (S. 22) oder die Transportkosten von einem Arbeitsplatz zum anderen. Je größer das Los ist, auf umso mehr Teile verteilen sich diese „losfixen Kosten“. Demnach wäre es angebracht, möglichst große Lose zu wählen.

Dem gegenüber stehen Kosten, die mit der Losgröße anwachsen, etwa die Lagerkosten.

Achtung:

Wenn die Lose groß sind, bleiben Teile lang an einem Arbeitsplatz liegen, bis sie weitertransportiert und am nächsten Arbeitsplatz bearbeitet werden können. Das führt zu Lagerkosten – es wird Platz benötigt – und zu Finanzierungskosten – es dauert länger, bis die Produkte fertig sind.

Zwischen diesen Parametern gilt es, ein Optimum zu finden.

So berechnen Sie die optimale Losgröße

Die optimale Losgröße kann berechnet werden. Aus ihr folgt die Anzahl der Lose pro Jahr und der zeitliche Abstand der Lose in Tagen. Die Formel dazu lautet:

Formel

$$\text{optimale Losgröße} = \sqrt{\frac{J * K_{fixLos} * 200}{K_v * p}}$$

J = Jahresbedarf in Stück; K_{fixLos} = losfixe Gesamtkosten; K_v = ½ der variablen Herstellkosten je Stück; p = Zinsfuß der Zins- und Lagerkosten (Quelle: W. Bartzsch, Betriebswirtschaft für Ingenieure, Berlin, Offenbach, 1997)

Beispiel:

Es sollen folgende Werte gelten:

J	Jahresbedarf = 20 .000 Stück
K_{fixLos}	Losfixe Gesamtkosten = 1 600 €
K_v	½ der variablen Herstellkosten je Stück = 250 (50 % der variablen Stückkosten von 500 €)
p	Zinsfuß = 8 %

Damit errechnet sich eine optimale Losgröße von 565 Stück (gerundet).

Achtung:

Das Modell zur Berechnung der optimalen Losgröße arbeitet mit einigen Prämissen, die in der Praxis nicht exakt eintreten. Demzufolge kann das Ergebnis der Berechnung immer nur ein Näherungswert sein.

Organisation

Struktur und Strukturgebung

Organisation ist eine dauerhaft gültige Ordnung bzw. Struktur eines Unternehmens. Darüber hinaus ist Organisation auch als Tätigkeit, nämlich als Ordnen oder Strukturieren zu verstehen.

Der Gegenpol zur Organisation ist die Disposition, die Entscheidung von Einzelfällen.

In der Betriebswirtschaft sind der Organisation folgende Aufgabenbereiche zugeordnet:

- die Ablauforganisation (auch Prozessorganisation)
- die Aufbauorganisation
- die Projektorganisation

Ablauf- und Aufbauorganisation eines Betriebs sind nicht voneinander zu trennen.

Tipp:

Organisation ist immer dann sinnvoll, wenn sich Prozesse wiederholen. Bei einer guten Organisation kann man aus den Erfahrungswerten lernen. Ob es allerdings sinnvoll ist, für sämtliche denkbare Vorgänge Organisationsanweisungen vorrätig zu haben, oder ob es besser ist, kurzfristige Einzelfallentscheidungen zu treffen, ist vorrangig ein wirtschaftliches Problem. Denken Sie daran: Das Erarbeiten von Organisationsrichtlinien ist immer mit Aufwand verbunden.

Ablauforganisation

Ziel der Ablauforganisation ist es, die dynamischen Beziehungen innerhalb eines Betriebs zu ordnen und zu gestalten. Im Kern geht es um die Frage: Wer tut was, an welchem Objekt, wo und wann?

Die Hauptziele einer guten Ablauforganisation sind:

Ziele

- möglichst geringer Arbeitsaufwand für die betrieblichen Prozesse
- termingerechte Ausführung aller Prozesse
- Optimierung der Abläufe
- Benutzerfreundlichkeit

Vorgehen

Dabei wird in drei Schritten vorgegangen:

- System analysieren
- System gestalten
- System einführen

Gängige Hilfsmittel sind Ablaufpläne, Strichlisten, Tabellen, Checklisten usw.

Achtung:
Nach der allgemein herrschenden Meinung ist es sinnvoll, zunächst die Abläufe im Unternehmen zu untersuchen und zu ordnen und dann den Aufbau des Betriebs den Abläufen anzupassen. Prozesse in einer bestehenden Hierarchie „unterzubringen" ist zumeist keine optimale Lösung.

Aufbauorganisation

Leitfrage: Wer macht was?

Die Aufbauorganisation stellt die Struktur des Betriebs dar. Sie definiert den organisatorischen Rahmen des Unternehmens. Dazu gehört etwa der Aufbau von Abteilungen, die Definition von Kompetenzen und Weisungsbefugnissen. Die Grundfrage hier ist: Wer macht was?

Aufbau verrichtungs- oder objektorientiert?

Richten kann sich die Aufbauorganisation einerseits nach den Tätigkeiten: Hierbei werden gleichartige Aufgaben zusammengefasst, so entstehen klassische Abteilungen wie „Auftragseingang“, „Buchhaltung“, „Einkauf“, „Vertrieb“ etc. Sie kann sich aber auch an den Produkten (oder „Objekten“) orientieren. Dann werden die Tätigkeiten zusammengefasst, die am gleichen Objekt verrichtet werden.

Es gibt drei unterschiedliche Typen der Aufbauorganisation:

- **Liniensysteme:** Stellen und Abteilungen sind in einen einheitlichen, durchgängigen Instanzenweg eingegliedert.
- **Stab-Linien-Systeme:** Hier werden zusätzlich Stabsabteilungen eingerichtet, die bestimmten Organisationseinheiten zugeordnet sind und diesen zuarbeiten, aber keine oder nur begrenzte Weisungsbefugnis gegenüber nachgeordneten Stellen haben.
- **Matrixsysteme:** Flexibles System, bei dem funktionsorientierte Aspekte (Beschaffung, Fertigung, Absatz) und objektorientierte Aspekte (Produkt A, B, ...) unter einheitlicher Leitung zusammengefasst werden.

Projektorganisation

→ Projektmanagement, S. 92

Unabhängig von einer bereits bestehenden Aufgaben- und Ablauforganisation können einmalige Vorhaben oder Aufgaben im Unternehmen als Projekt organisiert werden (z. B. die Einführung einer neuen Software, die Einrichtung eines Qualitätsmanagements u. v. m.). Daneben kann die Projektorganisation aber auch die Struktur eines Unternehmens wesentlich bestimmen – wenn die meisten Aufträge so speziell sind, dass sie nur in Projektarbeit effektiv erledigt werden können, wie es z. B. bei IT-Unternehmen häufig der Fall ist. (Mehr zur Projektorganisation ab Seite 93.)

Es gibt kein Patentrezept

Es gibt keine optimale Organisation für alle Unternehmen. Entscheidend sind die konkreten Gegebenheiten.

Auf CD-ROM

Checkliste: So organisieren Sie Ihr Unternehmen

- Benennen Sie die Kernaufgaben des Betriebs.
- Ordnen Sie diese Aufgaben den Mitarbeitern zu.
- Entscheiden Sie darüber, welche Aufgaben sinnvollerweise zusammengefasst und in einem Bereich oder in einer Kostenstelle bearbeitet werden sollen.
- Entscheiden Sie darüber, ob und welche Aufgaben an Dritte vergeben werden sollen. In Betracht kommen z. B. Verwaltungsaufgaben wie Buchhaltung, Rechtsberatung oder Steuern, aber auch die Auslagerung der Datenverarbeitung.
- Überlegen Sie, wie Sie sinnvolle Kostenstellen oder Funktionen für eine inhaltlich zusammenhängende Gruppe von Aufgaben, wie Einkauf, Produktion, Verkauf einrichten können.
- Benennen Sie Verantwortliche für Aufgaben und Kostenstellen.
- Überlegen Sie, wie der Informationsfluss zwischen den Bereichen und Kostenstellen funktionieren soll.
- Stellen Sie verbindliche Regeln für die Zusammenarbeit zwischen den Funktionen und Abteilungen auf.
- Legen Sie fest, über welche Qualifikation und Ausbildung das in einem Bereich beschäftigte Personal verfügen sollte. Fertigen Sie Stellenbeschreibungen an.

Beispielhaftes Vorgehen

So finden Sie die richtige Organisation für Ihren Betrieb

Um die richtige Organisationsform zu finden, können Sie schriftlich festhalten, welche Arbeitsschritte in welcher Reihenfolge vorgenommen werden müssen, um einen Kundenauftrag in Ihrem Betrieb zu bearbeiten – von der Auftragserteilung über die Beschaffung der notwendigen Ressourcen bis hin zur Auslieferung und Rechnungsstellung.

Lassen Sie dazu zunächst die einzelnen Arbeitsschritte vor Ihrem geistigen Auge Revue passieren und legen Sie deren Reihenfolge fest. Gleichzeitig oder anschließend ordnen Sie jeder Aufgabe einen Mitarbeiter zu. Dabei kann es selbstverständlich vorkommen, dass ein Mitarbeiter auch mehrere Arbeiten durchführt oder mehrere Mitarbeiter mit ein und derselben Aufgabe (etwa Buchführung) beauftragt werden.

Tipp:

Bedenken Sie, dass für die Auftragsbearbeitung auch verwaltende Arbeiten, etwa Rechnungsstellung oder Kalkulation erforderlich sind.

Dann sollten Sie sich fragen, ob und in welchen Fällen die Beschäftigten miteinander Informationen austauschen sollen, um den Auftrag optimal bearbeiten zu können. Sie können für bestimmte wesentliche Arbeitsschritte verbindliche Regeln festlegen und darauf bestehen, dass dieser Informationsaustausch schriftlich stattfindet. So werden Fehlinformationen und -entscheidungen vermieden.

Überlegen Sie schließlich, ob Sie alle Aufgaben in Ihrem Betrieb selbst durchführen wollen oder ob und in welchen Fällen es günstiger ist, Arbeiten an Dritte zu delegieren. Diese Entscheidung hängt u. a. davon ab, über welche Qualifikation Ihre Mitarbeiter verfügen und ob es sich lohnt, umfangreiches und teures Know-how selbst aufzubauen.

Achtung:

Eine Organisation kann nur dann erfolgreich sein, wenn ihre Grundzüge schriftlich niedergelegt sind. Existiert sie nur im Kopf des Eigentümers/Geschäftsführers, ist sie nicht umsetzbar.

Einerseits sollte jeder, der in eine Organisation involviert ist, wissen, was er warum tut. Andererseits darf die Organisation nicht zusammenbrechen, wenn der Chef nicht verfügbar ist.

Outsourcing

Outsourcing steht für die Inanspruchnahme von Leistungen, die extern erbracht bzw. bezogen werden. Welche Aufgaben im Unternehmen selbst erstellt oder fremd bezogen werden sollen, ist eine Entscheidung im Rahmen des strategischen Make-or-buy-Prozesses. Wird outgesourct, handelt es sich häufig um eine langfristige Aufgabenteilung zwischen dem Unternehmen und dem beauftragten Anbieter/Dienstleister.

Im Blick: Sekundärleistungen und strategisch unwichtigen Aufgaben

Lean-Management, Personalkostenreduzierung und Prozessoptimierung durch den steigenden Wettbewerbsdruck und die Globalisierung führen immer auf das eine hinaus: Nicht verzetteln, Konzentration auf das Wesentliche. Wie? Durch Outsourcing von strategisch unbedeutenden Leistungen. Dabei geht es vor allem um solche Leistungen, die leicht zu strukturieren/standardisieren sind.

Beispiel:

Den Bestell- und/oder Kundenservice übernimmt ein externes Call-Center.

Neben langfristigen Überlegungen sind es häufig aber auch operative Probleme (zu hohe Kosten, unzureichende Qualitäten, fehlendes Know-how), die dazu führen, bestimmte Aufgaben (etwa Supportfunktionen) oder Prozesse als kostengünstige Standardleistungen oder -produkte einzukaufen.

Triftige Gründe für Outsourcing sind demnach

- Kostenüberlegungen,
- die Konzentration auf Kernkompetenzen und
- Komplexitätsreduzierung.

Letztlich ist Outsourcing aber nur sinnvoll, wenn es eine Kostenreduzierung einerseits und eine Steigerung der eigenen unternehmerischen Leistung andererseits zur Folge hat. Dabei müssen die Vorlauf- und/oder Folgekosten unbedingt mit in die Entscheidung einbezogen werden (siehe unten).

Grundsätzliche Formen des Outsourcing

Hinsichtlich der institutionellen Einbindung kann man zwischen der Ausgliederung und der Auslagerung unterscheiden.

Ausgliederung

Bei der Ausgliederung werden Funktionen oder Prozesse sowie Vermögen auf den Outsourcing-Nehmer übertragen. Der Outsourcing-Geber behält seinen Einfluss auf den Partner. Der kann entweder rechtlich selbständig (Beteiligung, Tochter oder Kooperation) oder rechtlich nicht selbständige (Profit-Center) agieren.

Auslagerung

Die Auslagerung ist durch eine vertraglich geregelte Fremdvergabe von Funktionen und Prozessen ohne eine kapitalbezogene Verflechtung beider Unternehmen gekennzeichnet.

Beispiel:

Ein mittelständisches Unternehmen steht vor der Entscheidung, die EDV-Abteilung zu reorganisieren, da die derzeitigen Ressourcen den Anforderungen des Marktes in Zukunft nicht mehr genügen werden. Dazu muss die Hardware des Unternehmens erneuert und unter Umständen zusätzliches Personal eingestellt werden. Die angestrebte Lösung: Die komplette Abteilung Datenverarbeitung des Unternehmens soll outgesourct, d. h. an einen externen Dienstleister übergeben werden. Die Auslagerung soll den gesamten Hardwarebereich einschließlich des dort beschäftigten Personals umfassen. Auch die Software-Entwicklung, die Pflege der Programme etc. soll an die externe Servicefirma übertragen werden. Als Bindeglied zwischen dem Dienstleister und dem eigenen Unternehmen sollen zwei ehemalige EDV-Mitarbeiter fungieren. Diese sollen intern die Anwenderprobleme und -wünsche besprechen und gegenüber dem wirtschaftlich unabhängigen Partner durchsetzen.

Welche Vorteile bietet Outsourcing?

Untersuchungen zufolge lassen sich durch Outsourcing Einsparungspotenziale von 10 bis 20 % und mehr erreichen. Insbesondere beim Outsourcing von Dienstleistungen werden die bislang intern „automatisch" generierten Kosten nur noch bei Bedarf anfallen.

Leistungen, für die das Unternehmen nicht das nötige Know-how bzw. die nötigen Ressourcen besitzt, sind i. d. R. kostengünstiger und weisen einen mindestens genauso hohen Qualitätsstandard auf, wenn sie von entsprechend spezialisierten Unternehmen bezogen werden. Das Unternehmen kann dann seine Abläufe vereinfachen und sich besser auf seine Kernkompetenzen konzentrieren (siehe dazu auch Übersicht „Chancen und Risiken" auf S. 86).

Wichtige Entscheidungsgrundlage: die Kosten

Jedes Outsourcing-Projekt bringt Kosten mit sich. Dazu zählen natürlich die Kosten, die sich aus dem Liefervertrag mit dem beauftragten Unternehmen ergeben, es gehören aber auch weitere dazu.

Vorlaufkosten

Zum Ersten entstehen die sog. Vorlaufkosten. Das sind Aufwendungen, die die Betriebsbereitschaft des Zulieferers sicherstellen. Dazu gehören u. a.

- Kosten für die Planung des Projektes und die Bestimmung des Gesamtrahmens
- Durchführungen von Qualitätsschulungen im übernehmenden Unternehmen, um sicherzustellen, dass die qualitativen Anforderungen an die Leistungen/Lieferungen vom Auftragnehmer auch erfüllt werden
- Kontrollkosten durch die Prüfung des Qualitätsstandards beim Lieferanten oder durch die Prüfung des Wareneingangs

Folgekosten

Außerdem fallen Folgekosten an. Hierbei handelt es sich um Aufwendungen, die aus dem Leistungsprozess selbst stammen. Sie können zusätzlich, permanent oder einmalig anfallen. Zu ihnen zählen u. a.

- Zahlungen an gekündigte Mitarbeiter in Form von Abfindungen,

- der Anfall für Abstandszahlungen für Miet- und Leasingverträge, z. B. für Maschinen,
- zusätzlicher Anfall von Logistikkosten,
- Abbruch- oder Beseitigungskosten für Maschinen (Stilllegungskosten).

Kosten und Einsparungen gegenrechnen

Andererseits fallen natürlich auch Kosten weg, z. B.:

- Instandhaltungskosten für Maschinen,
- Lagerkosten,
- Löhne und Gehälter,
- Investitionen.

Tipp:

Kosten und Einsparungen müssen Sie gegenüberstellen, um abschätzen zu können, ob sich das Outsourcing finanziell (und auf Dauer) lohnt.

Wo lässt sich Outsourcing anwenden?

Outsourcing ist in jedem Bereich denkbar – solange er keine Bedeutung für die Kernkompetenz des Unternehmens hat. Dabei können Projekte, Prozesse und Funktionen betroffen sein.

Neben dem strategischen Outsourcing innerhalb der Produktion können auch produktionsnahe Bereiche (Forschung und Entwicklung, Logistik, Einkauf) und Dienstleistungen im Vertriebs- bzw. Verwaltungsbereich outgesourct werden.

Beispiele: Outsourcing im Verwaltungs- und Vertriebsbereich

Finanz- und Rechnungswesen: Buchhaltung, Bilanzierung, Controlling, Mahnwesen, Forderungsmanagement, steuerliche Beratung, Revision

Datenverarbeitung: Rechenzentren, Hardware-, Software- und Netz-Maintenance, Mitarbeiterschulungen, Support-Services (Help desk), Anwendungsentwicklung

Vertrieb und Marketing: Merchandising, Messeservice, Multimedia, Kundenverwaltung, Marktforschung, Graphik, Design, Call-Center

Personalwesen: Lohn- und Gehaltsabrechnung

Allgemein: Kantinen, Büroreinigung, Sicherheitsservice, Boten- und Kurierdienste, Dokumentenmanagement, Gebäude- und Energiemanagement

Der Outsourcing-Prozess

Vier Phasen

Outsourcing von Unternehmensaktivitäten ist ein Prozess, der aus mehreren Phasen besteht.

Ist-Analyse

Phase 1: Was lässt sich outsourcen?

Im ersten Schritt werden die möglichen Outsourcing-Bereiche bzw. -leistungen bestimmt. Dabei werden die Strategie festgelegt (kurzfristig oder langfristig), die Kernkompetenzen identifiziert, Schwachstellen, Risiken und Potenziale analysiert und die entsprechenden Ressourcen für das Vorhaben bereitgestellt.

Anbahnung

Phase 2: Erstellung des Pflichtenhefts und Partnersuche

Nachdem die Leistungen identifiziert wurden, für die ein Outsourcing infrage kommen, steht zunächst die Erstellung eines Pflichtenhefts an. Dieses enthält Informationen über die zukünftigen Aufgaben, Angaben zur Kompetenzverteilung und ein Kostenmodell.

Nun gilt es den geeigneten Partner zu finden. Entsprechende Kandidaten werden unter Berücksichtigung des Pflichtenhefts ausgewählt, ihre Angebote (z. B. anhand einer Kostenvergleichsrechnung) geprüft und die Unternehmen selbst nach Kriterien bewertet. Hierbei spielen Kriterien wie Zuverlässigkeit, Erscheinungsbild der Mitarbeiter/Geschäftsführer, Erfahrung, Referenzkunden, aber auch die Größe oder örtliche Nähe eine Rolle.

Nach der Entscheidung für einen Anbieter wird eine gegenseitige Absichtserklärung (*letter of intent*) erstellt.

Tipp:

Da es sich i. d. R. um langfristige Geschäftsbeziehungen handelt, sollten Sie bei der Auswahl des Outsourcing-Partners besonders sorgfältig vorgehen. Vergessen Sie z. B. auch nicht, die genannten Referenzkunden zu überprüfen.

Vertrag

Phase 3: Vereinbarungen schriftlich festhalten

Im Anschluss müssen die Vereinbarungen zwischen den beiden Vertragspartnern in einem schriftlichen Vertrag formuliert werden. Er bildet die Basis für eine beiderseitig erfolgreiche Zusammenarbeit. Dieses individuelle Dokument regelt alle wesentlichen Aspekte der Zusammenarbeit. Dazu gehören neben detaillierten Beschreibungen der Leistungsinhalte aus dem Pflichtenheft (z. B. Menge, Qualität, Kontrolle, Preis, Termine) und den juristischen Rahmenbedingungen (z. B. Haftung, Rechtsbasis, Vertragsdauer) auch die Festlegung von Vorgehensweisen in Situationen, die eine flexible Anpassung bestimmter Leistungsinhalte aufgrund geänderter Marktbedingungen oder Anforderungen des Auftraggebers bedingen.

Implementierung

Phase 4: Umsetzung

Nun wird das Outsourcing-Vorhaben implementiert. Ein gemeinsames Umsetzungskonzept soll eine dauerhafte und erfolgreiche Zusammenarbeit beider Partner ermöglichen. Hierzu zählen Anpassungsmaßnahmen im Personalbereich und den Unternehmensabläufen, ein möglicher Abbau von Anlagen sowie eine regelmäßige Informations- und Kommunikationspolitik (Einbinden der Mitarbeiter, Reduktion von Ängsten, Widerständen und Unsicherheiten).

Tipp:

Schon während des Entscheidungsprozesses „Make or buy?" sollten Sie sämtliche wertvolle Mitarbeiter hinreichend über die geplanten Outsourcing-Aktivitäten informieren. Die Angst über einen möglichen Arbeitsverlust kann die Mitarbeiter sehr schnell verunsichern und demotivieren – und diese weichen Faktoren sind nicht zu unterschätzen.

Chancen und Risiken beim Outsourcing

Unternehmen, die Outsourcing in ihre Überlegungen einbeziehen, müssen sich mit dessen Chancen und Risiken auseinandersetzen. Denn scheitert die Zusammenarbeit, kann sich, was zunächst als Vorteil erschien, als gravierender Nachteil erweisen.

Der folgende Überblick soll Ihnen als Outsourcing-Geber (beauftragendes Unternehmen) eine Orientierung bieten.

Chancen von Outsourcing	Risiken
Konzentration auf das eigene Kerngeschäft (Reduktion der Leistungstiefe/-breite) und damit Erhöhung der Flexibilität Bessere Kostentransparenz (variable statt fixe Kosten), Minimierung der Herstellkosten und geringere Kapitalbindung durch feste Verträge mehr Kostensicherheit Know-how des externen Spezialisten kann genutzt werden. Durch seine Spezialisierung, womöglich auch durch den zusätzlichen Markterfolg kann der Outsourcing-Nehmer zumeist effektiver arbeiten als der Outsourcing-Geber.	Abhängigkeit vom Outsourcing-Nehmer kaum Möglichkeiten, bei Dienstleistern interne Qualität (Effizienz) zu prüfen ev. Schwierigkeiten, schnell aus dem Vertrag auszusteigen Wissen kann verloren gehen und Dritten zugänglich gemacht werden. Probleme im Bereich der Schnittstellen, sowohl intern als auch zwischen den beiden Vertragspartnern. Motivationsprobleme (auch auf Führungsebene) durch den Wegfall von Aufgaben, Kompetenzen und Macht; fehlende Akzeptanz, interne Widerstände Wird später eine Rückverlagerung der ausgelagerten Leistungen notwendig, müssen die durch das Outsourcing deinvestierten Ressourcen (Personal, Produktionsstätten, Maschinen, Infrastruktur) mit einem höheren Investitionsaufwand neu bereitgestellt werden.

Produktionsfaktoren

Unter Produktionsfaktoren versteht man den Input in wirtschaftliche Prozesse, durch dessen Kombination Produkte und Dienstleistungen (Output) entstehen.

Produktionsfaktoren in der Volkswirtschaftslehre

Die klassische Nationalökonomie unterscheidet die folgenden drei Produktionsfaktoren:

- Arbeit (manuell und geistig),
- Kapital (in der Form von Realkapital – die für die Produktion benötigten Gebäude, Maschinen, Anlagen und Werkzeuge),
- Grund und Boden (nicht reproduzierbar, dient einerseits als Standort, andererseits als An- und Abbaufläche).

Für den Einsatz der genannten Produktionsfaktoren ist ein Preis zu entrichten, der demjenigen zusteht, der den jeweiligen Produktionsfaktor zur Verfügung stellt. Der Preis für die Arbeit ist der Arbeitslohn (im weitesten Sinne), für das Kapital ist es der Gewinn (Zins, Profit) und für den Grund und Boden ist es die Bodenrente (Pacht).

Diese Produktionsfaktoren wurden durch Erich Gutenberg (1951) für die moderne Betriebswirtschaftslehre adaptiert und teilweise mit neuen Inhalten versehen. In der sozialistischen Theorie (Karl Marx) wird lediglich die Arbeit als Produktionsfaktor anerkannt.

Produktionsfaktoren in der Betriebswirtschaftslehre

In der modernen Betriebswirtschaftslehre werden die Faktoren

- Arbeit in ihren Ausprägungen als ausführende und dispositive Arbeit,
- Betriebsmittel und
- Werkstoffe

unterschieden. Teilweise werden ausführende und dispositive Arbeit auch als eigenständige Faktoren betrachtet, was in der praktischen Anwendung jedoch keinen Unterschied nach sich zieht.

Ausführende Arbeit

Ausführende Arbeit umfasst die direkte Aktion, das heißt, das „Handanlegen“ am Produkt und die geistige Beschäftigung, die beispielsweise mit dem Erstellen von Dienstleistungen verbunden ist.

Beispiel:

Die Arbeit eines Ingenieurs in einem Projektbüro, der mit einem Kundenauftrag beschäftigt ist, ist ausführende Arbeit. Sie ist zwar nicht der manuellen, aber der geistigen Tätigkeit zuzuordnen.

Kennzeichen der ausführenden Arbeit ist u. a., dass der damit verbundene Arbeitslohn bzw. das Gehalt dem Produkt oder der Dienstleistung relativ eindeutig zuzuordnen ist.

Dispositive Arbeit: Management

Dispositive Arbeit umschreibt die Tätigkeiten der Betriebsführung und Koordination innerhalb des Unternehmens. Diesem Teil des Faktors Arbeit sind also die Aufgaben des Managements zuzuordnen.

Disposition ist für die betriebliche Tätigkeit unabdinglich und damit ein originärer Produktionsfaktor. Im Gegensatz zur ausführenden Arbeit lässt sich der Aufwand dafür allerdings nur begrenzt oder gar nicht den Produkten und Dienstleistungen zuordnen. Die entstehenden Kosten müssen also in Form einer Gemeinkostenumlage (*Gemeinkosten*, S. 263) verteilt werden.

Betriebsmittel

Betriebsmittel entsprechen den klassischen Produktionsfaktoren Kapital und Grund und Boden. Sie sind für die Erstellung der betrieblichen Leistung unabdingbar.

Gekennzeichnet sind Betriebsmittel dadurch, dass sie im Laufe ihrer betriebsgewöhnlichen *Nutzungsdauer* verschleißen und dann ersetzt werden müssen. (Zu beachten ist jedoch die besondere Eigenschaft von Grund und Boden: Er verschleißt nicht und wird in seiner Substanz durch die Nutzung auch nicht weniger.)

Betriebsmittel im Rechnungswesen

Der Wert der Betriebsmittel überträgt sich sukzessive auf die mit ihnen hergestellten Produkte oder bereitgestellten Dienstleistungen. Demzufolge muss der Wertverlust in die Preise einkalkuliert werden. Das geschieht über die planmäßigen *Abschreibungen* (S. 121); bzw. bei den *geringwertigen Wirtschaftsgütern (GWG*, S. 166) über die Sofortabschreibung.

Werkstoffe

Werkstoffe umfassen die in der Produktion verbrauchten Materialien. Damit handelt es sich um Roh-, Hilfs- und Betriebsstoffe. Die Unterscheidung besteht darin, dass hier Material körperlich in die Produkte eingeht, während Hilfs- und Betriebsstoffe üblicherweise während des Produktionsprozesses verbraucht werden.

Werkstoffe in der Bilanz und in der Kostenrechnung

Die Werkstoffe werden dem Umlaufvermögen zugeordnet und der Aufwand für ihre Beschaffung wird sofort kostenwirksam. Damit sind keine planmäßigen Abschreibungen erforderlich. Ein Teil der Werkstoffe (Material) kann den Produkten direkt zugeordnet werden. Die Kosten für Hilfsmaterialien, Betriebsstoffe und andere Verbrauchsmaterialien müssen zumeist über einen Schlüssel auf die Produkte verrechnet werden.

In der Produktion werden die Produktionsfaktoren miteinander kombiniert. Betrachtet man die Einsatzmenge je Produktionsfaktor, erhält man ein Mengengerüst als Basis für die Produktionsrechnung. Werden die Preise bzw. Kosten je Produktionsfaktor ermittelt, erhält man ein Wertgerüst als Basis für die Kostenrechnung.

Produktionsmanagement

Produktionsmanagement umfasst alle leitenden Aufgaben innerhalb des Produktionsbereichs. Die wichtigsten sind: Mitarbeiterführung, Ressourcenverteilung (Allokation), Rationalisierung, Weiterentwicklung von Know-how etc.

Traditionelle Managementaufgabe im Wandel

Die traditionelle Managementaufgabe im Produktionsbereich bestand früher hauptsächlich in der Reduzierung der Fertigungskosten. In den letzten Jahren haben sich aber in vielen Unternehmen die Bedingungen grundlegend geändert: Die modulare Fabrik ersetzt zumindest teilweise die Werkhalle, und das komplexe Ziel der Potenzialorientierung stellt inzwischen weit mehr Anforderungen an das Management. Globalisierung und Sättigung der Märkte sind Entwicklungen, die das traditionelle Ziel der Kostenminimierung längst zum Mindesterfordernis der Wettbewerbsfähigkeit gemacht haben. Die Aufgaben sind heute vor allem durch einen raschen technischen bzw. technologischen Fortschritt und geänderte Kundenwünsche geprägt. So muss sich das Produktionsmanagement heute als Motor der Wertschöpfung verstehen, der die Leistungen des Unternehmens für die Abnehmer maximiert.

Management von technischem Know-how

Der technische Fortschritt war und ist die wichtigste Ursache für die neuen Anforderungen an das Produktionsmanagement. Fließbandarbeit zu planen und zu kontrollieren ist längst nicht mehr die einzige Aufgabe. Die Koordination verschiedener Technologien und die ständige (Weiter-)Entwicklung von Fertigkeiten und Fähigkeiten haben einen mindestens ebenso hohen Stellenwert.

Komplettlösungen gefordert

Auch die Erwartungen der Abnehmer haben sich in vielen Branchen wesentlich verändert. Im Konsumgüter- wie im Investitionsgüterbereich erwarten die Kunden nicht nur die Lieferung des Produkts, sondern Komplettlösungen für ihre Probleme. Deshalb müssen auch in vielen Fällen mehrere Produkte aufeinander abgestimmt und als Systemlösung präsentiert werden. Die eigentliche Produktion geht dann weit über den traditionellen Begriff hinaus und verlangt eine breite inner- und zwischenbetriebliche Abstimmung.

Beispiel:

Die klassische Aufgabe einer Spedition war der Transport von Gütern im Kundenauftrag. Inzwischen haben sich die großen Speditionen zu komplexen Logistik-Dienstleistern entwickelt. Sie unterhalten Lager, koordinieren Zulieferer und sichern ab, dass die erforderlichen Zulieferteile pünktlich und in der richtigen Menge und Qualität bei den Produzenten vorhanden sind (Just-in-time).

Projekt

Ein Projekt ist eine zeitlich begrenzte Aufgabe, die in Unternehmen durchgeführt wird, um ein spezielles Produkt oder eine spezielle Dienstleistung zu erstellen.

Projekte sind demnach Vorhaben mit definiertem Anfang und Ende, die durch folgende Merkmale gekennzeichnet sind:

- zeitliche Befristung,
- Einmaligkeit,

- Komplexität und
- Neuartigkeit.

Ein Projekt ist also ein außergewöhnliches Vorhaben, die Arbeit daran erfolgt zumeist außerhalb etablierter hierarchischer Strukturen im Betrieb. Die benötigten Mitarbeiter werden dem Projekt zeitlich befristet zugeordnet und für die Arbeit am Projekt einem Projektleiter (s. u.) unterstellt.

Beispiele für Projekte

- komplexe Einführung/Umstellung eines Software-Systems,
- Vorbereitung einer wichtigen Präsentation,
- Analyse eines neu ins Auge gefassten Marktes,
- Umstellung eines Produktionsverfahrens.

→ Projektmanagement

Die Komplexität eines solchen Vorhabens stellt besondere Anforderungen an das Management. Eine erfolgreiche Umsetzung bedarf einer Verankerung der einzelnen Projekte in der allgemeinen Unternehmensstrategie.

Aufgaben des Projektleiters

- Führt Beschlüsse zum Projekt herbei,
- bildet und führt das Projektteam,
- wählt die geeignete Vorgehensweise aus und setzt sie um,
- erarbeitet mit dem Projektteam ein fachliches Ergebnis,
- kommuniziert nach oben (Reporting).

Projektmanagement

Projektmanagement ist die zielorientierte Gestaltung, Steuerung und Entwicklung eines Projekts. Es umfasst eine sachbezogene und eine personenbezogene Dimension.

Projektmanagement kann sowohl institutionell – als Organisationskonzept – als auch funktionell – in Form eines Leitungskonzepts – verstanden werden. Will man Projektmanagement als Organisationskonzept für das gesamte Unternehmen einführen, bieten sich traditionell drei Möglichkeiten an:

- als reine Projektorganisation,
- als Einfluss-Projektorganisation,
- als Matrix-Projektorganisation.

Die interne Organisation eines Projekts unterscheidet zwischen dem Projektauftraggeber (extern oder intern), dem Projektleiter und den Projektmitarbeitern, die je nach Problemstellung ein interdisziplinär zusammengesetztes Team bilden.

Betrachtet man das Projektmanagement hingegen als Leitungskonzept, dann umfasst es Planung, Steuerung und Kontrolle der unterschiedlichen Projektabwicklungsphasen.

Tipp:

Projektmanagement soll sicherstellen, dass die vereinbarten Ziele erreicht werden. Unter den personellen und technischen Gegebenheiten gilt es, zum vereinbarten Termin ein für den Kunden befriedigendes Ergebnis zu präsentieren. Gleichzeitig müssen Sie darauf achten, dass die Kosten nicht aus dem Ruder laufen. Daher spielen Planung und Kontrolle im Projektmanagement eine so wichtige Rolle.

Warum die strategische Eingliederung wichtig ist

Projektmanagement wurde in der Vergangenheit vor allem im operativ-taktischen Bereich betrieben, doch wird es in zunehmenden Maß auf alle Unternehmensebenen ausgeweitet. Denn Projekte, die ohne jegliche Verankerung in der Unternehmensstrategie betrieben werden, können nur in begrenztem Maß erfolgreich sein. Neben dem Projektmanagement im eigentlichen Sinn gilt es daher auch, strategisches Projektmanagement umzusetzen. Im Zentrum der Aktivitäten steht hierbei vor allem die Koordination der im Unternehmen aktiven Projekte.

Phasen des Projektmanagements

Die konkreten Phasen eines Projekts sind von den spezifischen Gegebenheiten abhängig und lassen sich nicht in einen allgemeingültigen detaillierten Plan pressen. Als Anhaltspunkt lassen sich jedoch folgende Phasen unterscheiden:

- Projektplanung,
- Projektdurchführung und -realisation,
- Projektabschluss.

Phase 1: Planen und vorbereiten

In der Planungsphase werden zunächst die Ziele des Projekts festgelegt. Darauf aufbauend wird ein Projektstrukturplan inklusive Arbeitspaketen erstellt. Ergänzend dazu ist die Ablaufplanung und Terminplanung, z. B. in Form von Netzplänen, sowie die Einsatzmittel-, Kosten-, Qualitäts- und Risikoplanung zu erarbeiten. Zwischen diesen einzelnen Plänen bestehen starke Abhängigkeiten, denen durch eine genaue Abstimmung Rechnung zu tragen ist.

Phase 2: Umsetzen = steuern und kontrollieren

Die Realisationsphase bedarf einer effizienten Steuerung und begleitenden Kontrolle, da der Verlauf eines Projekts oft nicht genau vorherzusehen ist. Zudem verlangt ein Projekt ein hohes Maß an Flexibilität sowohl vom Projektleiter als auch von den involvierten Mitarbeiten. Abweichungen vom Plan ist mit gezieltem Änderungsmanagement zu begegnen, um das angestrebte Ziel nicht zu gefährden.

Tipp für Projektleiter:

Während der Umsetzung steht die Arbeit mit Ihrem Team im Vordergrund. Nur ein Team, das zusammengewachsen ist, kann die optimale Leistung erbringen. Ihre Mitarbeiter zu motivieren und bei der Stange zu halten, gehört jetzt zu Ihren wichtigsten Aufgaben.

Phase 3: Abschluss: kontrollieren und dokumentieren

In der Abschlussphase gilt es, das Projekt einer Endkontrolle und einer abschließenden Bewertung zu unterziehen. Eine nicht unerhebliche Rolle wird hier spielen, wie weit die tatsächlichen Kosten von den geplanten abgewichen sind. Eine Projekt-Dokumentation, die die während des Projekts gesammelten Daten aufbereitet, kann als Grundlage für weitere Projektvorhaben dienen.

Prozessmanagement

Ein Ansatz zur Unternehmensführung, bei dem Prozesse untersucht und verbessert werden. Die Schlüsselprozesse bilden dabei die Kernkompetenzen des Unternehmens ab. Durch Prozessorientierung sollen die Unternehmensziele gesichert, aber z. B. auch mehr Kundenorientierung erreicht werden.

Im Prozessmanagement versteht man die Arbeit im Unternehmen als Kombination von Prozessen oder Prozessketten, die dem Kunden einen Mehrwert liefern. Dabei ist das gesamte betriebliche Handeln ist darauf gerichtet, Qualität, Zeit, Kosten und Kundenzufriedenheit zielorientiert zu steuern. Die Prozessorientierung zeigt Parallelen zum Prinzip der ständigen Verbesserung (*Kaizen*).

Parallelen zu Kaizen (S. 49)

Was macht einen Prozess aus?

Ein Prozess unterscheidet sich von einem einmalig durchzuführenden Projekt durch seinen repetitiven Charakter. Ein Projekt ist einmalig und eher auf Innovation ausgerichtet. Ein Prozess kann sich sowohl auf technische als auch auf administrative Tätigkeiten beziehen.

Unter der Bezeichnung „Geschäftsprozess“ (Business Process) können Fertigungs- und Verwaltungsprozesse zusammengefasst werden. Entscheidend ist dabei die Abkehr von der funktionalen Trennung der Tätigkeiten und Abläufe im Sinne der Taylorschen Arbeitsteilung.

Umfassend: Geschäftsprozess

Geschäftsprozesse setzen sich in der Regel aus mehreren Teil- oder Unterprozessen zusammen, die wiederum bis hin zu einzelnen Aktivitäten zerlegt werden können (Dekomposition). Es kann von einer Prozesshierarchie gesprochen werden. Als Ausgangsbasis werden die sog. Schlüsselprozesse definiert, die Kernkompetenzen abbilden und damit von entscheidender Bedeutung für die strategische Zielsetzung des Unternehmens sind.

Schlüsselprozesse bilden die Kernkompetenzen ab

Zur Definition von Prozessen vgl. auch *Prozesskostenrechnung*, S. 301.

Wann ist ein Prozess optimal?

Das Prozessmanagement stellt folgende Anforderungen an die Prozesse:

- Effektivität (Wirksamkeit) im Hinblick auf vorgegebene Aufgaben und Ziele;
- Effizienz (Wirtschaftlichkeit);
- die verantwortlichen Personen müssen den Prozess kontrollieren und steuern können und in Kenntnis des Prozesszustandes die Möglichkeit haben, Korrekturmaßnahmen einzuleiten;
- Anpassungsfähigkeit an Veränderungen der Prozessumgebung oder an gestellte Anforderungen, insbesondere der Kunden.

Nutzen und Grenzen des Prozessmanagements

Langfristiger Wandel soll zu mehr Qualität führen

Im Gegensatz zu anderen Ansätzen zur Unternehmensumgestaltung stellt das Prozessmanagement ein Instrumentarium zur Verfügung, um einen einmal erreichten Zustand zu stabilisieren und kontinuierlich zu verbessern oder das Unternehmen an veränderte Umweltbedingungen anzupassen.

Vor diesem Hintergrund ist Prozessmanagement nicht als Programm zur kurzfristigen Lösung von Problemen anzusehen. Es strebt vielmehr ein Umdenken bei der Betrachtung von Tätigkeiten an und somit einen langfristigen Wandel der Unternehmenskultur hin zu einer Orientierung auf Prozesse, aber auch auf Kunden und Mitarbeiter. Ziel ist dabei eine kontinuierliche Qualitätsverbesserung.

Punktbewertungsverfahren

Siehe *Scoring*, S. 102 und *Nutzwertanalyse*, S. 72.

Qualität

Qualität ist, was der Kunde fordert und empfindet. Damit ist Qualität keine absolute, sondern eine ständig fließende Größe.

Als Kundennutzen gesehen

Qualität ist in der wirtschaftlichen Tätigkeit deshalb so wichtig, weil erfahrungsgemäß

- etwa 85 % des Fehlleistungsaufwands auf Managementfehlern beruhen,
- etwa 30 % der Arbeitskapazität für Fehlerbeseitigung eingesetzt werden müssen,
- der Aufwand, zufriedene Kunden zu halten, in der Regel nur 25 % des Aufwands für Neukundengewinnung beträgt,
- Qualität keine stabile Größe ist und daher permanent im Managementfokus stehen muss, worin der Kundennutzen besteht und zukünftig bestehen wird.

Qualitätsfähigkeit messen und steuern

Qualität wird zunächst als nicht operational, das heißt, als nicht messbar empfunden. Bei genauerer Betrachtung kann man jedoch feststellen, dass es eine Reihe von Kennzahlen gibt, die den allgemeinen Begriff „Qualität" in messbare Größen umformen.

Kennzahlen für Qualität

Kennzahlen, die Produktqualität ausdrücken

- Ausschussquoten
- Prozentsatz nachgearbeiteter Produkte/Projekte/immaterieller Leistungen
- Prozentsatz der gesamten Belegschaft, die mit Nacharbeiten beschäftigt ist
- Defekte bei zugelieferten Teilen im Verhältnis zur gesamten Zuliefermenge
- Defekte bei ausgelieferten Produkten im Verhältnis zu allen ausgelieferten Produkten
- Zahl der eingegangenen Reklamationen
- Garantieleistungen
- Prozentsatz abgelehnter und rückvergüteter Waren

Kennzahlen, die Produktqualität ausdrücken

- produzierte gute Einheiten im Verhältnis zum geplanten Output
- Verfügbarkeit von Teilen
- Korrektheit von Prognosen
- Verfügbarkeit und Korrektheit von Informationen
- Zahl der Konstruktions-Änderungsanweisungen

Kennzahlen für Lieferung, Pünktlichkeit, Servicequalität

Die folgenden Kennzahlen lassen sich gleichermaßen für den produzierenden Sektor wie auch für den Dienstleistungsbereich anwenden:

- Quote der pünktlichen Lieferungen bzw. Leistungen
- Beanstandungsquote
- Anzahl der verspäteten Lieferungen
- Auftragspolster
- Auftragsrückstand
- Mehrwert pro Zeiteinheit (Wieviel Wert wird durch die Arbeit am Produkt bzw. der Dienstleistung an einem Tag/in einer Stunde geschaffen. Diese Kennziffer drückt indirekt aus, wie kompliziert die Tätigkeit ist.)
- Auftrags-Bearbeitungszeit
- Vorlaufzeit für Auftragsbearbeitung
- Reklamationsdurchlauf (durchschnittliche Dauer von Reklamationsbearbeitungen)

Speziell im produzierenden Gewerbe bzw. für materielle Leistungen gelten darüber hinaus u. a. folgende Kennzahlen:

- Vorlaufzeit für eingekaufte bzw. selbst hergestellte Komponenten
- Vorlaufzeit Produktion (Warteschlange, Schritt, Zyklus)
- Einrichtungszeit von Konstruktion bis Produktion
- Vorlaufzeit für Transport
- Zahl und Zeit der Umstellungen/der Prüfungen
- durchschnittliche Auftragserfüllung
- durchschnittliche Ausführungszeit bei erforderlichen Änderungen

Qualitätswerkzeuge

Egal, auf welcher Ebene Qualität angestrebt wird – sie setzt sich nicht von allein durch, sondern muss mithilfe verschiedener Instrumente (Qualitätswerkzeuge) umgesetzt werden.

Einsatz visueller Hilfsmittel

Qualitätswerkzeuge sind visuelle Hilfsmittel, um Probleme zu erkennen, zu verstehen und zu lösen. Sie basieren meist auf mathematisch-statistischen Grundlagen, die speziell für die Anwendung im Werkstattbereich aufbereitet wurden.

So werden etwa folgende Werkzeuge häufig eingesetzt:

Elementare Qualitätswerkzeuge

- Fehlersammellisten
- Korrelationsdiagramme: Darstellung der Zusammenhänge zwischen Ursachen und Wirkung
- Qualitätsregelkarten: Überwachung von Fertigungsprozessen auf statistischer Basis. Dadurch können Abweichungen rechtzeitig erkannt und Prozesse überwacht und gesteuert werden. Dabei werden Daten in ein Formblatt mit Koordinatensystem eingetragen. In Verbindung mit vorher eingezeichneten Mittelwerten und Warn-, Eingriffs- und Toleranzgrenzen lassen sich die Prozesse steuern.
- Pareto-Diagramme stellen die Fehlerursachen graphisch in abfallender Reihenfolge dar.
- Histogramme: graphische Darstellung von Häufigkeitsverteilungen

Beispiel: Einsatz von Qualitätsregelkarten

Schokoladentafeln werden in Formen gegossen. Liegt diese Form nicht exakt waagerecht, wiegt die Tafel zwar immer noch 100 Gramm, ist auf der einen Seite aber z. B. einen Millimeter dicker als auf der anderen Seite. Diese minimale Verschiebung hat gravierende Auswirkungen: Werden immer 25 Tafeln automatisch in einem Karton verpackt, ist die eine Seite insgesamt 2,5 cm dicker als die andere. Die automatische Verpackungsmaschine versagt, es kommt zu Verzögerungen in der Produktion. Daher werden auf einer Karte die tatsächlichen Messwerte erfasst. Wenn sich offensichtlich eine Verschiebung der Istwerte in Richtung einer festgelegten Toleranzgrenze ergibt, kann durch Nachjustierung eingegriffen werden, bevor die Toleranzgrenze tatsächlich überschritten wird.

Auch ungeschulte Kräfte können Qualitätswerkzeuge einsetzen. Da sich viele der auftretenden Probleme schon mit einfachen Methoden lösen lassen, ist ihre Anwendung besonders wirkungsvoll.

Auf CD-ROM

Checkliste: So verbessern Sie Qualität

- Stellen Sie fest, wo Qualitätsprobleme auftreten.
- Grenzen Sie Problemgebiete ein.
- Bewerten Sie die Faktoren, die die Ursache des Problems zu sein scheinen.
- Stellen Sie fest, ob die angenommenen Fehlerursachen zutreffen oder nicht.
- Verhindern Sie Fehler, die durch Versäumnis, Hast oder Unachtsamkeit entstehen.
- Kontrollieren Sie die Wirkung von Verbesserungen.
- Suchen Sie nach „Ausreißern".

Qualitätsmanagement

Durch Qualitätsmanagement (kurz: QM) soll Qualität im Unternehmen systematisch sichergestellt werden.

Qualitätsmanagement geht von der Unternehmensleitung aus. Dazu wird eine entsprechende Struktur geschaffen, die sicherstellen soll, dass Qualitätsziele erreicht werden. Das QM hat die Aufgabe, die Qualitätspolitik, deren Ziele sowie die Verantwortlichkeiten festzulegen. QM kann dabei unterschiedlich in die Tiefe gehen, je nachdem, ob die Qualität eines Produkts, von Prozessen oder des ganzen Unternehmens angestrebt wird.

Qualität in der Unternehmenspolitik

Der entscheidende Faktor „Qualität" sollte unbedingt fester Bestandteil der Unternehmenspolitik bzw. Bestandteil der strategischen und operativen Unternehmensziele sein. Die Formulierung der Qualitätsziele ist dabei Aufgabe der Unternehmensleitung. Aus den Zielen werden dann Strategien abgeleitet, mit denen diese Qualitätsziele erreicht werden können.

Allgemeine Ziele des Qualitätsmanagements können sein:

Ziele von Qualitätsmanagement

- Steigerung der Kundenzufriedenheit
- Einführung von Standards/Normen
- Prozessoptimierung
- (bessere) Qualifikation der Mitarbeiter
- Gesetzeskonformität
- Rentabilität, z. B. durch geringere Aufwendungen für Nacharbeit, Garantie oder Kulanzleistungen
- Umweltverträglichkeit

Qualitätskonzept

Im Vordergrund sollten solche Zielsetzungen und Strategien stehen, die darauf abzielen, der Fehlerprävention oberste Priorität zu geben. Zu einem umfassenden Qualitätskonzept gehört die laufende Information aller Mitarbeiter sowie die gezielte Aus- und Fortbildung der Beschäftigten in den betroffenen Bereichen.

Verantwortlichkeiten und Kontrolle

Darüber hinaus sollte es einen Verantwortlichen im Betrieb für den gesamten Bereich Qualität geben. Dieser sollte neben dem notwendigen Know-how auch mit entsprechender übergreifender Weisungsbefugnis ausgestattet sein. Nicht zuletzt sollte in jährlichen Abständen überprüft werden, ob das Qualitätssicherungssystem noch den Anforderungen genügt oder ob es Änderungs- und Anpassungsbedarf gibt.

Qualitätsnormen

Qualitätsmanagementsystem ist zertifizierbar

Unternehmen mit einem Qualitätsmanagement können sich zertifizieren lassen (etwa nach der internationalen DIN ISO 9000-Normenreihe). Die ISO 9001 fordert, dass bestimmte Prozesse und Tätigkeiten, die mit der Qualitätssicherung und dem QM in Zusammenhang stehen, nach festgelegten Verfahren durchführt werden, dass die Verantwortlichkeiten für qualitätsrelevante Aufgaben festlegt und die erforderlichen Mittel bereitgestellt werden. Die Norm legt jedoch keine bestimmte Vorgehensweise fest.

Total Quality Management (S. 108) als umfassendes System

Einen ganzheitlichen Ansatz des QM stellt das *Total Quality Management* dar, das die Unternehmensqualität im Blick hat und die Interessen aller Stakeholder (Kunden, Mitarbeiter, Lieferanten, Kapitalgeber) einbezieht. Es existieren aber noch weitere Managementansätze, die Qualitätsziele verfolgen, etwa die „Null-Fehler-Strategie".

Scoring

Ein Punktbewertungsverfahren für Entscheidungen, die nicht auf Grundlage harter Zahlen (Kennzahlen wie Kosten oder Erlöse) getroffen werden können. Vielmehr sind bei diesen Entscheidungen qualitative Kriterien ausschlaggebend.

Qualitativen Kriterien, die eine Entscheidungsgrundlage sein könnten, sind u. a. die Reparaturfreundlichkeit oder auch die Reparaturanfälligkeit, die Servicequalität, das Produkt- oder Markenimage, die Bedienfreundlichkeit und vieles anderes mehr.

Wie geht man beim Scoring vor?

Üblich ist ein Vorgehen in den folgenden Stufen:

Vorgehen in fünf Schritten

1. Ermittlung der Kriterien (Ziele), die für die Auswahl entscheidend sind.
2. Gewichtung der Kriterien.
3. Vergabe von Punkten für die einzelnen Varianten, die infrage kommen.
4. Berechnen der Reihenfolge, wobei die Gewichtungen mit den vergebenen Punkten ausmultipliziert werden.
5. Prüfung der Ergebnisse mithilfe einer Sensitivitätsanalyse.

Der erste Schritt, die Festlegung der Kriterien, die für die Auswahl entscheidend sein sollen, ist der schwierigste Teil des Scoring-Verfahrens.

Tipp:

Sammeln Sie zunächst alle Kriterien, die Ihnen einfallen. In einem zweiten Schritt ordnen und bereinigen Sie die Kriterien und gliedern sie hierarchisch nach ihre Wichtigkeit für das angestrebte Ziel.

Die Kriterienwahl ist nicht immer unumstritten. Insbesondere dann, wenn Betroffene keinen Einblick in die Kriterienauswahl haben, kommt schnell Unbehagen auf.

Beispiel:

Deutlich wird das bei den Scoring-Verfahren von Kreditinstituten, die mit teilweise umstrittenen Unterscheidungsmerkmalen wie Wohngebiet oder Anzahl der vorhandenen Bankkarten die potenzielle Ausfallgefahr bei Privatkrediten bestimmen wollen.

Gewichtung: freihändig oder nach eine Präferenzmatrix

Die Gewichtung der Kriterien kann im einfachsten Fall freihändig erfolgen. Ein anderes Verfahren wäre die Präferenzmatrix. Dabei wird jedes Kriterium mit jedem anderen Kriterium hinsichtlich seiner Wichtigkeit für das Gesamtziel verglichen. Im nächsten Schritt werden die jeweils höchsten Punktzahlen der einzelnen Kriterien addiert und somit festgestellt, welches das dominierende Merkmal ist.

Schritt 3: Muss- oder Kann-Ziele

Die Punktverteilung erfolgt nach einem vorher festzulegenden Maßstab. Dabei sollte darauf geachtet werden, ob die Kriterien „Muss-Ziele“ oder „Kann-Ziele“ sind.

Die anschließende Multiplikation der erreichten Punkte mit den Gewichtungen führt zu einer Reihenfolge der infrage kommenden Projekte.

Sensitivitätsanalyse

Mithilfe der Sensitivitätsanalyse wird als letztes überprüft, inwieweit Veränderungen der Eingangsgrößen zu einer veränderten Reihenfolge führen könnten.

Beispiel:

Ist die Reihenfolge der Projekte beispielsweise von den Kraftstoffpreisen abhängig (das eine Projekt verbraucht mehr, das andere weniger Kraftstoff), kann man berechnen, bis zu welchem Preis für Kraftstoff das favorisierte Projekt auf dem ersten Platz verbleibt und wann sich die Reihenfolge ändern würde.

Achtung:

Sie können hier immer nur mit Wahrscheinlichkeiten arbeiten. Wie sich Preise, Absatzmengen usw. tatsächlich verändern, kann man erst im Nachgang feststellen.

Vorteile der Scoring-Technik

Aufwendiger, aber auch zuverlässiger als die „Bauchentscheidung"

Richtig angewandt, ermöglicht das Scoring im Gegensatz zur Entscheidung „aus dem Bauch heraus" die Messung qualitativer Kriterien, die ansonsten nicht greifbar in den Entscheidungsprozess eingehen würden. Die Bewertung wird objektiver, weil an alle zu prüfenden Varianten die gleichen Maßstäbe angelegt werden. Außerdem wird der Entscheidungsvorgang transparent und für andere Personen nachvollziehbar.

Nicht nur berechenbare betriebswirtschaftliche Kennzahlen, sondern auch die viel genannten „Soft-Facts" können mit Scoring zumindest ansatzweise messbar gestaltet werden.

Scoring-Beispiel s. Nutzwertanalyse, S. 72

Die Scoring-Technik ist eng verwandt mit der *Nutzwertanalyse* bzw. wird für diese auch als Entscheidungstechnik eingesetzt. Während die Nutzwertanalyse aber fast ausschließlich für die Beurteilung von Investitionen angewendet wird, ist das Scoring als Punktbewertungsverfahren auch darüber hinaus nutzbar.

Standortentscheidung

Die Standortentscheidung ist die Bestimmung der spezifischen topographischen Lage der Betriebsstätte einer Unternehmung. Sie muss bei der Unternehmensgründung getroffen werden und gehört damit zu den *konstitutiven Entscheidungen.*

Die Frage nach dem Standort lässt sich nicht immer frei stellen. Betriebe in der Land- und Forstwirtschaft, im Bergbau, im oberirdischen Abbau von Rohstoffen (z. B. Kiesgruben) und ähnliche Branchen sind in der Standortwahl stark eingeschränkt. Handelsbetriebe und Betriebe des verarbeitenden Gewerbes sind dagegen in ihrer Standortentscheidung relativ frei.

Zur Standortwahl gehört auch die Entscheidung über innerbetriebliche Standorte. Das ist z. B. die räumliche Festlegung von Betriebsstätten, Abteilungen usw. Diese innerbetriebliche Standortwahl ist eng verbunden mit Fragen der innerbetrieblichen *Logistik* (S. 69).

Auch: innerbetriebliche Standorte

Standortfaktoren

Geographisch lassen sich nationale, regionale und lokale Faktoren unterscheiden.

Nationale Faktoren sind u. a. die Rechts- und Wirtschaftsordnung, Wechselkurse und devisenpolitische Maßnahmen.

Beispiel: Nationaler Standortfaktor

In einigen Ländern ist die Ausfuhr von im Land erzielten Gewinnen beschränkt. Der Unternehmer ist also nicht frei in seiner Entscheidung, ob er sie in sein Heimatland transferiert oder im Gastland belässt.

Regionale Faktoren sind u. a. die Verfügbarkeit und Qualifikation von Arbeitskräften, die Infrastruktur, die örtliche Kaufkraft und ähnliches. Zu den lokalen Einflüssen zählen etwa konkrete Umfeldbedingungen, Verkehrsanbindung usw.

Nach Muss- und Soll-Kriterien bewerten

Bei der Standortauswahl ist zu überlegen, welche Kriterien erfüllt sein *müssen* (limitationale Standortfaktoren), also unabdingbare Voraussetzung sind. Diese Muss-Kriterien dienen der Vorauswahl.

Beispiel: Muss-Kriterium für den Standort

Für eine Papierfabrik ist es zwingend nötig, einen Zugang zu Brauchwasser (Fluss) zu haben, um einerseits die für die Produktion erforderlichen großen Wassermengen entnehmen und andererseits die geklärten Abwässer wieder einleiten zu können.

Bei den Soll-Kriterien handelt es sich um Anforderungen, die erreicht werden sollten, bei denen aber eine ungünstige Ausprägung eines Kriteriums durch günstige andere Kriterien ausgeglichen werden kann (substitutionale Standortfaktoren).

Beispiel: Soll-Kriterium für den Standort

Eine Spedition sollte in der Nähe einer Autobahnabfahrt liegen. Wenn in einem Gewerbegebiet etwa 5 Kilometer entfernt von der nächsten Autobahnabfahrt aber der Grund und Boden nur halb so viel kostet, wie in unmittelbarer Nähe der Abfahrt, könnte das gegebenenfalls für den weiter von der Autobahn entfernten Standort sprechen.

Worauf kommt es bei der Entscheidung an?

Jedes Unternehmen wird versuchen, einen möglichst optimalen Standort zu finden. Was unter „optimal" zu verstehen ist, hängt allerdings von den jeweiligen Unternehmenszielen ab. Natürlich sind auch die Kosten ein wichtiger Faktor. Will etwa ein Unternehmen aus Kostengründen seinen Standort in eines der neuen Mitgliedsländer der EU verlegen, stehen den niedrigen Lohnkosten unter Umständen erhöhte Kosten für die Ausbildung von Personal und die Motivierung von Führungskräften entgegen – ganz abgesehen von den höheren Transportkosten.

Tipp:

Überlegen Sie, welche standortbedingten Aufwendungen den Erträgen am konkreten Standort gegenüberstehen. Allein die Transportkosten vom Zulieferer zum eigenen Standort oder vom Standort zu den Endabnehmern können dazu führen, dass die Rentabilität einer Investition nicht mehr ausreicht.

Die folgende Checkliste zeigt beispielhaft, welche Faktoren bei der Standortentscheidung eine Rolle spielen:

Checkliste: Standortentscheidung

- Befinden sich die wichtigsten Zulieferbetriebe in der Nähe, um die Transportkosten gering zu halten?
- Wie ist das Verhältnis von durchschnittlichen Arbeitskosten (Lohn) einerseits und dem kulturellen und Freizeitwert am Standort andererseits? (Es ist manchmal nicht einfach, Führungskräfte in ein Gebiet mit niedriger Lebensqualität zu versetzen.)
- Gibt es spezielle Fördermöglichkeiten?
- Auf welchem Niveau liegen die örtlichen Energiepreise?
- Ist die Verkehrsanbindung so, dass keine zusätzlichen Aufwendungen für Umladen u. Ä. erforderlich sind?
- Sind die wichtigsten Abnehmer in der Nähe?

Auf CD-ROM

Selbstverständlich sind je nach der konkreten Tätigkeit des Unternehmens auch andere Faktoren denkbar.

Langfristige Entwicklungen im Blick behalten

Die endgültige Auswahl des Standorts sollte mit größtmöglicher Sorgfalt getroffen werden. Wesentlich dabei ist, dass nicht nur die aktuell wirksamen Standortfaktoren berücksichtigt werden, sondern auch strategische Gedanken zur Unternehmensentwicklung einbezogen werden. So ist es langfristig gesehen oft besser, den Standort so auszuwählen, dass eine Weiterentwicklung des Unternehmens (auch räumlich) möglich ist, als die momentan preisgünstigste Variante zu wählen.

Tipp:

Sortieren Sie die Standortfaktoren nach „finanziell wirksam" und „nicht finanziell wirksam". Bei den finanziell wirksamen Faktoren sollten Sie prüften, welche Auswirkungen auf die Finanzsituation zu erwarten sind. Bei anderen Faktoren, die keine direkte finanzielle Relevanz haben, ziehen Sie andere Bewertungsmethoden heran (*Scoring, Nutzwertanalyse*).

Total Quality Management (TQM)

Total Quality Management (TQM) ist eine Führungsmethode, die die Qualität in den Mittelpunkt stellt und durch die Zufriedenstellung der Kunden auf einen langfristigen Geschäftserfolg zielt. Es bezieht das Personal auf allen Hierarchieebenen des Unternehmens mit ein, wobei für seinen Erfolg die überzeugende und nachhaltige Führung durch die Unternehmensleitung sowie die Ausbildung und Schulung aller Mitglieder der Organisation entscheidend ist.

Qualität wird hierbei nicht nur als Qualität der Endprodukte verstanden. Qualität ist vielmehr

- Qualität des Unternehmens,
- Qualität der Prozesse,
- Qualität der eigenen Arbeit und
- Qualität der Produkte.

→ Kaizen, S. 49

Total Quality Management ist eng verbunden mit dem Prinzip des *Kaizen*, das alle Elemente eines Prozesses hinterfragt und durch permanente Verbesserung die Abläufe im Unternehmen optimiert. TQM besteht damit aus einem permanenten Lernprozess, der verbunden ist mit der konsequenten Hinwendung zum Kunden. Ein Kennzeichen ist, dass man sich von der traditionellen Endkontrolle löst und sich hin zu einer kontinuierlichen Kontrolle aller Abläufe wendet.

Die Kernpunkte des Total Quality Management lassen sich dabei in Folgendem zusammenfassen:

Kernpunkte des TQM

- Konsequente Ausrichtung auf den Kunden.
- Prinzip der Null-Fehler-Produktion in Routinebereichen und das Verstehen von Fehlern in innovativen Bereichen als Lernquelle.
- Ständige Verbesserung von Prozessen (Kaizen).

- Stärkung der Eigenverantwortung aller Mitarbeiter für die Qualität. Andere Abteilungen im Betrieb werden als „interne Kunden" betrachtet.
- Ausbau traditioneller Stärken (Kernkompetenzen).
- Initiierung und Führung durch die Geschäftsleitung.

Die Erfüllung der Kundenwünsche ist dabei Maßstab für Qualität. Qualität geht vor kurzfristigem Gewinn.

Qualität geht vor Gewinn

Tipp:

Ein Werkzeug des TQM ist die ISO-9000-Zertifizierung. Jedoch ist zu beachten, dass ein Zertifikat allein nicht die Implementierung von Total Quality Management bedeutet.

Achtung:

Total Quality Management lässt sich nicht isoliert einführen. Unternehmen sind in ein Geflecht von Lieferbeziehungen eingebunden. Das gilt gleichermaßen für kleine und mittelständische Unternehmen wie für große, international agierende Konzerne. Der Erfolg von TQM ist davon abhängig, ob die eigenen Zulieferer und wiederum deren Lieferanten sich um totale Qualität bemühen.

Widersprüche treten insbesondere dann auf, wenn der gleiche Zulieferer verschiedene Endproduzenten beliefert, die unterschiedliche Ansprüche an die Qualität der Zulieferprodukte haben.

Unternehmenskultur

Die Unternehmenskultur ist ein integrierender Bestandteil der strategischen Unternehmensführung. Sie wird definiert als die Summe aller im Unternehmen gewachsenen Werte, Normen und Verhaltensmuster, die das Entscheiden und Handeln ihrer Mitglieder prägen.

Eine starke Unternehmenskultur kann eine Quelle strategischer Stoßkraft sein; neben den positiven Effekten ist aber auch die Gefahr negativer Auswirkungen zu berücksichtigen. So kann sie neue Orientierungen blockieren oder zu Betriebsblindheit führen.

Wie entsteht eine Unternehmenskultur?

Entwicklung von Normen und Erwartungen

Wo immer Menschen zusammenkommen, entsteht nach einer gewissen Zeit eine Kultur bzw. eine Subkultur. Der Unterschied zwischen beiden besteht darin, dass die Kultur von allen Mitgliedern getragen wird, während die Subkultur nur eine Teilgruppe betrifft. Jede Kultur entwickelt ungeschriebene, häufig unausgesprochene Normen und gegenseitige Erwartungen, die einen starken Einfluss auf das Verhalten der Mitglieder ausüben.

Aufgrund der unterschiedlichen Anforderungen und Aufgabenbereiche können sich innerhalb des Unternehmens, z. B. in Geschäftseinheiten, Funktionsbereichen oder Abteilungen, Subkulturen mit unterschiedlich dominanten Werten entwickeln.

Zwischen der Unternehmenskultur und den Mitarbeitern besteht eine enge, wechselseitige Beziehung. Vor allem Mitglieder der oberen Managementebenen beeinflussen die Unternehmenskultur maßgeblich, was ihren evolutionären Charakter unterstreicht.

Charakterisierung der Unternehmenskultur

Die spezifische Ausprägung von Unternehmenskulturen wird durch vier Merkmale charakterisiert:

- **Verankerungsgrad:** Das ist der Grad der Verinnerlichung der Werte und Normen bei den Mitarbeitern. Je höher der Verankerungsgrad, desto stärker ist die Verhaltensbeeinflussung der Mitarbeiter durch die Unternehmenskultur.
- **Ausmaß der Übereinstimmung:** Damit ist die kollektive Verbreitung der Unternehmenskultur unter den Mitarbeitern gemeint. Je mehr Mitarbeiter die kulturellen Werte und Normen teilen, desto breiter wirkt die Unternehmenskultur.
- **Systemvereinbarkeit:** Damit ist die Verträglichkeit und die Übereinstimmung der Unternehmenskultur mit anderen Systemen des Unternehmens wie Führungs- und Organisationssystem, Unternehmenspolitik, Zielsystem etc. gemeint. Je besser die einzelnen Systeme aufeinander abgestimmt sind, desto erfolgreicher und konfliktfreier kann gearbeitet werden.

- **Umweltvereinbarkeit:** Auch nach außen hin ist die Übereinstimmung der Werte und Normen der Unternehmung mit denen der Umwelt bzw. der Gesellschaft wichtig, um Konflikte zu vermeiden, die Kundenorientierung zu gewährleisten oder das Image zu pflegen.

Die Unterscheidung zwischen starken und schwachen Unternehmenskulturen beruht auf der Ausprägung dieser Merkmale. Je stärker die Ausprägung, desto stärker die Kultur.

Wirkungen der Unternehmenskultur

Je stärker eine Unternehmenskultur ausgeprägt ist, desto stärker wirkt sie. Neben den positiven Effekten einer ausgeprägten Unternehmenskultur gibt es jedoch auch negative Auswirkungen

Positive Effekte

- Handlungsorientierung durch klare Richtlinien und Orientierungsmuster
- reibungslose Kommunikation, weniger Missverständnisse und weniger Interpretationsfehler
- rasche Entscheidungsfindung durch schnelle Einigung
- problemlose Umsetzung aufgrund der breiten Akzeptanz
- geringer Kontrollaufwand dank der verinnerlichten Verhaltensmuster
- Motivation, Teamgeist und Loyalität durch das „Wir-Gefühl"

Negative Effekte

- Tendenz zum Abkapseln, zur Selbstüberschätzung, zum Ignorieren von Kritik und Warnsignalen
- Betriebsblindheit durch Wahrnehmungsfilterung
- Blockierung neuer Orientierungen, Festhalten an alten Erfolgsmustern
- Widerstand gegenüber Veränderungen und Innovationen
- Mangel an Flexibilität, geringe Anpassungsfähigkeit

Tipp:

Nutzen Sie die positiven Effekte einer starken Unternehmenskultur, wie z. B. die emotionale Bindung der Mitarbeiter an das Unternehmen. So zeugt ein „Ich schaffe beim Daimler!" genauso von Identifikation wie ein „Ich bin ein Zeissianer!" oder ähnliche Ausdrücke der Verbundenheit mit dem eigenen Arbeitgeber.

Wie wird die Unternehmenskultur sichtbar?

→ Corporate Identity, S. 454

Nicht alle Ebenen einer Unternehmenskultur sind sofort zu erkennen. Deutliche Kennzeichen sind das meist in Rahmen einer Corporate Identity (oder Corporate Design) entwickelte Logo (das dann auch z. B. firmeneigene Taschen zieren kann) oder das Erscheinungsbild der Druckerzeugnisse. Aber auch andere Kennzeichen, wie die Kleidung der Mitarbeiter (Dresscode), die Architektur und der Einrichtungsstil des Firmengebäudes weisen mehr oder weniger deutlich auf die Unternehmenskultur hin. Schließlich wirken bestimmte Feiern und interne Rituale, ja sogar der Sprachgebrauch im Unternehmen kulturbildend bzw. symbolhaft.

Beispiele:

- Insbesondere „gehobene" Automarken verlangen von ihren Händlern oft eine bestimmte Architektur der Autohäuser („Audi-Hangar").
- Regionale Verbundenheit wird in einigen Bankinstituten auch durch das Tragen regionaler Trachten (z. B. die legendäre Gamslederhose in Oberbayern) im Gegensatz zum üblichen Dress-Code der Bankenwelt demonstriert.
- Der Gebrauch der englischen Sprache oder bestimmter englischer Begriffe demonstriert Internationalität.

All diese Symbole sind Ausdruck bestimmter Unternehmensgrundsätze, Standards, Verhaltensrichtlinien, Programme, Regeln, Verbote oder Ideologien. Diese wiederum beruhen auf unternehmenstypischen, wertbildenden Basisannahmen, wie Weltbild, Wertebezug, Bezug zur Umwelt oder Formen des menschlichen Zusammenlebens.

Unternehmensziele

Ein Unternehmen kann nur vor dem Hintergrund einer klar definierten Zielkonzeption sachgerecht geleitet werden. Ohne eine Zielkonzeption sind eine effektive Planung, Steuerung und Kontrolle im Unternehmen nicht möglich.

Warum Ziele?

„Könntest du mir sagen, wo ich jetzt hingehen soll?", fragte Alice. „Das hängt ganz davon ab, wo du hin willst", sagte die Katze. „Eigentlich ist es mir egal", sagte Alice. „Dann ist es auch egal, wo du hingehst", sagte die Katze. „Ich möchte nur gern irgendwo hinkommen!", fügte Alice als Erklärung hinzu. „Ach, irgendwohin kommst du bestimmt", sagte die Katze, „wenn du weit genug läufst." (*Quelle: Levis Caroll, Alice im Wunderland*)

Eine Zielkonzeption, zu der auch die Finanzziele gehören, besteht in der Regel aus mehreren Einzelzielen. Diese Unternehmensziele entwickeln sich aus Visionen und Leitbildern (generelle Vorstellungen) zu speziellen Absichten (Art und Richtung des Vorgehens) bis hin zu konkreten Zielen (Ausmaßen).

Generelle Absichten

Langfristige Ziele, grundlegende Vorstellungen

In den generellen Absichten werden die langfristigen Vorstellungen zum Unternehmenszweck sowie zur Einstellung des Unternehmens gegenüber den Mitarbeitern und der Umwelt zum Ausdruck gebracht. Die generellen Absichten lassen sich unterteilen in:

- **Vision:** In der Vision wird das gewünschte Aussehen der Unternehmung in der Zukunft beschrieben. Dieses zukünftige Unternehmensbild soll die Unternehmensentwicklung in eine bestimmte Richtung lenken.
- **Mission:** Die Mission enthält die grundlegenden Auffassungen und Werte, die der Tätigkeit des Unternehmens zugrunde liegen sollen. Die Mission dient in der Regel der Motivation der Mitarbeiter.

Beispiel:

„Unsere Unternehmung produziert die qualitativ hochwertigsten Produkte der Branche."

- **Leitbild:** Als Unternehmensleitbild wird die schriftliche Formulierung der bestehenden oder angestrebten Unternehmensphilosophie bezeichnet. Das Unternehmensleitbild soll einerseits auf die eigene Belegschaft wirken, gleichzeitig zielt ein Leitbild auf die Steigerung des Unternehmensimages in der Öffentlichkeit.

Spezielle Absichten

Die speziellen Absichten setzen die generellen Absichten des Unternehmens um, d. h. die allgemeinen zukünftigen Unternehmensvorstellungen werden hier mit konkreten Zielen belegt. Gleichzeitig wird mit den speziellen Absichten eine Aussage zur Zielentwicklung getroffen. Die speziellen Absichten bilden die Grundlage zur Entwicklung konkreter Unternehmensstrategien (s. u.).

Beispiel:

Während die generellen Absichten die Vorgabe beinhalten können, sich zum Marktführer der Branche zu entwickeln, werden mit den speziellen Absichten die genauen Zielgrößen festgelegt, die die Marktführerschaft kennzeichnen (z. B. Umsatzstärke).

Konkrete Unternehmensziele

Quantifizierung heißt: messbare Größen festlegen

Die Ziele nehmen nun die genaue Quantifizierung der speziellen Absichten eines Unternehmens vor. Mit Zielen werden reale Zielerreichungsgrade festgelegt. Ein Ziel kann beispielsweise in dem Erreichen eines Marktanteils von 20 % bestehen. Die ökonomischen Ziele eines Unternehmens können wie folgt eingeteilt werden.

- **Leistungsziele:** Die Leistungsziele beziehen sich auf den Produktionsprozess (elementaren Gegenstand) einer Unternehmung. Konkrete Leistungsziele sind etwa Beschaffungs-, Lagerhaltungs-, Produktions- und Absatzziele.

- **Finanzziele:** Finanzziele beschäftigen sich mit dem finanziellen Bereich der Unternehmung. In diese Kategorie fallen insbesondere Liquiditäts-, Investitions- und Finanzierungsziele.
- **Erfolgsziele:** Die Erfolgziele drücken die gewünschte Wirtschaftlichkeit eines Unternehmens aus. Im Gegensatz zu den Leistungszielen und Finanzzielen stellen die Erfolgsziele keinen unmittelbaren Handlungsgegenstand dar. Man bezeichnet diese Ziele deshalb auch als Formalziele. Typische Erfolgziele sind beispielsweise der Jahresüberschuss, der Kapitalgewinn oder die Wertschöpfung.

Beispiel: Zielparameter

Leistungsziele	Erfolgsziele	Finanzziele
• Art und Struktur des Produktions- und Absatzprogramms • Marktanteile • Produktions- und Lagerkapazitäten • Produktions- und Absatzmengen • Produktqualität • Produktionsstandorte • Absatzwege	• Umsatzvolumen und -struktur • Wertschöpfung • Kapitalgewinn • Jahresüberschuss • Dividendenzahlungen	• Umfang/Struktur der Liquiditätsreserve • Rücklagenzuweisung • finanzieller Sektor • Struktur und Volumen des Investitionsprogramms • Kapitaldienstleistungen

Quelle: Ausgewählte Zielparameter der verschiedenen Zielkategorien (nach Schierenbeck, Grundzüge der Betriebswirtschaftslehre, München 2003, S.62)

Eine herausragende Bedeutung innerhalb der Unternehmensziele besitzen die Erfolgsziele. Jedes Unternehmen muss, um langfristig überleben zu können, einen gewissen Erfolg erwirtschaften. Dieser kann über Gewinn- oder Rentabilitätskennzahlen gemessen und gesteuert werden. Sowohl Leistungsziele als auch Finanzziele tragen letztlich ihren Beitrag zur Erreichung zentraler Erfolgsziele bei. So wird sich beispielsweise die Umsetzung einer optimalen Lagerhaltung auch unmittelbar positiv auf die Erfolgziele einer Unternehmung auswirken.

Erfolgsziele (→ Gewinn, Rentabilität) sichern das Überleben

Tipp:

Auch bestimmte grundlegende Existenzbedingungen des Unternehmens sollten sich im Zielsystem wiederfinden. Dies sind insbesondere

- Liquidität als zwingende Voraussetzung,
- Mindestrentabilität.

Grundlegende Anforderungen an Ziele

Bei der Formulierung von Zielen ist darauf zu achten, dass sie nicht zu allgemein gehalten werden. Zur Formulierung eines Ziels genügt oft ein Satz; wichtig ist, dass er eine konkrete Forderungen enthält.

Auf CD-ROM

Checkliste: Unternehmensziele richtig formulieren

- Sind die Ziele realistisch (weder zu hoch noch zu niedrig)?
- Sind die Ziele messbar (anstatt „hoher Marktanteil" Marktanteil von x %)?
- Sind die Ziele in eine Hierarchie eingepasst? Wo liegen die Prioritäten?
- Sind Widersprüche zwischen den verschiedenen Zielen möglichst ausgeschaltet?
- Ist das Zielsystem aktuell? Sind überholte Ziele aus dem System entfernt und durch aktuelle ersetzt?

Wirtschaftseinheiten

An den wirtschaftlichen Prozessen nehmen verschiedene Wirtschaftseinheiten teil: Betriebe – Unternehmungen – bieten Produkte und Dienstleistungen an, Haushalte treten als Konsumenten auf. Beide treffen auf dem Markt aufeinander. Aber auch öffentliche Betriebe und Verwaltungen zählen zu den Wirtschaftseinheiten. Im Allgemeinen stehen Wirtschaftseinheiten unter einer einheitlichen Leitung.

Private Haushalte

Private Haushalte treten in der Wirtschaft als Nachfrager von Produkten und Dienstleistungen auf – sie sind Konsumenten. Stellen sie selbst Sachgüter her oder erbringen Dienstleistungen, dient das regelmäßig dem Eigenbedarf.

Betriebe

Ureigene Aufgabe der Betriebe in einer arbeitsteiligen Volkswirtschaft ist es, Sachgüter oder Dienstleistungen zu erzeugen bzw. bereitzustellen. Abnehmer sind entweder andere Betriebe (Zulieferbetrieb, Finalproduzent) oder Haushalte.

Unternehmen sind ein spezieller Betriebstyp in der Marktwirtschaft. Sie haben folgende Merkmale:

- Unternehmen sind in ihren Entscheidungen autonom, also keiner staatlichen Zentralmacht unterstellt.
- Sie arbeiten nach dem erwerbswirtschaftlichen Prinzip. Das heißt, ihr Zweck ist es, den Erwerb der mit ihnen verbundenen Personen zu sichern.
- Unternehmen beruhen auf dem Prinzip des Privateigentums und damit dem Anspruch auf Alleinbestimmung.

Damit ist das Hauptziel von Unternehmen das Streben nach Gewinn.

Öffentliche Betriebe und Verwaltungen

Öffentliche Betriebe und Verwaltungen werden vom Staat getragen. Sie sollen gesellschaftlichen Bedarf befriedigen und arbeiten nicht nach dem Gewinnprinzip. Durch öffentlichen Betriebe und Verwaltungen wird der Bedarf nach bestimmten öffentlichen Gütern (z. B. öffentliche Straßen) oder nach Dienstleistungen (öffentliche Sicherheit) befriedigt. Einnahmen erzielen öffentliche Betriebe und Verwaltungen überwiegend durch Gebühren bzw. durch Steuern.

Nicht gewinn-, aber wirtschaftlich orientiert

Auch wenn öffentliche Betriebe und Verwaltungen nicht nach dem Gewinnprinzip (Streben nach Maximalgewinn) arbeiten, sollen sie doch wirtschaftlich arbeiten. Wirtschaftlich arbeiten heißt, dass das Verhältnis aus dem Ergebnis der Tätigkeit und dem dafür erforderlichen Aufwand möglichst günstig sein sollte.

Workflow

Workflow heißt wörtlich übersetzt „Arbeitsfluss". Es geht also um Arbeitsprozesse, die gesteuert und organisiert werden sollen. Besondere Bedeutung hat dabei die Tatsache, dass diese in Betrieben ablaufenden Prozesse nicht jeder für sich betrachtet werden, sondern als Gesamtheit. Workflow Management kann als ein ganzheitliches Konzept verstanden werden, das von der Definition über die Steuerung bis zur Kontrolle bzw. Überwachung von Geschäftsprozessen reicht.

Workflow Management regelt das Zusammenspiel der Prozesse

Gerade in Zeiten, in denen sich Wettbewerbsvorteile im Wesentlichen nur noch durch hohe Effizienz und Flexibilität erzielen lassen, kommt der Analyse und Optimierung von Prozessen eine herausragende Bedeutung zu. Zumeist ist das Workflow Management verbunden mit dem Einsatz der Informationstechnologien. Kommunikation und Informationsfluss innerhalb einer Organisation werden zunächst analysiert, um sie danach effizient steuern zu können. Gleichzeitig werden die angewendeten Bearbeitungsverfahren optimiert und ein Teil der Aufgaben wird automatisiert.

Teilbereiche des Workflow Management:

- Modellierung (Identifikation der relevanten Prozesse),
- Analyse,
- Simulation der modellierten Vorgänge,
- Steuerung der Abwicklung von Vorgängen.

Nicht alle Teilbereiche kommen in der betrieblichen Praxis in gleichem Umfang vor, sie können durchaus variieren.

Mögliche Ziele des Workflow Management

- Verkürzung von Durchlaufzeiten durch Wegfall von Transport-, Kopier- und Wartezeiten sowie durch die Verkürzung von Bearbeitungszeiten
- Beschleunigung der Informationsbeschaffung und gezielte Weiterverwendung von Informationen
- Einsparung von Sach- und Personalkosten
- Verkürzung der Reaktionszeit auf Anfragen und damit besserer Kundenservice und Erhöhung der Kundenzufriedenheit
- Bessere Termintreue
- Erhöhte Transparenz und bessere Nachvollziehbarkeit von Prozessen, informative statistische Auswertungen
- Standardisierung von Abläufen

2 Buchführung und Bilanzierung

Sämtliche Vorgänge im Unternehmen, die zu einer Veränderung des Vermögens führen – und das sind faktisch alle wirtschaftlich relevanten Vorgänge – werden in der Buchhaltung erfasst. Das daraus entstehende Zahlenwerk ist der Jahresabschluss, der über den Gewinn oder Verlust des Unternehmens Auskunft gibt.

Natürlich sind Buchhalter und Finanzexperten hier die Profis. Doch auch jeder GmbH-Geschäftsführer, jeder Leiter eines kleineren oder mittleren Betriebs sollte sich mit diesem Zahlenwerk auskennen. Bilden doch Bilanz und Gewinn- und Verlustrechnung eine wichtige Grundlage dafür, wie ein Unternehmen, z. B. bei Banken, eingeschätzt wird.

In diesem Kapitel erfährt man das Wichtigste dazu: wie eine Bilanz aufgebaut ist, wie die Gewinn- und Verlustrechnung erstellt wird und welche Positionen der Jahresabschluss im Einzelnen enthält. Der Leser erhält einen Einblick in die wichtigsten Analyseinstrumente und erfährt, was sich hinter so wichtigen Bilanzkennzahlen wie den Deckungsgraden verbirgt.

Dazu kommen buchhalterische Regeln und steuerrechtliche Grundlagen, wie z. B.: Was etwa besagen die Grundsätze der ordnungsgemäßen Buchführung? Was gibt die Goldene Bilanzregel vor? Warum sind Herstellkosten nicht gleich Herstellungskosten? Wann kann eine Anschaffung sofort abgeschrieben werden, und wie funktioniert die Abschreibung sonst? usw.

Wer auf diesem wichtigen Feld der BWL einigermaßen firm ist, kann auch die Lage seines Unternehmens besser einschätzen und wichtige Entscheidungen, etwa zur Finanzierung, sicher treffen.

Abschreibung

Erstreckt sich die Nutzung eines erworbenen Wirtschaftsguts über mehrere Geschäftsjahre, werden die Anschaffungskosten oder Herstellungskosten über alle Jahre, in denen das Gut dem Betrieb zur Verfügung steht, verteilt. Abgeschrieben werden können Güter des Anlage- und des Umlaufvermögens. Die Abschreibung ist also ein Bewertungsinstrument.

→ Abschreibungsverfahren (S. 126), AfA-Tabelle (S. 130), Nutzungsdauer (S. 201)

Die *Gewinn- und Verlustrechnung* (GuV) gibt dabei den jährlichen Teilbetrag der Abschreibung als Aufwand an. Gleichzeitig verringert sich der Wert des Wirtschaftsguts in der *Bilanz* jährlich um den Abschreibungsbetrag.

Beispiel:

Sie schaffen einen abnutzbaren Gegenstand des Anlagevermögens, wie z. B. einen Pkw, an. Er ist mit seinen Anschaffungskosten zu aktivieren. Das sollen hier 30.000 € sein. Die betriebsgewöhnliche Nutzungsdauer eines Pkw beträgt 6 Jahre, demzufolge ist zu jedem folgenden Bilanzstichtag der Wert des Pkw in der Bilanz um die jährliche Abschreibung zu verringern, hier also um 5.000 €. Auf diese Weise werden die Anschaffungskosten auf die gesamte Nutzungsdauer verteilt.

Planmäßige und außerplanmäßige Abschreibungen

Die meisten Wirtschaftsgüter verlieren durch ihre Nutzung oder durch Alterung an Wert. Dieser Wertverlust spiegelt sich in den Abschreibungen wider. Das bedeutet aber auch: Planmäßig abgeschrieben werden können nur abnutzbare Gegenstände. Kunstgegenstände verlieren beispielsweise durch ihre Existenz nicht an Wert (eher ist das Gegenteil der Fall), demzufolge können die Anschaffungskosten auch nicht über eine (wie auch immer definierte) Nutzungsdauer verteilt werden.

> **Achtung:**
> Auf nicht abnutzbare Gegenstände ist die planmäßige Abschreibung unzulässig. Sie können lediglich durch außerplanmäßige Abschreibungen wertmäßig gemindert werden.

Sonderfall Grund und Boden

Das gleiche gilt für Grund und Boden. Grundstücke sind weder vermehrbar noch reduzieren sie sich. Demzufolge entfallen auf sie auch keine Abschreibungen.

Die mit den Abschreibungen erfassten und verrechneten Wertminderungen können auf

Ursachen für die Wertminderung

- verbrauchsbedingte Ursachen (Gebrauchs- oder Zeitverschleiß),
- wirtschaftlich bedingte Ursachen (Wertminderungen durch technischen Fortschritt, Sinken der Wiederbeschaffungskosten, Verschiebungen der Nachfrage) und
- zeitlich bedingte Ursachen (Ablauf bestimmter Nutzungszeiten bei Patenten oder Schutzrechten)

zurückgeführt werden.

Außerplanmäßige Abschreibungen

Unabhängig von der Abnutzung durch ihre Nutzung kann es vorkommen, dass durch ein Schadensereignis, Änderung der Rahmenbedingungen und Ähnliches der Wert eines Wirtschaftsguts außerplanmäßig sinkt. Ist das der Fall, kann grundsätzlich über eine außerplanmäßige Abschreibung der bilanzielle Wert dem dann niedrigeren tatsächlichen Wert angepasst werden. Zu beachten sind jedoch eine Vielzahl von handels- und steuerrechtlichen Vorschriften.

Beispiel: Außerplanmäßige Abschreibung eines Grundstücks

An einer Autobahnauffahrt in der Nähe einer Kleinstadt liegt ein Verkehrshof, der neben einer geräumigen Tankstelle ein auf Reisende ausgerichtetes gastronomisches Angebot bietet. Für das Grundstück ist nach dem Ertragswertverfahren ein Wert von 1 Mio. € ermittelt worden. Im Zuge des Baus einer Ortsumgehungsstraße wird die Autobahnauffahrt um etwa 2 km verlegt, die bisherige Bundesstraße wird zur Anliegerstraße. Diese Maßnahmen führen zu einem existenzbedrohenden Umsatzrückgang. Der Wert des Grundstücks sinkt deutlich, ist es doch nicht mehr als Rasthof nutzbar. In solch einem Fall wird auch ein Grundstück abgeschrieben (abgewertet).

Handelsrechtliche, steuerrechtliche und kalkulatorische Abschreibung

Es gibt verschiedene Formen der Abschreibungen: Für die Bilanz unterscheidet man zwischen handels- und steuerrechtlicher Abschreibung, nichts mit der Bilanzerstellung direkt hat die kalkulatorische Abschreibung zu tun.

Bilanzielle Abschreibung

Die bilanzielle Abschreibung stellt eine Verteilungsrechnung auf die voraussichtlichen Jahre der Nutzung dar. Basis sowohl für die handelsrechtliche wie steuerrechtliche Abschreibung sind die *Anschaffungskosten* (S. 133) bzw., wenn das Wirtschaftsgut selbst erstellt wurde, die *Herstellkosten*.

→ Anschaffungskosten, S. 133, Herstellkosten, S. 180

Beispiel:

Eine Baufirma, die eine Garage benötigt, wird mit der Errichtung kaum eine andere Firma beauftragen, sondern die Leistung selbst erbringen. Damit fallen streng genommen keine Anschaffungskosten an. Die Aktivierung in der Bilanz erfolgt dann zu den Herstellkosten, die der Baufirma entstehen.

Ansonsten unterscheiden sich handelsrechtliche und steuerrechtliche Abschreibungen vor allem durch die Möglichkeiten der Wahl der Abschreibungsverfahren. Steuerrechtlich sind nicht alle Verfahren zulässig, die handelsrechtlich angewendet werden können.

Ein weiterer Unterschied besteht darin, das handelsrechtlich die Nutzungsdauer geschätzt werden kann, steuerrechtlich jedoch die Vorgaben der AfA-Tabellen eingehalten werden müssen.

Tipp:

Nutzen Sie ein Wirtschaftsgut nach dem Ende der Abschreibungszeit weiter (technisch ist das häufig möglich), dürfen Sie es nicht auf Null, sondern müssen es auf den Wert von 1 € abschreiben. Dieser „Erinnerungseuro" sichert, dass das Wirtschaftsgut in allen Aufstellungen (Anlagespiegel) weiterhin auftaucht. Erst bei der endgültigen Aussonderung wird auch dieser Euro abgeschrieben.

Kalkulatorische Abschreibungen

Wichtig in der → Kostenrechnung (S. 291)

Kalkulatorische Abschreibungen haben einen anderen Hintergrund: In der Kostenrechnung besteht die Aufgabe, den Werteverzehr als *Kosten* (S. 310, 328) zu erfassen. Über die Verrechnung von Abschreibungen soll die Wiederbeschaffung der verbrauchten Wirtschaftsgüter über den Umsatzprozess gewährleistet werden. Die Bemessung der in der Kostenrechnung verrechneten Abschreibungen muss demnach abweichend von den Bemessungsgrundlagen der Handels- und Steuerbilanz so erfolgen, dass nach Ablauf der Nutzungsdauer so viele Abschreibungen über den Umsatzprozess ins Unternehmen zurückgeflossen sind, dass eine Wiederbeschaffung ohne Substanzverlust erfolgen kann.

Beispiel:

Ein Taxiunternehmer hat ein Fahrzeug für 30.000 € erworben und schreibt es bilanziell mit 5.000 € pro Jahr ab. Seine Preise kalkuliert er so, dass er diese Abschreibungen „verdient". Nach sechs Jahren bekommt er ein gleichwertiges Fahrzeug aber nur noch für 36.000 €. Demnach muss er seine Preise so bemessen, dass er pro Jahr 6.000 € Abschreibungen über die Umsatzerlöse „verdient". Er muss seine kalkulatorischen Abschreibungen also an den Wiederbeschaffungskosten und nicht an den Anschaffungskosten orientieren.

Achtung:

Kalkulatorische Abschreibungen sollen somit die Substanzerhaltung gewährleisten.

Sonderabschreibungen

Sonderabschreibungen sind aus steuerrechtlichen Gründen gewährte Abschreibungen. Für ihre Inanspruchnahme in der Steuerbilanz besteht ein Wahlrecht. Durch sie erreicht man eine steuerlich anerkannte Gewinnminderung und damit auch eine Steuerersparnis. Das ist aber nur eine Steuerersparnis auf Zeit. In den Jahren nach Ablauf des Begünstigungszeitraums ist die Bemessungsgrundlage für die weiteren Abschreibungen entsprechend niedriger. Somit wird der zunächst „klein gerechnete" Gewinn wieder erhöht und die Steuer erhöht sich ebenfalls. Der eigentliche Effekt besteht

- im Zinsgewinn (Steuern werden später gezahlt) und evtl.
- im Ausnutzen geringerer Steuersätze in späteren Jahren.

Effekte

Achtung:
Ob Sonderabschreibungen in Anspruch genommen werden sollten, ist in hohem Maße von der konkreten Situation des Unternehmens abhängig. Verschließen Sie keinesfalls die Augen vor der Problematik der späteren erhöhten Steuerzahlung um eines kurzfristigen Spareffekts willen.

Handelsbilanziell ergeben Sonderabschreibungen keinen Sinn.

Die Anzahl der möglichen Sonderabschreibungen hat sich spätestens seit 1999 drastisch reduziert. Es gibt sie noch in einer geringen Anzahl von Sonderabschreibungsmöglichkeiten für bestimmte Gebäude, auf die hier nicht näher eingegangen wird.

Abschreibung von geringwertigen Wirtschaftsgütern und von Umlaufvermögen

Geringwertige Wirtschaftsgüter werden zwar auch über einen längeren Zeitraum genutzt, aufgrund einer gesetzlichen Regelung können sie aber sofort in einer Summe abgeschrieben werden. Der Grund liegt darin, dass der innerbetriebliche Aufwand, der betrieben werden müsste, um auch niedrigpreisige Wirtschaftsgüter zu inventarisieren und über mehrere Jahre abzuschreiben, unvertretbar hoch wäre.

→Geringwertige Wirtschaftsgüter, S. 166

Beispiel:
Eine Schreibtischlampe mit Anschaffungskosten von 90 € wird etwa 6 Jahre genutzt. Der jährliche Abschreibungsbetrag läge demnach bei 15 €. Da es sich hierbei um ein geringwertiges Wirtschaftsgut handelt, können die Anschaffungskosten aber im Jahr der Anschaffung vollständig geltend gemacht werden.

Bei *Umlaufvermögen* ist davon auszugehen, dass es kurzfristig verbraucht wird.

→ Umlaufvermögen, S. 212

Achtung:
In der betrieblichen Wirklichkeit ist das nicht immer der Fall. So wird es sicherlich beispielsweise Materialpositionen oder Hilfsstoffe geben, die länger als ein Jahr im Unternehmen verbleiben.

Aus diesem Grund wird Umlaufvermögen sofort bei Kauf kostenwirksam verbucht und nicht planmäßig über einen längeren Zeitraum abgeschrieben.

Wertverlust von Umlaufvermögen

Eine Problematik ist in diesem Zusammenhang aber bedeutsam: Die Bestände auch an Umlaufvermögen werden zum Bilanzstichtag erfasst und in der Bilanz aufgeführt. Sollte sich in diesem Zusammenhang herausstellen, dass es Wertverluste gibt, muss auch Umlaufvermögen (außerplanmäßig) abgeschrieben werden.

Beispiel:
Ein Unternehmen hat in größerer Menge Mineralöl gekauft, weil man mit weiteren Preissteigerungen gerechnet hat. In der internen Buchführung sind diese Bestände mit dem Einkaufspreis bewertet. Am Bilanzstichtag stellt sich heraus, dass entgegen der Erwartung der Preis für Mineralöl um 20 % gegenüber dem Einkaufspreis gesunken ist. Nun ist die Buchhaltung gezwungen, die Bestände neu, d. h. mit dem aktuellen Preis zu bewerten, und damit einen Teil des Bestands wertmäßig abzuschreiben.

Abschreibungsverfahren

Die Verteilung der Wertminderung über die Nutzungsdauer (Abschreibung) kann nach verschiedenen Methoden ermittelt werden. Insbesondere steuerrechtlich ist der Unternehmer in der Wahl der Verfahren eingeschränkt. Die für diese Problematik üblichen und zugelassenen Verfahren sind die Abschreibungsverfahren.

Drei Verfahren steuerrechtlich anerkannt

Es gibt drei Abschreibungsverfahren:

- die lineare,
- die degressive und die
- leistungsbezogene Abschreibung.

Andere Verfahren, wie beispielsweise die progressive Abschreibung (hier erhöhen sich die Abschreibungsbeträge im Laufe der Nutzung) oder die arithmetisch degressive Abschreibung (die Abschreibungsbeträge vermindern sich um den gleichen jährlichen Betrag), sind zwar grundsätzlich möglich, werden aber steuerlich nicht anerkannt.

Lineare Abschreibung

Die lineare Abschreibung ist die einfachste und am häufigsten angewendete Methode. Dabei wird der Anschaffungswert (oder die Herstellungskosten) des Wirtschaftsguts gleichmäßig (linear) auf die einzelnen Nutzungsperioden (Jahre) verteilt. Der Abschreibungsbetrag ergibt sich, indem man den Anschaffungswert durch die Nutzungsdauer teilt.

Abschreibungsbetrag bleibt immer gleich

Beispiel:

Der Anschaffungswert (AW_0) beträgt 200.000 €; die Nutzungsdauer (ND) 4 Jahre. Daraus ergibt sich ein Abschreibungsbetrag von:

A = 200.000 €/4 = 50.000 €/Jahr

Achtung:

Die Abschreibungen werden den einzelnen Perioden gleichmäßig belastet. Bei steigenden Reparatur- und Instandhaltungsaufwendungen nimmt jedoch die Gesamtbelastung zu.

Degressive Abschreibung

Die degressive Abschreibung darf nur auf bewegliche abnutzbare Anlagegegenstände angewendet werden. Für immaterielle Güter ist sie tabu. Wählen Sie diese Art der Abschreibung, so müssen Sie sowohl handels- als auch steuerrechtlich so abschreiben.

Beschränkung beachten

Abgeschrieben wird hier, indem man die Anschaffungskosten auf die Nutzungsdauer verteilt. Der Abschreibungsbetrag wird jedoch als gleich bleibender Prozentsatz vom Anschaffungs- bzw. jeweiligen Restbuchwert ermittelt. Damit sinken die Abschreibungsbeträge von Jahr zu Jahr.

Abschreibungsbetrag wird prozentual festgelegt

Achtung:

Die Höhe der steuerrechtlich zulässigen degressiven Abschreibung ist begrenzt. Sie darf maximal das Zweifache der linearen Abschreibung, höchstens jedoch 20 % betragen.

Ein degressiver Abschreibungsverlauf drückt eine anfänglich hohe und dann abnehmende Wertminderung des Wirtschaftsguts aus, wie das folgende Beispiel zeigt.

Beispiel:

Anschaffungswert (AW_0) = 200.000 €
Nutzungsdauer (ND): 6 Jahre
Abschreibungsprozentsatz (p): 20 %

Abschreibung 1. Jahr: 40.000 € (20 % von 200.000)
Restbuchwert: 160.000 €

Abschreibung 2. Jahr: 32.000 € (20 % von 160.000);
Restbuchwert: 128.000 €

Abschreibung 3. Jahr: 25.600,00 €: Restbuchwert: 102.400,00 €
Abschreibung 4. Jahr: 20.480,00 €: Restbuchwert: 81.920,00 €
Abschreibung 5. Jahr: 16.384,00 €; Restbuchwert: 65.536,00 €
Abschreibung 6. Jahr: 13.107,20 €, Restbuchwert: 52.428,80 €

Führt man die degressive Abschreibung über die gesamte Nutzungsdauer durch, bleibt – wie in unserem Beispiel – immer ein Restbetrag übrig. Daher ist ein rechtzeitiger Wechsel zur linearen Abschreibung zu empfehlen.

Tipps:

Ein Wechsel zur linearen Abschreibung ist in jedem Folgejahr möglich. Sinnvoll wechseln Sie zur linearen Abschreibung, wenn diese – bezogen auf die Restnutzungsdauer – höher ist als die degressive Abschreibung. Ein Wechsel von der linearen zur degressiven Abschreibung ist hingegen unzulässig. Überlegen Sie also rechtzeitig, wann die degressive Abschreibungsart sinnvoller ist (Kriterien: Nutzungsdauer und Anschaffungswert).

Liegen Gründe für eine außergewöhnliche technische oder wirtschaftliche Abschreibung vor, muss zuerst zur linearen Abschreibung gewechselt und dann wegen dieser außergewöhnlichen Gründe abgeschrieben werden. Ohne den Wechsel ist dies nicht möglich.

Leistungsbezogene Abschreibung

Bei schwankender Leistung

Diese Form der Abschreibung ist bei solchen Gegenständen anwendbar, deren Leistung pro Jahr erheblich schwankt. Damit sie steuerlich zugelassen wird, muss die Leistung außerdem nachweisbar sein. Als Nachweise kommen u. a. in Betracht:

- Kilometerzähler bei Fahrzeugen,
- Laufzeitzähler bei Maschinen oder auch
- Substanzverzehr, z. B. bei Kiesgruben.

Umgesetzt wird diese Abschreibungsart, indem die Anschaffungs- bzw. Herstellkosten entsprechend der jährlichen Leistung auf die einzelnen Jahre verteilt werden. Dazu muss anfangs anstatt der Nutzungsdauer die Gesamtleistung des Wirtschaftsguts geschätzt und dann in jedem Jahr auf die jeweilige Leistung umgerechnet werden.

Beispiel:

Ein Eiscremehersteller schafft einen neuen Kühltransporter an. Da der Eis-Absatz starken saisonalen Schwankungen unterliegt, schreibt er leistungsbezogen ab. Der Lkw kostet 120.000 €, die Gesamtleistung des Fahrzeugs wird auf 300.000 Kilometer geschätzt.

Zunächst wird errechnet, was jede Leistungseinheit kostet:

120.000 €/300.000 km = 0,40 €/km

Im ersten Jahr ist die Nachfrage nach Eis hoch (es ist ein heißer Sommer). Der Lkw wird 70.000 Kilometer gefahren. Die Abschreibung berechnet sich wie folgt:

1. Jahr: 70.000 × 0,40 € = 28.000 € Abschreibungsbetrag; Restbuchwert: 92.000 €.

Im zweiten Jahr sinkt die Nachfrage drastisch (ein verregneter Sommer); der Lkw wird nur 40.000 km gefahren. Abschreibung:

2. Jahr: 40.000 × 0,40 = 16.000 € Abschreibungsbetrag; Restbuchwert 76.000 € usw.

Wenn Sie diese Methode wählen, dann müssen Sie in der Handels- und Steuerbilanz gleich verfahren.

AfA-Tabelle

Die AfA-Tabelle (AfA = Absetzung für Abnutzung) enthält für die einzeln zu bewertenden Anlagegüter die betriebsgewöhnliche Nutzungsdauer. Sie beruht auf den Erfahrungen der steuerlichen Betriebsprüfung und wird von den Finanzämtern in der Regel ohne weitere Prüfung anerkannt.

Allgemein gültige Tabelle und Branchentabellen

Die amtliche „AfA-Tabelle für allgemein verwendbare Anlagegüter" enthält nur Anlagegüter, deren betriebsgewöhnliche Nutzungsdauer unabhängig von der Verwendung in einem bestimmten Wirtschaftszweig ist. Neben dieser allgemein gültigen Tabelle gibt es noch Branchentabellen. Sind Anlagegüter sowohl in der allgemein gültigen als auch in einer der AfA-Tabellen für bestimmte Wirtschaftszweige (Branchentabellen) aufgeführt, so gilt die Branchentabelle.

Tipp:

Die AfA-Tabellen werden regelmäßig veröffentlicht, z. B. auf der Webseite des Bundesfinanzministeriums.

→ Abschreibung, S. 121

Die in den AfA-Tabellen angegebene Nutzungsdauer dient als Anhaltspunkt für die Beurteilung der steuerlichen Abschreibung. Sie beruhen auf den Erfahrungen der steuerlichen Betriebsprüfung und werden unter Mitwirkung der Fachverbände der Wirtschaft erstellt. Somit besitzt die AfA-Tabelle eine relativ starke Indizwirkung. Branchenübliche Besonderheiten, wie z. B. der Mehrschichteinsatz, Einfluss von Nässe, Säuren oder Umwelteinflüsse sind in der AfA-Tabelle regelmäßig bereits berücksichtigt.

Die AfA-Tabelle orientiert sich neben der Nutzungsdauer an dem entsprechenden linearen AfA-Satz. Die Frage der Abschreibungsmethode (linear, degressiv oder leistungsbezogen) bleibt hiervon unberührt.

Tipp:

Die AfA-Tabelle enthält nicht alle Wirtschaftsgüter, die es gibt. Finden Sie ein Wirtschaftsgut nicht in der Tabelle, orientieren Sie sich an einem vergleichbaren Wirtschaftsgut. Nach einer „Drehmaschine" etwa suchen Sie vergeblich, Sie finden diese Art Maschinen jedoch unter der Bezeichnung „Drehbänke".

Anlagevermögen

Wirtschaftsgüter, die im Betrieb für längere Zeit eingesetzt werden, gehören zum Anlagevermögen. Dazu zählen Sachanlagen, aber auch immaterielle Güter wie etwa Lizenzen.

Unterscheidung in der Bilanz relevant

Im Anlagevermögen unterscheidet man nach

- materiellen Anlagegütern (Maschinen, Möbel etc.). Materielle Anlagegüter werden auch als Sachanlagen bezeichnet.
- immateriellen Anlagegütern (Lizenzen, Patente, Rechte, bestimmte Software etc.)

  sowie nach

- abnutzbaren und
- nicht abnutzbaren

Anlagegegenständen.

Bei den immateriellen Anlagegütern ist zu beachten: Sie können nur insoweit aktiviert werden, als sie entgeltlich erworben wurden.

Beispiel:

Wenn ein technologisch orientiertes Unternehmen eine Erfindung zum Patent anmeldet, ist das betriebliches Know-how, das nicht zu den Anlagegütern gehört.

Erwirbt jedoch (beispielsweise) ein Unternehmen die Lizenz zur Nutzung dieses Patents, hat sie es entgeltlich erworben und kann es in Höhe der Anschaffungskosten aktivieren.

Grundsätzlich gehören alle Wirtschaftsgüter des Anlagevermögens, deren Nutzung einem bestimmten technischen oder wirtschaftlichen

Verschleiß unterliegt, zu den abnutzbaren Wirtschaftsgütern. Diese unterliegen der planmäßigen *Abschreibung* gemäß den gültigen *AfA*-Tabellen (ggf. den Branchentabellen). Geringwertige Wirtschaftsgüter sind zwar auch abnutzbar, sie können aber im Jahr der Anschaffung voll abgeschrieben werden. Damit gehören sie bilanziell nicht zum Anlagevermögen.

Bestandsverzeichnis/Anlagespiegel

Das Anlagevermögen muss in einem sog. Bestandsverzeichnis geführt werden, in dem folgende Daten enthalten sind:

- Genaue Bezeichnung des Wirtschaftsguts
- Tag der Anschaffung oder Herstellung
- Höhe der Anschaffungs- bzw. Herstellungskosten
- Umbuchungen, Zuschreibungen, Abschreibungen
- Bilanzwert am Bilanzstichtag
- Tag des Anlagenabgangs.

Kapitalgesellschaften müssen das Anlagevermögen in Form eines Anlagenspiegels darstellen. Darin sind weitere Angaben über die Abschreibungsmethode sowie die Höhe der Abschreibung des Geschäftsjahrs und die kumulierte AfA enthalten. Außerdem sollten alle betrieblichen Grundstücke und immateriellen Anlagegüter auch aufgelistet werden. Dies hat den Vorteil, dass der Anlagenspiegel exakt mit der Sachkontenbuchhaltung übereinstimmt.

Finanzanlagen

Finanzanlagen sind materiell, unterliegen aber keiner Abnutzung. Sie werden deshalb auch nicht planmäßig abgeschrieben. Es ist jedoch darauf zu achten, ob sie zu den Bilanzstichtagen noch werthaltig sind.

Beispiel:

Finanzanlagen können u. a. Wertpapiere sein, die langfristig im Unternehmen verbleiben sollen. Sind zum Bilanzstichtag die Kurswerte voraussichtlich dauerhaft unter die Anschaffungskosten gesunken, müssen die Wertpapiere auf den Kurswert abgeschrieben werden.

Eine spätere Zuschreibung (wenn sich der Kurs wieder erholt haben sollte) ist nur bis zur Höhe der ursprünglichen Anschaffungskosten erlaubt (nach HGB, international gelten teilweise andere Regeln).

Finanzanlagen sind aber auch Beteiligungen an anderen Unternehmen.

Beispiel:

Wenn das Unternehmen A sich mit 25.000 € an der Bau GmbH beteiligt hat, tauchen in der Bilanz von A diese 25.000 € als Finanzanlage auf.

Anschaffungskosten

Anschaffungskosten sind die Aufwendungen, die geleistet werden, um einen Vermögensgegenstand zu erwerben und in einen betriebsbereiten Zustand zu versetzen.

Zu den Anschaffungskosten gehören die Hauptkosten und sämtliche mit der Anschaffung zusammenhängenden Nebenkosten. Darunter fallen etwa Verpackungs- und Transportkosten, Überführungs- oder Frachtkosten, Rollgelder, Zölle, Aufstellungs- oder Fundamentierungskosten u. v. m. Der Anschaffungsvorgang ist erst dann beendet, wenn das Wirtschaftsgut in den Zustand versetzt ist, dass es den ihm zugedachten Zweck erfüllen kann. Nachträgliche Anschaffungskosten sind ebenfalls einzubeziehen, nachträgliche Änderungen durch Boni, Skonti oder Rabatte sind zu berücksichtigen.

Achtung:

Für die Buchhaltung wichtig: Die Aufwendungen müssen dem Wirtschaftsgut einzeln zugeordnet werden können.

Beispiel:

Unternehmen A schafft ein Grundstück für eine Lagerhalle an. Zu den Anschaffungskosten zählen neben dem Kaufpreis die Grunderwerbsteuer, die Notariats- und Grundstückskosten, Vermittlungsgebühren und alle anderen Nebenkosten, die entstehen, um das Grundstück in die wirtschaftliche und rechtliche Verfügungsmacht von Unternehmen A zu überführen.

Wie wird gebucht?

Die Anschaffungskosten für ein Wirtschaftsgut im Anlagevermögen sind zu aktivieren und auf die betriebsgewöhnliche Nutzungsdauer zu verteilen, wenn es nicht im Laufe des Wirtschaftsjahrs verbraucht wird.

Ein Vermögensgegenstand ist in dem Zeitpunkt angeschafft, in dem Eigenbesitz, Gefahr, Nutzen und Lasten auf den Erwerber übergehen. Zu dem Zeitpunkt scheidet der Vermögensgegenstand aus dem Vermögen des Veräußerers aus und ist beim Käufer zu bilanzieren.

Achtung:

Löhne, die beim Transport, Ausladen, Umladen oder erstmaligen Einlagern anfallen, dürfen Sie nicht unter den aktivierungspflichtigen Aufwendungen erfassen.

Bewertung

In einer Bilanz wird u. a. die Vermögenslage eines Unternehmens dargestellt. Die Frage ist, nach welchen Gesichtspunkten der Wert der Bilanzpositionen bestimmt werden soll. In einigen Fällen bestehen Unterschiede zwischen den Anforderungen an eine Handelsbilanz und an eine Steuerbilanz (*Bilanz*, S. 139). Ansonsten gelten für eine ordnungsgemäße Buchhaltung bestimmte Bewertungsgrundsätze.

Vgl. § 5, Abs. 1 und § 6 Einkommensteuergesetz

Nach dem Maßgeblichkeitsgrundsatz greift in der Steuerbilanz grundsätzlich die handelsrechtliche Bewertung durch. Soweit aber die steuerrechtlichen Vorschriften zur Bewertung etwas Besonderes bestimmen, sind sie beim steuerlichen Jahresabschluss zu befolgen.

Der Gesetzgeber hat in einigen Fällen einen Gestaltungsspielraum bei der Bewertung eingeräumt. Innerhalb vorgegebener gesetzlicher Grenzen können unterschiedliche Wertgrößen angesetzt werden.

Achtung:
Diese Gestaltungsspielräume können nicht willkürlich ausgenutzt werden, sondern nur im Rahmen gesetzlicher Wahlrechte.

Bewertungsgrundsätze

Sechs Grundsätze ordnungsmäßiger Buchführung müssen für die Bewertung in der Bilanz beachtet werden.

Grundsatz des Bilanzzusammenhangs (Bilanzidentität)

Die Wertansätze in der Eröffnungsbilanz des Geschäftsjahrs müssen mit denen der Schlussbilanz des vorhergehenden Geschäftsjahrs übereinstimmen.

Grundsatz der Einzelbewertung

Danach ist jeder Vermögensgegenstand und jede Schuld für sich, also losgelöst von den anderen Vermögensgegenständen und Schulden, zu bewerten. Wertminderungen einzelner Vermögensgegenstände dürfen daher nicht mit Wertsteigerungen anderer Vermögensgegenstände ausgeglichen werden.

Beispiel:
Unternehmen B hat u. a. zwei Materialpositionen im Lager. Das Material vom Typ A ist durch unsachgemäße Lagerung angerostet und müsste um 25 % abgewertet werden. Das Material vom Typ B kostet aufgrund der allgemeinen Preisentwicklung heute 50 % mehr, als der Einkauf seinerzeit dafür bezahlt hat. Bei Material A muss eine Abwertung erfolgen, eine Aufwertung des Materials B darf dagegen nicht stattfinden.

Durch die Einzelbewertung der Vermögensgegenstände wird sichergestellt, dass notwendige Abschreibungen oder Wertabschläge nicht etwa deshalb unterbleiben, weil anderen Vermögensgegenständen ein höherer Wert beizulegen ist. Es wird also ein Wertausgleich verhindert.

Grundsätze der Vorsicht/Bewertungsstetigkeit/Wahrheit

Der Grundsatz der Vorsicht besagt, dass nach vernünftiger kaufmännischer Vorsicht abzuwerten ist, wenn tatsächlich ein Wertverlust eingetreten ist. Das rechtfertigt aber nicht eine bewusste Unterbewertung.

Die Bewertungsstetigkeit verlangt, dass die auf den vorhergehenden Jahresabschluss angewendeten Bewertungsmethoden beibehalten werden. Hierdurch soll die Vergleichbarkeit aufeinander folgender Jahresabschlüsse sichergestellt und verhindert werden, dass die Darstellung der Ertragslage durch Änderungen von Bewertungsmethoden nach der einen oder anderen Seite hin beeinflusst wird.

Der Grundsatz der Wahrheit schließlich besagt, dass die Bewertung willkürfrei sein muss.

Grundsatz der Unternehmensfortführung

Bei der Bewertung ist von der Fortführung der Unternehmenstätigkeit auszugehen, sofern dem nicht tatsächliche oder rechtliche Gegebenheiten entgegenstehen (Going-Concern-Prinzip).

Beispiel Going Concern:

Maschinen, Anlagen und alle anderen Vermögensgegenstände eines Betriebs sind auf die betrieblichen Gegebenheiten eingerichtet. Sie haben also einen Wert, der auch darauf beruht, dass sie in der vorgegebenen Weise genutzt werden. Bei einem Verkauf in Einzelteilen wäre nur ein deutlich geringerer Erlös zu erzielen, weil die abgestimmte Nutzung entfällt.

Realisationsprinzip

Gewinne dürfen erst dann berücksichtigt werden, wenn sie auch tatsächlich realisiert sind, d. h., wenn die Leistung in Rechnung gestellt wurde.

Beispiel Realisation von Gewinnen:

Sie haben ein Projekt zum Ende des Geschäftsjahrs zu 90 Prozent fertig gestellt. Die Rechnung können Sie aber erst im Folgejahr nach endgültiger Fertigstellung schreiben. Sie dürfen nun keinesfalls den Gewinn bereits anteilig im alten Geschäftsjahr berücksichtigen. Immerhin könnte es ja möglich sein, dass der Kunde (egal ob zu recht oder nicht) den Auftrag noch storniert und die Leistung nicht bezahlt.

Imparitätsprinzip

Im Gegensatz zu erwarteten Gewinnen müssen drohende Verluste sofort berücksichtigt werden.

Wertansätze

In § 252 HGB ist vorgeschrieben, dass „zum Abschlussstichtag" – also zum Bilanzstichtag – zu bewerten ist. Das bedeutet, die Bewertung hat aufgrund der Verhältnisse am Bilanzstichtag zu erfolgen, unbedeutend sind die tatsächlichen Gegebenheiten am Bilanzaufstellungstag.

Bewertung erfolgt zum Bilanzstichtag

Generell werden Wirtschaftsgegenstände zunächst mit den Anschaffungs- oder Herstellungskosten bewertet. Danach ist aber zu unterscheiden nach abnutzbarem und nicht abnutzbarem Anlagevermögen sowie nach Umlaufvermögen.

- Bei den abnutzbaren Anlagegegenständen sind die Anschaffungs- oder Herstellungskosten um planmäßige Abschreibungen zu mindern.

→ Anlagevermögen, S. 131

- Die nicht abnutzbaren Anlagegegenstände und die Umlaufgegenstände werden grundsätzlich mit den Anschaffungs- oder Herstellungskosten bewertet.

→ Umlaufvermögen, S. 212

Was, wenn der Buchwert vom tatsächlichen abweicht?

Von diesem Ausgangswert kann der tatsächliche Wert des einzelnen Vermögensgegenstands abweichen Unkompliziert ist der Fall, wenn der Wert höher als der Buchwert liegt, etwa, weil die Preise gestiegen sind. Dieser höhere Wert darf nämlich nach dem sog. Anschaffungswertprinzip nicht über die Anschaffungs- oder Herstellungs-

Tatsächlicher Wert höher als → Buchwert (S. 149)

kosten hinausgehend (abzüglich der Abschreibungen) ausgewiesen werden. Es bleibt also beim Buchwert.

Wertverlust: Abschreiben oder nicht?

Tatsächlicher Wert niedriger als Buchwert

Der Wert kann zum Bilanzstichtag aber auch niedriger als der Buchwert ausfallen, etwa, weil die Preise gefallen sind oder das Wirtschaftsgut durch außergewöhnliche Einflüsse Schaden genommen hat. In diesem Fall kommt eine Abschreibung auf den niedrigeren Wert in Betracht.

Vom Gesetzgeber sind in solch einer Situation zwei Vorgehensweisen vorgesehen:

Abschreibungsgebot oder Abschreibungswahlrecht?

- das Abschreibungsgebot (Pflicht, den niedrigeren Wert anzusetzen),
- das Abschreibungswahlrecht (Möglichkeit, den niedrigeren Wert anzusetzen.

Das Abschreibungsgebot besteht

Niederstwertprinzip

- bei Umlaufgegenständen immer (strenges Niederstwertprinzip),
- bei Anlagegegenständen nur bei einer voraussichtlich dauernden Wertminderung (gemildertes Niederstwertprinzip)
- Weitere Abschreibungen der Anlage- und der Umlaufgegenstände sind für Unternehmen im Rahmen „vernünftiger kaufmännischer Beurteilung" zulässig. Das bedeutet eine Abschreibung auf einen Wert, der noch niedriger ist, als der Wert am Bilanzstichtag, soweit das nach „vernünftiger kaufmännischer Beurteilung" notwendig ist. Damit möchte man verhindern, dass in der nächsten Zukunft ihr Wertansatz aufgrund von Wertschwankungen erneut geändert werden muss.

Sonderfall Kapitalgesellschaften

Kapitalgesellschaften allerdings dürfen im Anlagevermögen nur Finanzanlagen abschreiben; vermindert sich der Wert von Sachanlagen oder immateriellen Anlagegegenständen, dürfen sie hier keine außerplanmäßigen Abschreibungen auf den niedrigeren Wert vornehmen. Nur Umlaufgegenstände dürfen so noch weiter abgeschrieben werden.

Beispiel „vernünftige kaufmännische Beurteilung":

Bei einer Materialart ist ein rasanter Preisverfall eingetreten. Angeschafft zu 1.000 €/Tonne hatte das Material zum Bilanzstichtag noch einen Wert von 700 €/Tonne. Bis zum Zeitpunkt der Aufstellung der Bilanz ist der Wert weiter auf 600 €/Tonne gefallen, ein Ende des Preisverfalls ist bei 500 €/Tonne abzusehen.

Hier kann nach vernünftiger kaufmännischer Beurteilung bereits in der Handelsbilanz ein Wert von 500 €/Tonne angesetzt werden, da ansonsten weitere Abwertungen erforderlich geworden wären.

Achtung:

Nach § 253 Abs. 5 HGB besteht ein Beibehaltungswahlrecht. Das bedeutet: Es darf ein niedrigerer Wertansatz beibehalten werden, auch wenn die Gründe hierfür nicht mehr bestehen.

Bilanz

Eine Bilanz ist eine das Verhältnis des Vermögens und der Schulden des Kaufmanns darstellende Übersicht. Sie wird zu Beginn des Handelsgewerbes, d. h. wenn der Kaufmann seine unternehmerische Tätigkeit anfängt, und für den Schluss eines jeden Geschäftsjahrs aufgestellt. Während die Aktivseite der Bilanz aufzeigt, was dem Betrieb alles gehört und wie viel es wert ist, gibt die Passivseite darüber Auskunft, woher das Kapital für dieses Vermögen stammt.

Die Bilanz ist Bestandteil des *Jahresabschlusses.* Sie ist demzufolge nach den *Grundsätzen der ordnungsgemäßen Buchführung* innerhalb eines angemessenen Zeitraums nach Beendigung des Geschäftsjahrs zu erstellen. Die Bilanz stellt immer die Verhältnisse zu einem bestimmten Zeitpunkt dar (Stichtag = Ende des Geschäftsjahrs).

Aufbau einer Bilanz

Jede Bilanz wird in Form einer zweispaltigen Tabelle aufgebaut. Die linke Seite der Tabelle heißt Aktivseite (Aktiva), die rechte Seite Passivseite (Passiva).

Grundsätzlicher Aufbau einer Bilanz

Aktiva	Passiva
Anlagevermögen	Eigenkapital
Umlaufvermögen	Fremdkapital
Bilanzsumme	Bilanzsumme

Aktivseite oder Aktiva: Vermögen

Auf der Aktivseite werden alle Vermögenswerte des Betriebs erfasst und in einer vorgegebenen Reihenfolge (s. u. Gliederung der Bilanz) niedergeschrieben. Die Werte werden addiert und ergeben die Bilanzsumme, also den Gesamtwert des Vermögens. Die Wertangaben erfolgen in Euro. Die Bilanzsumme ist demzufolge der Wert des Vermögens. Aus der Aktivseite lässt sich ablesen, wofür das eingesetzte Kapital verwendet worden ist (zum Bilanzstichtag).

Passivseite oder Passiva: Kapitalquellen

Als nächstes wird festgestellt, aus welchen Quellen das Kapital kam, das für die Anschaffung von Vermögenswerten verwendet wurde. Diese Kapitalquellen werden auf der Passivseite der Bilanz aufgeführt. Grundsätzlich kann das Kapital, das im Unternehmen investiert wurde, aus eigenen Quellen (*Eigenkapital*) stammen oder von anderen Kapitalgebern zur Verfügung gestellt werden (*Fremdkapital*).

> **Achtung:**
> Vom Grundsatz her muss sämtliches Vermögen aus irgendwelchen Quellen finanziert worden sein. Demzufolge muss der Wert des Vermögens genau dem Wert des eingesetzten Kapitals entsprechen. Die Summen beider Spalten müssen also übereinstimmen.

Die Unterteilung in Anlage- und Umlaufvermögen geschieht wie folgt:

- *Anlagevermögen* ist zum längerfristigen Verbleib im Betrieb bestimmt (Maschinen, Gebäude usw.),
- *Umlaufvermögen* dient zum Verbrauch (Material, Geld, Vorräte).

Tipp:

Diese Unterteilung ist zwar tendenziell richtig, aber es wird in der Praxis immer wieder Fälle geben, in denen Anlagevermögen schnell (innerhalb eines Jahres) wieder verkauft wird oder in denen Umlaufvermögen lang im Unternehmen verbleibt (sog. „Ladenhüter").

Gewinn und Verlust in der Bilanz

Gewinn oder Verlust werden im Jahresabschluss mithilfe der *Gewinn- und Verlustrechnung* ermittelt. Aber auch aus der Bilanz lässt sich feststellen, wie das Ergebnis ausgefallen ist (Gewinnermittlung aus Vermögensvergleich).

→ GuV, S. 167

Bilanziell ist das Ergebnis des Unternehmens folgendermaßen zu ermitteln:

Wenn Sie feststellen, das beim Aufstellen der Bilanz mehr Vermögen vorhanden ist als finanziert wurde, muss die Ausgleichsposition ein Gewinn sein. Der Gewinn taucht dann als Jahresüberschuss (vor der Entscheidung über die Gewinnverwendung) bzw. als Bilanzgewinn (wenn über die Gewinnverwendung entschieden ist und die entsprechenden Buchungen durchgeführt wurden) als Eigenkapitalposition in der Bilanz auf.

Sind im Gegensatz dazu die Finanzierungsquellen größer als das am Ende des Geschäftsjahrs noch vorhandene Vermögen, hat der Betrieb einen Verlust erwirtschaftet. Dieser Jahresfehlbetrag steht als negative Position im Eigenkapital und vermindert es dementsprechend. Der Ausgleich erfolgt durch die Auflösung von Rücklagen.

Achtung:

Die Gewinnermittlung aus der Bilanz und die aus der Gewinn- und Verlustrechnung müssen übereinstimmen. Sollte das einmal nicht der Fall sein, muss ein Fehler in der Buchführung bzw. der Berechnung vorliegen, der umgehend gesucht und korrigiert werden muss.

Auf CD-ROM

Checkliste: Gewinn oder Verlust?

- Bestimmen Sie den bilanziellen Wert des Vermögens (Summe der Aktivseite).
- Bestimmen Sie im Anschluss den Wert aller Finanzierungen (Summe der Passivseite).
- Ist der Wert der Aktivseite größer als der der Passivseite → Gewinnausweis
- Ist der Wert der Passivseite größer als der der Aktivseite → Verlustausweis

Handels- und Steuerbilanz

Die Handelsbilanz soll über den Erfolg des Unternehmens innerhalb eines Geschäftsjahrs Auskunft geben. Sie wird nach den handelsrechtlichen Vorschriften (in Deutschland nach dem HGB) erstellt. Gleichzeitig ist die Bilanz aber auch Basis für die Berechnung der zu zahlenden Steuern (zumindest in Deutschland ist das so). Die Steuerbilanz ist die Grundlage des Steuerfestsetzungsverfahrens und Besteuerungsmerkmal. Zwischen Bilanz, Veranlagung und Entstehung des Steueranspruchs besteht ein unmittelbarer Zusammenhang.

Handelsrechtliche Bilanzierungsgebote und Bilanzierungsverbote sind auch in der Steuerbilanz zu beachten. Soweit sich aber aus den Besonderheiten der steuerrechtlichen Zielsetzungen Abweichungen ergeben, können die Bilanzansätze in Handelsbilanz und Steuerbilanz differieren.

Zweck der Steuerbilanz: vollen Gewinn erfassen

Nach ihrem Sinn und Zweck soll die Steuerbilanz den vollen Gewinn des Unternehmens erfassen. Daher kann es nicht im Belieben des Kaufmanns stehen, sich durch Nichtaktivierung von Wirtschaftsgütern, die handelsrechtlich aktiviert werden dürfen, oder durch den Ansatz eines Passivpostens, der handelsrechtlich nicht geboten ist, ärmer zu machen, als er ist. Daher wird ein handelsrechtliches Aktivierungswahlrecht in der Steuerbilanz zu einem Aktivierungsgebot und ein handelsrechtliches Passivierungswahlrecht zu einem Passivierungsverbot.

Zusammenhang zwischen handelsbilanziellen Wahlrechten und der Bilanzierung in der Steuerbilanz

	Handelsbilanz	Steuerbilanz
Aktivierung	Wahlrecht	Gebot
Passivierung	Wahlrecht	Verbot

Für die Bewertung sind in der Steuerbilanz die steuerrechtlichen Bewertungsvorschriften maßgebend. Ist nach diesen Vorschriften eine bestimmte Bewertung geboten, ist das für die Bewertung in der Steuerbilanz ausschlaggebend. Besteht aber steuerrechtlich ein Bewertungswahlrecht und gleichzeitig ein handelsrechtliches Bewertungsgebot, ist in der Steuerbilanz der handelsrechtlich gebotene Wert auszuweisen. Besteht sowohl für die Handelsbilanz als auch für die Steuerbilanz ein Bewertungswahlrecht, so wird in der Steuerbilanz der Wert angesetzt, der in der Handelsbilanz gewählt worden ist.

→ Bewertung, S. 134

Checkliste: Bilanzgebote und -verbote

- Was Sie handelsrechtlich aktivieren müssen, ist auch steuerrechtlich zu aktivieren.
- Was Sie handelsrechtlich passivieren müssen, ist auch in der Steuerbilanz auszuweisen.
- Was Sie handelsrechtlich nicht aktivieren dürfen, dürfen Sie auch steuerrechtlich nicht bilanzieren.
- Was Sie handelsrechtlich nicht passivieren dürfen, ist auch in der Steuerbilanz nicht zu bilanzieren.
- Was Sie handelsrechtlich aktivieren dürfen, müssen Sie steuerrechtlich im Interesse einer möglichst zutreffenden Abschnittsbesteuerung bilanzieren
- Was Sie handelsrechtlich nicht passivieren müssen, dürfen Sie steuerrechtlich ebenfalls nicht passivieren.

Auf CD-ROM

Beispiel einer Handelsbilanz

Aktiva			Passiva
A. Anlagevermögen		**A. Eigenkapital**	
I. Immaterielle Vermögens gegenstände		I. Gezeichnetes Kapital	200.000
Software-Lizenzen	30.000	II. Kapitalrücklage	50.000
II. Sachanlagen		III. Gewinnrücklage	20.000
Grundstücke u. Gebäude	113.000	IV. Bilanzgewinn	50.000
Technische Anlagen und Maschinen	82.000		
And. Anlagen, Betriebs- und eschäftsausstattung	115.000	**B. Rückstellungen**	
III. Finanzanlagen		1. Rückstellungen f. Pensionen u. ähnl. Verpflicht.	30.000
Beteiligungen	10.000	2. Steuerrückstellungen	28.000
Sonstige Ausleihungen	3.000	3. Sonst. Rückstellungen	16.000
B. Umlaufvermögen			
I. Vorräte		**C. Verbindlichkeiten**	
Roh-, Hilfs- u. Betriebsstoffe	120.000		
Unfertige Erzeugnisse	50.000	1. Langfristige Schulden	160.000
Fertige Erzeugnisse und Waren	25.000	2. Verbindlichkeiten aus Lieferungen u. Leistungen	35.000
II. Forderungen u. sonstige Vermögensgegenstände		3. Andere kurzfristige Verbindlichkeiten	31.000
Forderung aus Lieferungen und Leistungen	18.700		
Sonstige Vermögensgegenstände	12.300	**D. Rechnungsabgrenzungsposten**	16.200
III. Wertpapiere			
Festverzinsl. Wertpapiere	30.000		
Sonstige Wertpapiere	15.000		
IV. Liquide Mittel			
Bankguthaben	10.200		
Kasse	2.000		
Summe Aktiva	**636.200**	**Summe Passiva**	**636.200**

Alle Zahlen in €.

Besondere Bilanzen

Zu besonderen Anlässen sind spezielle Bilanzen zu erstellen. Das betrifft vor allem die Wertansätze (*Bewertung*) für Wirtschaftsgüter.

Beispiele für besondere Bilanzen:

- Gründungs-, Umwandlungs- und Fusionsbilanzen: Sie sind zumeist Bestandteil der jeweiligen Gesellschafts- oder Fusionsverträge und weisen die entsprechenden Kapitalbestände nach.
- Auseinandersetzungsbilanzen: Bei der Aufspaltung eines Unternehmens; sie decken die stillen Reserven auf und ordnen sie den neuen Unternehmensteilen zu. Damit können Abfindungshöhen bestimmt werden.
- Vergleichs- und Insolvenzbilanzen, Liquidationsbilanzen: Sie stellen den Status zum Zeitpunkt und unter den Bedingungen dieser besonderen Ereignisse fest. Damit werden Finanzierungsfragen geklärt.

Bilanzanalyse

Die absoluten Angaben des buchhalterischen Jahresabschlusses sind nur begrenzt aussagefähig. Erst wenn bestimmte Daten und Zahlen aufbereitet und zueinander in Beziehung gesetzt werden, kann man sich einen genauen Eindruck darüber verschaffen, wie das Unternehmen dasteht. Mit diesem Ziel beschäftigt sich die Bilanzanalyse.

Hierbei werden Bilanz und die Gewinn- und Verlustrechnung analysiert, bei Kapitalgesellschaften kommen auch Anhang und Lagebericht hinzu. Korrekterweise müsste die Bilanzanalyse daher „Jahresabschlussanalyse“ heißen.

Ihre Aufgabe ist es, aus den verfügbaren Zahlen und Daten des Jahresabschlusses eines Unternehmens zusätzliche Informationen zu dessen Analyse und Bewertung zu erhalten.

Adressaten und Ziele der Bilanzanalyse

An den Erkenntnissen aus der Bilanzanalyse sind im weitesten Sinne alle Personen interessiert, die in wirtschaftlichen Beziehungen zum Unternehmen stehen oder solche Beziehungen eingehen wollen.

Beispiele für interessierte Dritte:

- Geschäftsführung
- Aktionäre, Gesellschafter, Eigentümer
- Kreditgeber
- Lieferanten
- Kunden
- Mitarbeiter

Die konkreten Ziele, die die einzelnen Personen mit der Bilanzanalyse verbinden, hängen wesentlich von ihrer Stellung zum Unternehmen ab. Die Geschäftsführung will z. B. häufig, auch außerhalb des Jahresabschlusses, Einblick in den Geschäftsgang haben; ihr stehen dazu noch andere zahlreiche Instrumente zur Verfügung (etwa die kurzfristige Erfolgsrechnung). Für kleine Unternehmen, wie den Handwerker von nebenan, die ihren Jahresabschluss durch einen Steuerberater erstellen lassen, ist die systematische Zusammenstellung im Jahresabschluss hingegen sicher die erstrangige Informationsquelle, um regelrecht „Bilanz zu ziehen".

Grundsätzlich versucht man, aus der gegenwärtigen Situation (und ergänzend dazu aus der Situation der vergangenen Jahre) auf eine zukünftige Situation zu schließen. Doch die Interessen der Eigentümer unterscheiden sich von denen der Gläubiger:

Interessen der Eigentümer

- Besteht ein Beteiligungsverhältnis (ist der Analyst also Eigentümer oder Miteigentümer), wird er vor allem an der künftigen Ertragskraft interessiert sein. Er analysiert vorrangig unter dem Gesichtspunkt: Wirft das Unternehmen auch in der Zukunft Gewinn ab?

Interessen der Gläubiger

- Besteht ein Gläubiger-Schuldner-Verhältnis, hat der Analyst also dem Unternehmen Kapital in der Form von Fremdkapital zur Verfügung gestellt (oder will das tun), interessiert ihn vor allem, ob das Unternehmen künftig fähig sein wird, den Kredit zurückzuzahlen. Seine Leitfrage also ist: Wie steht es um die künftige Liquidität?

Beispiel:

Die vertragliche Rückzahlungspflicht für einen Kredit besteht unabhängig davon, ob das Unternehmen Gewinne erwirtschaftet oder nicht. Es wird die Bank vor allem interessieren, wie es um die Liquidität des Unternehmens steht. Ist genügend Liquidität vorhanden, reicht das der Bank aus. Darüber geben entsprechende Zahlen aus der Bilanzanalyse Auskunft.

Hinweise zur praktischen Umsetzung

In der Bilanzanalyse werden folgende Bereiche untersucht. Mehr Informationen dazu erhalten Sie im nächsten Stichwort „Bilanzkennzahlen".

Analysefelder

- Vermögensstruktur (Aktivseite der Bilanz)
- Kapitalstruktur (Passivseite der Bilanz)
- Ertragslage (Gewinn- und Verlustrechnung)
- Liquidität (Cashflow-Rechnung)
- Rentabilität

Achtung:

Die fundierte Analyse eines Jahresabschlusses verlangt Erfahrung und genaue Kenntnis der Materie. An dieser Stelle Richtwerte für Kennziffern vorzugeben, wäre nicht zielführend. Einige Hinweise erhalten Sie bei den Ausführungen zu den einzelnen Kennziffern. Ein sinnvolles Ergebnis entsteht aber immer nur aus dem Gesamtzusammenhang.

Für die Umsetzung der Bilanzanalyse können Sie folgende Checkliste nutzen.

Auf CD-ROM

Checkliste: Bilanzanalyse

- Verschaffen Sie sich einen ersten Überblick über die Struktur und das Verhältnis der einzelnen Positionen zueinander.
- Führen Sie einen Zeitvergleich durch: Wie haben sich wichtige Positionen in den letzten (mindestens fünf) Jahren entwickelt? Stehen Ihnen die Daten von fünf Jahren nicht zur Verfügung, müssen Sie notgedrungen mit einer kürzeren Zeitreihe arbeiten. Aber dann werden die Schlussfolgerungen auch immer weniger fundiert.
- Stellen Sie wichtige Positionen nach Ihren Ansprüchen um. Versuchen Sie, durch bilanzpolitische Maßnahmen (z. B. Sonderabschreibungen) verschobene Ausweise wieder „gerade zu rücken".
- Erstellen Sie eine Strukturbilanz, die den Anteil der einzelnen Positionen an der Bilanzsumme in % ausweist.
- Bilden Sie aus den so gewonnenen Werten Kennzahlen und ziehen Sie daraus Ihre Schlussfolgerungen.

Bilanzgewinn

Siehe *Gewinn*, S. 141.

Bilanzkennzahlen

Um sinnvolle Aussagen über die wirtschaftliche und finanzielle Situation eines Betriebs zu treffen, müssen die Daten der Bilanz aufbereitet und interpretiert werden. Aus den Angaben in der Bilanz lassen sich verschiedene *Kennzahlen* berechnen, die einen ersten Überblick über die Situation des Unternehmens ermöglichen.

Die Kennzahlen, die aus der Bilanz gewonnen werden, geben Auskunft über

- die Struktur des Vermögens,
- die Struktur des Kapitals und
- das Verhältnis zwischen verschiedenen Vermögens- und Kapitalpositionen.

Die sog. vertikalen Kennzahlen geben das Verhältnis der diversen Positionen jeweils einer Seite der Bilanz (Aktiv- oder Passivseite) untereinander an.

Vertikale Kennzahlen

Beispiele:

Die Anlagenintensität gibt an, wie hoch der Anteil des Anlagevermögens am Gesamtvermögen ist.

Die Eigenkapitalquote gibt an, wie hoch der Anteil des Eigenkapitals an der gesamten Finanzierung ist.

Horizontale Kennzahlen stellen hingegen die Verhältnisse zwischen einzelnen Positionen der Aktiv- und der Passivseite dar.

Horizontale Kennzahlen

Beispiel:

Die Anlagedeckung drückt aus, welcher Anteil des Anlagevermögens durch Eigenkapital finanziert ist.

Buchwert

Der Buchwert ist der Wert, zu dem ein Wirtschaftsgut zum Bilanzstichtag in der Bilanz bewertet wird.

Bei abnutzbaren Wirtschaftsgütern des *Anlagevermögens* ist das der Wert, der sich aus den Anschaffungs- oder Herstellungskosten abzüglich der Abschreibungen ergibt. Bei nicht abnutzbaren Wirtschaftsgütern des Anlagevermögens oder bei Wirtschaftsgütern des *Umlaufvermögens* sind das die Anschaffungs- oder Herstellkosten.

→ Bewertung, S. 134

Sind zwischenzeitlich außerplanmäßige Wertminderungen eingetreten, erfolgt eine Abschreibung auf den niedrigeren Wert.

Deckungsgrade (Bilanzkennzahlen)

Die Deckungsgrade gehören zu den *Bilanzkennzahlen*. Im Gegensatz zu den *Kennzahlen der Vermögensstruktur* und den *Kennzahlen der Kapitalstruktur* werden bei den Deckungsgraden Positionen der Aktivseite und der Passivseite der Bilanz gegenübergestellt. Deckungsgrade sind damit horizontale Kennzahlen.

→ Kennzahlen der Vermögens- und Kapitalstruktur, S. 196 und S. 192

Zu den Deckungsgraden gehören der Anlagedeckungsgrad und Liquiditätsgrade. Die Gegenüberstellung von Positionen der Passivseite und der Aktivseite der Bilanz bedeutet dabei allerdings nicht, dass genau dieser Vermögensgegenstand (Aktivseite) aus der betrachteten Kapitalquelle (Passivseite) finanziert wurde. Es geht bei dieser Betrachtungsweise lediglich um generelle Größenordnungen.

Beispiel:

Das gezeichnete Kapital (Stammkapital) einer Kapitalgesellschaft wird verwendet, um Maschinen, Gebäude, Material und anderes einzukaufen. Es liegt nicht auf einem separaten Konto bei der Bank.

Achtung:

Verwechseln Sie die bilanziellen Deckungsgrade nicht mit dem Deckungsbeitrag (Kapitel Controlling, S. 220), der beispielsweise für Produktkalkulationen verwendet wird.

Anlagedeckungsgrad

Bei der Bestimmung des Anlagedeckungsgrads geht man von folgender Überlegung aus: Im Anlagevermögen ist Kapital tendenziell langfristig gebunden. Aus Gründen der Sicherheit sollte Anlagevermögen deshalb aus Quellen finanziert werden, die ebenfalls langfristig zur Verfügung stehen. Eine solche Quelle ist das Eigenkapital, darüber hinaus sind es langfristige Kredite.

Formel

$$\text{Anlagedeckungsgrad II} = \frac{\text{Eigenkapital} + \text{langfr. Fremdkapital}}{\text{Anlagevermögen}}$$

Der Anlagedeckungsgrad II sollte größer 1 sein. Wird diese Zielstellung erreicht, heißt das, dass dem Anlagevermögen ein mindestens gleichgroßer Betrag Eigenkapital und langfristiges Fremdkapital gegenübersteht.

Hinweis:

Der ebenfalls verwendete Anlagedeckungsgrad I stellt lediglich das Eigenkapital dem Anlagevermögen gegenüber. Diese Anforderung ist jedoch wirklichkeitsfremd und überholt.

Liquiditätsgrade

Ziel der Bestimmung von Liquiditätsgraden ist, festzustellen, ob die kurzfristig anstehenden Auszahlungen aus dem Unternehmen durch vorhandene liquide Mittel gesichert sind.

$$\text{Liquiditätsgrad II} = \frac{\text{Guthaben} + \text{kurzfr. Forderungen}}{\text{kurzfr. Verbindlichkeiten}} > 1$$

Formel

Der Liquiditätsgrad II sagt aus, dass die in den nächsten Tagen und Wochen anstehenden Verbindlichkeiten (aus Lieferungen und Leistungen) durch Konto- und Kassenguthaben sowie durch im gleichen Zeitraum eingehende Zahlungen (Forderungen aus Lieferungen und Leistungen) bezahlt werden können.

Tipp:

Liquiditätsgrade, die aus der Bilanz gewonnen werden, sind nur begrenzt aussagefähig. Die Werte spiegeln die Situation am Bilanzstichtag wider. Diese Situation hat sich mit hoher Wahrscheinlichkeit inzwischen geändert. Diese Kennzahlen helfen aber, langfristige Entwicklungen zu erkennen.

Beim noch „strengeren“ Liquiditätsgrad I wird gefordert, dass die kurzfristigen Verbindlichkeiten komplett durch Guthaben abgedeckt sein müssen. Damit wird eine noch größere Sicherheit angestrebt. Erwartete, aber noch nicht eingetroffene Einzahlungen aus Forderungen werden dabei außer Acht gelassen.

Doppelte Buchführung (Doppik)

Die doppelte Buchführung ist das System der modernen Buchführung. Der Begriff rührt daher, dass bei jeder Buchung mindestens zwei Buchungskonten erfasst werden. Das heißt, jeder Betrag, der verbucht wird, taucht einmal auf der linken Seite (Soll) eines Kontos und einmal auf der rechten Seite (Haben) eines anderen Kontos auf.

Bei jedem Geschäftsvorfall ist jeweils die Summe der Sollbuchungen betragsgleich der Summe der Habenbuchungen. Das System ist damit so konzipiert, dass keine Buchungen vergessen werden kann, ohne dass Differenzen auftauchen.

Buchungssatz

„Soll an Haben"

Der Buchungssatz lautet immer: „Soll an Haben". Das bedeutet, dass zunächst das Konto genannt wird, dessen Sollseite verändert wird, und danach das Konto, dessen Habenseite betroffen ist.

Achtung:

Das Wörtchen „an" hat nichts mit der Richtung eines Geldflusses zu tun. Es trennt lediglich die beiden Seiten des Buchungssatzes. An seiner Stelle könnte theoretisch auch jedes andere Wort stehen.

Kontenarten

Die doppelte Buchführung arbeitet mit zwei grundsätzlichen Arten von Konten, nämlich Bestandskonten und Erfolgskonten.

Bestandskonten

Auf den Bestandskonten werden die in der *Bilanz* erfassten Bestände an Vermögenswerten (aktive Bestandskonten) und an Kapital (passive Bestandskonten) erfasst und alle Veränderungen (Zugänge oder Abgänge) während eines Jahres gebucht. In anderen Worten: Hier werden die Bestände der Bilanz fortentwickelt.

Erfolgskonten

Handelt es sich um Aufwände und Erträge, werden diese auf den Erfolgskonten verbucht.

Der Gewinn wird dadurch auf zweierlei Art ermittelt: durch Vergleich der Vermögens- und Kapitalwerte und durch die Differenz aller verbuchten Erträge und Aufwendungen.

Eigenkapital

Eigenkapital ist das von den Eigentümern des Unternehmens zur Verfügung gestellte Kapital. In der Bilanz wird das Eigenkapital auf der Passivseite in verschiedenen Positionen ausgewiesen. Die Möglichkeiten der Eigenkapitalbeschaffung sind abhängig von der Rechtsform des Unternehmens. Grundsätzlich sind hier Unternehmen mit Zugang zur Börse im Vorteil.

Eigenkapital steht dem Unternehmen i. d. R. langfristig bzw. zeitlich unbefristet zur Verfügung und verursacht keine festen Zins- und Tilgungsleistungen. Stattdessen haben die Eigenkapitalgeber einen Anspruch auf einen Teil des Erfolgs (des Gewinns). Im Falle der Liquidation des Unternehmens steht ihnen ebenfalls ein Teil des Liquidationserlöses zu.

Eigenkapital wird entweder dem Unternehmen von außen zugeführt (z. B. Beteiligungskapital bei der Gründung) oder es handelt sich um Gewinne, die den Eigentümern zwar grundsätzlich zustanden, die aber nicht entnommen bzw. ausgeschüttet worden sind (sog. Innenfinanzierung).

Funktionen des Eigenkapitals

Das Eigenkapital erfüllt unterschiedliche Funktionen: Es dient der Ingangsetzung des Unternehmens, der Garantie und der Finanzierung, spielt ferner auch eine Rolle bei der Repräsentation und ist oft entscheidend bei der Frage, wer die Geschäftsführung übernimmt.

Funktionen des Eigenkapitals	Bedeutung
Ingangsetzungsfunktion	Für den Start eines Unternehmens wird immer Eigenkapital benötigt. Die Höhe schwankt in Abhängigkeit vom Geschäftszweck und von der Rechtsform. Bei Kapitalgesellschaften (GmbH, AG) wird gesetzlich ein bestimmtes Mindestkapital verlangt.
Garantiefunktion (Haftungs- oder Verlustausgleichsfunktion)	Eigenkapitalgeber erhalten Anteile am Gewinn logischerweise nur dann, wenn ein Gewinn entstanden ist. Andererseits sind sie verpflichtet, Verluste zu übernehmen (Fremdkapitalgeber erhalten Zinsen auch dann, wenn das Unternehmen zwischenzeitlich Verluste erwirtschaften sollte). Das Eigenkapital ist damit ein „Puffer".
Finanzierungsfunktion	Eigenkapital kann zur Anschaffung von Wirtschaftsgütern verwendet werden. Keinesfalls muss es auf einem separaten Konto als Reserve liegen.
Repräsentationsfunktion	Die Höhe des Eigenkapitals ist ein wichtiges Kriterium für die Kreditwürdigkeit. Je mehr Eigenkapital vorhanden ist, desto besser sind i. d. R. die Kreditaufnahmemöglichkeiten.
Geschäftsführungsfunktion	Wer Eigenkapital zur Verfügung stellt hat – je nach Rechtsform – auch die Berechtigung bzw. Verpflichtung, die Geschäftsführung zu übernehmen.

Eigenkapital in der Bilanz

Das Eigenkapital wird auf der Passivseite der Bilanz als erster Posten ausgewiesen. Die konkrete Form des Ausweises hängt von der Rechtsform des Unternehmens (ab S. 583) ab.

Bei Kapitalgesellschaften sind folgende Unterpositionen des Eigenkapitals vorgesehen:

Eigenkapital-Positionen bei Kapitalgesellschaften

- gezeichnetes Kapital,
- Rücklagen:
  - Kapitalrücklage
  - gesetzliche bzw. satzungsmäßige Rücklage
  - sonstige Gewinnrücklagen
- Gewinnvortrag/Bilanzgewinn (+)
- Verlustvortrag/Verlust(–)

Gezeichnetes Kapital: Grund- bzw. Stammkapital

Das gezeichnete Kapital beschreibt den Teil des Eigenkapitals, zu dessen Einzahlung sich die Gesellschafter verpflichtet haben. Es wird bei einer AG als Grundkapital, bei einer GmbH als Stammkapital bezeichnet und haftet für die Verbindlichkeiten der Gesellschaft. Das gezeichnete Kapital ist prinzipiell eine konstante Eigenkapitalposition. Um es zu verändern, ist bei Kapitalgesellschaften eine Kapitalerhöhung bzw. eine Kapitalherabsetzung erforderlich.

Bei Personengesellschaften gibt es kein gezeichnetes Kapital, sondern nur das Kapitalkonto (die Kapitalkonten) des Inhabers bzw. der Gesellschafter.

Kapitalrücklage

In der Kapitalrücklage wird der Unterschiedsbetrag (Agio) zwischen Nennwert und Ausgabekurs bei der Ausgabe neuer Aktien erfasst.

Beispiel Kapitalrücklage:

Bei einem Börsengang werden Aktien mit einem nominellen Wert von 1 €/Aktie emittiert. Der Ausgabekurs liegt aber bei 5 €. Diesen Betrag zahlen die Neuaktionäre pro Aktie. Da das gezeichnete Kapital in der Satzung festgelegt ist und nicht überschritten werden kann, fließen 1 €/Aktie in das gezeichnete Kapital und 4 €/Aktie in die Kapitalrücklage.

Tipp:

Wenn Sie bei der Analyse einer Bilanz einer Kapitalgesellschaft die Position „Kapitalrücklage" finden, heißt das nicht zwangsläufig, dass der Betrieb einen Gewinn erwirtschaftet hat.

Gewinnrücklage

Zu den Gewinnrücklagen zählen die gesetzlichen Rücklagen, die Rücklagen für eigene Anteile, die satzungsmäßigen Rücklagen sowie die anderen Gewinnrücklagen. Sie werden aus thesaurierten (angesammelten und nicht ausgeschütteten) Gewinnen gebildet und sind jeweils speziellen Zwecken vorbehalten.

Noch nicht in die Rücklagen eingestellte Gewinne erhöhen das bilanzielle Eigenkapital (sie stehen den Eigentümern zu). Demzufolge werden sie zu den anderen Eigenkapitalpositionen addiert. Gleichermaßen müssen Verluste oder Verlustvorträge vom ausgewiesenen Eigenkapital abgezogen werden.

Die Eigenkapitalbeschaffung

Die Möglichkeiten an Eigenkapital zu kommen, werden in erheblichem Maße durch die Rechtsform der Unternehmung bestimmt. Hier sind zwei wichtige Gruppen zu unterscheiden:

→ Aktiengesellschaft, S. 584

- Emissionsfähige Unternehmen mit Zugang zur Börse sind in der Rechtsform der Aktiengesellschaft (AG) oder der Kommanditgesellschaft auf Aktien (KGaA) organisiert. Sie können Eigenkapital durch den Verkauf von Anteilsrechten (*Aktien*) über die Börse beschaffen.
- Unternehmen ohne Zugang zur Börse schließen alle anderen Rechtsformen sowie die nicht notierten, i. d. R. kleineren Aktiengesellschaften bzw. Kommanditgesellschaften auf Aktien ein. Diese Unternehmen haben keine Möglichkeit, Eigenkapital durch den Verkauf von Anteilsrechten über den organisierten Kapitalmarkt zu beschaffen.

Die Eigenkapitalbeschaffung von nicht emissionsfähigen Unternehmen ist durch das Fehlen eines organisierten Markts aus mehreren Gründen erschwert:

Schwierigkeiten bei der Eigenkapitalbeschaffung nicht emissionsfähiger Unternehmen

- Aufgrund der erschwerten Handelbarkeit der Anteile können keine Anleger gewonnen werden, die an fungiblen (schnell wieder verkäuflichen) Anteilen interessiert sind.
- Die Preise für Eigenkapitalanteile werden nicht über Marktprozesse mit vielen Käufern und Verkäufern gebildet, sondern beruhen auf den individuellen Einschätzungen einzelner Nachfrager und Anbieter. Das Risiko einer nicht adäquaten Preisfestsetzung ist daher höher als bei börsengehandelten Unternehmensanteilen.
- Eine Aufteilung in Kapitalanteil und Agio (siehe Kapitalrücklage) ist kaum möglich.
- Die Tatsache, dass die Beteiligung an einem nicht emissionsfähigen Unternehmen i. d. R. die Übernahme von Geschäftsführungsbefugnissen mit sich bringt, setzt einerseits das Interesse und die Bereitschaft des neuen Anteilseigners voraus, diese Aufgabe auch wahrzunehmen. Andererseits müssen die Altgesellschafter bereit sein, diese Tatsache zu akzeptieren, und Macht bzw. Unabhängigkeit abgeben.

Bei Einzelkaufleuten bleibt als externe Eigenkapitalquelle nur das Privatvermögen, maximal die Aufnahme eines *stillen Gesellschafters.*

Tipp: Kommanditgesellschaft (KG)

Die Aufnahme von Kommanditisten verschafft der KG bessere Möglichkeiten, ihre Eigenkapitalbasis auszuweiten. Aber auch hier bleibt der Kreis der potenziellen Anteilseigner eingeschränkt – erstens durch das erhöhte Risiko (etwa das, durch die Komplementäre übervorteilt zu werden) und zweitens durch die geringe Fungibilität der Beteiligung.

Einlage

Unter einer Einlage versteht man die Zuführung von Eigenkapital. Das geschieht grundsätzlich bei der Betriebsgründung. Aber auch später ist es möglich, dass die Eigentümer ihrem Betrieb im Rahmen bestimmter Finanzierungsmaßnahmen neues Kapital zur Verfügung stellen.

Einlagen sind Vorgänge auf gesellschaftsrechtlicher Ebene. Sie dienen der Eigenkapitalverstärkung. Sie können einerseits in Form von Geld erbracht werden, andererseits in Form von Sacheinlagen. Diese können wiederum aus Gegenständen, aber auch Nutzungen oder Leistungen bestehen.

Beispiel:

Ein Eigentümer kann einen Pkw, der ihm privat gehört, als Sacheinlage in das Unternehmen einbringen. Das Auto geht dann zum *Teilwert* in das Vermögen des Betriebs ein. Es ist aber auch ein anderer Weg möglich: Wird ein privater Pkw gelegentlich für betriebliche Fahrten genutzt, sind die anteiligen Kosten der einzelnen Fahrten einlagefähig.

Auch Fremdleistungen sind einlagefähig. Wird z. B. eine Hausangestellte des Unternehmers ebenfalls direkt im Unternehmen tätig, können die anteiligen Lohnkosten eingelegt werden.

Durch eine Einlage wird der zu versteuernde Gewinn nicht erhöht. Es erfolgt vielmehr eine Erhöhung des Kapitalkontos des Unternehmers, der die Einlage tätigt. Das heißt: Mit der Einlage erhöht sich das von ihm dem Unternehmen zur Verfügung gestellte Kapital.

Achtung:
Gegebenenfalls können sich auf diese Weise Anteile an Unternehmen ändern.

Die Einlagen müssen in der betrieblichen Buchhaltung erfasst werden.

Tipps:

- Vorsicht, das Finanzamt kann die Herkunft der Einlagen erfragen.
- Eine Veräußerung eingelegter Wirtschaftsgüter innerhalb von zehn Jahren seit Erwerb im Privatvermögen führt zu Spekulationsgewinnen (so genannte „Spekulationsfalle").

Private und betriebliche Nutzung trennen

→ Entnahme, S. 159

Werden bewegliche Wirtschaftsgüter, wie z. B. ein Pkw, Werkzeuge, Möbel usw. eingelegt, muss zunächst geklärt werden, in welchem Umfang diese Güter betrieblich oder privat genutzt werden. Das Verhältnis von privater und betrieblicher Nutzung wirkt sich darauf aus, zu welchem Vermögen das Wirtschaftsgut gerechnet wird, wie folgende Tabelle zeigt.

Betriebliche Nutzung	Zurechnung zum
mehr als 50 %	notwendigen Betriebsvermögen
zwischen 10 % und 50 %	gewillkürten Betriebsvermögen
weniger als 10 %	notwendigen Privatvermögen

Achtung:
Notwendiges Privatvermögen kann nicht Betriebsvermögen sein. Eine Einlage ist unzulässig.

Entnahme

Eine Entnahme liegt vor, wenn man Wirtschaftsgüter aus dem betrieblichen in den privaten Bereich überführt. Hierzu gehören Wirtschaftsgüter, die man dem Betrieb für sich selbst, für den privaten Haushalt oder für andere betriebsfremde Zwecke entnimmt.

Der Begriff der Entnahme wird in der Praxis relativ weit gefasst. Entnommen werden können nicht nur Gegenstände (Geld, Waren, Pkw, Erzeugnisse, Wertpapiere, Grundstücke usw.), sondern auch Nutzungen und Leistungen.

Achtung:
Selbstverständlich handelt es sich dabei um berechtigte Entnahmen des Inhabers oder der Inhaber. Keinesfalls bedeutet der Begriff „Entnahme", dass jedermann Betriebsvermögen für private Zwecke entnehmen und verwenden kann.

Da Entnahmen für private Zwecke nicht betrieblich veranlasst sind, dürfen sie sich nicht auf den Geschäftserfolg auswirken. Die Verminderung des Betriebsvermögens muss daher dem Ergebnis wieder hinzugerechnet werden.

Beispiel: Auswirkungen von Entnahmen auf den Gewinn

Das Betriebsvermögen Ihres Unternehmens betrug zum Bilanzstichtag (31.12.) 150.000 € und zum Bilanzstichtag des Vorjahrs 100.000 €. Sie haben von Ihrem betrieblichen Bankkonto im Laufe des Jahres 70.000 € für private Zwecke entnommen.

Der Gewinn für das zu bilanzierende Wirtschaftsjahr errechnet sich dann wie folgt:

	Betriebsvermögen 31.12.	150.000 €
	Betriebsvermögen 31.12. Vorjahr	100.000 €
	Unterschied	50.000 €
+	Entnahmen	70.000 €
=	Gewinn	120.000 €

Tipp:

Entnahmen führen zu einer Minderung des Eigenkapitals. Da Sie auf dem Eigenkapitalkonto während des Wirtschaftsjahrs aus Gründen der Übersichtlichkeit keine Buchungsvorgänge haben sollten, ist es zweckmäßig, ein Unterkonto einzurichten mit der Bezeichnung „Entnahmen".

Bewertung mit dem Teilwert

Entnahmen sind mit dem *Teilwert* zu bewerten. Dadurch tritt im Regelfall eine Gewinnrealisierung ein, weil die im Wirtschaftsgut enthaltenen stillen Reserven durch den Entnahmevorgang aufgelöst werden.

Für einige Gewerbezweige, z. B. Bäckereien und Fleischereien, gibt die Oberfinanzdirektion jährlich Pauschbeträge zur Bestimmung der Entnahmen (unentgeltliche Wertabgaben) heraus. Diese beruhen auf Erfahrungswerten und bieten die Möglichkeit, private Warenentnahmen monatlich pauschal zu buchen. Dadurch erübrigt sich die Aufzeichnung einer Vielzahl von Einzelentnahmen.

Firmenwert

→ Goodwill (S. 173), Unternehmensbewertung (S. 356)

Durch das Zusammenspiel der Wirtschaftsgegenstände im Unternehmen entsteht ein *Ertragswert*, der höher ist als der Wert der Wirtschaftsgüter (sog. *Substanzwert*) an sich. Der Firmenwert (auch Geschäftswert) eines Unternehmens berechnet sich, indem man den Substanzwert vom Ertragswert abzieht.

Beispiel Firmenwert:

Der Substanzwert aller Wirtschaftsgüter eines Unternehmens beträgt 1.000.000 €. Mit dem Unternehmen lässt sich langfristig Jahr für Jahr ein Ertrag von 120.000 € erwirtschaften. Bei einem Kalkulationszins (entspr. der erwarteten Rendite des eingesetzten Kapitals) von 10 % ergibt sich ein Ertragswert von 1.200.000 €. Damit beträgt der Firmenwert 200.000 €.

Der Firmenwert tritt in zwei Arten auf, als originärer und als derivativer Firmenwert. Der Unterschied liegt in der Möglichkeit, diesen Firmenwert als Vermögen in der Bilanz zu aktivieren oder nicht.

- Der originäre Firmenwert ergibt sich im Laufe des Bestehens und der Entwicklung des Unternehmens. Er ist Ausdruck des im Unternehmen vorhandenen Know-hows. Eine Aufnahme in die Bilanz ist nicht gestattet.

Originärer Firmenwert: nicht bilanzierbar

- Der derivative Firmenwert entsteht durch den Kauf eines Unternehmens. Zahlt der Käufer mehr als der Zeitwert der Wirtschaftsgegenstände beträgt, ist der übersteigende Betrag der derivative Firmenwert. Für diesen Betrag gibt es nach Handelsrecht ein Aktivierungswahlrecht und nach Steuerrecht eine Aktivierungspflicht. Der derivative Firmenwert ist nach den gesetzlichen Bestimmungen abzuschreiben.

Derivativer Firmenwert: Kaufpreis minus Zeitwert

Forderung

Eine Forderung ist das Recht, von jemand anderem auf Grund eines Schuldverhältnisses eine Leistung zu fordern. In der Regel wird sich diese Leistung auf das Zahlen eines Geldbetrags beschränken. Forderungen stellen damit einen Anspruch auf Geld dar und erhöhen das Geldvermögen.

Forderungen sind das Gegenstück zu den Verbindlichkeiten. Sie können sowohl im *Umlaufvermögen* als auch im *Anlagevermögen* auftreten.

Zu den Forderungen im Umlaufvermögen gehören

→ Umlaufvermögen, S. 212

- Forderungen aus Lieferungen und Leistungen,
- Forderungen gegen verbundene Unternehmen,
- Forderungen gegen Unternehmen, mit denen ein Beteiligungsverhältnis besteht, und
- sonstige Vermögensgegenstände.

Die sonstigen Vermögensgegenstände sind zwar keine Forderungen, werden aber in der Bilanz mit diesen gemeinsam erfasst.

Die Forderungen im Umlaufvermögen sind normalerweise kurzfristiger Natur und werden innerhalb weniger Tage oder Wochen beglichen.

Tipp:

Da einerseits ständig Forderungen beglichen werden, andererseits aber auch ständig neue Forderungen aus der normalen wirtschaftlichen Tätigkeit hinzukommen, ist es sinnvoll, aus den Zahlen der Vergangenheit einen durchschnittlichen Forderungsbestand zu ermitteln.

→ Anlagevermögen, S. 131

Zu den Forderungen im Anlagevermögen (Finanzanlagen) gehören

- Ausleihungen an verbundene Unternehmen,
- Ausleihungen an Unternehmen, mit denen ein Beteiligungsverhältnis besteht und
- sonstige Ausleihungen.

Ausleihungen sind langfristige Forderungsdarlehen. Als Forderungen des Anlagevermögens sind sie dazu bestimmt, dauernd dem Geschäftsbetrieb zu dienen. Die Beträge werden auf längere Zeit anderen Unternehmen zur Nutzung gegen Entgelt, i. d. R. gegen Zinsen, zur Verfügung gestellt.

Tipp: Wenn Forderungen ausfallen

Durch ein Vertragsverhältnis (etwa Kaufvertrag) lässt sich das Begleichen von Verbindlichkeiten erzwingen. Die Möglichkeit des Zwangs ist allerdings „nur" rechtlicher Natur. Das bedeutet: Selbst dann, wenn Sie gegenüber einem Schuldner einen Rechtstitel erwirkt haben, ist Voraussetzung einer Zahlung, dass der Schuldner auch zahlungsfähig ist.

Bewertung von Forderungen

Forderungen sind mit ihrem Nennwert einschließlich der Umsatzsteuer auszuweisen. Handelt es sich um eine Forderung in einer fremden Währung, so ist sie mit dem Kurs am Tag des Entstehens in Euro umzurechnen.

Problematisch in der Bewertung von Forderungen sind jedoch nicht die „normalen" Forderungen, die aller Voraussicht nach ordentlich beglichen werden, sondern Forderungen, die in irgendeiner Weise notleidend werden; d. h. es ist nicht sicher,

- ob sie beglichen werden,
- wann sie beglichen werden und
- in welcher Höhe sie beglichen werden.

Handelsrecht

Ist der Wert einer Forderung am Abschlussstichtag niedriger als ihr Nennwert, so ist die Forderung handelsrechtlich als Vermögensgegenstand des Umlaufvermögens mit dem niedrigeren Wert auszuweisen.

Steuerrecht

Steuerrechtlich besteht ein Wahlrecht, wenn der Wertverlust voraussichtlich dauerhaft ist.

Werden einzelne Forderungen ganz oder teilweise abgeschrieben, weil sie zweifelhaft oder nicht einbringlich sind, spricht man von der Einzelwertberichtigung.

Beispiel Einzelwertberichtigung:

Unternehmer Schmidt hat eine Forderung gegen den Dachdeckerbetrieb Müller & Schulze GmbH. Trotz mehrmaliger Mahnung hat das Unternehmen seine Rechnung immer noch nicht bezahlt. Bei der morgendlichen Zeitungslektüre liest Schmidt, dass Müller & Schulze Insolvenz angemeldet haben. In diesem Fall ist es sehr zweifelhaft, ob er noch an sein Geld kommt. Er bucht die Forderung aus.

Achtung:

Das Ausbuchen einer Forderung heißt nicht, dass Sie auf die Forderung endgültig verzichten. Es bedeutet nur, dass Sie mit der entsprechenden kaufmännischen Vorsicht herangehen und Zweifel daran hegen, dass der Schuldner noch zahlt.

Pauschalwertberichtigung

Es besteht die Möglichkeit, neben der Einzelwertberichtigung, die ganz spezielle Forderungen umfasst, auch eine Pauschalwertberichtigung vorzunehmen. Mit der Pauschalwertberichtigung werden Einzelrisiken einer Vielzahl von Forderungen erfasst. Ebenso wie jede Einzelforderung bei Vorliegen der Voraussetzungen hierzu auf den niedrigeren Teilwert abzuschreiben ist, ist das auch dem Grunde nach durch Pauschalwertberichtigung zulässig.

Den Betrag der pauschalen Wertberichtigung kann man mit einem Prozentsatz des zu bewertenden Forderungsbestandes schätzen.

Achtung:
Pauschalwertberichtigungen werden von den Finanzbehörden zumeist sehr kritisch geprüft.

Tipp:

Sondern Sie zunächst vom Gesamtbestand die Forderungen aus, für die besondere Risiken bestehen. Diese Forderungen sind die zweifelhaften und die uneinbringlichen Forderungen, die durch Einzelwertberichtigung bewertet und abgeschrieben werden. Den Rest der Forderungen bewerten Sie pauschal. Dieses Verfahren entspricht den Grundsätzen ordnungsmäßiger Buchführung.

Fremdkapital

Unter dem Begriff Fremdkapital werden alle Kapitalpositionen der *Bilanz* (Passivseite) zusammengefasst, die nicht dem Eigenkapital zuzurechnen sind. Es handelt sich also im Wesentlichen um die *Rückstellungen* und die *Verbindlichkeiten*.

→ Rückstellungen, Verbindlichkeiten

Fremdkapital dient der raschen und flexiblen Anpassung der Kapitalausstattung eines Betriebs an den Kapitalbedarf. Es wird in der Bilanz mit dem Rückzahlungsbetrag erfasst.

Fremdkapital steht dem Unternehmen i. d. R. zeitlich befristet zur Verfügung, es muss irgendwann zurückgezahlt werden. Für die Überlassung von Fremdkapital sind üblicherweise Zinsen zu zahlen. Diese Schuldzinsen sind als Betriebsausgaben einkommenssteuerlich sofort abziehbar.

Tipps: Zinsen bei Zahlungszielen und Skonto

Normalerweise sind Rechnungen nicht sofort fällig, sie haben ein Zahlungsziel für einige Tage oder Wochen. Für diesen Zeitraum zahlen Sie keine Zinsen, man kann Zahlungsziele also ruhig ausnutzen. Der Lieferant, der Ihnen dieses Zahlungsziel eingeräumt hat, muss den Zeitraum bis zu ihrer Zahlung jedoch finanzieren. Den damit verbundenen Aufwand hat er sicherlich als „Finanzierungskosten" bereits in seiner Preiskalkulation berücksichtigt. Indirekt zahlen Sie also auch für Verbindlichkeiten aus Lieferungen und Leistungen Zinsen.

Oft gewähren Lieferanten Skonto, um Sie zu veranlassen, das Zahlungsziel nicht auszunutzen, sondern früher zu zahlen. Ein üblicher Skontosatz sind 2 %. Bedenken Sie: Sie erhalten diesen Preisnachlass, wenn Sie beispielsweise nicht innerhalb von 30 Tagen, sondern innerhalb von drei Tagen zahlen. Umgerechnet auf ein Jahr bedeuten diese 2 % Skonto eine Zinsersparnis von etwa 27 %! Es lohnt also immer, Skonto zu ziehen und früher zu zahlen, wenn diese Möglichkeit vereinbart wurde.

Rechte des Fremdkapitalgebers

Unterschiede zwischen Gläubiger und Eigentümer

Der Fremdkapitalgeber ist der Gläubiger, der Betrieb demzufolge Schuldner. Ein Gläubiger hat ein Anrecht auf Rückzahlung des geliehenen Betrags zuzüglich der vereinbarten Zinsen. Er hat aber kein Anrecht auf die (anteilige) Führung des Betriebs.

Hinweis:

Durch Auflagen in den Kreditbestimmungen lassen sich teilweise auch Fremdkapitalgeber Mitwirkungsrechte einräumen. Das ist möglich, aber eine vertragliche Vereinbarung und kein gesetzliches Recht.

Das Anrecht auf Rückzahlung ist nicht abhängig von der wirtschaftlichen Situation des Unternehmens. Man kann also nicht einfach die Rückzahlungen oder die Zinszahlungen kürzen, wenn die wirtschaftliche Entwicklung problematisch wird. Fremdkapitalgeber gehen demzufolge ein wirtschaftlich geringeres Risiko ein als Eigenkapitalgeber. Dafür erhalten sie ihre vertraglich vereinbarten Zahlungen (Zinsen), die Eigenkapitalgeber den Rest (so genannte „Residualzahlung"). Je nach wirtschaftlichem Erfolg kann dieser Rest groß sein, aber auch bei Null liegen. Das Risiko der Eigenkapitalgeber ist größer, das Gleiche gilt aber auch für die Erfolgschancen.

Geringwertige Wirtschaftsgüter

Als geringwertige Wirtschaftsgüter (GWG) werden bewegliche Vermögensgegenstände des Anlagevermögens bezeichnet, wenn ihre Anschaffungs- oder Herstellungskosten netto (d. h. ohne Umsatzsteuer) den Wert von 410 € nicht übersteigen.

Betriebsausgabe statt → Abschreibung

Die Anschaffungs- und Herstellungskosten von Wirtschaftsgütern des Anlagevermögens sind in der Regel zu aktivieren und auf die Nutzungsdauer des angeschafften oder hergestellten Wirtschaftsgutes zu verteilen. Bei geringwertigen Wirtschaftsgütern kann man sie jedoch im Jahr der Anschaffung oder Herstellung in voller Höhe als Betriebsausgaben abziehen. Durch dieses Bewertungswahlrecht erhält man die Möglichkeit, den Gewinn in voller Höhe um die Anschaffungs- oder Herstellungskosten der geringwertigen Wirtschaftsgüter zu mindern.

Auf CD-ROM

Checkliste: Was gilt als GWG?

- Die Wirtschaftsgüter müssen zum Anlagevermögen gehören. (Wirtschaftsgüter des Umlaufvermögens werden sowieso vollständig als Aufwand erfasst.)
- Die Wirtschaftsgüter müssen beweglich sein.
- Achten Sie darauf, dass es sich bei der 410-€-Grenze um einen Netto-Betrag handelt. Die jeweils gültige Umsatzsteuer kann also dazu führen, dass der Preis höher liegt (bei 19 % Umsatzsteuer wären das 487,90 €).

Bei dieser Regelung handelt es sich nicht um eine erhöhte Abschreibung oder Sonderabschreibung, sondern um eine Maßnahme zur Vereinfachung der Bilanzierung.

Achtung:

Bedenken Sie: Die sofortige Verbuchung bei GWG führt zu einer Reduzierung der Steuerlast im Jahr der Anschaffung. In den Folgejahren der Nutzung können Sie aber auch keine Abschreibungen geltend machen.

Gewinn- und Verlustrechnung (GuV)

Die Gewinn- und Verlustrechnung ist neben der *Bilanz* (und bei Kapitalgesellschaften dem Anhang und dem Lagebericht) einer der obligatorischen Bestandteile des *Jahresabschlusses.* Mit ihrer Hilfe wird die Entstehung des Jahresergebnisses dargestellt. Das Jahresergebnis kann sowohl ein Gewinn als auch ein Verlust sein – deshalb diese Bezeichnung.

Nicht nur der Unternehmer benötigt Daten, die ihn über den Erfolg seiner Tätigkeit unterrichten. Viele Partner des Unternehmens (Banken, Lieferanten, Versicherungen) haben ein großes Interesse daran, den Erfolg sicher feststellen zu können. Damit diese wirtschaftlichen Interessen gesichert sind und der Staat eine einheitliche Basis zur Besteuerung bekommt, ist die Gewinnermittlung gesetzlich geregelt.

→ Erlöse und Aufwendungen gegenübergestellt

Das HGB schreibt zwei parallele Wege vor, die beide Bestandteil des Jahresabschlusses sind. Die Bilanz ermittelt den Jahreserfolg des Unternehmens durch die Gegenüberstellung von Vermögen und Schulden. Die Gewinn- und Verlustrechnung (GuV) kommt zum gleichen Ergebnis, indem sie die Erlöse den Aufwendungen des Jahres gegenüberstellt. Im Gegensatz zur Bilanz, die die Verhältnisse genau an einem Stichtag darstellt, ist die Gewinn- und Verlustrechnung die Darstellung der Vorgänge in einem Zeitraum. Zumeist wird dieser das Geschäftsjahr sein.

Die GuV ist ein wichtiges Steuerungsinstrument im Unternehmen. In ihr werden nach gesetzlichen Vorgaben die meisten, aber nicht sämtliche betriebswirtschaftlich relevanten Kosten erfasst. Deshalb ist sie für betriebliche Entscheidungen durch die *Kostenrechnung* zu ergänzen.

Bereiche der Gewinn- und Verlustrechnung

Verfahren, siehe S. 269 und 311

Das HGB schreibt die Gliederung einer Gewinn- und Verlustrechnung detailliert vor. Der § 275 Abs. 1 HGB lässt dem Unternehmen zwar die Wahl zwischen dem *Gesamtkostenverfahren* und dem *Um-*

satzkostenverfahren, definiert jedoch in den Abs. 2 und 3 des gleichen Paragraphen die Daten und die Reihenfolge der Gliederungspunkte sehr genau.

> **Achtung:**
> Ein grundsätzliches Problem: Die Erlöse des Abrechnungszeitraums beziehen sich auf die abgesetzten Produkte bzw. Dienstleistungen. Die Kosten beziehen sich jedoch auf die hergestellten Mengen. Abgesetzte und hergestellte Menge stimmen jedoch nur in den seltensten Fällen überein, deshalb muss eine Bereinigung erfolgen. Die zugehörigen Verfahren sind das Gesamtkostenverfahren und das Umsatzkostenverfahren. Beide kommen, wenn auch auf unterschiedlichen Wegen, zum gleichen Ergebnis.

Die Gewinn- und Verlustrechnung kann inhaltlich in drei Bereiche gegliedert werden:

- Betriebsergebnis
- Neutrales Ergebnis
- Außerordentliches Ergebnis

Betriebsergebnis

Betrieblich bedingte Erlöse und Aufwendungen

Das Betriebsergebnis fasst alle betrieblich bedingten Erlöse und Aufwendungen zusammen. Es geht um die Auswirkungen der eigentlichen unternehmerischen Tätigkeit. Das kann die Herstellung von Produkten oder Dienstleistungen oder der Handel damit sein. Das Betriebsergebnis gibt Auskunft darüber, ob das Unternehmen im Kerngeschäft Gewinne generieren und damit langfristig existieren kann.

Neutrales Ergebnis (Finanzergebnis)

Finanzieller Erfolg

Abgegrenzt vom betrieblichen Erfolg wird im neutralen Ergebnis der finanzielle Erfolg festgehalten. Das neutrale Ergebnis umfasst die Auswirkungen der für den Unternehmenszweck notwendigen Finanztransaktionen.

Bei Unternehmen, die zumindest teilweise über Kredite finanziert werden (und das ist der Normalfall), ist das neutrale Ergebnis häufig negativ. Das liegt daran, dass die Zinsaufwendungen höher sind als die Zinserträge aus angelegten Geldern.

Das neutrale Ergebnis ist finanziell wirksam, aber nicht der eigentlichen betrieblichen Tätigkeit zuzuordnen.

Beispiel

Für ein Unternehmen sollen folgende Angaben gelten:

gezahlte Kreditzinsen (-)	250. 000 €
erhaltene Zinsen aus Geldanlagen (+)	35. 000 €
von einer Tochtergesellschaft erhaltene Gewinne (+)	110. 000 €
= Neutrales Ergebnis	- 105. 000 €

Ergebnis aus Beteiligungen:

Aus dem obigen Beispiel ist ersichtlich: Zum neutralen Ergebnis gehört neben den gezahlten und erhaltenen Zinsen auch das Ergebnis aus Beteiligungen an anderen Unternehmen.

Außerordentliches Ergebnis

Ergänzt werden die beiden Bereiche um das außerordentliche Ergebnis. Dort werden betrieblich nicht bedingte oder nicht regelmäßig auftauchende Geschäftsvorfälle in ihrer Auswirkung auf den Gewinn erfasst, z. B. ein nicht durch eine Versicherung gedeckter Schaden oder der Verkauf eines nicht betriebsnotwendigen Grundstücks.

Tipp:

Das HGB schreibt Ihnen diese Dreiteilung der Gewinn- und Verlustrechnung nicht vor. Nur der außerordentliche Erfolg muss extra ausgewiesen werden. Sie sollten jedoch dieser üblichen Einteilung folgen und das Betriebsergebnis und das neutrale Ergebnis mit Zwischensummen ausweisen.

Wesentliche Inhalte der Gewinn- und Verlustrechnung

Welche Werte in den einzelnen Gliederungspunkten anzugeben und wie sie zu berechnen sind, ist festgelegt. Im Einzelnen enthalten die wichtigsten Punkte der Gewinn- und Verlustrechnung die folgenden Inhalte (die Aufzählung ist nicht vollzählig, vgl. auch den Abschnitt Controlling/internes Rechnungswesen):

→ Umsatz, S. 309

Umsatzerlöse: Stellt die Erlöse für den Verkauf oder die Vermietung der typischen Produkte oder Dienstleistungen dar.

Bestandsveränderungen: Nur im Gesamtkostenverfahren ist eine Erhöhung oder Verminderung des Bestands an fertigen und unfertigen Erzeugnissen anzugeben.

Aufwendungen: In der Gewinn- und Verlustrechnung nach dem Gesamtkostenverfahren werden den Gesamtleistungen alle betrieblichen Aufwendungen der Periode gegenübergestellt. Das HGB sieht dabei folgende Differenzierung vor:

Differenzierung der Aufwendungen im HGB
• Materialaufwand
• Personalaufwand
• Abschreibungen
• sonstige betriebliche Aufwendungen

Grundsätzlich gilt auch hier (wie bei den Erlösen) die Voraussetzung, dass alle an dieser Stelle aufgeführten Aufwendungen dem betrieblichen Unternehmenszweck dienen.

Betriebsergebnis: Ist das Ergebnis aus der Gegenüberstellung aller Leistungen und Aufwendungen. Es wird in der gesetzlich vorgeschriebenen Gliederung nicht extra ausgewiesen. Die Darstellung ist jedoch üblich und sollte zumindest in der kurzfristigen Erfolgsrechnung auch erfolgen.

Neutrales Ergebnis: Anschließend an das Betriebsergebnis wird sowohl im Gesamt- als auch im Umsatzkostenverfahren das neutrale Ergebnis dargestellt.

Ergebnis der gewöhnlichen Geschäftstätigkeit: Die Summe aus Betriebsergebnis und neutralem Ergebnis wird zwingend als Ergebnis der gewöhnlichen Geschäftstätigkeit in der Gewinn- und Verlustrechnung ausgewiesen.

Außerordentliches Ergebnis: Fasst alle Erträge und Aufwendungen zusammen, die zwar durch das Unternehmen bedingt sind, aber nicht im regelmäßigen Betrieb auftauchen.

Jahresüberschuss/Jahresfehlbetrag: Nachdem alle Erträge und Aufwendungen berücksichtigt sind, werden die Steuern vom Einkommen und Ertrag (vor allem die Körperschaftsteuer oder die Einkommensteuer) berechnet. Das Ergebnis der Gewinn- und Verlustrechnung ist der Jahresüberschuss oder der Jahresfehlbetrag. Dieser wird ausgeschüttet bzw. bei einem Fehlbetrag und bei nicht ausgeschütteten Gewinnanteilen in die Bilanz übernommen.

Abgrenzungen

In die Gewinn- und Verlustrechnung dürfen nur die Erträge und Aufwendungen einfließen, die in der aktuellen Periode entstanden sind. Daher müssen Zahlungen, die bereits für kommende Perioden geleistet wurden (z. B. Mietvorauszahlungen) abgegrenzt werden. Auf der anderen Seite gibt es Erträge und Aufwendungen, die zwar noch nicht angefallen sind, jedoch in die Periode gehören, die mit der Gewinn- und Verlustrechnung abgeschlossen wurde. So werden Bonuszahlungen erst dann fällig, wenn bestimmte Bedingungen erfüllt sind. Diese zeitlichen Abgrenzungen erfolgen in der Regel über Rechnungsabgrenzungsposten.

→ Rechnungsabgrenzungsposten, S. 203

Die vorgenommenen Abgrenzungen werden in

- sachliche Abgrenzungen (betriebliches, neutrales und außerordentliches Ergebnis) und
- zeitliche Abgrenzungen

eingeteilt.

Berechnungsschema der Gewinn- und Verlustrechnung

Das folgende Schema der Gewinn- und Verlustrechnung stellt die wesentlichen Zusammenhänge dar. Vereinfachend wird davon ausgegangen, dass die hergestellte Leistung auch komplett abgesetzt wurde, dass es also keine Bestandsänderungen zu berücksichtigen gilt (s. Controlling/Internes Rechnungswesen, Stichworte Gesamtkostenverfahren, Umsatzkostenverfahren).

Ermittlung des Jahresüberschusses/Jahresfehlbetrags

	Umsatzerlöse
-	Materialaufwand
=	Rohertrag
-	Personalaufwand
-	sonstiger Aufwand (ohne Abschreibungen
=	*EBITDA*
-	Abschreibungen
=	Betriebsergebnis (*EBIT*)
+/-	Neutrales Ergebnis (Finanzergebnis)
=	Ergebnis der gewöhnlichen Geschäftstätigkeit (operatives Ergebnis)
+/-	außerordentliches Ergebnis
-	Steuern von Einkommen und Ertrag
=	Jahresüberschuss/Jahresfehlbetrag

Gewinnvortrag

Der Gewinnvortrag findet sich nur bei *Kapitalgesellschaften.* Es handelt sich dabei um den Restbetrag des Vorjahresgewinns, der nicht an die Gesellschafter der Kapitalgesellschaft ausgeschüttet oder den Rücklagen zugeführt worden ist.

Bei Kapitalgesellschaften gibt es ein feststehendes gezeichnetes Kapital oder Stammkapital, das nicht ohne weiteres geändert werden kann. Bei Einzelkaufleuten und Personengesellschaften hingegen existieren variable Kapitalkonten. Die Funktion dieser Kapitalkonten übernimmt bei Kapitalgesellschaften der Gewinnvortrag. Er hat die Wirkung, dass das neue Geschäftsjahr bereits mit einem Gewinn begonnen wird. Das Gegenstück zum Gewinnvortrag ist der *Verlustvortrag.*

Die Entscheidung darüber, ob ein erwirtschafteter Gewinn ausgeschüttet wird (Dividendenzahlung bei der AG), in die *Rücklagen* eingestellt oder auf neue Rechnung vorgetragen wird, liegt bei den Eigentümern (Hauptversammlung bzw. Gesellschafterversammlung). Der Gewinnvortrag ist nach den gesetzlichen Vorschriften als Einzelposten unter der Position *Eigenkapital* auf der Passivseite der *Bilanz* auszuweisen.

Goodwill

Der Goodwill spielt beim Kauf und Verkauf von Firmen eine Rolle. Er bezeichnet den Betrag, den der Käufer über den nominellen Firmenwert hinausgehend für das Unternehmen bezahlt.

Der Kaufpreis für eine Firma wird in den wenigsten Fällen dem Wert des Eigenkapitals exakt entsprechen. In den meisten Fällen zahlt der Käufer mehr als den nominellen Wert laut Bilanz. Diese Differenz wird als Goodwill bezeichnet. Die deutsche Bezeichnung lautet „derivativer Firmenwert".

→ Firmenwert, S. 160

Beispiel:

Ein gut laufendes Handwerksunternehmen soll verkauft werden, da sich der Meister zur Ruhe setzen will. Es weist folgende Bilanzwerte auf:

Bilanzsumme (Vermögen)	500.000 €
Kredit für Investitionsgüter	200.000 €
Eigenkapital in Form von Rücklagen = bilanzielles Reinvermögen	300.000 €

Der Käufer will das Unternehmen so wie es steht übernehmen, einschließlich der Rücklagen, aber auch einschließlich des laufenden Kredits. Nach dieser Methode wäre der faire Kaufpreis 300.000 € (Vermögen – Schulden). Nun will der Verkäufer aber 400.000 € haben mit der Begründung, dass das Unternehmen überdurchschnittlich gut laufe und dies aller Voraussicht nach auch so bliebe. Der Käufer ist einverstanden und zahlt den geforderten Preis. Daraus bestimmt sich der Goodwill: Er umfasst die 100.000 € Differenz zwischen Verkaufspreis und Firmenwert.

Der Goodwill ist ein immaterielles Vermögensgut. Er kann in der Bilanz auf der Aktivseite als solches verbucht werden.

Tipp:

Sollte der Kaufpreis niedriger sein, als das bilanzielle Reinvermögen des Unternehmens, darf nach dem Prinzip des Anschaffungswerts nur der niedrigere Kaufpreis berücksichtigt werden. Nach deutschem Handelsbilanzrecht, Steuerbilanzrecht sowie IFRS und US-GAAP besteht ein Bilanzierungsverbot für einen solchen Badwill.

Was den Mehrwert ausmacht

Was führt dazu, dass ein Käufer bereit ist, für ein Unternehmen mehr zu zahlen als das bilanzielle Reinvermögen ausmacht? Zum Goodwill zählen

- der geschätzte Wert der nicht bilanzierungsfähigen Vermögensgegenstände, wie Kundenstamm, Bekanntheitsgrad, Werbungskraft, Fertigungsverfahren, Organisation, Mitarbeiterstamm, Vertriebsnetz, Standortvorteile oder Marktmacht;
- der erhoffte Mehrwert aus der Kombination der Vermögensgegenstände, was bedeutet: ihre Verbindung führt dazu, dass ein höherer Wert geschaffen werden kann, als würde man sie einzeln einsetzen;
- der Betrag, der „a fonds perdu“ gezahlt wird, um z. B. einen lästigen Konkurrenten oder Gesellschafter loszuwerden (es wird mehr gezahlt, als er eigentlich wert ist).

Warum derivativer Firmenwert?

Derivativ heißt „abgeleitet“. Damit ist der Teil des Firmenwerts gemeint, der nach den obigen Regeln aus dem Kaufpreis abgeleitet wurde. Der „originäre“ Firmenwert besteht in dem Mehrwert, den ein Unternehmen über den Substanzwert der materiellen und immateriellen Einzelwirtschaftsgüter (abzüglich der Schulden) hinaus hat (betriebliches Know-how). Solange kein entgeltlicher Erwerb (Firmenkauf) erfolgt, kann dieser originäre Firmenwert nicht in der Bilanz aktiviert werden.

Achtung:
Das betriebliche Know-how ist Basis für den wirtschaftlichen Erfolg eines Unternehmens. Es kann aber nicht einzeln verkauft werden und stellt demnach kein separates Wirtschaftsgut dar.

Grundsätze ordnungsgemäßer Buchführung (GoB)

Die GoB sind allgemein anerkannte kaufmännische Regeln, nach denen Geschäftsbücher zu führen und Jahresabschlüsse aufzustellen sind.

HGB § 243 (1) und § 264 (2)

Die GoB sind nicht im Einzelnen gesetzlich geregelt, sondern vielmehr ein Produkt allgemeiner kaufmännischer Übung. Die Regelungen des Handelsgesetzbuchs und einiger Teile des Steuerrechts machen ihre Anwendung bei der Erstellung der Jahresabschlüsse und der Führung kaufmännischer Bücher jedoch zur Verpflichtung. Die nicht abschließend festgelegte gesetzliche Regelung führt dazu, dass in verschiedenen Quellen unterschiedliche Systematisierungen dieser Grundsätze erfolgen. Inhaltlich herrscht jedoch Übereinstimmung über die Anforderungen, die aufgrund der GoB an die Buchführung gestellt werden.

Die Grundsätze der ordnungsgemäßen Buchführung gelten nicht nur im Wirkungsbereich des Handelsgesetzbuches, sondern allgemein. Zusammenfassend kann man sie mit den Geboten

- Materiality (Offenlegung des Wesentlichen),
- Vergleichbarkeit,
- Going-Concern-Prinzip und

- Periodisierung

in allen vergleichbaren Rechtsordnungen finden.

Grundsätze der materiellen Ordnungsmäßigkeit

Willkürfreiheit

Sämtliche Geschäftsvorfälle müssen in den Büchern erfasst werden. Es ist dem Kaufmann nicht überlassen, nach eigenem Gutdünken bestimmte Geschäftsvorfälle aufzunehmen und andere, die er für nicht so wichtig hält, wegzulassen. Alle Vorfälle, die im Geschäftsbetrieb zu einer Veränderung einzelner Vermögenswerte geführt haben, sind demnach vollständig und der Wahrheit entsprechend aufzuzeichnen. Die Übereinstimmung der Aussagen im Jahresabschluss mit den ihnen zugrunde liegenden Sachverhalten muss auch durch sachverständige Dritte nachprüfbar sein. Die Willkürfreiheit verlangt, dass die im Jahresabschluss gegebenen Informationen mit der Überzeugung des Kaufmanns übereinstimmen und nicht Manipulationen unterworfen worden sind.

Grundsätze der formellen Ordnungsmäßigkeit

Eindeutige und übersichtliche Aufzeichnung

Alle Positionen müssen eindeutig und sachlich zutreffend bezeichnet werden (Bilanzklarheit).

Tipp:

„Eindeutig" sind Posten bezeichnet, wenn sich der bilanzkundige Leser unter ihrer Bezeichnung etwas Bestimmtes vorstellen kann und wenn unter dieser Bezeichnung nur artgleiche Posten ausgewiesen werden. Daher muss die Bilanz so tief gegliedert sein, dass nach Herkunft und Art unterschiedliche Bilanzposten getrennt ausgewiesen werden.

Für *Kapitalgesellschaften* bestehen entsprechende Regelungen zur Mindestgliederung von *Bilanz* und *Gewinn- und Verlustrechnung.* Üblicherweise halten sich auch Unternehmen anderer Rechtsformen an diese Gliederung. Damit wird der Forderung nach Bilanzübersichtlichkeit nachgekommen.

Aufbewahrungspflicht

Zur formellen Ordnungsmäßigkeit gehört weiterhin, dass die in den Büchern und daraus entwickelten Jahresabschlüssen getroffenen Aussagen nachprüfbar sind. Das bedeutet, dass die entsprechenden

Belege während der gesetzlich vorgeschriebenen Zeit (in der Regel 10 Jahre) in geordneter Form aufgehoben werden. Neben der Papierform ist heute zunehmend die Registrierung von Geschäftsvorfällen in elektronischer Form üblich. Hier muss aber sichergestellt werden, dass keine späteren Manipulationen möglich sind.

Spezielle Grundsätze im Jahresabschluss

Des Weiteren gelten folgende Grundsätze, die im Einzelnen anschließend kurz erklärt werden.

- Saldierungsverbot
- Bilanzidentität
- Prinzip der Unternehmensfortführung
- Einzelbewertung
- das Vorsichtsprinzip und daraus folgend das Niederstwert-, das Imparitäts- und das Realisationsprinzip
- Prinzip der Periodenabgrenzung
- Methodenstetigkeit
- die Berücksichtigung wertaufhellender Tatsachen

Saldierungsverbot

Das gegenseitige Aufrechnen (Saldieren) von einzelnen Positionen ist grundsätzlich nicht erlaubt, wenn dadurch die Nachvollziehbarkeit und die Aussage im Jahresabschluss leidet.

Beispiel:

So darf eine Forderung an einen Geschäftspartner nicht mit einer Verbindlichkeit gegen den gleichen Partner aufgerechnet werden, sondern beides (Forderung und Verbindlichkeit) sind einzeln in den Jahresabschluss einzubeziehen.

Bilanzidentität

Eine Bilanz ist auf den ersten und auf den letzten Tag eines jeden Geschäftsjahrs aufzustellen (Anfangs- und Schlussbilanz). Dabei ist sicherzustellen, dass die Schlussbilanz des vergangenen (alten) Geschäftsjahrs mit der Anfangsbilanz des beginnenden (neuen) Geschäftsjahrs vollkommen übereinstimmt. D. h., in der logischen Sekunde zwischen den beiden Geschäftsjahren darf keine Änderung der Bilanz erfolgen. Damit ist für jedes Jahr nur eine Bilanz zu erstellen, die die Verhältnisse genau zu dem Zeitpunkt widerspiegelt, in dem der Wechsel zwischen den Geschäftsjahren erfolgt.

Unternehmensfortführung

Grundsätzlich ist vom Prinzip der Fortführung des Unternehmens auszugehen. Dieses Prinzip wird dann unterbrochen, wenn die Bilanz für ein zu liquidierendes Unternehmen, für ein Unternehmen vor einer Fusion, einem Verkauf usw. erstellt wird. Die dann zu erstellenden Jahresabschlüsse unterliegen gesonderten Regeln.

Achtung:

Wenn sich ein Unternehmen gerade in Liquidation befinden sollte, ist der Wert eines Wirtschaftsguts anders anzusetzen als für ein arbeitendes Unternehmen. Häufig sind die Wirtschaftsgüter auf die Prozesse des Unternehmens zugeschnitten und haben dadurch bei einem separaten Verkauf nur einen geringeren Wert.

Einzelbewertung

Alle Wirtschaftsgüter müssen einzeln bewertet werden. Im Jahresabschluss tauchen dann zusammengefasste Werte auf, die jedoch auf einer Einzelbewertung (in der Regel nach einer *Inventur*) beruhen. Willkürliche Zusammenfassungen sind nicht gestattet.

Vorsichtsprinzip

Speziell im Geltungsbereich des Handelsgesetzbuchs gilt das grundsätzliche Prinzip der Vorsicht, das sich im strengen oder gemilderten *Niederstwertprinzip* niederschlägt. Dabei gilt das Imparitätsprinzip, nach dem im alten Geschäftsjahr verursachte zu erwartende Verluste (Drohverluste) bereits in dem Jahr, in dem sie verursacht und abzusehen sind, berücksichtigt werden. Erwartete Gewinne dürfen im Gegensatz dazu erst in die Bewertung eingehen, wenn sie auch realisiert worden sind (Realisationsprinzip).

Prinzip der Periodenabgrenzung

Aufwand und Erfolg müssen der Periode zugeordnet werden, in der sie verursacht wurden.

Beispiel:

Forderungen werden aktiviert, wenn der Liefernde oder Leistende das zur Erfüllung des Vertrags seinerseits Erforderliche getan hat. Das kann dazu führen, dass eine Forderung, die in einer angemessenen Frist nicht beglichen wurde, wieder ausgebucht werden muss.

Achtung:
Es kommt also nicht darauf an, in welcher Periode die Zahlung erfolgt!

Methodenstetigkeit

Beim Aufstellen der Jahresabschlüsse gestattet der Gesetzgeber in einigen Fällen die Wahl zwischen unterschiedlichen Methoden. Diese Methoden dürfen nicht willkürlich gewechselt werden, da sonst die Vergleichbarkeit der Jahresabschlüsse über mehrere Perioden nicht mehr gegeben wäre. Bei gestattetem Wechsel von Methoden ist das nachvollziehbar zu belegen.

Berücksichtigung wertaufhellender Tatsachen

Alle vorhersehbaren Risiken und Verluste sind zu berücksichtigen, die bis zum Abschlussstichtag entstanden sind, auch wenn sie erst zwischen Abschlussstichtag und dem Tag der Aufstellung des Jahresabschlusses bekannt geworden sind.

Beispiel:

U hat gegen K eine Forderung in Höhe von 200.000 €. K meldet am 15.3.07 Insolvenz an. U stellt seine Bilanz zum 31.12.06 am 20.5.07 auf. Wenn K am 15.3.07 insolvenzreif war, bestanden für ihn auch schon am 31.12.06 erhebliche Zahlungsschwierigkeiten, es sei denn, die Insolvenz ist erst durch ein nach dem 31.12.06 eingetretenes Ereignis begründet worden. Da hier nichts für ein solches Ereignis spricht, zeigt die Insolvenz des K den Wert der Forderung so, wie er bereits am 31.12.06 war. Diese wertaufhellende Tatsache ist bei der Bewertung der Forderung zu berücksichtigen.

Herstellungskosten/Herstellkosten

Kosten, die für die Herstellung von Gütern im Unternehmen entstehen, bezeichnet man als Herstellungskosten oder Herstellkosten. Die Unterscheidung beider Begriffe ist nicht unerheblich. Denn wenn im deutschem Handels- und Steuerrecht von „Herstellungskosten" die Rede ist, zählen dazu nicht die gleichen Kostenarten wie zu den betriebswirtschaftlich verstandenen „Herstellkosten". Diese sind eine wichtige Größe in der Kalkulation und Kosten- und Leistungsrechnung.

Zu wissen, welche Kosten bei der Herstellung eines Wirtschaftsguts entstehen, ist nicht nur wichtig, um seine Preise für seine Produkte zu kalkulieren. Zum Jahresabschluss müssen auch alle selbst hergestellten Wirtschaftsgüter bewertet, also die Bestände an fertigen und unfertigen Erzeugnissen oder Aufträgen für die Bilanz erfasst werden. Was zu diesen **Herstellungskosten** zählt, ist steuer- bzw. handelsrechtlich detailliert geregelt (siehe Schema unten).

Herstellkosten → Kosten- und Leistungsrechnung, S. 285

Die **Herstellkosten** – ein betriebswirtschaftlicher Ausdruck – bilden die Grundlage für die Kalkulation der Verkaufspreise und sind in der Kosten- und Leistungsrechnung von Belang. Hierzu existieren natürlicherweise keine Vorschriften. Es werden jedoch nicht, wie nach HGB möglich, die Verwaltungsgemeinkosten einberechnet. Im Gegenteil: Die Herstellkosten dienen häufig als Basis für die Verteilung der Verwaltungsgemeinkosten. Auch ist es möglich, bestimmte kalkulatorische Kosten zu berücksichtigen.

Im Handels- bzw. Steuerrecht besteht hingegen ein Wahlrecht, bestimmte Verwaltungsgemeinkosten einzubeziehen und damit höhere Werte zu aktivieren. Kalkulatorische Kosten werden aber nicht berücksichtigt.

Achtung:
Vertriebsgemeinkosten dürfen in beiden Fällen nicht einbezogen werden, da der Vertrieb ja noch nicht erfolgt ist.

Wann spricht man von „Herstellung"?

Zur Herstellung zählt nicht nur das Erzeugen von Produkten, die zum Verkauf bestimmt sind. Auch, wenn ein Betrieb für den eigenen Ge- oder Verbrauch etwas produziert, werden Herstellungskosten relevant.

Beispiel:

Ein Bauunternehmen errichtet mit eigenen Mitarbeitern auf seinem Gelände eine Lkw-Garage für den eigenen Gebrauch.

Herstellung, Erweiterung

Bei der Herstellung im engeren Sinn wird ein Vermögensgegenstand neu geschaffen, z. B. ein Erzeugnis produziert oder ein Gebäude errichtet usw. Der Vermögensgegenstand kann aber auch erweitert werden. Entscheidend ist: Die Substanz des Wirtschaftsguts muss vermehrt und damit auch die Gebrauchs- und Verwendungsmöglichkeit verändert werden.

Beispiele: Erweiterung/Substanzvermehrung

Die Baufirma lässt in einem ihrer Bürogebäude einen Personenfahrstuhl einbauen und baut das Dachgeschoss aus.

Ein Transportunternehmen lässt an einem Lkw mit Ladefläche einen Kastenaufbau, einen sog. Koffer, anbringen, um künftig wertvolle Güter transportieren zu können.

In beiden Fällen fallen Herstellungskosten an.

Wesentliche Verbesserung

Herstellungskosten entstehen aber auch, wenn ein Gegenstand so verändert wird, dass seine Verwendungs- und Nutzungsmöglichkeit über den ursprünglichen Zustand hinaus „wesentlich verbessert" wird.

Beispiele: wesentliche Verbesserungen

- Ein großer Raum wird in mehrere kleine Räume aufgeteilt.
- Ein Lagerhaus wird in ein Verwaltungsgebäude umgebaut.

Vorsicht: Erhaltung ist nicht gleich Herstellung

Abgrenzung zum Erhaltungsaufwand

Entstehen Aufwendungen, die durch den normalen Verschleiß bedingt sind, so handelt es sich hingegen um Erhaltungsaufwand.

Dabei kommt es nicht darauf an, ob der Anlagegegenstand bereits auf den Erinnerungswert abgeschrieben ist.

Beispiel Erhaltungsaufwand:

Das Bauunternehmen hat für 100.000 € einen Lkw angeschafft und ihn über 7 Jahre bis auf einen Restbetrag von 1 € abgeschrieben. Nun wird ein Austauschmotor eingebaut. Die Aufwendungen dafür betragen 10.000 €. Auch wenn der Lkw abgeschrieben war – durch den Austausch des Motors wird lediglich ein unselbstständiger Bestandteil des Wirtschaftsguts erneuert, die Substanz und Nutzungsmöglichkeit also erneut hergestellt. Das wäre nicht anders gewesen, wäre der Lkw noch nicht abgeschrieben gewesen.

Ermittlung der Herstellungskosten

Nach § 255 Abs. 2 HGB werden die Herstellungskosten folgendermaßen ermittelt.

Ermittlungsschema Herstellungskosten	
	Materialeinzelkosten
+	Materialgemeinkosten
+	Fertigungseinzelkosten
+	Fertigungsgemeinkosten
+	Sondereinzelkosten der Fertigung
+	Verwaltungsgemeinkosten
=	Herstellungskosten

Diese Kosten bilden die absolute Obergrenze für den Wertansatz in der Bilanz und dürfen keinesfalls überschritten werden.

Beispiel:

Das Bauunternehmen hat seine Garage inzwischen fertig gestellt. Nun wird diese für die Bilanz bewertet. Der allgemein übliche Marktpreis für eine solche Garage beträgt zwar 20.000 €, es fielen jedoch nur Herstellungskosten von 14.000 € an (Material, Lohnkosten, anteilige Gemeinkosten). Damit darf die Garage in der Bilanz mit lediglich 14.000 € aktiviert werden. Hätte sich das Unternehmen die Garage von jemand anderem errichten lassen und dafür 20.000 € bezahlt, dann wären das Anschaffungskosten – und die Garage würde auch mit dem höheren Wert bilanziert. (Das Unternehmen hätte dann aber auch 6.000 € mehr Aufwand gehabt.)

Steuer- und Handelsrecht nicht gleich streng

Es besteht ein gewisser Spielraum, was ein Unternehmen zu den Herstellungskosten rechnen kann. Allerdings legt das HGB in § 255 für deren Berechnung eine geringere Untergrenze fest und lässt einen größeren Spielraum als die Einkommensteuerrichtlinien zu. Welche Kosten Sie jeweils berücksichtigen müssen und darüber hinaus ansetzen dürfen, fasst die untenstehende Tabelle zusammen.

Pflicht- und Wahlbestandteile in den Herstellungskosten

Kostenart	Handelsrecht	Steuerrecht
Fertigungseinzelkosten	Muss	Muss
Sondereinzelkosten der Fertigung	Muss	Muss
Materialeinzelkosten	Muss	Muss
Fertigungsgemeinkosten	Kann	Muss
Materialgemeinkosten	Kann	Muss
Verwaltungsgemeinkosten	Kann	Kann
Sozialkosten	Kann	Kann
Vertriebsgemeinkosten	Verbot	Verbot

Merken können Sie sich auch:

- **Obergrenze der Herstellungskosten** (sowohl handels-, als auch steuerrechtlich): Herstellkosten mit allen Einzel- und Gemeinkosten mit Ausnahme der Vertriebsgemeinkosten.
- **Untergrenze (handelsrechtlich):** Einzelkosten (S. 256)
- **Untergrenze (steuerrechtlich):** Das Steuerrecht schließt die Material- und Fertigungsgemeinkosten mit ein. Das Gesetz räumt für „Kosten der allgemeinen Verwaltung sowie Aufwendungen für soziale Einrichtungen des Betriebs, für freiwillige soziale Leistungen für betriebliche Altersversorgung“ ein Wahlrecht ein.

Die Gründe für die Unterschiede sind ganz praktische: Im Steuerrecht liegt der Mindestwert deswegen höher, weil das Finanzamt ein großes Interesse an einer hohen Bewertung der Vorräte hat. Das Handelsrecht hingegen will durch niedrigere Ansätze ein geschöntes Bild der Bilanz verhindern.

Tipp:

Wählen Sie die in Ihrem Unternehmen anzuwendenden Bewertungsrichtlinien sorgfältig. Diese müssen in der Bilanz erklärt werden. Auch müssen Sie einen Wechsel in der Bewertung anzeigen. Es entspricht nicht den Grundsätzen einer ordnungsgemäßen Buchführung, wenn die Bewertung immer wieder grundlegend geändert wird. Das Instrument eignet sich also nicht für die kurzfristige Bilanzgestaltung.

Internationale Rechnungslegungsvorschriften (IFRS/IAS)

Internationale Rechnungslegungsvorschriften haben Bedeutung für die Erstellung von Jahresabschlüssen. Für deutsche Unternehmen relevant sind die International Financial Reporting Standards (IFRS) und, soweit sie an US-Börsen notiert sind, die US-GAAP.

Gilt in Deutschland generell das Handelsgesetzbuch, wurde es zumindest für kapitalmarktorientierte Kapitalgesellschaften mit dem Jahr 2005 verpflichtend, die Konzernbilanzen nach Internationalem Recht (IFRS) zu erstellen. Insbesondere soll damit die internationale Vergleichbarkeit von Jahresabschlüssen verbessert und die Transparenz für externe Bilanzleser verbessert werden. Darüber hinaus besteht ein Wahlrecht, die Anwendung der Internationalen Rechnungslegungsvorschriften auch auf andere Abschlüsse (Einzelabschlüsse und Abschlüsse nicht kapitalmarktorientierter Unternehmen) auszudehnen.

IFRS

Die IFRS sind ein wesentliches Element zur weltweiten Harmonisierung der Rechnungslegung. Die jeweiligen IFRS-Standards beinhalten wesentliche verpflichtende Grundsätze zur

- Bilanzierung,
- Bewertung und
- Darstellung von Geschäftsvorfällen

im Jahresabschluss.

Für die Entwicklung zuständig ist das IASC (International Accounting Standards Committee) mit Sitz in London. 1973 von Berufsverbänden der Accountancy Profession (mehrheitlich Wirtschaftsprüfer) aus neun Ländern gegründet, sind in dem Gremium inzwischen Organisationen aus über 100 Ländern vertreten. Das IASC hat als privatrechtliche Organisation keine Gesetzgebungskompetenzen. Geltung erlangen seine Regelungen über die Anerkennung durch EU-Verordnungen (hier insbesondere die Verordnung 07/2002), nationale Gesetze (hier vor allem § 292 a HGB) oder Börsenzulassungsvorschriften. Um einen breiten Konsens zu erzeugen, ist auch die Öffentlichkeit (Verbände, Konzerne, aber auch Privatpersonen) bei der Verabschiedung neuer Regeln beteiligt.

Tipp:

Die ursprünglich vom International Accounting Standards Comittee (IASC) entwickelten Standards behalten ihre ursprüngliche Bezeichnung IAS (International Accounting Standards) bei, neu entwickelte und vom „Board" erlassenen Standards tragen die Bezeichnung IFRS.

Die IFRS sind kein abgeschlossenes Regelwerk, sondern werden permanent weiterentwickelt.

US-GAAP

US-GAAP bedeutet „US Generally Accepted Accounting Principles“. Ihre Einhaltung ist zurzeit zwingende Voraussetzung für die Zulassung an einer US-amerikanischen Wertpapierbörse. Inhaltlich ähneln sie den IFRS/IAS, obwohl keine vollständige Übereinstimmung besteht.

Wesentliche Unterschiede zum HGB

Auf Feinheiten der jeweiligen Rechnungslegungsvorschriften wird hier nicht eingegangen. Lediglich das Grundprinzip soll erläutert werden.

- Grundsatz des HGB ist das dem Gläubigerschutz verpflichtete Vorsichtsprinzip, während die internationalen Vorschriften die Information des Investors in den Mittelpunkt stellen.

Beispiel HGB - IFRS:

Im HGB gelten als Obergrenze für die Bewertung immer die Anschaffungs- oder Herstellkosten. So dürfen beispielsweise Wertpapiere, auch wenn ihr Stichtagswert deutlich höher liegen sollte, nicht über die Anschaffungskosten hinaus angesetzt werden. Die IFRS sind hingegen durch eine stärkere Orientierung an Stichtagswerten gekennzeichnet, auch wenn die Anschaffungskosten überschritten werden.

- Die Aktivierungswahlrechte (z. B. Firmenwert oder Disagio) wurden durch Aktivierungsgebote, Einschränkung von Passivierungswahlrechten (z. B. Aufwandsrückstellungen) und die frühere Gewinnrealisierung in bestimmten Fällen ersetzt.
- Der Abschluss nach HGB ist Basis für die Steuerbilanz. IFRS und US-GAAP haben kaum bzw. gar keine steuerliche Relevanz.
- Tendenziell wird nach den internationalen Vorschriften das Vermögen höher bewertet, was zu einem höheren Gewinnausweis führt, allerdings auch wesentlich größere Veränderungen der Bilanzwerte impliziert.

Inventur

Bei der Inventur werden sämtliche Vermögensgegenstände und Schulden des Kaufmanns genau erfasst und in einem dafür bestimmten Verzeichnis, dem Inventar, eingetragen. Durch Stichtagsinventur werden insbesondere die Gegenstände des Vorratsvermögens, also Rohstoffe, Hilfsstoffe, Betriebsstoffe, unfertige Erzeugnisse, fertige Erzeugnisse und Waren, aufgenommen.

Jeder Kaufmann muss einmal zu Beginn seines Handelsgewerbes und dann für den Schluss eines jeden Geschäftsjahrs Inventur machen. Dazu muss er den Wert all seiner Vermögensgegenstände und Schulden in einem sog. Inventar geordnet aufzeichnen (nach Art, Menge und Wert). Dafür müssen die entsprechenden Bestände zuvor sorgfältig aufgenommen werden.

§ 240 HGB, §§ 140 f. AO

Zum Inventar des Kaufmanns gehören

- seine Grundstücke,
- seine Forderungen und Schulden,
- der Betrag seines baren Geldes sowie
- seine sonstigen Vermögensgegenstände.

Dieses Inventar wird nicht nur als Grundlage für die Bilanz benötigt, sondern dient auch dem Nachweis, welche Werte am Stichtag vorhanden sind. Damit wird verhindert, dass Vermögensgegenstände unkontrolliert verschwinden können. Auf diese Weise dient das Inventar auch dem Schutz der Gläubiger.

Grundlage der Bilanz und Gläubigerschutz

Wann muss Inventur gemacht werden?

Der jeweilige Zeitpunkt, zu dem ein Inventar aufzustellen ist, heißt Inventurstichtag. Für die Inventur am Ende des Geschäftsjahrs bestimmt das Gesetz, dass die Aufstellung des Inventars „innerhalb der einem ordnungsmäßigen Geschäftsgang entsprechenden Zeit" zu bewirken ist, das heißt, Inventur und Aufstellung des Inventars müssen kurz vor dem Inventurstichtag geschehen. Das ist in der Regel innerhalb von 10 Tagen vor und nach dem Bilanzstichtag.

Inventurstichtag: zeitnah am Jahresabschluss

Neben dieser Stichtagsinventur gibt es Möglichkeiten, die Inventur permanent oder zeitverschoben durchzuführen (s. u.).

Inventurmethoden und Vereinfachungsverfahren

Stichtagsinventur Pflicht

Die Stichtagsinventur ist zwingend vorgeschrieben für Bestände,

- bei denen durch Schwund, Verderb, Verdunsten oder leichte Zerbrechlichkeit hohe unkontrollierbare Abgänge vorkommen können,
- die einem hohen Diebstahlsrisiko ausgesetzt sind oder
- die einen hohen Wert haben.

Eine Stichtagsinventur ist sehr arbeitsaufwendig und kann die betrieblichen Prozesse eventuell erheblich stören. Deshalb lässt der Gesetzgeber nach bestimmten Regeln auch abweichende Inventurmethoden und Verfahren zur Inventurvereinfachung zu.

Das Festwertverfahren nach § 240 Abs. 3 HGB

Inventur nur alle drei Jahre

Dieses Verfahren kann auf Sachanlagen und Roh-, Hilfs- und Betriebsstoffe angewendet werden, deren Gesamtwert für das Unternehmen von nachrangiger Bedeutung ist. Außerdem darf der Bestand in Größe, Zusammensetzung und Wert nur geringen Veränderungen unterliegen; zudem müssen die Gegenstände regelmäßig ersetzt werden.

Beispiel:

Nach dem Festwertverfahren werden etwa gleich große Teile der Betriebs- und Geschäftsausstattung bewertet. Dafür typisch sind Telefonanlagen, Büromaschinen, Hotelgeschirr und Hotelbettwäsche usw. Im Umlaufvermögen verwendet man das Festwertverfahren u. a. für Kleinteile, Schrauben, technische Gase u. Ä.

Hier genügt es, alle drei Jahre Inventur zu machen, außer, die Menge oder Zusammensetzung dieses Bestands ändert sich erheblich. In Ausnahmefällen kann sogar eine Inventur nach fünf Jahren ausreichen.

Tipp:

Bei Computern kann es zum Teil erhebliche Preisänderungen geben, die dieses Verfahren nicht mehr zulässig machen.

Der gewogene Durchschnitt (§ 240 Abs. 4 HGB)

Beim gewogenen Durchschnitt wird unterstellt, dass sämtliche Zugänge vor dem ersten Lagerabgang stattgefunden haben und alle Abgänge vom Lager sich streng aus den jeweiligen Anfangsbeständen und den Zugängen anteilig zusammensetzen. Sicher ist diese Annahmen wirklichkeitsfremd, aber zulässig.

Beispiel:

	Menge	Anschaffungskosten pro Mengeneinheit (€)	Anschaffungskosten gesamt (€)
Anfangsbestand	2.000	20	40.000
Zugang 1	500	25	12.500
Zugang 2	1.000	40	40.000
Zugang 3	800	30	24.000
Zugang 4	1.000	15	15.000
gesamt	5300		131.500

Der gewogene Durchschnitt beträgt nun:

131.500 €/5300 Stück = 24,81 €/Stück.

Bei einem festgestellten Inventurbestand von beispielsweise 1.500 Stück müsste der Bestand mit 1500 x 24,81 = 37.215 € bewertet werden.

Sinnvoller ist die Bewertung nach dem gleitenden Durchschnitt, der neben den Zugängen auch die jeweiligen Abgänge erfasst und nach jedem Zugang oder Abgang vom Lager den neuen Durchschnittswert ermittelt.

Stichprobenverfahren (§ 241 Abs.1 HGB)

Bei diesem Verfahren, das v. a. Großunternehmen einsetzen, werden nur die hochwertigen Artikel gezählt; bei allen anderen erfasst man Für große Sortimente den Bestand durch Stichproben (nach anerkannten mathematisch-statistischen Methoden). Hier gelten als Voraussetzungen:

- Das Lager muss mindestens 2.000 Artikel umfassen.
- Es existiert ein EDV-Lagerbuchführungssystem.
- 5 % des Bestands decken mindestens 40 % des Lagerwerts ab.

> **Achtung:**
> Achtung, das Ergebnis muss den gleichen Aussagewert haben wie die körperliche Bestandsaufnahme.

Permanente Inventur (§ 241 Abs. 2 HGB)

Eine permanente Inventur (über das ganze Geschäftsjahr) erlaubt es, am Stichtag die Bestände ohne körperliches Aufzeichnen festzustellen. Dafür müssen jedoch einige Voraussetzungen erfüllt und bestimmte Schritte unternommen werden:

Lagerbuchhaltung Pflicht

- Es müssen Lagerbücher und Lagerkarteien geführt werden (bzw. ein entsprechendes EDV-System, das keine nachträglichen Änderungen ermöglicht), in die alle Bestände, Zugänge und Abgänge einzeln nach Tag, Art und Menge (Stückzahl, Gewicht oder Kubikinhalt) eingetragen und durch Belege nachgewiesen werden.

Abgleich von Ist und Soll

- Mindestens einmal im Geschäftsjahr muss für jeden Bestand eine körperliche Bestandsaufnahme erfolgen, um zu überprüfen, ob das in den Lagerbüchern oder Lagerkarteien ausgewiesene Vorratsvermögen mit den tatsächlich vorhandenen Beständen übereinstimmt.
- Der Tag der körperlichen Bestandsaufnahme wird in den Lagerbüchern und Lagerkarteien vermerkt.
- Über Durchführung und Ergebnis der körperlichen Bestandsaufnahme wird ein Protokoll geführt, das von den aufnehmenden Personen unter Angabe des Zeitpunkts der Aufnahme zu unterzeichnen und wie Handelsbücher 10 Jahre lang aufzubewahren ist.

Tipps:

Zweckmäßig ist es, die körperliche Aufzeichnung dann vorzunehmen, wenn der Bestand gerade niedrig ist.

Soweit die Voraussetzungen stimmen, können Sie für verschiedene Bestände zwischen Stichtags- oder permanenter Inventur wählen.

Besonderes Inventar/verlegte Inventur (§ 241 Abs. 3 HGB)

Die Erstellung des Inventars erfolgt innerhalb der letzten drei Monate vor oder der ersten beiden Monate nach Schluss des Geschäftsjahrs nach einer der zulässigen Methoden.

Tipp:

Beachten Sie: Der am Aufnahmetag ermittelte Bestand muss wertmäßig, nicht mengenmäßig auf den Stichtag fortgeschrieben bzw. zurückgerechnet werden. Das bedeutet, die Wertveränderungen nach dem Stichtag müssen herausgerechnet, die vor dem Stichtag hinzugerechnet werden. Das Inventar trägt das Datum der tatsächlichen Aufnahme.

Jahresabschluss

Der Jahresabschluss schließt die Buchführung des Geschäftsjahrs ab. Er weist das Geschäftsergebnis aus und zeigt die Zusammensetzung des Betriebsvermögens. Ohne Jahresabschluss ist eine Rechnungslegung über die abgelaufene Periode nicht möglich.

Zum Jahresabschluss gehören eine Bilanz und eine Gewinn- und Verlustrechnung. In der Bilanz stellt der Kaufmann das Verhältnis seines Vermögens und seiner Schulden dar. In der Gewinn- und Verlustrechnung stellt er die Aufwendungen und Erträge einander gegenüber.

→ Bilanz (S. 139); GuV (S. 167)

Bei den Kapitalgesellschaften ist der Jahresabschluss um einen Anhang zu erweitern. Dieser bildet mit Bilanz und Gewinn- und Verlustrechnung eine Einheit. Außerdem haben mittelgroße und große Kapitalgesellschaften einen Lagebericht aufzustellen.

Besonderheiten für → Kapitalgesellschaften (S. 596)

Der Jahresabschluss soll dem Kaufmann und den übrigen an der Rechnungslegung Interessierten Rechenschaft über den Stand der Geschäfte geben.

Fristen für die Aufstellung

In den allgemeinen Rechnungslegungsvorschriften, die für alle Unternehmen gelten, ist lediglich bestimmt, dass der Jahresabschluss innerhalb der einem ordnungsmäßigen Geschäftsgang entsprechenden Zeit aufzustellen ist. Welche Aufstellungsfrist einem ordnungsmäßigen Geschäftsgang entspricht, ist durch Auslegung im Einzelfall zu ermitteln.

In den Spezialbestimmungen für die Kapitalgesellschaften sind die Fristen für Jahresabschluss und Lagebericht allerdings konkret bestimmt. Sie hängen von der Größe der Kapitalgesellschaft ab und betragen zwischen drei und maximal sechs Monate nach Ende des Geschäftsjahrs.

Der Jahresabschluss ist vom Kaufmann unter Angabe des Datums zu unterzeichnen. Sind mehrere persönlich haftende Gesellschafter vorhanden, so haben sie alle zu unterzeichnen.

Jahresabschlussanalyse

Siehe *Bilanzanalyse*, S. 145.

Kennzahlen der Kapitalstruktur

Die Kapitalstruktur gibt an, wie das Kapital zusammengesetzt ist, mit dem die Vermögensgegenstände finanziert wurden. Die dabei vor allem interessierenden Fragen sind: Handelt es sich um *Eigenkapital* oder *Fremdkapital*? Wie lang steht das Kapital dem Unternehmen (noch) zur Verfügung?

Für externe Kapitalgeber sind diese Informationen interessant, weil sie ihnen Anhaltspunkte über die Sicherheit ihrer Kapitalanlagen geben. Das Eigenkapital fungiert als „Puffer“, werden die Eigenkapitalgeber doch erst nach den Fremdkapitalgebern bedient, sollte das Unternehmen liquidiert werden.

Hinweis zur Passivseite der Bilanz:
Auf der Passivseite der Bilanz stehen oben die Kapitalpositionen, die das Kapital, das dem Unternehmen langfristig oder zeitlich unbegrenzt zur Verfügung steht, repräsentieren. Das ist zunächst das Eigenkapital. Beim Fremdkapital werden zuerst die Positionen aufgeführt, die dem Unternehmen langfristig zur Verfügung stehen, und danach die kurzfristigen Fremdkapitalpositionen. Damit ist die Passivseite der Bilanz vom Grundsatz her nach der Fristigkeit der Kapitalbereitstellung gegliedert.

Die Eigenkapitalquote

Die Eigenkapitalquote bezeichnet den Anteil des Eigenkapitals am Gesamtkapital (entspricht der Bilanzsumme).

$$\text{Eigenkapitalquote} = \frac{\text{Eigenkapital}}{\text{Bilanzsumme}} \times 100$$

Formel

Eine hohe Eigenkapitalquote ist ein Kennzeichen hoher Sicherheit, denn das besagt: Es ist ausreichend Eigenkapital als „Puffer“ vorhanden. Ein hoher Eigenkapitalanteil wird als Zeichen eines besonders gesunden Betriebs gewertet. Das Eigenkapital unterliegt nicht der Verpflichtung von Tilgung und Zinszahlung, wie dies beim Fremdkapital der Fall ist. Zwar wird vom Eigenkapital eine entsprechende Rentabilität erwartet (bei Kapitalgesellschaften wäre das die Dividende), jedoch ist deren Höhe vom Gewinnausweis abhängig. Umgekehrt gefährdet ein zu niedriger Eigenkapitalanteil die Kreditwürdigkeit eines Unternehmens.

Wesentliche Voraussetzung für die Kreditwürdigkeit

Tipp:

Banken erwarten von Ihnen, dass Sie Ihr Engagement auch mit dem Einsatz von eigenem Kapital unterstreichen. Liegt die Eigenkapitalquote deutlich unter dem Durchschnitt Ihrer Branche, wird es schwierig sein, zu angemessenen Konditionen Fremdkapital zu bekommen. Kreditgeber kalkulieren dann einen Risikoaufschlag zum Kreditzins. In manchen Fällen werden die Banken überhaupt nicht bereit sein, Kredit zu geben.

Frage der → Rentabilität, S. 429

Andererseits ist ein hoher Eigenkapitaleinsatz unter dem Gesichtspunkt der *Rentabilität* nicht unbedingt sinnvoll. Das gilt vor allem, solange die Kosten für Fremdkapital geringer sind als der durch den Fremdkapitaleinsatz erzielte Gewinn.

> **Achtung:**
> Sinkt später der Gewinn, sind Zinsen und Tilgung für das Fremdkapital solange weiter zu zahlen, bis der Kredit vertraglich endet. Der Effekt dreht sich um.

Nicht weniger als 10 %

Für die Eigenkapitalquote gibt es keine fest vorgegebene Größe. Die Unterschiede zwischen den Branchen, den Unternehmensformen und den allgemeinen Rahmenbedingungen sind zu groß, um eine allgemeingültige Zahl zu nennen. Erfahrungsgemäß kann man aber davon ausgehen, dass spätestens bei einer Eigenkapitalquote unter 10 % die Gefährdung des Unternehmens deutlich zunimmt.

Anhand der folgenden Checkliste können Sie Anhaltspunkte finden, ob die Eigenkapitalausstattung Ihres Unternehmens angemessen ist.

Auf CD-ROM

Checkliste: Angemessenes Eigenkapital

- Bestimmen Sie die Eigenkapitalquote Ihres Unternehmens.
- Wie ist die durchschnittliche Eigenkapitalausstattung vergleichbarer Unternehmen? Angaben dazu können Sie aus statistischen Erhebungen z. B. über die IHK bekommen.
- Haben Sie bereits einmal Probleme gehabt, einen Kredit aufzunehmen, weil die Eigenkapitalquote nicht ausreichend war? Wenn ja, schätzen Banken Ihre Eigenkapitalausstattung als zu niedrig ein.
- Liegt die Rentabilität Ihres Unternehmens deutlich über den durchschnittlichen Kreditzinsen? Wenn ja, sollten Sie tendenziell versuchen, mehr Fremdkapital einzusetzen.

Fremdkapitalquote

Die Fremdkapitalquote ist der Anteil des Fremdkapitals am Gesamtkapital. Sie ist damit die Ergänzung der Eigenkapitalquote auf 100 %.

Beispiel Fremdkapitalquote und Eigenkapitalquote

Bilanzsumme eines Unternehmens: 1.000.000 €

Summe des Eigenkapitals: 210.0000 €

Summe des Fremdkapitals: 790.000 €

Eigenkapitalquote: 21 %; Fremdkapitalquote: 79 %

Tipp:

Da sich die Eigenkapitalquote und die Fremdkapitalquote immer zu 100 % ergänzen, ist es nicht erforderlich, beide Kennzahlen zu berechnen. Die wirtschaftlichen Schlussfolgerungen sind bei beiden Kennzahlen die gleichen. Es hat sich eingebürgert, der Eigenkapitalquote den Vorzug zu geben.

Verschuldungsgrad

Der Verschuldungsgrad ist das Verhältnis von Fremd- und Eigenkapital zueinander:

$$\text{Verschuldungsgrad} = \frac{\text{Fremdkapital}}{\text{Eigenkapital}} \times 100$$

Für ertragsstarke Betriebe ist die Höhe des Verschuldungsgrads nicht sonderlich interessant. Auch hier gilt natürlich die Aussage, dass nur ein hoher Eigenkapitalanteil und damit ein niedriger Verschuldungsgrad die Sicherheit eines Betriebs positiv beeinflusst. Außerdem trägt dies dazu bei, dass ein Betrieb weniger von steigenden Zinsen betroffen ist, wie dies bei einer hohen Verschuldung der Fall ist und was zu Ertragsproblemen führen kann.

Weitere Kennzahlen zur Kapitalstruktur

Wie auf der Aktivseite der Bilanz lassen sich ebenso auf der Passivseite je nach gewünschter Information einzelne Positionen (z. B. die Verbindlichkeiten aus Lieferungen und Leistungen) ins Verhältnis zur Bilanzsumme setzen. Daraus kann man vor allem Entwicklungen über mehrere Jahre ablesen.

Kennzahlen der Vermögensstruktur

Kennzahlen der Vermögensstruktur beschreiben den Aufbau, die Zusammensetzung und die Bindungsdauer der Aktivseite einer Bilanz.

Im Unternehmen wird Geld (= Kapital) eingesetzt, um Vermögensgegenstände zu kaufen. Das können Maschinen und Anlagen, Material und Hilfsstoffe sein. Das Kapital ist damit in diesen Vermögensgegenständen „gebunden“. Grundsätzlich unterscheidet man zwischen langfristig gebundenem und kurzfristig gebundenem Kapital. Sobald die daraus entstandenen Produkte oder Leistungen verkauft werden, fließt über den Umsatz wieder Geld zurück in das Unternehmen. Damit ist die Kapitalbindung aufgehoben.

→ Anlagevermögen, Umlaufvermögen

Man geht davon aus, dass Kapital, das in Anlagevermögen gebunden ist, einen längeren Zeitraum benötigt, um wieder zu Geld zu werden, als Kapital, das in Umlaufvermögen gebunden ist. Mithilfe der Kennzahlen der Vermögensstruktur kann man nun feststellen, wie sich das Gesamtvermögen zusammensetzt und ob das in den Vermögensgegenständen gebundene Kapital voraussichtlich schnell oder erst in einem längeren Zeitraum wieder für neue Investitionen (oder zur Ausschüttung) zur Verfügung steht.

Hinweis zur Aktivseite der Bilanz:
Die Aktivseite der Bilanz ist grundsätzlich so aufgebaut, dass oben die Vermögensgegenstände aufgeführt werden, die Kapital langfristig binden und bei denen es tendenziell lange dauert, bis sie wieder in Geld umgewandelt werden können. Unten stehen die Vermögensgegenstände, die tendenziell schnell wieder zu Geld werden bzw. die bereits Geld sind (Kassenbestand und Bankguthaben).

Anlagenintensität

→ Bilanzanalyse, S. 145

Die Anlagenintensität bezeichnet den Anteil des Anlagevermögens am Gesamtvermögen. Sie ist von Branche zu Branche unterschiedlich. Anlageintensive Unternehmen müssen bei der Produktion mit hohem Fixkostenanteil rechnen, sie sind deshalb tendenziell krisenempfindlicher als arbeitsintensive Betriebe.

$$\text{Anlagenintensität (in \%)} = \frac{\text{Anlagevermögen x 100}}{\text{Gesamtvermögen}}$$

Formel

Umlaufintensität

Die Umlaufintensität bezeichnet den Anteil des Umlaufvermögens am Gesamtvermögen.

Tipp:

Anlagenintensität und Umlaufintensität ergänzen sich zu insgesamt 100 %. Es ist demzufolge nicht erforderlich, beide Kennzahlen auszurechnen, da die Schlussfolgerungen, die aus ihrer Entwicklung zu ziehen sind, die gleichen sind.

Vermögenselastizität

Die Vermögenselastizität setzt Umlauf- und Anlagevermögen zueinander ins Verhältnis. Hier wird im Gegensatz zu Anlagen- und Umlaufintensität nicht der Anteil am Gesamtvermögen, sondern das gegenseitige Verhältnis bestimmt. Aber auch bei dieser Kennziffer steht die Frage, wie die Vermögensstruktur aufgebaut ist.

$$\text{Vermögenselastizität} = \frac{\text{Umlaufvermögen}}{\text{Anlagevermögen}}$$

Formel

Weitere Kennzahlen der Vermögensstruktur

Je nach gewünschtem Detaillierungsgrad lassen sich weitere Kennzahlen bilden. Dabei wird jedes Mal eine Vermögensposition ins Verhältnis zum Gesamtvermögen gesetzt. Auf diese Weise kann man z. B. ermitteln, wie sich der Anteil der Forderungen am Gesamtvermögen (Forderungsquote) oder der Anteil der Vorräte (an Material, an Halbfabrikaten, an Fertigerzeugnissen) am Gesamtvermögen (Vorratsquote) geändert hat.

Was besagen die Kennzahlen?

Die Unterschiede von Branche zu Branche und die Abhängigkeit von der Unternehmensgröße sind so erheblich, dass es nicht sinnvoll ist, absolute Größen als „gut" oder „schlecht" anzusehen. Eine sinnvolle Interpretation der Vermögensstruktur ist nur möglich, wenn man die Werte mit Planwerten oder mit denen ähnlicher Unternehmen vergleicht oder sie im Zeitablauf gegenüberstellt, d. h. die Entwicklung über mehrere Perioden/Jahre beobachtet.

Weisen die Kennzahlen zur Vermögensstruktur auf eine ungünstige Kapitalbindung hin, sollten Sie Maßnahmen ergreifen. Vorschläge dazu finden Sie in folgender Checkliste.

Auf CD-ROM

Checkliste: Optimierung der Kapitalbindung

- Prüfen Sie, ob in Ihrem Anlagevermögen Vermögensgegenstände vorhanden sind, die für betriebliche Belange nicht mehr erforderlich sind. Das können Maschinen und Anlagen sein, aber auch Grundstücke und Gebäude.
  Gegenmaßnahme: Verkauf, ev. Vermietung/Verpachtung
- Gehen Sie ebenso die Posten des Umlaufvermögens durch. Eventuell gibt es „Ladenhüter" in den Materialbeständen, die nicht mehr benötigt werden und damit unwirtschaftlich Kapital binden.
  Gegenmaßnahme: rabattierter Sonderverkauf (Lagerräumung)
- Auch Kassenbestände und Kontoguthaben lassen sich unter dem gleichen Aspekt prüfen. Hohe unverzinste Bestände auf laufenden Konten erhöhen zwar die Sicherheit, sind aber unwirtschaftlich.
  Gegenmaßnahmen: Transfer von unverzinstem Guthaben auf verzinste Anlagen, frühere Ablösung von Krediten, Investitionen vorziehen, wenn sinnvoll

Tipp:

Überlegen Sie bei finanziell wirksamen Schritten immer mit, wie viel Kapital dadurch gebunden wird. Bedenken Sie, dass für das Kapital entweder Zinsen zu zahlen sind (Fremdkapital) oder dass es sich um Eigenkapital handelt, das an anderer Stelle gegebenenfalls sinnvoller eingesetzt werden kann.

Latente Steuern

Spezielle Form eines *Rechnungsabgrenzungspostens* für Steuerzahlungen.

In manchen Fällen wird das Maßgeblichkeitsprinzip zwischen der Handelsbilanz und Steuerbilanz durchbrochen. Das kann dazu führen, dass in der Steuerbilanz ein Gewinn ausgewiesen wird, der niedriger oder höher ist als das handelsbilanzielle Ergebnis. In beiden Fällen handelt es sich um eine zeitliche Verlagerung der Steuerzahlungen.

→ Handels- und Steuerbilanz, S. 142

Achtung „Steuerersparnis"!

Oft wird empfohlen, z. B. in Immobilien zu investieren, um durch erhöhte Abschreibungen Steuern zu sparen. Aber Vorsicht: Um eine echte Steuerersparnis handelt es sich nicht. Zwar wird die Steuerlast im Moment reduziert, aber später, wenn die Sonderabschreibungen „verbraucht" sind, können nur noch geringe Beträge abgeschrieben werden. Damit erhöht sich die Steuerlast über das ursprüngliche Maß hinaus.

Der einzige echte Effekt besteht darin, dass die Steuern später gezahlt werden oder dann, wenn der persönliche Steuersatz auf Grund der gesamten Einkommenssituation (z. B. nach dem Eintritt in das Rentenalter) niedriger sein sollte.

Niederstwertprinzip

Ist zum Bilanzstichtag der tatsächliche Wert eines Wirtschaftsguts niedriger als der in der Bilanz ausgewiesene Wert, muss das Wirtschaftsgut auf den niedrigeren Wert abgeschrieben werden (vgl. *Abschreibungen*). Dieses Prinzip ist das Niederstwertprinzip.

Je nachdem, um welche Art Wirtschaftsgut es sich handelt, gilt ein Abschreibungsgebot (die Pflicht, abzuschreiben) oder ein Abschreibungswahlrecht.

→ Abschreibungen, S. 121

Ein Abschreibungsgebot (Abschreibungspflicht) besteht

- immer bei Vermögensgegenständen des *Umlaufvermögens* (strenges Niederstwertprinzip) und
- gemildert bei Vermögensgegenständen des *Anlagevermögens*. Hier besteht die Pflicht zur Abschreibung nur, wenn eine voraussichtlich dauerhafte Wertminderung eingetreten ist (gemildertes Niederstwertprinzip).

Beispiele:

Gemildertes Niederstwertprinzip:

Sie haben im Anlagevermögen (Finanzanlagen) Aktien der X AG verbucht. Die Anschaffungskosten lagen bei 105 € pro Aktie. Seit dem Kauf schwankten die Kurse zwischen 98 € und 112 €. Zum Bilanzstichtag lag der Kurs bei 102 €. Hier liegt zwar eine Wertminderung gegenüber den Anschaffungskosten von 3 € je Aktie vor, man kann aber aufgrund der bisherigen Kursentwicklung davon ausgehen, dass es sich lediglich um eine vorübergehende Wertminderung handelt. Eine Abschreibung auf 102 € ist also nicht erforderlich.

Strenges Niederstwertprinzip:

Wenn die gleichen Aktien nicht als Finanzanlage, sondern als Wertpapiere im Umlaufvermögen verbucht worden wären, müsste zwingend eine Abschreibung auf 102 € erfolgen.

Abschreibungswahlrecht

Ein Abschreibungswahlrecht gibt es bei voraussichtlich vorübergehender Wertminderung – hier kann man also abschreiben, muss es aber nicht. Bei Kapitalgesellschaften ist dieses Wahlrecht beschränkt auf Finanzanlagen.

Nutzungsdauer

Bezeichnet den Zeitraum, in dem ein Wirtschaftsgut, beispielsweise eine Maschine oder eine Telefonanlage, im betrieblichen Prozess genutzt werden kann. Die tatsächliche Nutzungsdauer kann von der sog. „betriebsgewöhnlichen" Nutzungsdauer abweichen.

Die Nutzungsdauer ist Basis für die *Abschreibung* und wird üblicherweise in Jahren angegeben. Wie lange ein Wirtschaftsgut jedoch tatsächlich genutzt werden kann, hängt stark von seiner Beanspruchung ab.

Relevant für Kostenrechnung und Buchführung

Beispiel:

Eine Maschine, die im Drei-Schicht-System eingesetzt ist, wird verständlicherweise schneller verschleißen als eine baugleiche Maschine, die nur gelegentlich für einzelne Arbeitsgänge genutzt wird.

Aus diesem Grund geht man bei der Berechnung der Abschreibungen von der betriebsgewöhnlichen Nutzungsdauer aus. Das ist der Zeitraum, in dem das Wirtschaftsgut unter durchschnittlichen Bedingungen genutzt werden kann. Die betriebsgewöhnlichen Nutzungsdauern sind in den so genannten *AfA-Tabellen* (AfA = Absetzung für Abnutzung) niedergelegt.

→ Abschreibungen, S. 121

Beispiele für betriebsgewöhnliche Nutzungsdauer

Personenkraftwagen:	6 Jahre
Personalcomputer:	3 Jahre
Werkzeugmaschinen:	10 Jahre

Die tatsächliche Nutzungsdauer ist dagegen von den konkreten Einsatzbedingungen abhängig. Begrenzt wird sie einerseits von den technischen Gegebenheiten (physischer Verschleiß), andererseits vom technischen Fortschritt (Überalterung technischer Lösungen).

Beispiel:

Klassische Schreibmaschinen können über Jahrzehnte genutzt werden. Durch den Einsatz der Textverarbeitung wurden sie jedoch aus den Büros inzwischen nahezu komplett verdrängt.

Die wirtschaftliche (betriebsgewöhnliche) Nutzungsdauer ist i. d. R. kürzer als die technisch mögliche Nutzungsdauer. Die technische Nutzungsdauer lässt sich meistens durch Reparaturen und Ersatz von Teilen nahezu beliebig verlängern. Unter wirtschaftlichen Gesichtspunkten ist dies aber oft nicht sinnvoll.

Pensionsrückstellungen

Verpflichtungen zur Zahlung betrieblicher Pensionen sind ungewisse Verbindlichkeiten. Unter bestimmten Voraussetzungen (u. a. muss eine rechtsverbindliche Zusage zur Pensionszahlung vorliegen) wird für diese künftigen Verbindlichkeiten eine *Rückstellung* gebildet.

→ Rückstellungen, S. 205

Pensionsrückstellungen sind ein typisch deutscher Sachverhalt. Hier sind das Unternehmen und der (ehemalige) Mitarbeiter direkte Vertragspartner. Im Gegensatz dazu gibt es rechtlich selbständige Pensionsfonds oder Rentenkassen. In diesen Fällen zahlt das Unternehmen in die Kasse bzw. den Fonds ein, der dann später die Pensionsverpflichtungen erfüllt.

Naturgemäß sind Pensionsrückstellungen langfristiger Art. Sie werden über Jahre gebildet, um später Mitarbeitern, die das Rentenalter erreicht haben, Pensionen zu zahlen.

Tipps:

Wie bei allen Bildungen von Rückstellungen führt auch die Bildung von Pensionsrückstellungen nicht zu einer Auszahlung. Die entsprechende Summe verbleibt also im Betrieb. Sie müssen die Gelder auch nicht auf einem separaten Konto belassen. Demzufolge stehen sie dem Unternehmen für Investitionen u. Ä. zur Verfügung. Das Unternehmen muss aber stets in der Lage sein, die laufenden Pensionszahlungen zu leisten.

Pensionsrückstellungen sind in der Bilanz als Fremdkapital zu verbuchen.

Der Posten „Pensionsrückstellungen“ beläuft sich in großen Unternehmen teilweise auf mehrere Milliarden Euro. Damit sind sie ein wesentlicher langfristiger Finanzierungsfaktor, der zudem noch recht niedrig zu verzinsen ist.

Die Höhe der Rückstellungsbildung erfolgt nach versicherungsmathematischen Grundsätzen. Bei gleich bleibendem Personalbestand erhöhen sich die Pensionsrückstellungen nur geringfügig durch Verzinsung und Inflationsausgleich. Die Bildung und die Auflösung halten sich demnach fast die Waage. Demzufolge sind die laufenden Pensionsverpflichtungen aus dem Cashflow zu zahlen. Der „Bodensatz“ an permanenten Pensionsrückstellungen steht dem Unternehmen als Finanzierungsquelle zur Verfügung.

Rechnungsabgrenzungsposten

Die Rechnungsabgrenzung ermöglicht, dass der Erfolg eines Unternehmens auch der Periode (dem Jahr) zugerechnet wird, in dem er verursacht wurde. Zu diesem Zweck werden auf der Aktiv- und auf der Passivseite der Bilanz Rechnungsabgrenzungsposten gebildet.

Es gibt immer wieder Auszahlungen und Einzahlungen, die nicht dem Jahr zuzuordnen sind, in dem sie entstanden sind.

Beispiel: Aktivischer Rechnungsabgrenzungsposten

Unternehmen A zahlt im Dezember die Pacht für ein Gewerbegrundstück für zwei Monate im Voraus. Von dem Konto geht also der Betrag für zwei Monate ab, er taucht aber in der Bilanz zum 31.12. nicht mehr auf, weil die entsprechende Gegenleistung (nämlich die Nutzung des Gewerbegrundstücks im Januar) noch nicht in Anspruch genommen wurde. Durch die Bildung eines Rechnungsabgrenzungspostens für im Voraus entrichtete Pacht wird in der Bilanz das Vermögen rechnerisch wieder erhöht (das Recht, das Grundstück zu nutzen, wird als Vermögenswert betrachtet).

Das Gleiche gilt, nur mit umgekehrten Vorzeichen, für passivische Rechnungsabgrenzungsposten. Hier hat ein Unternehmen eine Zahlung erhalten, aber die Leistung dafür wird erst im folgenden Jahr erbracht.

Als Rechnungsabgrenzungposten sind also auszuweisen:

- Auf der **Aktivseite**: Ausgaben vor dem Abschluss-Stichtag, soweit sie Aufwendungen für eine bestimmte Zeit nach diesem Tag darstellen.
- Auf der **Passivseite**: Einnahmen vor dem Abschluss-Stichtag, soweit sie Ertrag für eine bestimmte Zeit nach diesem Tag darstellen.

Reinvermögen (bilanzielles Reinvermögen)

Das bilanzielle Reinvermögen entspricht der Bilanzsumme abzüglich der Schulden.

→ Bilanz, S. 139

In der Bilanz wird auf der Aktivseite das gesamte Vermögen eines Unternehmens aufgeführt. Zumindest rechnerisch muss aber ein Teil des Vermögens verwendet werden, um vorhandene Schulden zurückzuzahlen. Der Teil des Vermögens, der die Schulden übersteigt, ist demnach bilanzielles Reinvermögen. Es errechnet sich demnach wie folgt:

Formel

  Bilanzsumme
– Schulden
= bilanzielles Reinvermögen

Da sich Schulden (Fremdkapital) und Eigenkapital zur Bilanzsumme ergänzen, entspricht die Höhe des Reinvermögens der Höhe des Eigenkapitals.

Rücklagen

Siehe *Eigenkapital*, S. 153.

Rückstellungen

Rückstellungen sind Aufwendungen, deren Höhe und/oder Fälligkeit während der Bilanzerstellung noch ungewiss ist. Sie gehören zu den so genannten Abgrenzungsposten.

Die Bildung von Rückstellungen kann entweder eine Pflicht sein (sog. Pflichtrückstellungen) oder ein Wahlrecht.

Beispiel Wahlrückstellungen:

Eigentlich haben Sie die Generalüberholung einer Anlage für den Dezember geplant, wegen eines zusätzlichen Auftrages aber auf den Mai des Folgejahres verschoben. In Höhe der voraussichtlichen Aufwendungen können Sie eine (Wahl-) Rückstellung bilden, die noch im alten Jahr als Aufwand wirksam wird.

Die zum Bilanzstichtag aktuellen Rückstellungen tauchen in der Bilanz auf der Passivseite als Fremdkapitalposition auf. Sie sind zu begründen. Vorsicht: *Rücklagen* (S. 204) sind etwas anderes und kein Fremdkapital.

Rückstellungsarten

Rückstellungen können nicht willkürlich gebildet werden. Im HGB ist genau geregelt, für welche Tatbestände sie gebildet werden dürfen. Darüber hinaus können nicht alle Rückstellungen, die handelsrechtlich erlaubt sind, auch steuerrechtlich geltend gemacht werden.

Achtung:

Da die Bildung von Rückstellungen Aufwand darstellt, mindert das die Steuerbemessungsgrundlage. Das liegt nicht im Interesse des Staates, der demzufolge steuerlich nur diejenigen Rückstellungen anerkennt, für deren Bildung handelsrechtlich eine Pflicht besteht.

Steuerrechtlich gibt es nur Pflichtrückstellungen, die auch nach Handelsrecht gebildet werden müssen (Ausnahmen vgl. Übersicht). Das bedeutet: Gibt es ein handelsrechtliches Wahlrecht zur Bildung einer Rückstellung, darf diese Rückstellung steuerrechtlich nicht gebildet werden. Welche Rückstellungsarten zulässig bzw. verboten sind, entnehmen Sie der folgenden Tabelle.

Übersicht über mögliche Rückstellungen mit Ansatzhinweisen für die Handels- und Steuerbilanz

Rückstellungen für	Handelsbilanz	Steuerbilanz
1. Ungewisse Verbindlichkeiten, die im Geschäftsjahr entstanden sind z. B. Steuernachzahlungen, Prozesskosten, Pensionszusagen, Resturlaubsansprüche, Garantieaufwendungen, Aufbewahrung von Geschäftsunterlagen etc.	Pflicht	Pflicht
2. Im Geschäftsjahr unterlassene Instandhaltungen, die in den ersten drei Monaten des nächsten Geschäftsjahrs nachgeholt werden, z. B.: die für Dezember geplante Inspektion einer Maschine kann erst im Februar darauf durchgeführt werden.	Pflicht	Pflicht
3. Im Geschäftsjahr unterlassene Instandhaltungen, die *nach* den ersten drei Monaten des nächsten Geschäftsjahrs nachgeholt werden.	Wahlrecht	Verbot
4. Unterlassene Aufwendungen für Abraumbeseitigung, die erst im nächsten Geschäftsjahr nachgeholt werden.	Pflicht	Pflicht
5. Gewährleistungen, die ohne rechtliche Verpflichtung erbracht werden, z. B. Kulanzreparaturen.	Pflicht	Pflicht
6. Drohende Verluste aus schwebenden Geschäften, z. B. wenn einem Kunden Ware zu einem Festpreis angeboten wurde, diese Ware aber zu einem höheren Preis als geplant eingekauft werden muss.	Pflicht	Verbot (Ausnahme zu den sonst. Regeln)
7. Genau umschriebene Aufwendungen, die dem Geschäftsjahr oder einem früheren Geschäftsjahr zuzuordnen sind und die am Bilanzstichtag wahrscheinlich oder sicher, aber bzgl. ihrer Höhe oder des Zeitpunktes des Eintritts unbestimmt sind.	Wahlrecht	Verbot
8. Alle nicht in § 249 HGB genannten Zwecke	**Verbot**	**Verbot**

Wirkung von Rückstellungen auf das Betriebsergebnis

Die Bildung von Rückstellungen ist per definitionem Aufwand. Sie mindert damit das Betriebsergebnis in dem Jahr, in dem sie gebildet wird. Damit wird der Aufwand in dem Jahr gebucht, in dem er verursacht wurde.

Bildung von Rückstelllungen ist → Aufwand

Beispiel Bildung einer Rückstellung:

Unternehmen A hat im Oktober einen Mitarbeiter entlassen. Dieser verklagt den Arbeitgeber auf entgangenen Arbeitslohn. Der Prozess findet im Mai des nächsten Jahres statt, der Ausgang ist ungewiss. In solch einem Fall wird eine Rückstellung in Höhe des eventuell nachzuzahlenden Arbeitslohns und der Prozesskosten gebildet.

Auswirkungen: Verursacht wurde der Aufwand im Oktober durch die Entlassung. Der Aufwand wird ergebniswirksam durch die Bildung der Rückstellung. Zum Bilanzstichtag (31.12.) wurde aber noch keine Zahlung geleistet, da das Ergebnis des Prozesses frühestens im Mai feststehen wird.

Die Auflösung von Rückstellungen ist dagegen ein Ertrag. Die Rückstellung muss aufgelöst werden, wenn der Grund für die Bildung entfallen ist oder wenn die ungewisse Verbindlichkeit zu einer „gewissen" Verbindlichkeit geworden ist.

Auflösung: → Ertrag

Beispiel Auflösung einer Rückstellung:

Das Urteil ist im Mai ergangen, das Unternehmen hat den Prozess verloren. Bezahlt werden müssen nun die Anwaltsrechnung, die Gerichtskosten und dem entlassenen Mitarbeiter muss der Lohn nachgezahlt werden.

Auswirkungen: Das Unternehmen leistet die Zahlungen, hat also einen Aufwand. Gleichzeitig wird aber die Rückstellung aufgelöst, was zu einem Ertrag führt. War die Rückstellung in der richtigen Höhe gebildet, gleichen sich beide aus – der Gewinn im laufenden Jahr ändert sich also nicht. Der Aufwand verbleibt in dem Jahr, in dem er verursacht wurde.

Häufig handelt es sich um ungewisse Verbindlichkeiten. Damit wird es schwierig, mit den Rückstellungen genau den tatsächlichen Aufwand zu treffen.

Tipp:

Wenn Sie die Rückstellung zu niedrig gebildet haben, müssen Sie im laufenden Geschäftsjahr Aufwand nachträglich erfassen. Dies erfolgt über das Konto „Periodenfremde Aufwendungen".

Haben Sie eine zu hohe Rückstellung gebildet, ist bei Auflösung ein Ertrag zu erfassen.

Achtung:

Aus Gründen der kaufmännischen Vorsicht ist man geneigt, Rückstellungen eher zu hoch als zu niedrig anzusetzen. Nach den *Grundsätzen ordnungsgemäßer Buchführung* dürfen sie aber keinesfalls willkürlich gebildet werden.

Rückstellungen und Zahlungen

Bildung und Auflösung von Rückstellungen führen zu einer Veränderung des Betriebsergebnisses. Andererseits sind diese Vorgänge rein buchtechnischer Natur und nicht mit Zahlungen verbunden. Damit verändern Rückstellungen nicht den *Cashflow.*

Mit der Bildung von steuerlich anerkannten Rückstellungen lassen sich auch keine Steuern sparen. Die Bildung verringert zwar die Steuerbemessungsgrundlage und damit die Steuerlast. Da Rückstellungen aber zwangsläufig wieder aufgelöst werden müssen, führt die Auflösung zu einem Ertrag und damit einer Erhöhung der Steuerlast. Der einzige Effekt besteht in der Verschiebung der Steuerzahlung nach hinten und damit in einem Zinsvorteil.

Stille Reserven

Die Differenz zwischen dem Buchwert und dem tatsächlichen Wert (Verkehrswert) eines Wirtschaftsguts nennt man stille Reserve. Sie entsteht z. B. dadurch, dass ein Wirtschaftsgut nach handels- und steuerrechtlichen Vorschriften bewertet oder geschätzt werden muss und dieser Wert unter dem erzielbaren Verkaufswert liegt.

Eine stille Reserve entsteht immer dann, wenn der Verkehrswert den *Buchwert* (S. 149) übersteigt. Der Begriff rührt daher, dass diese Reserve in der Bilanz nicht zu erkennen, also „still" ist.

Steuerlich relevant sind stille Reserven dann, wenn der Vermögensgegenstand aus dem Betriebsvermögen ausscheidet. Das geschieht z. B. durch Verkauf oder Privatentnahme oder im Fall der Betriebsaufgabe. Ansonsten „schlummern" die stillen Reserven in den Gegenständen des Betriebsvermögens weiter.

Beim Verkauf entsteht ein Veräußerungsgewinn in Höhe der Differenz zwischen dem Verkehrswert und dem Buchwert. Dieser Gewinn muss versteuert werden und mindert dadurch die stille Reserve.

Beispiel:

Bilanzwert (Buchwert) eines Grundstücks: 500.000 €

Verkehrswert (beim Verkauf erlöster Wert): 1,2 Mio. €

Stille Reserve: 700.000 €

Es entsteht ein Veräußerungsgewinn in Höhe der stillen Reserve. Bei einem angenommenen Steuersatz von 40 % beträgt der Nettowert der stillen Reserve 420.000 €

Stille Reserven auf der Aktivseite

Stille Reserven können sowohl beim Anlagevermögen als auch beim Umlaufvermögen entstehen.

Stille Reserven im Anlagevermögen

Auf der Aktivseite der Bilanz entstehen stille Reserven typischerweise durch die Vornahme planmäßiger und außerplanmäßiger Abschreibungen sowie die Inanspruchnahme steuerlicher Sondervergünstigungen. Paradebeispiel ist hier das Gebäude: Es entstehen sehr hohe stille Reserven, wenn sich ein Gebäude in guter Lage befindet. Während der Buchwert durch die planmäßigen Abschreibungen der ehemaligen Anschaffungs- oder Herstellungskosten stetig sinkt (bis auf 1 €), steigt der Verkehrswert in der Regel. Je länger sich das Gebäude im Betriebsvermögen befindet, desto mehr entfernt sich der Buchwert vom Verkehrswert und umso höher werden die stillen Reserven.

Achtung:

Es kann nur das Gebäude selbst, nicht das Grundstück abgeschrieben werden. Eine Ausnahme wäre nur die außerplanmäßige Abschreibung durch Wertverlust (z. B. Verschlechterung der Verkehrsanbindung bei einem Gewerbegrundstück), aber dann sind in dem Grundstück naturgemäß keine stillen Reserven zu finden.

Beispiel für nicht entstehende stille Reserven:

Negativbeispiel ist der Personalcomputer: Hier wird der Buchwert regelmäßig höher sein als der am Markt zu erzielende Wert. Somit bauen sich für diese Wirtschaftsgüter meist keine stillen Reserven auf.

Stille Reserven entstehen auch dadurch, dass Vermögensgegenstände, wie z. B. der selbst geschaffenen Firmenwert oder selbst geschaffene Patente, nicht bilanziert werden dürfen. Diese Vermögensgegenstände stellen sehr oft einen erheblichen Wert dar, der jedoch erst im Rahmen einer Veräußerung zum Tragen kommt.

Stille Reserven im Umlaufvermögen

Auch im Umlaufvermögen können sich stille Reserven verbergen. So sind beispielsweise die Vorräte an Material in der Bilanz korrekterweise zu Anschaffungs- und Herstellungskosten bewertet. Wenn zwischenzeitlich die Preise gestiegen sind, sind die Materialvorräte auch mehr wert (gestiegene Wiederbeschaffungskosten). Die Differenz ist eine stille Reserve.

In diesen Fällen ist die Beachtung des strengen Niederstwertprinzips verpflichtend, obwohl dadurch in der Bilanz ein niedrigerer Wert ausgewiesen wird als der, den die Wirtschaftsgüter zu Marktpreisen tatsächlich darstellen.

→ Niederstwertprinzip

Stille Reserven auf der Passivseite

Auf der Passivseite der Bilanz entstehen stille Reserven durch über dem tatsächlichen Wert angesetzte Verbindlichkeiten. Typische Beispiele sind der Ansatz von Fremdwährungsverbindlichkeiten mit den höheren Anschaffungskosten, obwohl sich der Rückzahlungsbetrag durch eine Veränderung der Währungskurse zugunsten des Unternehmens vermindert hat.

→ Verbindlichkeiten

Auch die Bewertung von Rückstellungen im Rahmen von Schätzungen, die ja immer äußerst vorsichtig vorzunehmen sind, kann zum Entstehen stiller Reserven führen.

→ Rückstellungen

Beispiel Bewertung von Rückstellungen:

Ein Unternehmen bildet Rückstellungen für Garantieleistungen in einer Höhe, die letztlich nicht erforderlich ist. Auf diese Weise erhöht sich das ausgewiesene Fremdkapital, der Gewinn wird verringert.

Bei der tatsächlichen Bezahlung der Fremdwährungsverbindlichkeiten bzw. beim tatsächlichen Anfall der (geringeren) Garantieleistungen werden die stillen Reserven wieder gewinnbringend aufgelöst. Sie sind also vom Charakter her kurzfristig.

Umlaufvermögen

Zum Umlaufvermögen gehören die Wirtschaftsgüter, die dem Unternehmen kurzfristig dienen. Als Vermögensgegenstände stehen sie in der Bilanz auf der Aktivseite.

Zum Umlaufvermögen zählen Roh-, Hilfs- und Betriebsstoffe, Erzeugnisse und Waren, aber auch Forderungen, Wertpapiere, der Kassenbestand und Giro- oder sonstige Guthaben bei Kreditinstituten. Die Abgrenzung zum Anlagevermögen ist wichtig, weil für die Bewertungen unterschiedliche Regeln existieren.

Welche Vermögensgegenstände zum Umlauf- oder zum Anlagevermögen gehören, entscheidet der Kaufmann aufgrund ihrer tatsächlichen Verwendung. Maßgebend ist also die Zweckbestimmung.

Wesentliche Bestandteile des Umlaufvermögens

- **Vorräte**: Zu den Vorräten zählen die Bestände an Roh-, Hilfs- und Betriebsstoffen (Materialvorräte im weiteren Sinn), aber auch die Vorräte an unfertigen Erzeugnissen (Halbfabrikaten) und noch nicht abgesetzten Fertigerzeugnissen.
- **Wertpapiere**: Wertpapiere, die nicht dem *Anlagevermögen* zugeordnet wurden, werden im Umlaufvermögen erfasst. Dazu zählen auch kurzfristig laufende Wertpapiere zum „Zwischenparken" freier Liquidität.
- **Forderungen**: Hauptbestandteil der Forderungen im Umlaufvermögen sind die Forderungen aus Lieferungen und Leistungen. Sie entstehen, wenn ein Geschäftspartner seine Leistung erbracht hat und darauf die vertragliche Gegenleistung (Bezahlung) fordert. Darüber hinaus gibt es Kredit- und Darlehensforderungen, Forderungen an verbundene Unternehmen u. a.
- **Kassenbestand, Kontoguthaben:** Hierbei geht es nur um tatsächliche Guthaben. Eingeräumte Kreditlinien (z. B. ein Kontokorrentkredit) zählen nicht dazu.

Vermögensgegenstände des Umlaufvermögens werden mit den Anschaffungs- oder Herstellungskosten bewertet. Bei unfertigen

Erzeugnissen muss berechnet werden, welche Kosten bisher für die Herstellung angefallen sind.

Auch Fertigerzeugnisse, die noch nicht verkauft sind, werden nur mit den *Herstellungskosten* in die Bilanz einbezogen. Keinesfalls dürfen Gewinne (auch nicht anteilig) angerechnet werden.

US-GAAP

Siehe *Internationale Rechnungslegungsvorschriften*, S. 184.

Verbindlichkeiten

Verbindlichkeiten sind Verpflichtungen gegenüber Dritten. Sie beruhen normalerweise auf einer Vertragsbeziehung und begründen ein Schuldner-Gläubiger-Verhältnis. Durch das Vertragsverhältnis lässt sich das Begleichen von Verbindlichkeiten erzwingen.

Die Verbindlichkeiten eines Betriebs sind Fremdkapital und werden auf der Passivseite der Bilanz als Fremdkapitalposten ausgewiesen. Sie beziehen sich auf eine bestimmte Leistung und stellen eine wirtschaftliche Belastung dar. Verbindlichkeiten stehen am Bilanzstichtag sowohl in ihrer Höhe als auch in der Fälligkeit (dem Termin, zu dem sie beglichen werden müssen) fest. Damit unterscheiden sie sich von den *Rückstellungen*, bei denen zumindest einer der beiden oben genannten Punkte noch nicht feststeht.

Beispiel: Entstehen einer Verbindlichkeit

Ein Unternehmen bestellt zwei Laptops bei einem Fachhändler und vereinbart dafür eine Anzahlung, die sofort zu zahlen ist. Geliefert werden die Laptops aber erst in 10 Tagen. In diesem Moment entsteht für das Unternehmen schon eine Verbindlichkeit, obwohl es die Ware noch gar nicht erhalten hat.

Tipp: Behandlung von Anzahlungen

Wenn Sie eine Anzahlung erhalten, ist das für Sie so lange eine Verbindlichkeit, bis Sie ihren Teil der Leistung vertragsgemäß erbracht haben. Die Verbindlichkeit „Anzahlung" wird also nicht durch eine Zahlung getilgt, sondern durch das Erbringen der Leistung, für die die Anzahlung geleistet wurde.

Liegen die Voraussetzungen für eine Verbindlichkeit vor (Vertragsabschluss, Leistung des Vertragspartners wurde erbracht), so ist sie zu buchen. Verbindlichkeiten dürfen nicht mit Forderungen verrechnet werden!

Tipp:

Es ist auch nicht entscheidend, ob die Verbindlichkeit fällig ist, es kommt lediglich darauf an, dass Sie irgendwann Ihre Gegenleistung (Bezahlung) erbringen müssen.

Arten von Verbindlichkeiten

In der betrieblichen Praxis unterscheidet man u. a. nach

- Verbindlichkeiten gegenüber Kreditinstituten,
- Verbindlichkeiten gegenüber verbundenen Unternehmen und gegenüber Unternehmen, mit denen ein Beteiligungsverhältnis besteht,
- Anleiheverbindlichkeiten (die Anleihesumme muss vertraglich zu einem bestimmten Zeitpunkt zurückgezahlt werden),
- Verbindlichkeiten aus Lieferungen und Leistungen (noch nicht bezahlte Rechnungen, bei denen das Zahlungsziel noch nicht erreicht ist) und
- erhaltenen Anzahlungen.

Dies ergibt sich durch unterschiedliche Konten in der Buchführung. Darüber hinaus ist es wichtig, ob eine Verbindlichkeit kurzfristig fällig ist (aus Lieferung und Leistung), oder ob sie zu einem bestimmten Tag (Anleiheverbindlichkeiten) fällig ist oder ob sie gegenüber einem verbundenen Unternehmen besteht. Im letzteren Fall wird sie in einer konsolidierten Bilanz des Konzerns verrechnet.

Verbindlichkeiten in der Liquiditätsplanung

Damit ein Unternehmen seine Ausgaben planen kann (Liquiditätsplanung), muss es seine Verbindlichkeiten beurteilen. Hier kommt es vor allem darauf an, wann die Zahlung einzelner Verbindlichkeiten fällig ist. Zu diesem Zeitpunkt muss die erforderliche Liquidität vorhanden sein. Deshalb werden Verbindlichkeiten oft auch nach ihrer Fälligkeit in kurzfristige, mittelfristige und langfristige Verbindlichkeiten eingeteilt.

Beispiel: Fristigkeit von Verbindlichkeiten

Eine noch offene Rechnung ist in der Regel kurzfristiger Natur (bis zu einem Jahr). Von der Bank aufgenommene Darlehen oder Darlehen einer Konzernmutter an die Tochtergesellschaft sind oft langfristig (über 5 Jahre).

Verlust

Übersteigen in der *Gewinn- und Verlustrechnung* die Aufwendungen die Erträge, entsteht ein Verlust. In der GuV wird dieser Verlust in der Regel als Jahresfehlbetrag bezeichnet.

Im Einkommensteuerrecht können Verluste einzelner Einkommensarten mit Gewinnen nach den gesetzlichen Vorschriften verrechnet werden.

Verluste mindern im Unternehmen das vorhandene Eigenkapital. Buchtechnisch wird das sichtbar, indem der erwirtschaftete Jahresfehlbetrag gegen Rücklagen ausgebucht wird. Rücklagen sind Bestandteil des Eigenkapitals. Bei Personengesellschaften reduzieren Verluste die Kapitalkonten der Eigentümer.

Wirtschaftlich bedeutet das Erwirtschaften eines Verlusts, dass am Ende des Geschäftsjahrs weniger Vermögen vorhanden ist als Kapitalquellen zur Verfügung standen. Der entsprechende Anteil des Kapitals ist „verbraucht“ worden.

Beispiele für den Verbrauch von Kapital:

- Finanzielle Mittel wurden für die Konsumtion des Unternehmens eingesetzt, z. B. für eine Betriebsfeier.
- Finanzielle Mittel wurden zwar investiert und führten zu absetzbaren Produkten oder Dienstleistungen. Wenn die Abnehmer dann aber nicht zahlen, entsteht kein Umsatz. Die Vermögensgegenstände haben das Unternehmen verlassen, ohne dass gleichzeitig Geld ins Unternehmen geflossen ist.

Kapitalvernichtung?

Oft wird auch von der „Vernichtung“ von Kapital gesprochen. Das ist nicht ganz richtig, denn das Kapital wird nicht vernichtet. Es steht dem Unternehmen bzw. den Eigentümern nur nicht mehr zur Verfügung.

Verlustvortrag

Der Verlustvortrag ist der Rest des Verlusts aus der Vorjahresrechnung, der nicht durch Auflösung von Gewinnrücklagen ausgeglichen werden konnte. Er findet sich nur bei *Kapitalgesellschaften.*

Bei einer Kapitalgesellschaft ist der Verlust des Geschäftsjahrs auf der Passivseite der Bilanz auszuweisen. Deswegen findet sich unter den Einzelposten des *Eigenkapitals* u. a. neben dem *Gewinnvortrag* auch der Verlustvortrag.

Wird ein erzielter Jahresfehlbetrag nicht durch einen Gewinnvortrag aus dem Vorjahr gedeckt, so ist er in der nächsten Bilanz als Verlustvortrag auszuweisen. Er kann aber auch ggf. mit Rücklagen (siehe *Eigenkapital*) verrechnet werden.

Soweit das Eigenkapital durch Verluste aufgebraucht ist und sich ein Überschuss der Passivposten über die Aktivposten ergibt, ist dieser Betrag am Schluss der Bilanz auf der Aktivseite gesondert unter der Bezeichnung „Nicht durch Eigenkapital gedeckter Fehlbetrag“ auszuweisen.

Wird ein Verlust auf neue Rechnung vorgetragen, führt das dazu, dass die Gesellschaft das neue Geschäftsjahr bereits mit einem Verlust beginnt, der sozusagen „im Nachgang" erst einmal abgetragen werden muss, bevor überhaupt Gewinne erwirtschaftet werden können.

Vorräte

Vorräte bestehen aus dem Lagerbestand von Fertigerzeugnissen, unfertigen Erzeugnisse und unfertigen Leistungen und von Roh-, Hilfs- und Betriebsstoffen. Sie sollen in der Produktion eingesetzt werden oder stehen zum Verkauf.

In der *Bilanz* werden die Vorräte auf der Aktivseite als Teil des Umlaufvermögens ausgewiesen. Es wird angenommen, dass sie im Verhältnis zum restlichen Umlaufvermögen nur schwer zu realisieren, das heißt, in liquide Mittel umzuwandeln sind.

Bewertung der Vorräte

Von außen bezogene Waren werden mit den Anschaffungskosten bewertet. Fertige und unfertige Erzeugnisse und Leistungen werden mit den *Herstellungskosten* angesetzt.

Nicht selten sind in den Vorräten stille Reserven vorhanden, andererseits besteht die Gefahr, dass Vorräte überbewertet werden.

Tipp:

Je spezieller die Vorräte auf die Bedürfnisse des Unternehmens abgestellt sind, desto eher ist bei einem erforderlichen Verkauf mit Wertabschlägen zu rechnen.

Kennzahlen im Zusammenhang mit den Vorräten

Die Vorratsintensität und die Lagerkapitalbindung sind zwei wichtige Kennzahlen dieses Bereichs.

Formel Vorratsintensität

$$\text{Vorratsintensität} = \frac{\text{Vorräte}}{\text{Umlaufvermögen}} \times 100$$

Die Vorratsintensität drückt den Anteil der Vorräte am gesamten Umlaufvermögen aus. Die Interpretation ist nicht immer eindeutig. Eine hohe oder steigende Vorratsintensität kann darauf hindeuten, dass

- wegen günstiger Einkaufsbedingungen (Rabatte) große Mengen gleichzeitig eingekauft wurden,
- lange Fertigungszeiten materialintensiver Produkte zu verzeichnen sind oder
- Mängel in der Lagerorganisation und Buchhaltung bestehen.

Formel Lagerkapitalbindung

$$\text{Lagerkapitalbindung} = \frac{\text{Vorräte}}{\text{Gesamtvermögen}} \times 100$$

Die Aussage ist ähnlich wie bei der Vorratsintensität.

Kennzahlen zur Umschlagsdauer

Weitere Kennzahlen zur Beurteilung der Vorräte sind die Umschlagsdauer des Materialbestands oder des Erzeugnislagers. Im ersten Fall wird der Durchschnittsbestand an Roh-, Hilfs- und Betriebsstoffen zum monatlichen Materialverbrauch ins Verhältnis gesetzt. Im zweiten Fall setzt man den Bestand an Fertigerzeugnissen zum monatlichen Umsatz ins Verhältnis. Eine Kennzahl von 1,5 sagt beispielsweise aus, dass das in Material oder in Fertigerzeugnisse investierte Kapital im Durchschnitt eineinhalb Monate im Unternehmen gebunden ist.

Vorsichtsprinzip

Siehe *Grundsätze ordnungsgemäßer Buchführung*, S. 175.

Zeitwert

Der aktuelle Wert eines Wirtschaftsguts heißt Zeitwert. Der Zeitwert muss nicht mit dem *Buchwert* übereinstimmen. Vielmehr ist er das Resultat einer Neubewertung, bei der ermittelt wird, welchen Wert das Wirtschaftsgut zum Zeitpunkt der Bewertung tatsächlich auf dem Markt hat.

Neubewertung nach Marktpreis

Die Ermittlung des Zeitwerts ist damit unabhängig von den historischen Anschaffungs- oder Herstellungskosten. Eine solche Neubewertung wird immer dann erfolgen, wenn im Rahmen von Unternehmensfusionen eine Tochtergesellschaft eingegliedert wird.

→ Bewertung, S. 134, Goodwill, S. 173

Achtung:
Führt die Neubewertung zu einem positiven *Goodwill*, so ist dieser auf der Aktivseite der Bilanz des übernehmenden Unternehmens auszuweisen. Ein negativer Goodwill ist aufgrund des Anschaffungswertprinzips nicht möglich.

3 Controlling: Grundlegendes

Controlling wird in einem allgemeinen Verständnis als Instrument der Unternehmensführung aufgefasst, das der Lösung von wirtschaftlichen Entscheidungsproblemen dient. Es ist damit ein Koordinationsprozess aus

- der Versorgung mit Informationen,
- der Planung,
- der Kontrolle und
- der Steuerung.

Dazu gehört auf der einen Seite die permanente Abstimmung der ablaufenden Prozesse, auf der anderen Seite die Entwicklung und Verbesserung der entsprechenden Systeme. Der Controller ist praktisch „der Steuermann auf dem Schiff", jedoch nicht der Kapitän.

In diesem Kapitel werden die wichtigsten Instrumente des Controlling vorgestellt. Dazu gehört die recht universell einsetzbare ABC-Analyse ebenso wie das komplexere Steuerungsinstrument Balanced Scorecard. Auch auf das Berichtswesen (Reporting) wird hier eingegangen.

Diese Instrumente sind alles andere als eine „Geheimwissenschaft" der Controller. Die ABC-Analyse z. B. lässt sich nicht nur für eine Beurteilung der Kunden eines Unternehmens heranziehen, sondern dient auch als einfaches Instrument des Selbstmanagements, etwa, um bei den eigenen Aufgaben die richtigen Prioritäten zu setzen. Damit profitieren auch Freiberufler, Produktmanager oder Entwickler von ihr.

ABC-Analyse

Die ABC-Analyse dient dazu, komplizierte Sachverhalte überschaubar zu machen und Wesentliches von Unwesentlichem zu trennen. Mit ihrer Hilfe werden die untersuchten Sachverhalte in A (sehr wichtig), B (wichtig) und C (weniger wichtig) eingeteilt.

Die Grundidee beruht darauf, dass einige wenige Einflussgrößen große Auswirkungen auf das Unternehmen und die Vielzahl der anderen Einflüsse nur geringe Auswirkungen haben.

Beispiel: Die 80:20 Regel

Ohne dass es empirisch nachgewiesen wäre, geht man davon aus, dass 20 % der verursachenden Größen etwa 80 % der Auswirkungen nach sich ziehen und umgekehrt. In solch einem Fall ist es sinnvoll, seine Aktivitäten auf diese 20 % der Ursachen zu konzentrieren, da so die größten Effekte mit vergleichsweise niedrigem Aufwand erzielt werden können.

Die ABC-Analyse kann mit einfachen Hilfsmitteln schnell und kostengünstig durchgeführt werden. In der Regel genügt dazu lediglich ein Computer mit einem Tabellenkalkulationsprogramm wie z. B. Microsoft Excel.

Tipp:

Im Controlling ist es immer wieder erforderlich, zwischen wichtig und weniger wichtig zu unterscheiden, ganz einfach, weil ansonsten der Aufwand, alle Daten zu erfassen und auszuwerten, nicht mehr beherrschbar wäre. Deshalb wird die ABC-Analyse recht häufig und in ganz verschiedenen Bereichen des Controlling angewandt.

Anwendungsfelder der ABC-Analyse

Die Gebiete, in denen sich die ABC-Analyse anwenden lässt, sind nahezu unbegrenzt. Beispiele wären u. a. Analysen von

- Produkten,
- Lagerbeständen,
- Lieferanten,

- Abnehmern (Kunden),
- Materialarten usw.

Die Vorgehensweise ist immer die gleiche, deshalb lassen sich die einzelnen Schritte anhand eines Beispiels am besten erläutern.

Durchführung der ABC-Analyse am Beispiel Kunden (Abnehmer)

Qualifizierende Segmentierung, → Kundenbewertung, S. 471

Das Ziel der ABC-Analyse besteht darin, die Kunden des Unternehmens zu qualifizieren. Dazu werden sie in A-, B- und C-Kunden eingeteilt (Kundensegmentierung). Je nach Zuordnung zu einem dieser Bereiche wird das Unternehmen schließlich unterschiedliche Aktivitäten entfalten. Das Vorgehen finden Sie in der folgenden To-Do-Liste.

To Do: ABC-Analyse Kundensegmentierung

- Legen Sie zunächst das Kriterium fest, nach dem Sie die Wichtigkeit der Kunden für Ihr Unternehmen einschätzen. Das kann beispielsweise der Umsatz sein, den Sie mit diesem Kunden tätigen.
- Ermitteln Sie nun den Umsatz pro Kunde. Überlegen Sie, ob es sinnvoll ist, den durchschnittlichen Umsatz beispielsweise der letzten drei Jahre oder den Umsatz des letzten Jahres zu wählen.
- Sortieren Sie alle Kunden in absteigender Reihenfolge. Das heißt, auf Platz 1 steht der Kunde mit dem höchsten Umsatz, auf dem letzten Platz der Kunde mit dem geringsten Umsatz.
- Bestimmen Sie nun die Grenzen, die zwischen den einzelnen Kundensegmenten liegen. Es hat sich eingebürgert (ohne dass es eine wissenschaftliche Begründung dafür geben muss), folgende Schnittpunkte zu wählen:
  Bereich A: bis 15 %
  Bereich B: bis 35 %
  Bereich C: der Rest.
- Die ersten 15 % Ihrer Kundenrangliste sind A-Kunden, die nächsten 20 % (also insgesamt 35 %) sind B-Kunden, die restlichen Kunden werden dem Segment C-Kunden zugeordnet.

Graphisch kann man die Einteilung wie folgt verdeutlichen:

ABC-Analyse

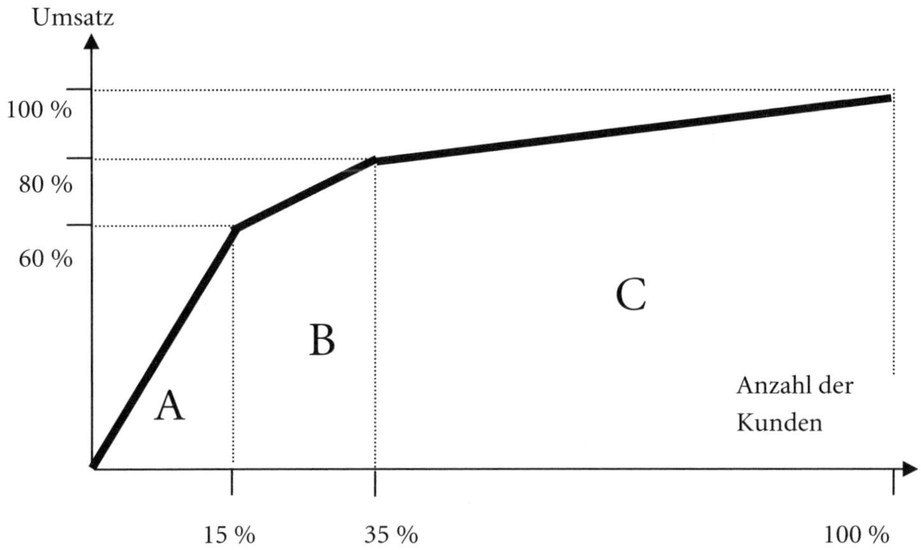

Gemäß der Einteilung werden nun die Kunden unterschiedlich intensiv betreut.

Beispiel: Aus der Analyse folgende Aktivitäten

Folgende Aktivitäten wären denkbar:

- A-Kunden: Persönliche Ansprache mindestens alle drei Monate hinsichtlich gewünschter Angebote, Zufriedenheit usw., Schreiben des Vorstandes anlässlich persönlicher Feiertage, Einladung zu Kundenveranstaltungen.
- B-Kunden: Reaktion auf Anforderungen der Kunden innerhalb einer bestimmten Frist, standardisierte Schreiben zu Weihnachten/zum Jahreswechsel.
- C-Kunden: „normale" Behandlung ohne Besonderheiten.

Solch eine Zuordnung zu bestimmten Segmenten wird mehr oder weniger intuitiv in fast allen Unternehmen durchgeführt. Die Besonderheit der ABC-Analyse besteht darin, dass die Zuordnung auf Basis ausgewählter und sinnvoller Kriterien erfolgt.

Vorteile der ABC-Analyse

Die weiteren Vorteile der ABC-Analyse liegen in ihrer letztlich einfachen, aber effektiven Handhabung, in der Verdeutlichung komplexer Sachverhalte und somit in der Möglichkeit, Entscheidungen wirksam zu unterstützen.

Tipp:

Bedenken Sie bitte: C-Kunden sind ein wesentlicher Bestandteil Ihres Klientels. Sie tragen zum Geschäftserfolg bei, insbesondere weil sie die Mehrheit Ihrer Kunden verkörpern. Sollten Sie (fälschlicherweise) der Meinung sein, auf C-Kunden verzichten zu können, überlegen Sie: Wer bringt dann die Masse des Umsatzes?

Was aber zu beachten ist: Nicht für alle Kunden können Sie den gleichen Aufwand treiben. Dieser sollte gestaffelt sein nach den mit den einzelnen Kunden getätigten Umsätzen.

Siehe auch *XYZ-Analyse*, S. 235.

Balanced Scorecard

Die Balanced Scorecard lässt sich als ein ausgewogenes Zielsystem interpretieren, das vier Perspektiven gleichzeitig berücksichtigt. Diese Sichtweisen sind

- **die finanzwirtschaftliche Perspektive**
- **die Kundenperspektive**
- **die interne Prozessperspektive**
- **und die Lern- und Entwicklungsperspektive.**

Diese Perspektiven können nicht getrennt voneinander betrachtet werden, da sie gegenseitige Abhängigkeiten aufweisen.

In den traditionellen Systemen zur Unternehmenssteuerung dominieren in der Regel finanzwirtschaftliche Aspekte. Messgrößen wie *Gewinn*, *Cashflow*, *Rentabilität* und *Liquidität* stehen im Vordergrund. Die gesamte Betrachtungsweise ist dabei eher kurzfristig orientiert. Das Problem besteht darin, dass Unternehmen, die sich allein auf diese Steuerungsgrößen konzentrieren, die langfristige Wertschöpfung vernachlässigen.

Finanzziele und Erfolgspotenziale

Die Balanced Scorecard ist ein Steuerungskonzept, das die langfristig orientierte Unternehmensstrategie mit der kurzfristigen Steuerung des operativen Geschäfts verknüpft und neben der finanzwirtschaftlichen Betrachtung auch andere Perspektiven einbezieht. Neben den finanzwirtschaftlichen Zielen werden auch die unter langfristigen, strategischen Aspekten wichtigen Ziele für die Erschließung und den Ausbau von Erfolgspotenzialen berücksichtigt. Die Kunden und deren Zufriedenheit, das Know-how der Mitarbeiter und die Effizienz der internen Prozessabläufe werden dabei als Potenziale gesehen, die es langfristig zu optimieren gilt.

Auf CD-ROM

Zur Erfolgsmessung werden *Kennzahlen* gebildet, die im direkten Zusammenhang mit den Zielsetzungen stehen. Hierbei werden finanzielle durch nichtfinanzielle Größen wie z. B. die Kundenzufriedenheit ergänzt. Aufgaben dieser Kennzahlen sind zum einen die Messung des Strategieerfolgs und zum anderen die Fokussierung der

Unternehmensleistung. Die einzelnen Perspektiven und wesentliche Kennzahlen dazu werden im Folgenden genauer betrachtet.

> **Achtung:**
> Auch wenn die Tatsache kritisiert wird, dass bei vielen Unternehmen finanzwirtschaftliche Ziele dominieren und diese Zielstellungen *allein* ein zu kurzfristiges Denken bedeuten, heißt das nicht, dass finanzwirtschaftliche Kennzahlen keine Bedeutung hätten!

Die Verknüpfung der Perspektiven in der Balanced Scorecard

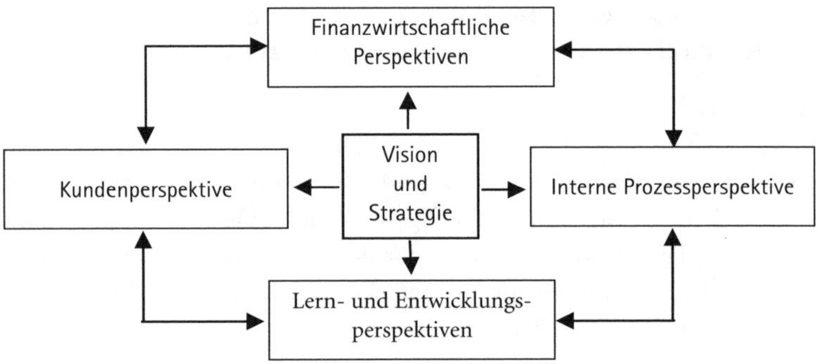

Finanzwirtschaftliche Perspektive

Unternehmen müssen ihre Kapitalgeber zufriedenstellen. Dies macht die finanzwirtschaftliche Perspektive zur primären Sicht. Die hierfür gewählten Ziele dienen als Fokus für die Ziele aller anderen Scorecard-Perspektiven.

→ Lebenszyklus, S. 65

Die finanzwirtschaftliche Zielsetzung richtet sich nach der Position des jeweiligen strategischen Geschäftsfeldes in seiner *Lebenszyklusphase.*

In der **Wachstumsphase** erzielen Geschäftsfelder selten Einzahlungsüberschüsse. Hohe Entwicklungskosten und Anfangsinvestitionen müssen zunächst amortisiert werden. Eine denkbare Zielsetzung könnte hier die prozentuale Steigerung des Umsatzwachstums sein.

In der **Reifephase** spielt die Verzinsung des eingesetzten Kapitals eine größere Rolle. In aller Regel geht es in dieser Phase um Kapazitätserweiterung und Ausbau der Wettbewerbsposition. Marktanteile müssen gehalten oder ausgebaut werden. Die meisten Geschäftseinheiten werden in der Reifephase ihre Zielsetzung auf eine möglichst hohe Rentabilität ausrichten.

In der **Sättigungsphase** schließlich geht es nicht mehr um Investitionen und den Ausbau von Marktanteilen. Es geht vielmehr darum, die „Früchte" zu ernten. Strategische Zielsetzung wird hier deshalb die Maximierung der Rückflüsse aus dem Umsatzprozess sein.

> **Achtung:**
> Unternehmen werden ihre Gesamtzielsetzung immer an den finanzwirtschaftlichen Zielen ausrichten. Deshalb ist die Balanced Scorecard so konzipiert, dass die Zielvorgaben der anderen Perspektiven auf die finanzwirtschaftlichen Ziele abgestimmt werden. Dadurch kommt den letzteren eine Doppelrolle zu: Zum einen dienen sie zur Definition der finanziellen Leistung, und zum anderen weisen sie den anderen Scorecard-Perspektiven ihre jeweiligen Endziele zu.

Kennzahlen für die finanzwirtschaftliche Perspektive

Für die finanzwirtschaftliche Perspektive ergibt sich infolge der vielen verfügbaren Kennzahlen nicht das Problem Kennzahlen zu finden, sondern sich auf die wichtigsten zu beschränken.

In der Hauptsache werden hier Kennzahlen zur Messung der Rendite verwendet, wie

Renditekennzahlen

- Eigenkapitalrentabilität
- Gesamtkapitalrentabilität
- Return on Investment
- Cashflow.

Ergänzend werden Kennzahlen zur Messung des Umsatzwachstums und Kosten- und Produktivitätskennziffern eingesetzt. Kennziffern zur Messung der Kapitalbindung (wie z. B. Umschlagshäufigkeiten) können ebenfalls eine sinnvolle Ergänzung darstellen.

Kundenperspektive

Bei steigendem Wettbewerbsdruck wird die Konzentration auf den Absatzmarkt besonders wichtig. Die Ausrichtung des gesamten Leistungserstellungsprozesses auf die Kunden erlangt eine besondere Bedeutung.

Zunächst sind die potenziellen Kunden zu identifizieren, ihre Wünsche und Bedürfnisse herauszufinden und der interne Innovations- und Produktionsprozess darauf abzustimmen.

Tipp:

Hauptziel der Kundenperspektive ist es, für klar definierte Kundenzielgruppen Werte zu schaffen, durch die das Unternehmen konkurrenzfähig bleibt und die langfristigen finanziellen Ziele erreicht.

Vision und Strategie des Unternehmens müssen auch in der Kundenperspektive klar zu erkennen sein.

Kennzahlen der Kundenperspektive

Harte und weiche Komponenten

Die Messung der Kundenzufriedenheit steht im Vordergrund. Diese lässt sich als „hard fact“ in der Zahl der Wiederholungskäufe feststellen (abgeleitet aus den verfügbaren Vertriebsinformationen). Kundenzufriedenheit zu messen bedeutet darüber hinaus, die Meinung der Kunden zu Produkten und Leistungen sowie zu ihren Wünschen zu erkunden. Dies ist nur über Befragungen zu erreichen.

Da die Kundenzufriedenheit allein nicht das Kaufverhalten erklärt, ist zusätzlich der Produktnutzen über einen Preis-Leistungs-Vergleich zum Wettbewerb zu erfragen.

Tipp:

In der Praxis werden zur Skalierung und Zusammenfassung der „weichen" Informationen Kundenzufriedenheitsindizes ermittelt, in die verschiedene Faktoren der Kundenzufriedenheit gewichtet eingehen.

Interne Prozessperspektive

Die Ziele der Kundenperspektive können nur erreicht werden, wenn der Ablauf der internen Prozesse dies unterstützt. Notwendige Verbesserungen interner Prozesse sind vorzunehmen oder völlig neue Geschäftsprozesse zu erkennen und umzusetzen. Das Balanced-Scorecard-Konzept zielt darauf ab, eine vollständige Wertschöpfungskette der internen Prozesse zu definieren. Diese sollen vom Innovationsprozess über den Betriebsprozess bis zum Kundendienst reichen.

Der Innovationsprozess erkennt und beschreibt aktuelle und zukünftige Kundenwünsche und -bedürfnisse und entwickelt hierfür Lösungen. Aufgabe des Betriebsprozesses ist es, das aktuelle Geschäft optimal abzuwickeln. Unter Kundendienst ist ein Angebot von Dienstleistungen zu verstehen, das sich an den eigentlichen Produktkauf anschließt und dem Kunden einen zusätzlichen Nutzen verschafft.

Kennziffern zur Prozessperspektive

Bezüglich des Innovationspotenzials lassen sich z. B. folgende Messungen durchführen:

- Innovationsrate
- Anteil des Umsatzes mit neuen Produkten (z. B. Produkte nicht älter als zwei Jahre)
- Anzahl der Patentanmeldungen
- Quote der Lizenzgebühren an den Herstellkosten

Bezüglich des Leistungsprozesses kommen infrage:

- Kosten-Soll-Ist-Vergleich und die hieraus abgeleiteten Abweichungen
- Produktivitätskennziffern (z. B. Arbeitsproduktivität, Materialausbeute)
- Fehlerquoten

Bezüglich des Kundendienstprozesses sind Messungen über die Dauer der Bearbeitung von Reklamationen denkbar oder zur Reaktionszeit auf Reklamationen.

Lern- und Entwicklungsperspektive

Innerhalb der Lern- und Entwicklungsperspektive geht es darum, das Lernen und Wachsen der Organisation zu fördern. Ziel ist es, den organisatorischen Rahmen so zu stecken, dass die Zielvorgaben der drei anderen Perspektiven erreicht werden können. Es gilt also, die Infrastruktur des Unternehmens auszubauen. Hierzu lassen sich drei Faktoren definieren:

- Mitarbeiterpotenziale
- Potenziale aus der Nutzung von Informationssystemen
- Motivation

Das Unternehmen kann sich durch seine Mitarbeiter weiterentwickeln und wachsen, wenn deren Kreativität und Initiative gefördert und ihre fachlichen und sozialen Kompetenzen ausgebaut werden.

Kennzahlen der Lern- und Entwicklungsperspektive

Fluktuationsrate

Mit dem Abgleich von Anforderungsprofilen und Mitarbeiterprofilen lassen sich Lücken feststellen und damit Ansatzpunkte für gezielte Weiterbildungsmaßnahmen finden. Mit der Fluktuationsrate lässt sich die Bedeutung des Verlusts an Know-how messen.

Schwierig: Messung der Erfolgskriterien

Mitarbeiterzufriedenheit und Motivation lassen sich weitaus schwieriger feststellen. Eine hier einzuordnende Kennziffer kann die Zahl der Verbesserungsvorschläge sein. Ansonsten wird auch hier die Befragung der Mitarbeiter und die Auswertung weicher Informationen z. B. in Form von Indizes erforderlich.

Ähnlich schwer wie die Messung der Mitarbeiterzufriedenheit ist auch die Messung des Nutzens des Informationssystems, da hier vielschichtige Problemstellungen wie Entscheidungsbefugnisse, Vertretungsregelungen, Informationszugang und -beschränkung, Zeit der Informationsbeschaffung, Aussagefähigkeit des *Berichtswesens* u. Ä. einfließen.

Berichtswesen

Aufgabe des Berichtswesens (auch „Reporting") ist es, aus der riesigen Menge von Informationen, Daten, Zahlen und Fakten die relevanten Teile herauszufiltern und strukturiert den Entscheidungsträgern zur Verfügung zu stellen.

Das Berichtswesen ist in der Regel Aufgabe des Controllings und somit neben Planung und Steuerung eine der Schwerpunkttätigkeiten dieses Bereichs. Die Informationsversorgung beschränkt sich dabei nicht auf die reine Darstellung von Finanzinformationen. Ein modernes Berichtswesen muss in der Lage sein, die Empfänger auch über alle anderen internen und externen Entwicklungen informieren zu können.

Beispiel:

Intern könnte die Entwicklung im Personalbereich von Interesse sein. Extern werden vor allem Informationen über den Wettbewerb, neueste technologische Entwicklungen, Veränderungen auf den Märkten und über Kundenwünsche benötigt.

Durch unterschiedlich verdichtete und dargestellte Daten und Zahlen versucht man dabei, unterschiedliche Hierarchieebenen zielgenau zu informieren.

Tipp:

In einem effizienten Berichtswesen müssen wichtige Informationen von unwichtigen oder weniger wichtigen Daten schnellstmöglich unterschieden und selektiert werden. Dazu können Sie die *ABC-Analyse* anwenden.

Berichtstypen

Je nach Anlass des Berichts sind folgende grundlegenden Typen zu unterscheiden:

- Standardberichte
- Abweichungsberichte
- Sonderberichte

Regelmäßig: Standardberichte

Ein Standardbericht liefert Informationen, die regelmäßig im Rahmen der im betreffenden Betrieb üblichen Berichtsintervalle ausgewertet und präsentiert werden. Er ist damit an die individuellen Erfordernisse jedes Unternehmens angepasst und nicht etwa unternehmensübergreifend standardisiert.

Beispiele für Standardberichte:

Monatliche Ergebnis-, Umsatz-, Kostenstellen-, Personal-, Investitions-, Kunden-, Qualitäts- oder Innovationsberichte.

Neben den Zahlendarstellungen sollten diese Berichte auch Erläuterungen und Beschreibungen zur aktuellen Situation enthalten. Oft werden Aussagen zur voraussichtlichen weiteren Entwicklung getätigt. In einigen Fällen werden mögliche unterschiedliche Entwicklungsszenarien integriert und beschrieben. Auch Vergleiche mit Wettbewerbern oder der Branche sind oftmals sinnvoll.

Ergänzend dazu: Abweichungsberichte

Abweichungsberichte basieren weitgehend auf den Standardberichten. Diese werden dann fallweise um bestimmte Aspekte ergänzt, etwa, wenn größere Abweichungen gesondert dargestellt und kommentiert werden müssen.

Nur in Einzelfällen: Sonderberichte

Sonderberichte sollten schon wegen des hohen Arbeitsaufwands die Ausnahme sein. Sie können z. B. beim Kauf oder Verkauf von Unternehmen bzw. Unternehmensteilen oder bei der Markteinführung besonders wichtiger Produkte erforderlich werden.

Datenquellen für das Berichtswesen

Die wichtigsten internen Quellen sind:

Interne Quellen

- die Finanzbuchhaltung
- der Einkauf und Beschaffungsbereich
- der Vertrieb, Marketing und Service
- das Personalwesen
- die Produktion, die Qualitätskontrolle und der Lagerbereich
- Forschung und Entwicklung
- Vorschlags- und Patentwesen

Wichtige externe Informationsquellen sind vor allem:

Externe Informationsquellen

- Kunden und Lieferanten
- Wettbewerber
- Unternehmens- und Steuerberater
- Messen, Kongresse und Ausstellungen
- Marktforschungsinstitute und Studien
- Internet und neue Medien
- Hochschulen und Fachhochschulen
- Industrie- und Handelskammern sowie Verbände

Informationsmanagement

Das Informationsmanagement umfasst alle Aktivitäten, die dazu beitragen, Informationen in einer Unternehmung effektiv (zielgerichtet) und effizient (wirtschaftlich) einzusetzen.

Die richtige Verarbeitung von Informationen ist zwischenzeitlich zu einem entscheidenden Faktor für den Erfolg eines Unternehmens geworden. Dabei reicht es nicht aus, die Informationen lediglich zu sammeln, sondern ein mindestens genau so hoher Wert liegt in deren Zusammenstellung und Aufbereitung. Dies ist in eine Aufgabe des *Berichtswesens*.

Wichtiger Teil: → Berichtswesen

Wie müssen Informationen aufbereitet sein?

Informationen treffen üblicherweise unstrukturiert ein und können daher nicht unmittelbar verarbeitet werden. Deshalb ist es unbedingt notwendig, die Fülle der anfallenden Informationen zu ordnen, zu sortieren und zu selektieren.

Qualitative Informationen zeichnen sich durch folgende Merkmale aus:

Was gute Informationen ausmacht

- Sie haben einen hohen Aussagegehalt (genau, eindeutig, möglichst quantifizierbar).
- Sie sind aktuell und zeitgerecht.
- Sie sind vollständig, aber sinnvoll verdichtet.
- Sie sind leicht zugänglich und unmittelbar verfügbar.
- Unbefugte haben keinen Zugriff darauf.
- Sie sind vor Verlust geschützt (sichere Speicherung etc.).
- Sie sind verständlich und attraktiv dargestellt.

Werden diese Anforderungen nicht erfüllt, besteht die Gefahr, dass Informationen „versanden“. Und dann war es unnötig, sie überhaupt zu sammeln.

Beispiel:

Eine täglich neu verfügbare, hoch detaillierte EDV-Liste verliert vollkommen ihren Zweck, wenn sie so lang ist, dass der Empfänger die für ihn relevanten Informationen aus der Fülle erst herausfiltern muss. Es besteht dann die Gefahr, dass er unter Abwägung des dafür erforderlichen Aufwands lieber „aus dem Bauch heraus" entscheidet.

Informationsflut einschränken

Besonders Führungskräfte müssen aus einer Fülle von Informationen diejenigen auswählen, die für ihre Arbeit, aber auch für das Reporting wirklich relevant sind. Die folgende Checkliste gibt Ihnen einige Tipps, wie Sie die Informationsflut einschränken.

Checkliste: Mit Informationen richtig umgehen

- Legen Sie genau fest, welche Informationen Sie von wem und in welchem Zyklus (z. B. wöchentlich/monatlich/quartalsweise), in welcher Dichte und Aktualität erhalten wollen.
- Prüfen Sie regelmäßig, ob einmal „bestellte" Informationen heute überhaupt noch wichtig sind. Unwichtig sind sie, wenn Sie Ihre Entscheidungen völlig unabhängig von ihnen treffen.
- Bilden Sie eine Rangfolge aller bei Ihnen eingehenden Informationen nach ihrer Wichtigkeit (A, B, C).
- Stellen Sie fest, welche Informationen „erfolgskritisch" sind (gehören zu den A-Informationen). Das können bestimmte Informationen über den Markt sein, über den Absatz, aber auch über volkswirtschaftliche Entwicklungen oder Börsendaten.
- Heften Sie veraltete Unterlagen immer ab oder werfen Sie sie weg. Sonst operieren Sie am Ende mit einem Datenmaterial, das schon längst veraltet ist.

Auf CD-ROM

Reporting/Monitoring

Siehe *Berichtswesen*, S. 23.

XYZ-Analyse

Die XYZ-Analyse stammt eigentlich aus der Materialwirtschaft (Disposition) und beschäftigt sich mit der Frage, wie stark planbar bestimmte Vorgänge – dort der Verbrauch von Material – sind. Ihr Ziel ist also, die Prognosegenauigkeit festzulegen. Die XYZ-Analyse wird oft in Zusammenhang mit der *ABC-Analyse* angewendet.

Je nachdem, ob Prognosen mit hoher Genauigkeit getroffen werden können oder nicht, ist mehr oder weniger Aufwand für die Planung erforderlich.

Wie in der ABC-Analyse werden auch hier drei Klassen gebildet. Man unterscheidet demnach in

- X: hohe Vorhersagegenauigkeit (z. B. Personalkosten des Folgemonats)
- Y: mittlere Vorhersagegenauigkeit (z. B. kurzfristige Umsatzprognose)
- Z: niedrige Vorhersagegenauigkeit (z. B. mittelfristige Währungskurse)

→ ABC-Analyse, S. 221

Im Zusammenhang mit der ABC-Analyse benötigen demzufolge die Positionen, die sich der Kombination A/Z zuordnen lassen, nicht nur den höchsten Betreuungsaufwand, sondern auch den höchsten Aufwand in der Planung – sie sind mit dem größten Risiko und den deutlichsten Auswirkungen auf das Gesamtunternehmen verbunden.

4 Controlling/Internes Rechnungswesen

In diesem Kapitel wird das Controlling in Kontext zum betrieblichen Rechnungswesen gesetzt. Beide Bereiche nutzen zum Teil die gleichen (Datenverarbeitungs-)Systeme, wie z. B. SAP oder FIBU, um die erforderlichen Kennzahlen zu ermitteln. Die Zielrichtung ist jedoch nicht die Gleiche. Im internen Rechnungswesen stehen die Buchhaltung und der Jahresabschluss im Mittelpunkt. Das Controlling versucht hingegen, aus den dabei gewonnenen Daten permanent Entscheidungsvorschläge zu entwickeln und zu begründen, wobei betriebswirtschaftliche Zwecke im Mittelpunkt stehen. Kosten transparent zu machen, sie nach Kostenarten zu erfassen (Cost Type Accounting) und auf die Produkte bzw. Dienstleistungen, die das Unternehmen auf den Markt bringt, zu verrechnen, sind hier wichtige Aufgabenfelder.

Sich einen Einblick in dieses wichtige Gebiet der Betriebswirtschaft zu verschaffen, ist in Zeiten, in denen Kosten und Kostendeckung eine immer größere Rolle spielen, durchaus von Vorteil – auch für Mitarbeiter und Führungskräfte, die nicht so häufig mit Zahlen in Kontakt kommen.

In diesem Kapitel finden sich die wichtigsten Begriffe dazu: von Ausgaben über Deckungsbeitrag über Kalkulation bis zum Zuschlagssatz – kurz: das ganze wichtige Wissen rund um die Kosten- und Leistungsrechnung. Dabei werden verschiedene Kostenarten (fixe und variable, Einzel- und Gemeinkosten) sowie verschiedene Prinzipien, wie Kosten verrechnet werden (Voll- oder Teilkostenrechnung), erklärt. Ebenso werden neuere Ansätze wie die Prozesskostenrechnung oder die speziell bei der Entwicklung neuer Produkte oder Verfahren immer mehr an Bedeutung gewinnende Zielkostenrechnung (Target Costing) vorgestellt.

Aufwand/Aufwendungen

Aufwand und Aufwendungen: synonyme Verwendung

Aufwand ist Werteverzehr für Güter und Dienstleistungen innerhalb einer Abrechnungsperiode. Aufwand führt immer zu einer Verringerung des Gesamtvermögens. Wichtig ist diese Größe sowohl für die Buchführung als auch für die Kostenrechnung.

Aufwand kann durch ganz unterschiedliche Ursachen entstehen. In der Betriebswirtschaft unterscheidet man, ob er einem betrieblichen Zweck dient (wie der Arbeiterlohn) und ob er in diesem Rahmen regelmäßig oder außer der Reihe anfällt. Dann gibt es aber auch Aufwand, der keinem betrieblichen Zweck dient. Hier spricht man von neutralem Aufwand, genauer von „betriebsfremdem" neutralen Aufwand. Neutraler Aufwand heißt es nämlich auch dann, wenn ein betrieblicher Zweck vorliegt, der Aufwand jedoch zu einer anderen Abrechnungsperiode gehört.

Zweckaufwand/Betriebsaufwand	neutraler Aufwand
• ordentlich • außerordentlich	• betriebsfremd • periodenfremd

Zweckaufwand/Betriebsaufwand

Ausschließlich für die Erfüllung betrieblicher Zwecke

In diesem Fall verursacht der Aufwand gleichzeitig *Kosten*. Er wird in der Betriebsbuchhaltung bzw. Kostenrechnung erfasst. Ist der Zweckaufwand „ordentlich", bedeutet dies, er fällt für die eigentlichen betrieblichen Zwecke (also etwa die Produktion oder den Vertrieb) an.

Beispiele für ordentlichen Betriebsaufwand:

Löhne, Gehälter, Aufwand für bezogene Leistungen, Verbrauch von Roh-, Hilfs- und Betriebsstoffen.

Der ordentliche Betriebsaufwand ist Basis für die Kostenkalkulation. Er tritt mit einer gewissen Regelmäßigkeit auf.

Wird der Aufwand betrieblich verursacht, tritt aber nicht regelmäßig auf und ist nicht mit dem *eigentlichen* Betriebszweck verbunden, spricht man von außerordentlichem Betriebsaufwand. Dieser Aufwand ist letztlich in Einzelheiten nicht planbar. Allerdings ist es sinnvoll, für voraussichtlich entstehenden außerordentlichen Aufwand entsprechende Reserven einzuplanen.

Beispiele für außerordentlichen Betriebsaufwand:

Forderungsausfälle, Gerichtskosten, zu leistende Entschädigungen, Aufwand für eine Rückrufaktion.

Wollte man den außerordentlichen Aufwand vollständig in die Kostenkalkulation einbeziehen, entstünde ein verzerrtes Bild.

Beispiel:

Im Jahre 2006 wurde durch einen Brand eine Produktionsanlage stark beschädigt. Die Anlage musste mit einem Aufwand von 100.000 € repariert werden. Dieser außerordentliche Aufwand darf die Kostenrechnung des Jahres 2006 nicht beeinflussen. Da dieses Ereignis (hoffentlich) nicht in jedem Jahr eintritt, ist es für den Betriebsablauf untypisch und demzufolge in der laufenden Kostenrechnung abzugrenzen.

Tipp:

Außerordentliche Aufwendungen können Sie in Form von Pauschalen in der Kalkulation berücksichtigen. Das ist dann sinnvoll, wenn außerordentlicher Aufwand zwar für immer wieder unterschiedliche Zwecke, aber in einer annähernd vorhersehbaren Höhe anfällt.

Neutraler Aufwand

Keine Kosten i. S. d. Kostenrechnung

Fällt Aufwand an für Dinge, die nicht dem Betriebszweck dienen, muss dieser abgegrenzt werden. In diesem Fall handelt es sich nicht um Kosten, da Kosten immer mit dem Betriebszweck verbunden sind. Es ist zu unterscheiden, ob es sich um betriebsfremden Aufwand oder um periodenfremden Aufwand handelt.

Betriebsfremder Aufwand

Betriebsfremder Aufwand sind z. B. Verluste aus Wertpapierverkäufen, aber auch Schenkungen oder Spenden.

Beispiel:

Eine Spende stellt für das Unternehmen zwar einen Aufwand dar, denn in der Höhe der Spende fließt aus dem Unternehmen Geld ab. Es handelt sich hierbei jedoch eindeutig nicht um Kosten, weil dieser Vorgang nicht mit der Erstellung einer Leistung (Produkt, Dienstleistung) zusammenhängt.

Periodenfremder Aufwand gehört in ein anderes Jahr

Unter periodenfremden Aufwand versteht man alle Vorgänge, die zwar durch den Unternehmenszweck verursacht wurden, jedoch nicht der laufenden Periode (Geschäftsjahr des Unternehmens) zuzurechnen sind. Sie betreffen entweder vergangene oder zukünftige Zeitperioden. Diese Aufwendungen dürfen also keinesfalls in der Kostenrechnung des laufenden Geschäftsjahrs berücksichtigt werden. Sie müssen abgegrenzt, d. h. der Zeitperiode zugeordnet werden, in der sie ganz oder teilweise entstanden sind.

Warum diese Unterscheidungen?

Zunächst sehen die hier getroffenen Unterscheidungen spitzfindig aus. Der Zweck wird deutlich, wenn man folgenden Überlegungen folgt:

- Aufwand führt zu einer Minderung des Gesamtvermögens. Das heißt, die vorhandene Geldmenge reduziert sich (es fließt Geld ab) oder andere Vermögensgegenstände verlieren an Wert.

  Beispiel Abschreibungen:

  Die Abschreibungen werden als Aufwand verbucht – der Wert des Wirtschaftsgutes wird geringer. Es fließt aber kein Geld aus dem Unternehmen hinaus.

- Nur die Aufwendungen, die mit dem betrieblichen Zweck in der laufenden Periode (Geschäftsjahr) verbunden sind, können Basis für die Preiskalkulation sein.
- Aufwendungen, die anderen Jahren zuzuordnen sind, dürfen nicht das Ergebnis der Gewinn- und Verlustrechnung verfälschen. Sie müssen deshalb abgegrenzt werden.

- Aufwendungen, die nicht dem Betriebszweck, also der Erstellung von Leistungen dienen, dürfen den Leistungen auch nicht zugerechnet werden.

Siehe auch *Gewinn- und Verlustrechnung*, S. 167.

Ausgaben

Ausgaben führen zu einer Verminderung des Geldvermögens. Zum Geldvermögen gehören die Geldbestände, aber auch die Ansprüche auf Einzahlungen (Forderungen). Verpflichtungen zu Auszahlungen (Verbindlichkeiten) verringern das Geldvermögen.

Ausgaben müssen nicht zwangsweise auch *Aufwendungen* oder *Auszahlungen* sein. Der Kauf einer Maschine z. B. führt zwar zu einer Ausgabe, ist aber kein unmittelbarer Aufwand, sondern wird erst durch die späteren *Abschreibungen* dazu.

Der Wareneinkauf auf Ziel bedeutet zwar eine Ausgabe, da das Geldvermögen des Betriebs verändert wird, stellt aber keine Auszahlung dar, da der Zahlungsmittelbestand dadurch nicht verändert wird.

Ausgaben – kapitalbindend oder kapitalentziehend?

Kapitalbindende Ausgaben haben langfristig keine Veränderung der Bilanzsumme, sondern einen Aktivtausch zur Folge. Dazu gehören z. B. die Bezahlung von Löhnen und Gehältern, von Betriebsmitteln und Werkstoffen sowie von Fremddiensten und Fremdrechten. Auch bei der Bereitstellung von Kapital für andere Wirtschaftseinheiten, z. B. in Form von Beteiligungen oder Darlehen, handelt es sich um kapitalbindende Ausgaben.

Beispiel:

Löhne und Gehälter entstehen durch dispositive Arbeit (Führung, Verwaltung usw.) oder dadurch, dass entweder Arbeit am Produkt oder der Dienstleistung erfolgt. Die damit verbundenen Kosten sind Bestandteil der Herstellkosten, mit denen die Bestände an unfertigen und fertigen Erzeugnissen bewertet werden. Löhne und Gehälter führen also mittelbar zum Bestandsaufbau und damit zur Kapitalbindung.

Kapitalentziehende Ausgaben bewirken einen Rückgang der Bilanzsumme. Zu den kapitalentziehenden Ausgaben gehören daher zunächst Verluste, die aus dem Verkauf betrieblicher Leistungen (Umsatz) und der Veräußerung von sonstigem Sach- und Finanzvermögen einschließlich Kapitalrückzahlungen resultieren.

Ferner sind Zins- und Darlehensausgaben, die als Entschädigungsleistungen für ein aufgenommenes Darlehens- und Beteiligungskapital gezahlt werden, kapitalentziehend. Schließlich entziehen auch Steuer- und Subventionsausgaben sowie Ausgaben, die durch Kapitalrückzahlungen hervorgerufen werden, dem Unternehmen Kapital.

→ Einnahmen, S. 255

Tipp:

Die Gegenposition zu den Ausgaben sind die Einnahmen. Der Saldo zwischen Einnahmen und Ausgaben beeinflusst die Liquidität, allerdings bestehen noch Spielräume durch die jeweiligen Zahlungsziele.

Auszahlungen

Als Auszahlung wird der Abfluss von Bargeld (Banknoten, Münzen) und von Buchgeld (Bestand auf täglich fälligen Konten) bezeichnet. Durch Auszahlungen sinken die liquiden Mittel (Zahlungsmittelbestand), somit beeinflussen Auszahlungen den *Cashflow* in negativer Weise.

Zusammen mit den *Einzahlungen* sind die Auszahlungen die Größe, die letztlich die Liquidität des Unternehmens bestimmen.

Auszahlungen nicht immer gleich Aufwand

Zwischen Auszahlungen einerseits und Ausgaben bzw. Aufwand andererseits besteht kein unmittelbarer Zusammenhang. Zwar können Auszahlungen Aufwand darstellen und zu einer Ausgabe führen, aber das muss nicht so sein.

Beispiele:

Der Unternehmer A kauft ein für seinen Handwerksbetrieb erforderliches Werkzeug und zahlt bar. Hier entspricht die Auszahlung der Ausgabe.

Kurz darauf kauft er eine Maschine im Wert von 20.000 € und bezahlt sie aus seinem laufenden Konto bei der Hausbank. Die Auszahlung beträgt 20.000 €; der Aufwand wird jedoch nur in Höhe der Abschreibungen gebucht.

Warum diese Unterscheidung?

- Auszahlungen vermindern den Zahlungsmittelbestand. Der Saldo zwischen Ein- und Auszahlungen ist also essenziell wichtig für die Liquidität eines Unternehmens.
- Ausgaben und Einnahmen verändern das Geldvermögen. Die damit verbundenen Zahlungsziele erlauben aber zumindest eine kurzfristige Disposition.
- Aufwand ist der Teil, der in die Gewinn- und Verlustrechnung eingeht. Er beeinflusst damit das Betriebsergebnis, muss aber nicht zwingend Einfluss auf die Liquidität haben (siehe obiges Beispiel der Abschreibungen).

Betriebsabrechnungsbogen

Der Betriebsabrechnungsbogen (BAB) ist ein Instrument der Kostenrechnung. Er dient dazu, die *Gemeinkosten* einer *Kostenstelle* in tabellarischer Form zu verteilen. Die *Einzelkosten* werden den *Kostenträgern* weiterhin direkt zugerechnet.

Hauptaufgabe des BAB ist die Übernahme der Gemeinkostenarten aus der Buchhaltung sowie deren Verrechnung auf die Kostenstellen, in denen sie entstanden sind. Mit seiner Hilfe werden dann die Zuschlagssätze errechnet, die Eingang in die Kostenträgerstückrechnung finden.

→ Kostenstelle, S. 293

Je nachdem, ob ein Betrieb lediglich Fertigungshauptkostenstellen oder, was üblich ist, zusätzlich noch *Hilfskostenstellen* besitzt, wird der BAB entweder in einer einfachen oder in einer mehrstufigen Variante erstellt.

So wird ein BAB erstellt

Zusammengefasst kann man die Arbeit mit dem Betriebsabrechnungsbogen folgendermaßen beschreiben:

1. Aus der Kostenrechnung (Buchhaltung) werden die nach Kostenarten aufgeschlüsselten Gemeinkosten, die verteilt werden sollen, übernommen und in den Betriebsabrechnungsbogen eingetragen.

Verteilungsgrundlage festlegen

2. Ziel ist es nun, diese Gemeinkosten auf die einzelnen Kostenstellen zu verteilen. Dafür ist es erforderlich, eine Verteilungsgrundlage festzulegen.

Kostenstellen-Einzelkosten

3. Ein Teil der Gemeinkosten wird sich direkt verteilen lassen. Das ist immer dann der Fall, wenn durch Belege, wie Entnahmescheine, Lohn- und Gehaltslisten oder sonstige Nachweise (z. B. für Reisekosten oder Büromaterial) eine eindeutige Zuordnung möglich ist. In diesem Fall spricht man auch von Kostenstellen-Einzelkosten.

Kostenstellen-Gemeinkosten: durch Schlüssel umgelegt

4. Alle Gemeinkostenarten, die sich nicht oder nur mit unvertretbar hohem Aufwand direkt zuordnen lassen, können nur indirekt mithilfe von so genannten Schlüsseln auf die Kostenstellen umgelegt werden. In diesem Fall spricht man von Kostenstellen-Gemeinkosten. Beispiele für Kostenarten, die sich nicht direkt zuordnen lassen, sind Reinigungs-, Energie- und Versicherungskosten oder Sozialabgaben. Geeignete Schlüssel stellen beispielsweise Quadratmeter, Materialentnahmescheine, Lohn- und Gehaltskosten, Anzahl der Beschäftigten oder investiertes Kapital dar.
5. Handelt es sich um eine einstufige Verrechnung, kann nun die Verteilung auf die Hauptkostenstellen erfolgen. Basis sind die in Punkt 2 festgelegten Verteilungsgrundlagen.
6. Gibt es im Betrieb auch Hilfskostenstellen, werden die Gemeinkosten zunächst in einem ersten Schritt auf sämtliche Kostenstellen (Hauptkostenstellen und Hilfskostenstellen) verrechnet. In einem nächsten Schritt erfolgt dann die Kostenstellenumlage.

Das heißt, die in den Hilfskostenstellen erfassten Kosten (einschließlich der auf sie verrechneten Gemeinkosten) werden wiederum nach bestimmten Schlüsseln auf die Hauptkostenstellen umgelegt. Damit entsteht eine mehrstufige Verrechnung.

7. Als Ergebnis kann man die Gemeinkosten-Zuschlagssätze berechnen.

→ Zuschlagssätze, S. 318

Tipp:

Die besondere Herausforderung für den Kostenrechner liegt in der richtigen Wahl der Schlüssel. Schlüssel können die anfallenden Kosten nie exakt einzelnen Kostenstellen oder Kostenträgern zurechnen. Es gibt immer Ungenauigkeiten und Zuordnungsfehler. Um diese Fehler möglichst gering zu halten, sollten Sie bei der Auswahl der Schlüssel mit besonderer Sorgfalt vorgehen.

Aufbau des Betriebsabrechnungsbogens

Der Betriebsabrechnungsbogen ist letztlich eine Tabelle, in der links, in der ersten Spalte, die in der Kostenartenrechnung erfassten Gemeinkosten vertikal aufgeführt sind. In horizontaler Richtung enthält der BAB die Kostenstellen. Ein Beispiel zeigt die Abbildung auf der folgenden Seite.

Den mehrstufigen BAB erstellen

Der mehrstufige BAB berücksichtigt die erweiterte Kostenstellengliederung mit Haupt- und Hilfskostenstellen. Die Stellengemeinkosten der Hilfskostenstellen müssen jetzt in einem mehrstufigen (iterativen) Verfahren auf die Hauptkostenstellen verteilt werden. Dabei werden zunächst die allgemeinen Kostenstellen, die Leistungen für das gesamte Unternehmen erbringen, auf alle anderen Kostenstellen umgelegt. Erst dann werden die Gemeinkosten der Fertigungshilfsstelle auf die Fertigungshauptstellen sowie die Verwaltungs- und Vertriebskostenstellen verteilt.

Beispiel für einen einstufigen Betriebsabrechnungsbogen

Gemeinkostenarten Alle Angaben in Euro		Verteilungsgrundlage	Zahlen der Buchhaltung	Kostenstellen Material	Fertigung	Verwaltung	Vertrieb	Gesamt
teilfixe Kosten	Gemeinkostenmaterial	Entnahmeschein	28.600		25.740		2.860	28.600
	Hilfslöhne	Lohnlisten	35.640	5.674	26.789		3.177	35.640
	Energien	Abschlagszahlungen/Messungen	14.530		14.530			14.530
	Sozialabgaben	Lohn- und Gehaltskosten	29.854	1.980	13.509	11.658	2.707	29.854
	Fremdreinigung	Quadratmeter	13.300		7.432	3.465	2.403	13.300
	Andere Raumkosten	Quadratmeter	9.850		4.962	2.761	2.127	9.850
	Sonstige Kosten	Umlagen/Belege	6.579	987	3.280	1.562	750	6.579
fixe Kosten	Gehälter	Gehaltslisten	41.367	4.200	9.750	16.500	10.917	41.367
	Abschreibungen	Anlageverzeichnis	10.942		8.540	1.600	802	10.942
	Zinsen	Investiertes Kapital/Anl.verzeichnis)	3.590		1.870	890	830	3.590
	Miete	Quadratmeter	8.350		4.840	1.970	1.540	8.350
	Steuern und Abgaben	Interner Verteilerschlüssel	11.285		4.853	6.432		11.285
Summe Gemeinkosten			**213.887**	**12.841**	**126.095**	**46.838**	**28.113**	**213.887**
			Zuschlagsgrundlagen	**Fertigungs-material**	**Fertigungs-löhne**	**Herstellkosten des Umsatzes**		
				309.800	107.600	550.000		
			Zuschlagsätze	**4,14%**	**117,19%**	**8.52 %**	**5,11%**	

Berechnung der Herstellkosten des Umsatzes

	Fertigungsmaterial		309.800
+	Materialgemeinkosten (MGK)	4,14%	12.841
	Fertigungslöhne		107.600
+	Fertigungsgemeinkosten (FGK)	117,19%	126.095
=	**Herstellkosten**		**556.336**
+	Minderbestand an unfertigen Erzeugnissen		3.534
-	Mehrbestand an fertigen Erzeugnissen		9.870
=	**Herstellkosten des Umsatzes**		**550.000**

Break-Even-Point

Der Break-Even-Point ist die Gewinnschwelle. Er beziffert die abgesetzte Menge eines Produkts, ab der alle Kosten gedeckt sind und damit Gewinn erwirtschaftet wird.

Die Bestimmung des Break-Even-Points ist bedeutsam, weil sich einige Kostenbestandteile mit der abgesetzten Menge verändern (variable Kosten) und andere konstant bleiben (Fixkosten).

→ Fixkosten, S. 259

Bestimmung des Break-Even-Points

Die Fixkosten, die variablen Kosten pro Stück und der Erlös pro Stück werden als konstant angenommen. Unter diesen Voraussetzungen bestimmt sich der Break-Even-Point nach folgender Formel:

$$\text{Break-Even-Punkt} = \frac{\text{Fixkosten}}{\text{Preis pro Stück} - \text{variable Kosten pro Stück}}$$

Formel

Beispiel:

Fixe Kosten = 50 000 €, variable Kosten = 4 €/Stück,
Erlös (Preis) pro Stück = 6 €/Stück

Damit errechnet sich ein Break-Even-Point von 25.000 Stück. Das bedeutet: Es sind mindestens 25.000 Stück abzusetzen, um bei den gegebenen Kosten und Preisen die Fixkosten zu decken.

Die Größe „Erlös – variable Kosten" entspricht dem Deckungsbeitrag pro Stück. Der Break-Even-Point ist damit die Menge, bei der der gesamte Deckungsbeitrag größer wird als die Fixkosten.

Graphische Darstellung des Break-Even-Points

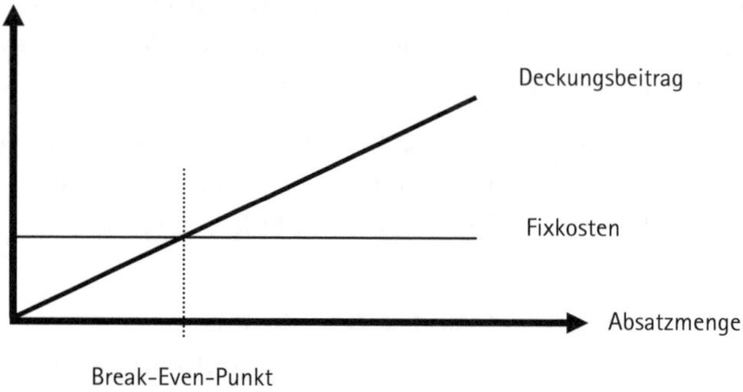

Weitere Erkenntnisse aus der Break-Even-Analyse

Auf CD-ROM

Anhand der obigen Darstellung lassen sich auch weitergehende Aussagen treffen, z. B.:

- Bei welcher Absatzmenge wird ein bestimmter Zielgewinn erreicht?
- Bei welcher Absatzmenge werden alle Auszahlungen durch Umsatzerlöse gedeckt?

Diese einfache Form der Break-Even-Berechnung ist nur bei Einproduktunternehmen möglich. Da bei Mehrproduktunternehmen viele unterschiedliche Zusammensetzungen des Sortiments bis zum Erreichen der Gewinnschwelle denkbar sind, lässt sie sich nur anwenden, wenn man annimmt, dass das Verhältnis der Absatzmengen der einzelnen Produkte zueinander gleich bleibend ist.

Tipp: Sprungfixe Kosten

In den wenigsten Fällen sind Kostenbestandteile absolut fix. Oft ändern sie sich sprunghaft, wenn bestimmte Mengen überschritten werden (man benötigt z. B. eine zusätzliche Maschine). Solche Fixkostensprünge sollten Sie unbedingt in die Betrachtung einbeziehen, um nicht zu falschen Schlussfolgerungen zu kommen.

Deckungsbeitrag

Der Deckungsbeitrag eines Produkts (oder einer Dienstleistung) ergibt sich aus der Differenz zwischen seinem Nettoerlös und seinen variablen Kosten. Mit dem Deckungsbeitrag lässt sich feststellen, wie gewinnträchtig Produkte, Serien oder Sortimente sind.

Man berechnet den Deckungsbeitrag retrograd (rückwärts) aus den Erlösen, indem man die Kosten, die mit diesem Erlös verbunden sind und die sich mit der Menge der abgesetzten Erzeugnisse auch ändern, subtrahiert.

→ Deckungsbeitragsrechnung, S. 250

Nettoerlös

– variable Kosten

= Deckungsbeitrag

Formel Deckungsbeitrag

Der Deckungsbeitrag dient dazu, die *Fixkosten* und die Steuern auf Einkommen und Ertrag zu decken (daher der Begriff). Liegt der Deckungsbeitrag höher, beziffert die übersteigende Differenz den Gewinn, der auf dieses Produkt bzw. die Dienstleistung entfällt.

→ Fixkosten, S. 259

Beispiel Deckungsbeitrag:

Nettoerlös für den Silvesterknaller „Feuerball"	25,00 €
Variable Kosten für die Herstellung des „Feuerballs"	10,00 €
Deckungsbeitrag	15,00 €

Der Deckungsbeitrag beträgt 15 € bzw. 60 % des Nettoerlöses.

Stück- und Periodendeckungsbeitrag

Der Deckungsbeitrag kann wie oben im Beispiel pro Stück (oder jeder anderen Maßeinheit, in der die Produkte bzw. Dienstleistungen abgerechnet werden) ermittelt werden. Dann spricht man vom Stückdeckungsbeitrag. Diese Größe drückt aus, mit welchem Betrag ein Stück (eine Einheit) des Produkts dazu beiträgt, die fixen Kosten des Unternehmens und die Ertragssteuern zu tragen und inwieweit er darüber hinaus zu einem Gewinn führt.

Multipliziert man die Ausgangsgrößen für die Berechnung des Stückdeckungsbeitrags (Stückpreis und variable Stückkosten) mit der abgesetzten Menge, erhält man den Periodendeckungsbeitrag. Diese Größe drückt aus, wie hoch der Deckungsbeitrag eines Produkts (einer Dienstleistung) während des gesamten Jahres ist, d. h. in welchem Maß das Produkt zum Gewinn des Unternehmens beigetragen hat.

Um die Gewinnträchtigkeit verschiedener Produkte zu vergleichen, wird der Deckungsbeitrag auch häufig nicht als Betrag, sondern als Prozentsatz ausgedrückt (auch: Bruttoerfolgsspanne):

Formel Deckungsbeitrag in Prozent

$$\text{Deckungsbeitrag in Prozent} = \frac{\text{Stückdeckungsbeitrag}}{\text{Stücknettoerlös}} \times 100$$

Tipp:

Dieser Deckungsbeitrag in Prozent ist in erster Linie für die einzelnen Produkte interessant. Zusammengefasst als durchschnittlicher prozentualer Deckungsbeitrag des gesamten Unternehmens kann er ein Anhaltspunkt dafür sein, wie hoch der Deckungsbeitrag je Produkt im Durchschnitt sein muss, um bei gegebenem Absatz und konstanten Fixkosten den geplanten Betriebserfolg zu erreichen.

Deckungsbeitragsrechnung

Die Deckungsbeitragsrechnung ist ein System der Teilkostenrechnung, bei dem der Überschuss der Erlöse über bestimmte Teilkosten als *Deckungsbeitrag* ausgewiesen wird. Der Deckungsbeitrag wird dabei ausgehend vom Erlös retrograd errechnet.

Je nach Komplexität der Fragestellung kann die Deckungsbeitragsrechnung (häufig DBR abgekürzt) einstufig oder mehrstufig ausgeführt werden. Um sie jedoch überhaupt machen zu können, sind einige Voraussetzungen nötig:

- eine Unternehmensorganisation mit *Kostenstellen*, da nur so sinnvoll die entsprechende Kostentransparenz geschaffen werden kann
- eine Kostenrechnung, die es ermöglicht, allen *Kostenträgern* nur die variablen Kosten zuzurechnen.

Voraussetzung: Kostenstellen

> **Achtung:**
> Variable Kosten sind alle Kosten, die sich mit der Ausbringungsmenge ändern und dem Kostenträger direkt oder indirekt zugerechnet werden können.

→ Variable Kosten, S. 313

Einsatzmöglichkeiten der Deckungsbeitragsrechnung

Insbesondere wenn es darum geht, kurzfristige, auf Produkte bezogene Entscheidungen zu treffen, ist die Deckungsbeitragsrechnung ein effizientes Instrument. Die folgende Aufstellung listet einige der Fragen auf, die mit ihrer Hilfe beantwortet werden können:

Auf CD-ROM

Nutzung der Deckungsbeitragsrechnung

- Make or buy – soll ein Teil selbst hergestellt bzw. eine Teilleistung selbst erbracht oder das Teil/die Leistung eingekauft werden?
- Welcher interne Auftrag muss bei einem Kapazitätsengpass aus wirtschaftlichen Gründen zurückstehen?
- Welche Menge muss abgesetzt werden, um die Preissenkung, beispielsweise durch eine Rabattaktion, aufzufangen und mindestens den gleichen Gesamtdeckungsbeitrag zu erzielen?
- Wo liegt die absolute Preisuntergrenze, zu der Sie ein bestimmtes Produkt absetzen müssen, ohne Verluste zu erleiden?
- Lohnt sich eine Kapazitätsausweitung? Wie hoch muss die abgesetzte Menge sein, um diese Zusatzkosten zu decken?
- Zur Auslastung Ihrer Kapazität wollen Sie einen zusätzlichen Auftrag übernehmen. Welchen Preis müssen Sie verlangen.
- Was sind die wichtigsten Produkte im Unternehmen? Nicht der Umsatz, sondern der Deckungsbeitrag ist entscheidend.

Effizientes Controlling-Instrument für produktbezogene Probleme

Direct Costing und relative Einzelkosten

Vom Grundsatz her gibt es zwei Typen der Deckungsbeitragsrechnung, nämlich

- das Direct Costing oder Grenzplankostenrechnung und
- die relative Einzelkostenrechnung.

Direct Costing/ Grenzplankostenrechnung

Bei der Grenzplankostenrechnung werden die Kosten in fixe und variable Bestandteile zerlegt und dann wird nach dem unten angeführten Schema der Deckungsbeitrag (oder bei der mehrstufigen Rechnung die Deckungsbeiträge) berechnet.

Relative Einzelkostenrechnung

Für Unternehmen mit hohen Fixkosten

Nun gibt es aber eine Reihe von Unternehmen, in denen alle oder zumindest fast alle Kosten fix sind.

Beispiel:

- Kreditinstitute
- Wohnungsverwaltungen
- Ingenieurbüros
- Architekten u. a. m.

All diese (und noch andere) Unternehmen sind dadurch gekennzeichnet, dass ein Großteil der Kosten Lohn- und Gehaltskosten sind, die sich nicht mit den abgearbeiteten Aufträgen ändern. So wird ein Bankangestellter sein Gehalt unabhängig davon beziehen, ob er pro Tag 10 oder 50 Kunden beraten hat und unabhängig davon, wie hoch die angelegten Gelder dieser Kunden waren. Auch die angefallenen Sachkosten, wie Miete, Büromaterial, Lizenzen für Software oder auch Abschreibungen schwanken nicht mit der erbrachten Leistung.

In diesem Fall werden die sog. relativen Einzelkosten folgendermaßen bestimmt:

Relative Einzelkostenrechnung: So gehen Sie vor

- Alle Kostenbestandteile werden den Objekten (Kostenträgern, Warengruppen im Handel usw.) zugeordnet. Beispiel Bank: „Giro Privatkunden", „Giro Geschäftskunden", „Sparen", „Anlageberatung", „Versicherungen", „Kreditabteilung privat", „Kredit Geschäftskunden" u.a.m.
- Die Kosten, die direkt mit der Leistungserstellung zu tun haben, werden Leistungskosten genannt. Das können z. B. Wareneinsatz, Bezugskosten, Verderb, Verpackung und Ähnliches sein. Bei der Bank gehören dazu etwa die Personalkosten für den Berater oder Kosten für (Werbe-)Unterlagen.
- Im nächsten Schritt werden die direkt zurechenbaren Personalkosten ermittelt.
- Danach folgen stufenweise die nicht direkt zurechenbaren Personalkosten (etwa Empfang, Reinigungskosten), die Raumkosten und sonstige Kosten (sog. Bereitstellungskosten) nach dem Verteilungsschlüssel.

Das Prinzip ist: Zuerst kommen die Kostenbestandteile mit relativ großer Nähe zum Kostenträger an die Reihe, danach systematisch diejenigen, bei denen der (relative) Einzelkostencharakter abnimmt. Auch hier gilt: Die genaue Ausgestaltung der einzelnen Schritte ist abhängig von den betrieblichen Gegebenheiten.

Ein- und mehrstufige Deckungsbeitragsrechnung

Einstufige DBR: ein Fixkostenblock

Bei der einstufigen Deckungsbeitragsrechnung gibt es nur einen Fixkostenblock. Das heißt, die Fixkosten werden nicht weiter untergliedert, es geht lediglich darum, dass die Summe aller Deckungsbeiträge im Unternehmen größer ist als diese Fixkosten.

Die Rechnung ist relativ einfach:

Formel einstufige DBR

	Nettoerlös
–	variable Kosten
=	Deckungsbeitrag
–	fixe Kosten des Unternehmens
=	Betriebserfolg (Gewinn oder Verlust)

Tipp variable Kosten:

Unproblematisch ist es, die variablen Einzelkosten (Fertigungsmaterial, Fertigungslöhne) zu bestimmen. Zu den variablen Kosten gehören aber auch Teile der Gemeinkosten (Materialgemeinkosten, Fertigungsgemeinkosten, variable Verwaltungs- und Vertriebsgemeinkosten). Auf eine Schlüsselung der Gemeinkosten können Sie also nicht vollkommen verzichten (s. a. *Zuschlagssätze*, S. 318).

Mehrstufige Deckungsbeitragsrechnung

Fixkostenblock wird unterteilt

Die mehrstufige Deckungsbeitragsrechnung kennt nicht nur einen einzigen Fixkostenblock, sondern geht davon aus, dass auch dieser Fixkostenblock zu unterteilen ist.

Beispiel mehrstufige Deckungsbeitragsrechnung:

	Erlöse des Produkts A	40.000 €
–	variable Kosten	18.000 €
=	Deckungsbeitrag I	22.000 €
–	anteilige Fixkosten der Produktgruppe	9.000 €
=	Deckungsbeitrag II	13.000 €
–	anteilige Fixkosten der Niederlassung	3.000 €
=	Deckungsbeitrag III	10.000 €
–	anteilige Fixkosten des Unternehmens	4.000 €
=	Gewinn	6.000 €

Man subtrahiert die Fixkosten also nicht als Ganzes, sondern in einzelnen Schritten. Dabei geht man so vor, dass zuerst die Teile der Fixkosten, die dem Produkt am ehesten zugeordnet werden können, abgezogen werden. Danach folgen schrittweise die Kosten, die immer „allgemeiner" werden.

> **Achtung:**
> Welche Deckungsbeitragsstufen genau definiert werden, ist abhängig von den konkreten betrieblichen Gegebenheiten.

Einnahmen

Durch Einnahmen steigt das Geldvermögen.

Das Geldvermögen eines Unternehmens setzt sich aus dem Zahlungsmittelbestand (Kassenbestände und jederzeit verfügbare Bankguthaben) zuzüglich des Bestands an Forderungen abzüglich der *Verbindlichkeiten* zusammen. Somit stellt neben der Einzahlung auch die Erhöhung einer Forderung oder der Rückgang einer Verbindlichkeit eine Einnahme dar. Die Gegenposition zur Einnahme ist die *Ausgabe.*

→ Einzahlungen, Ertrag, Auszahlung, Aufwand

> **Achtung:**
> Beim Verkauf von Waren auf Ziel handelt es sich um eine Einnahme, da der Bestand der Forderungen steigt. Es liegt jedoch keine Einzahlung vor, denn zum Zeitpunkt des Verkaufs fließen dem Unternehmen keine Zahlungsmittel zu. Zu einer Einzahlung kommt es erst bei der Bezahlung der Waren durch den Kunden.

Einzahlungen

Als Einzahlung wird die Erhöhung des Bestands an Bar- und Buchgeld bezeichnet (Zahlungsmittelzugang). Zum Bargeld gehören Banknoten und Münzen, als Buchgeld gilt der Bestand auf täglich fälligen Konten (sog. Sichtguthaben).

Einzahlungen bewirken einen Zufluss an liquiden Mitteln, sie sind folglich immer mit einer Erhöhung des Zahlungsmittelbestands verbunden. Einzahlungen entstehen z. B. bei einem Barverkauf von

Waren oder Dienstleistungen, der Aufnahme eines Bankkredits oder wenn ein Kunde eine Vorauszahlung leistet. Gemeinsam mit den *Auszahlungen* sind die Einzahlungen essentiell für die Liquidität des Unternehmens.

> **Achtung:**
> Einzahlungen müssen nicht automatisch zu einem Ertrag führen. Sie erhöhen auch nicht den Gewinn. So ist ein Kredit, der auf Ihr laufendes Konto gezahlt wird, eine Einzahlung, gleichzeitig erhöhen sich aber auch Ihre Verbindlichkeiten.

Einzelkosten

Auch: Direktkosten

Als Einzelkosten bezeichnet man die Kosten, die sich einem Kostenträger (einem Produkt, einer Dienstleistung) direkt zuordnen lassen. Den Gegenpol zu den Einzelkosten bilden die Gemeinkosten, beide zusammen ergeben die Vollkosten.

Die Einzelkosten sind nicht nur leichter zu ermitteln, sondern auch besser zu beeinflussen als die *Gemeinkosten.* Zu ihnen zählen in einem Produktionsbetrieb beispielsweise Fertigungslöhne und Materialkosten.

Sondereinzelkosten

Von Sondereinzelkosten spricht man, wenn sich die Kosten zwar nicht auf einzelne Kostenträger „stückweise" herunterbrechen lassen (oder anders formuliert: sich nicht auf die Stückkosten umrechnen lassen), einer Kostenträgereinheit (als Menge einzelner Kostenträger) jedoch eindeutig zugeordnet werden können.

Beispiel Sondereinzelkosten:

Firma A entwickelt einen neuen Kopierer. „ColdCopy" soll bald in Serie gehen. Doch zunächst wird ein Prototyp gebaut. Hierbei fallen typische Sondereinzelkosten an – sie lassen sich nicht auf die einzelnen, noch herzustellenden Kopierer umrechnen (sonst müsste Firma A schon jetzt wissen, wie viel sie insgesamt herstellen wird), aber auf die Serie „ColdCopy" als Ganzes. Die Materialkosten, die dann bei der Serienproduktion anfallen, sind hingegen typische Einzelkosten.

In dienstleistungslastigen Branchen wird der Kostenrechner relativ wenig echte Einzelkosten finden. Um dennoch zu einer verursachergerechten Zuordnung zu finden, werden hier die Kosten unter Mithilfe der relativen Einzelkostenrechnung (S. 256) weiter aufgeschlüsselt.

→Deckungsbeitragsrechnung, S. 250

Ertrag

Der Ertrag ist der in einem Geschäftsjahr von einem Unternehmen erwirtschaftete Wertzuwachs, und zwar durch das Erstellen von Gütern und Dienstleistungen.

Ein Ertrag erhöht das Nettovermögen des Unternehmens und wird in Geld ausgedrückt. Entsteht er aus der ureigenen betrieblichen Tätigkeit heraus, spricht man vom „Zweckertrag". Erträge, die nicht der betrieblichen Tätigkeit zugeordnet werden, sind neutrale Erträge.

Abgrenzung zur Einnahme

Der Ertrag entspricht einer Einnahme, wenn Produkte verkauft werden, die in der gleichen Periode auch hergestellt wurden. Wird das Produkt erst in der Folgeperiode (im nächsten Geschäftsjahr) verkauft, handelt es sich um einen Ertrag, aber nicht um eine Einnahme. Daran wird das Wesen des Ertrags deutlich:

Ertrag entsteht dann, wenn sich das Vermögen erhöht, nicht dann, wenn die Leistung auch bezahlt wird.

Beispiel für eine Einnahme, die keinen Ertrag darstellt:

Wird Anlagevermögen, z. B. eine Maschine, zum Buchwert verkauft, hat das Unternehmen eine Einnahme – das Geldvermögen erhöht sich. Diese Einnahme ist aber kein Ertrag, denn das Gesamtvermögen ändert sich nicht. Gehörte zuvor eine Maschine mit einem bestimmten Wert zum Gesamtvermögen, ist es jetzt ein Geldbetrag in gleicher Höhe.

Abgrenzung zur Leistung

→ Leistung, S. 297

Eine Leistung entsteht durch betriebliche Tätigkeit. Aber nur die Erträge, die aus betrieblicher Tätigkeit resultieren, sind auch Leistungen. Der betrieblichen Leistung nicht zurechenbare Erträge werden als neutrale Erträge bezeichnet. Ähnlich wie bei den neutralen *Aufwendungen* (S. 238) werden auch die neutralen Erträge unterschieden, je nachdem, ob sie betriebsfremd, außerordentlich, periodenfremd oder „rechnungsmäßig neutral" sind.

- **Betriebsfremder Ertrag:** Entsteht durch außerbetrieblichen Umsatz, z. B. Ertrag aus Nebengeschäften oder Mieteinnahmen von Gebäuden außerhalb des Betriebsvermögens.
- **Außerordentlicher Ertrag:** Steht im Zusammenhang mit der betrieblichen Leistung, ist aber nicht regelmäßig. Beispiel: Zahlungseingang auf Forderungen, die bereits abgeschrieben waren, Buchgewinne beim Verkauf von Anlagevermögen (das Wirtschaftsgut wird zu einem höheren Preis verkauft, als es in den Büchern steht).
- **Periodenfremder Ertrag:** Zusammenhang mit der betrieblichen Leistung, betrifft aber eine andere Periode (ein anderes Geschäftsjahr).
- **Rechnungsmäßig neutraler Ertrag:** Ertrag entsteht durch eine Gegenbuchung zu den *kalkulatorischen Kosten* und ist somit kein „echter" Ertrag.

Die Gegenposition zum Ertrag ist der *Aufwand*.

Fixkosten

Fixkosten sind Kosten, die sich bei einer Veränderung der Beschäftigung (der ausgebrachten Menge) nicht verändern. Sie fallen für die Bereitstellung der Produktionsfaktoren und deren Rahmenbedingungen und schaffen so Kapazitäten, die erst eine wirtschaftliche Tätigkeit ermöglichen. Ihr Gegenpol sind die *variablen Kosten*.

Ein Friseurladen kann ohne die Anmietung eines Ladens seine Arbeit nicht aufnehmen, ein Möbelschreiner nicht ohne Werkstatt, ein Biotechnologieunternehmen braucht ein Labor mit entsprechenden Geräten, ein Verlag neben Büros auch eine Telefonzentrale, eine Poststelle und vieles mehr. Bevor ein Betrieb seine Tätigkeit aufnehmen kann, müssen also bestimmte Voraussetzungen geschaffen werden. Dies verursacht Kosten. Diese Kosten entstehen zunächst unabhängig davon, ob und wie viel verkauft wird; sie schwanken auch nicht, wenn mehr oder weniger verkauft wird. Ein Unternehmen völlig ohne Fixkosten wird es kaum geben.

Beispiele für die Entstehung von Fixkosten:

- Anmieten oder Errichten von Gebäuden
- Kauf von Maschinen, Anlagen, Fahrzeugen
- Einstellung von Mitarbeitern, die nicht ausschließlich nach der Arbeit an den Produkten bezahlt werden
- Beiträge für Verbände
- Versicherungen usw.

Fixkosten lassen sich nicht immer eindeutig bestimmten Produkten zuordnen. Die Verrechnung erfolgt entweder mittels *Zuschlagssätzen* in der *Vollkostenrechnung* oder über Teilkostenrechnungssysteme, hier insbesondere die *Deckungsbeitragsrechnung*.

Welche Kostenarten sind häufig Fixkosten?

Zwischen dem Verhalten der Kosten, also ob fix oder variabel, und einzelnen *Kostenarten* gibt es keinen direkten Zusammenhang. Nahezu alle Kostenarten können auch als Fixkosten auftreten – das

→ Kostenarten, S. 286

hängt von der konkreten Gestaltung ab. So kann etwa bei den Löhnen Stücklohn oder Zeitlohn vereinbart werden. Trotzdem gibt es diverse Kostenarten, die typisch für Fixkosten sind. Einige sollen hier genannt werden:

- **Abschreibungen:** Die meisten Wirtschaftsgüter werden zeitabhängig abgeschrieben. Das bedeutet, dass jedes Jahr, unabhängig von der tatsächlichen Nutzung, der gleiche Abschreibungsbetrag anfällt.

Tipp:

Selbstverständlich nutzen sich Wirtschaftsgüter, die direkt im Produktionsprozess genutzt werden (Maschinen, Anlagen) bei höherem Produktionsausstoß stärker ab. Es ist aber sehr schwierig, wenn nicht unmöglich, einen rechnerischen Zusammenhang zwischen diesen beiden Größen herzustellen.

- **Kosten für Wartung und Instandhaltung:** Gebäude, Maschinen und Anlagen müssen gewartet und unterhalten werden. Hier fallen oft große Beträge an, auch dann, wenn wenig produziert wird. Allerdings verursachen Maschinen und Anlagen auch leistungsabhängige Unterhaltskosten, die vom Kostenrechner ermittelt werden können und herausgerechnet werden müssen.

Beispiel leistungsabhängige Unterhaltskosten:

Bestimmte Wartungsarbeiten, wie das Nachfüllen von Getriebeöl, Neujustierung von Anlagen usw. sind abhängig von der erbrachten Leistung. Diese Bestandteile sind also nicht fix.

- **Mieten, Leasingraten:** Eine Sonderrolle innerhalb der Fixkosten spielen Mieten und Leasingkosten, z. B. für Gebäude, den Fuhrpark oder Maschinen. Zugrunde liegen in der Regel vertragliche Vereinbarungen, die eine bestimmte Laufzeit haben. Für die Laufzeit dieser Verträge sind die Kosten fix. Nach Ablauf der Vereinbarung sind die Mietaufwendungen und Leasingkosten für einen kurzen Augenblick disponibel: Sie können zurückgegeben oder verkauft werden.

Mengendegression der Fixkosten

Es ist möglich, die Fixkosten nicht nur als absolute Summe, sondern auch pro Stück (oder anderer Maßeinheit je nach Produktion) zu berechnen. Eine sinnvolle Aussage ergibt sich vor allem dann, wenn man die Abhängigkeit der Fixkosten pro Stück von der Produktionsmenge betrachtet.

Je größer die Produktionsmenge ist, desto weniger Fixkosten pro Stück müssen im Preis berücksichtigt sein. Dieser Effekt heißt Mengendegression der Fixkosten und kann graphisch dargestellt werden.

Fixkosten pro Stück

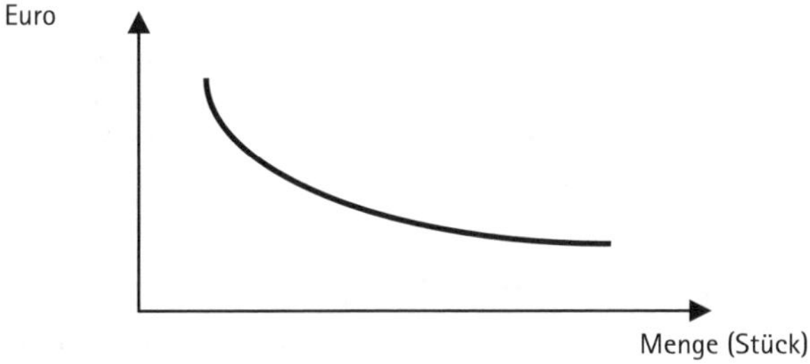

Sprungfixe Kosten

Die Fixkosten sind in der Regel nicht absolut fix, sondern nur innerhalb eines bestimmten Mengenintervalls der Beschäftigung. Beim Überschreiten bestimmter kritischer Größen ergibt sich ein Sprung, um dann wieder für ein nächstes Intervall fix zu sein:

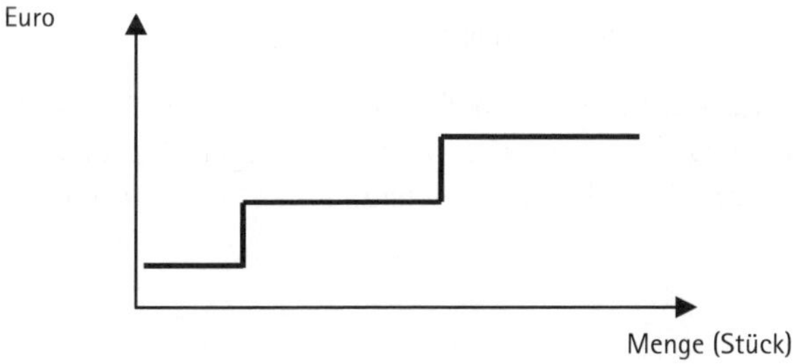

Beispiele sprungfixer Kosten:

- Die Raumkosten für ein Zwischenlager sind fix. Wird jedoch eine bestimmte Produktionsmenge überschritten, benötigt man einen zusätzlichen Lagerraum, der wiederum zusätzliche Kosten verursacht.
- Eine Maschine hat eine bestimmte Kapazität. Wird die Produktion erheblich ausgeweitet, benötigt man eine zusätzliche Maschine.
- Ein Handwerksmeister schafft mit einem Gesellen eine bestimmte Anzahl Aufträge. Will er zusätzliche Aufträge annehmen, muss er einen weiteren Mitarbeiter anstellen.

Tipp:

Ein Problem besteht darin, dass bei einer Steigerung der Ausbringungsmenge die Sprünge relativ genau zu berechnen sind. Sinkt die Ausbringungsmenge jedoch, werden die Sprünge nach unten nicht an den gleichen Stellen liegen. Das ist darin begründet, dass es schwieriger ist, Kapazitäten wieder abzubauen als sie aufzubauen (Verkauf von Maschinen, Beendigung von Mietverträgen, Trennung von Mitarbeitern).

Wie lassen sich Fixkosten beeinflussen?

Hohe Fixkosten – hohes Risiko

Ein hoher Fixkostenanteil bedeutet in der Regel ein höheres unternehmerisches Risiko. Je höher die Fixkosten, um so mehr muss hergestellt und abgesetzt werden, um den *Break-Even-Point* zu erreichen.

Tipp:

Eine Möglichkeit, Fixkosten einzusparen, ist, Prozesse an andere Anbieter auszulagern. Zu bedenken ist jedoch: Diese Anbieter werden ihr Risiko, das aus dem Vorhalten von Kapazitäten besteht, zumindest teilweise in ihrer eigenen Preisgestaltung berücksichtigen.

Auf CD-ROM

Eine vollkommene Einsparung von Fixkosten und ihre Umwandlung in variable Kostenbestandteile ist nicht möglich. Trotzdem lohnt es sich, über Möglichkeiten nachzudenken, fixe Kosten zu senken.

Checkliste Überprüfung von Fixkosten

- Prüfen Sie systematisch, welche zurzeit ausgeführten Funktionen zu den Kernaufgaben des Betriebs gehören. Überlegen Sie, ob Aktivitäten, die nicht zu den Kernaufgaben gehören, ausgelagert werden können. Bedenken Sie aber, dass Sie die mit der Auslagerung verbundene höhere Flexibilität mit einer größeren Abhängigkeit von anderen erkaufen müssen. Wägen Sie ab, was sinnvoller ist.
- Überprüfen Sie, ob Lizenzgebühren (z. B. für Software) pauschal oder in Abhängigkeit von den hergestellten Mengen bezahlt werden können.
- Lassen sich starke Beschäftigungsschwankungen durch den Einsatz von Zeitarbeitskräften (Leihfirmen, Studentenjobs oder geringfügige Beschäftigungen) ausgleichen?
- Sind Maschinen und Anlagen universell einsetzbar?
- Sind die Kapazitäten auf den tatsächlichen Bedarf abgestimmt?

Auf CD-ROM

Gemeinkosten

Kosten werden im Unternehmen durch die *Kostenträger* verursacht. Neben diesen *Einzelkosten*, die den Produkten direkt zugeordnet werden können, gibt es einen großen Kostenblock, der nicht in einem direkten Zusammenhang zu den Leistungen des Unternehmens steht. Diese Gemeinkosten fallen an für Güter und Dienstleistungen, die für die Bereitstellung der Kapazitäten verbraucht werden.

Historisch gesehen nimmt der Anteil der Gemeinkosten an den gesamten Kosten tendenziell zu. Das ist in hohem Maße ein Ergebnis der technischen Entwicklung. Menschliche Arbeit direkt am Produkt wird immer weniger, dafür wird in oft sehr wertintensive Maschinen und Anlagen investiert.

Während Fertigungslöhne allgemein als variabel angesehen werden (z. B. Stücklohn), verursachen technische Anlagen als Hauptbestandteil Abschreibungen, und zwar unabhängig von der auf ihnen hergestellten Menge.

Achtung:

Gemeinkosten und Fixkosten sind nicht das Gleiche:

Die Frage „fix oder variabel?" stellt sich bei einer Veränderung der Ausbringungsmenge. So sind die Abschreibungen einer Maschine beispielsweise fix, sie lassen sich aber in vielen Fällen bestimmten Kostenträgern zuordnen, nämlich denen, die auf dieser Maschine gefertigt werden. Damit sind sie auch Einzelkosten.

Die Frage „Einzel- oder Gemeinkosten?" ist dagegen abhängig von der Fragestellung, ob sie einem Kostenträger, also bestimmten Leistungen des Unternehmens zugeordnet werden können oder nicht. So verändern sich beispielsweise Energiekosten (z. B. Stromverbrauch in der Produktion) mit der produzierten Menge, sie lassen sich aber nicht oder nur mit unvertretbarem Aufwand bestimmten Leistungen zuordnen.

Wo finden sich Gemeinkosten?

Ausschlaggebend für die Zuordnung zu den Gemeinkosten ist nicht die Art der Kosten, sondern der Verursacher. Auf diese Weise finden sich in den Gemeinkosten alle Kostenarten wieder:

In Personalkosten

- Alle Personalkosten, die nicht zu den Fertigungslohnkosten gehören. Typisch dafür sind die Gehälter für Meister und Hilfskräfte in der Fertigung sowie die Personalkosten aus der Verwaltung und dem Vertrieb.
- Auch Materialkosten können Gemeinkosten sein. Neben den typischen Hilfsmaterialien, die in den Kostenstellen verbraucht werden, können auch Fertigungsmaterialien zu Gemeinkostenmaterial werden, wenn der Einsatz für entsprechende Aufgaben erfolgt.

Energiekosten

- Große Teile der Energiekosten werden in den meisten Unternehmen als Gemeinkosten behandelt. Selbst in der Fertigung fehlt oft die technische Möglichkeit, eine direkte Zuordnung zu den Produkten durchzuführen.
- Weitere typische Kostenarten sind u. a. Gebäudekosten, Versicherungen, Transporte oder EDV-Kosten.

Tipp:

Merken Sie sich: Werden Kosten nicht direkt vom Produkt verursacht, handelt es sich um Gemeinkosten.

Wie Gemeinkosten erfassen?

Weil Gemeinkosten durch den Verbrauch von Beständen, den Einsatz von Mitarbeitern usw. für allgemeine betriebliche Zwecke entstehen, sind die Mitarbeiter, die Kostenstellen, die Maschinen und Prozesse des Unternehmens für deren Höhe verantwortlich. Spätestens bei der Erfassung der Kostenrechnungen in der Buchhaltung müssen also Daten über die verursachende Kostenstelle, die Maschine oder den Prozess vorhanden sein.

Damit erhält die interne Erfassung mit den dazu gehörigen Belegen (Entnahmescheine, Lohnbelege etc.) eine große Bedeutung für die Arbeit im Controlling. Die Verrechnung der Gemeinkosten auf die Kostenträger erfolgt dann üblicherweise mithilfe von *Zuschlagssätzen*.

Einteilung der Gemeinkosten

Nach der Zurechenbarkeit unterscheidet man echte von unechten Gemeinkosten; nach dem Stand im Betriebsabrechnungsbogen primäre von sekundären Gemeinkosten.

Echte Gemeinkosten

Sie können den Kostenträgern nicht direkt zugerechnet werden. Deshalb werden sie in Kostenstellen erfasst und dann den Kostenträgern zugerechnet.

Beispiele echter Gemeinkosten:

- Gehälter, Hilfslöhne, Sozialkosten
- Strom, Energie
- Fremdreparaturen
- Gebühren, Beiträge, Steuern

Unechte Gemeinkosten

Unechte Gemeinkosten könnten den Kostenträgern direkt zugerechnet werden. Die Zurechnung ist aber nicht sinnvoll, da der Aufwand, der dafür getrieben werden müsste, höher ist als der Nutzen, den man daraus zieht.

Beispiele unechter Gemeinkosten:

Zumeist handelt es sich hier um geringwertige Wirtschaftsgüter, wie Hilfsstoffe, geringwertige Materialien usw.

Primäre vs. sekundäre Gemeinkosten

Nach der Verrechnung im *Betriebsabrechnungsbogen* (BAB) unterscheidet man die primären und die sekundären Gemeinkosten.

- Primäre Gemeinkosten werden von der Buchhaltung erfasst, nach Kostenarten gegliedert und auf die Hilfs- und Hauptkostenstellen verrechnet.
- Bei den sekundären Gemeinkosten ist keine Gliederung nach Kostenarten mehr möglich. Hier handelt es sich bereits um zusammengefasste Kosten aus den allgemeinen und den Hilfskostenstellen, die den Hauptkostenstellen zugeordnet werden.

Beispiel sekundärer Gemeinkosten:

Gehälter in der Verwaltung, dort verbrauchte Sachmittel, Energie, Fahrzeugkosten usw. werden erfasst und den Verwaltungskostenstellen zugeordnet. Dieser Schritt fällt noch unter den Begriff „primäre Gemeinkosten".

Wenn nun die gesamten Kosten der Verwaltung als anteilige Gemeinkosten den Hauptkostenstellen zugeordnet werden, handelt es sich um „sekundäre Gemeinkosten". Dabei kommt es nicht mehr darauf an, aus welchen Kostenarten sie sich ursprünglich zusammengesetzt haben.

Gesamtkostenverfahren

Das Gesamtkostenverfahren ist ein Verfahren der Gewinn- und Verlustrechnung. Darin werden den gesamten Kosten einer Periode (in der Regel eines Jahres) die um die Bestandsänderungen bereinigten Umsätze gegenübergestellt. Das Ergebnis ist der Gewinn.

Da sich die Kosten auf die hergestellte Leistung beziehen, die Umsätze aber die abgesetzte Leistung repräsentieren, führt eine einfache Gegenüberstellung zu verzerrten Ergebnissen. Beim Gesamtkostenverfahren werden daher die Umsätze um Änderungen der Bestände an unfertigen und fertigen Erzeugnissen bereinigt.

Beispiel:

Zur abgesetzten Leistung (dem Umsatz) werden Erhöhungen der Bestände an fertigen oder unfertigen Leistungen addiert. Schließlich sind dafür auch Kosten entstanden.

Im Gegenzug werden Verringerungen der Bestände von den Umsatzerlösen subtrahiert. Die dafür entstandenen Kosten stammen bereits aus früheren Perioden.

Berechnungsschema

Grundgedanke ist, dass sich die betriebliche *Leistung* wie folgt zusammensetzt:

- Umsatz
- zuzüglich Bestandserhöhungen an unfertigen Erzeugnissen und Fertigerzeugnissen
- abzüglich entsprechender Bestandsverminderungen
- zuzüglich sonstiger aktivierter Eigenleistungen
- zuzüglich sonstiger betrieblicher Erträge.

Für all diese Leistungen sind Kosten (nämlich die Gesamtkosten) entstanden, die nun dem bereinigten Umsatz gegenübergestellt werden. Das Berechnungsschema ist nach § 275 Abs. 2 HGB vorgeschrieben. Ein Beispiel dazu finden Sie auf der nächsten Seite.

Vorteile des Gesamtkostenverfahrens

Die Vorteile des Gesamtkostenverfahrens bestehen u. a. darin, dass die Daten aus der Kostenrechnung leicht zu übernehmen sind und die Veränderungen von Beständen sichtbar werden. Die Bestandsänderungen werden dabei mit den *Herstellungskosten* erfasst, die für diese unfertigen oder fertigen Produkte entstanden sind. Keinesfalls berücksichtigt werden dürfen Gewinnbestandteile (der Gewinn ist noch nicht realisiert) und Absatzkosten.

Ein weiteres Verfahren der Gewinn- und Verlustrechnung stellt das *Umsatzkostenverfahren* (S. 311) dar.

Beispiel: GuV nach dem Gesamtkostenverfahren

1	Umsatzerlöse	9.500.000
2	Bestandsveränderungen fertige u. unfertige Erzeugnisse	2.150.000
3	andere aktivierte Eigenleistungen	250.000
4	sonstige betriebliche Erträge	12.000
	Gesamtleistung	**11.912.000**
5	Materialaufwand	4.582.000
6	Personalaufwand	4.655.000
7	Abschreibungen	800.240
8	sonstige betriebliche Aufwendungen	425.500
	Betriebsergebnis	**1.449.260**
9	Erträge aus Beteiligungen	0
10	Erträge aus anderen Wertpapieren und Ausleihungen des Finanzanlagevermögens	15.400
11	sonstige Zinsen und ähnliche Erträge	25.840
12	Abschreibungen auf Finanzanlagen und auf Wertpapiere des Umlaufvermögens	0
13	Zinsen und ähnliche Aufwendungen	258.000
	neutrales Ergebnis	**-216.760**
14	Ergebnis der gewöhnlichen Geschäftstätigkeit	1.232.500
15	außerordentliche Erträge	15.000
16	außerordentliche Aufwendungen	1.500
17	**außerordentliches Ergebnis**	**13.500**
	Ergebnis vor Steuern	**1.246.000**
18	Steuern vom Einkommen und vom Ertrag	323.960
19	sonstige Steuern	51.000
20	**Jahresüberschuss/Jahresfehlbetrag**	**871.040**

Hinweis: Zahlen in Euro; Zeilen ohne Nummern gehören nicht zur gesetzlichen Vorschrift und wurden nur zur Verbesserung der Aussagekraft eingefügt. (Aus: Haufe Office, Lexikon Praxiswissen)

Grenzkosten

Unter Grenzkosten versteht man die Kosten, die entstehen, wenn Leistungen zusätzlich zu bereits geplanten erbracht werden.

Der Hintergrund besteht im unterschiedlichen Kostenverhalten von Fixkosten und variablen Kosten. Wenn zusätzlich zu den geplanten Leistungen andere absatzfähige Produkte oder Dienstleistungen hergestellt werden, erhöhen sich die variablen Kosten. Konstant bleiben jedoch die Fixkosten.

Beispiel:

Eine Spedition führt einen Transport von Würzburg nach Erfurt aus und hat keine Rückfracht, d. h. der Lkw müsste die Rückreise leer antreten. Nun bietet sich kurzfristig die Möglichkeit an, für einen Kunden eine Palette von Weimar nach Bayreuth zu transportieren. Für den Disponenten bieten sich nun zwei grundsätzliche Möglichkeiten der Kalkulation:

1. Er berechnet die Entfernung von Weimar nach Bayreuth und stellt den Preis für die entsprechende Strecke für einen Lkw in Rechnung. Das wird dem anfragenden Kunden sicherlich zu teuer sein.
2. Er kalkuliert mit Grenzkosten, indem er überlegt: Was kostet mich der Umweg über Weimar und Bayreuth? Es handelt sich um ca. 80 Mehr-Kilometer. Nur die für diesen Umweg anfallenden Kosten entstehen ihm zusätzlich für die Rückfahrt, ansonsten wäre der Lkw ja leer gefahren. Diese Grenzkosten möchte er gern bezahlt haben. Kann er einen Preis oberhalb dieser Grenzkosten durchsetzen, erhöht das seinen Gewinn gegenüber der ursprünglichen Kalkulation (Leerfahrt zurück nach Würzburg).

Für die Preiskalkulation bedeutet dies: Sind die entsprechenden Kapazitäten vorhanden, reicht es also aus, dass die Grenzkosten durch den Preis des zusätzlich hergestellten Produkts oder der zusätzlich erbrachten Dienstleistung abgedeckt sind; es müssen also keine fixen Kosten hineingerechnet werden.

Tipp:

Diese Betrachtungsweise ist eine rein an den Kosten orientierte Sicht. Selbstverständlich ist in diesem Zusammenhang zu beachten, dass das Anbieten eines niedrigen Abgabepreises beim Kunden den Anschein erweckt, dass dieser Preis für Ihr Unternehmen kostendeckend sei. Er wird also bei späteren Geschäften davon ausgehen, wiederum einen so günstigen Preis zu erhalten. Demzufolge sollten auch andere Überlegungen der *Preispolitik* in die Kalkulation eingehen.

Hauptkostenstellen

Hauptkostenstellen sind Kostenstellen, die direkt an der Erstellung von Leistungen beteiligt sind.

Andere Bezeichnungen sind „primäre Kostenstelle“ oder „Endkostenstelle“. Kosten, die in einer Hauptkostenstelle anfallen, müssen nicht weiter auf andere Kostenstellen verrechnet werden. Sie können direkt den *Einzelkosten* eines *Kostenträgers* zugerechnet werden.

Beispiele:

In einem Dienstleistungsunternehmen ist ein Projektteam, das ein verkaufsfertiges Produkt erstellt (z. B. die Konstruktion eines Einfamilienhauses) eine Hauptkostenstelle. In einem Produktionsbetrieb könnte das u. a. die Montageabteilung, der Zuschnitt oder eine andere Produktionsabteilung sein.

Hilfskostenstellen

Kostenstellen, deren Kosten auf die *Hauptkostenstellen* verrechnet werden.

Hilfskostenstellen dienen in der Regel der Verrechnung interner (Dienst-)Leistungen. Die dort angefallenen Kosten werden zwar auch systematisch in der Kostenrechnung erfasst, dann aber auf die Hauptkostenstellen und über diese auf die Kostenträger verrechnet.

→ Kostenstelle

Beispiel:

Typische Hilfskostenstellen sind Fertigungshilfsarbeiten wie etwa der Werkzeugbau oder der interne Transport. Auch die Lagerverwaltung oder die Kantine können Hilfskostenstellen sein.

Nicht immer müssen Hilfskostenstellen auch einer Organisationseinheit entsprechen. Eine Hilfskostenstelle kann z. B. auch gebildet werden für sämtliche Kosten, die Grundstücke und Gebäude verursachen. Diese Grundstückskosten werden nach einem möglichst sinnvollen Verteilerschlüssel dann auf all die Hauptkostenstellen verrechnet, die die Immobilen nutzen.

Tipp:

Merken Sie sich: Hilfskostenstellen kann man keinen direkten Umsatz zuordnen.

Istkostenrechnung

Traditionelles Verfahren der Kostenrechnung

Die Istkostenrechnung gehört zu den traditionellen Verfahren der Kostenrechnung. Mit ihrer Hilfe werden sämtliche tatsächlich angefallene Kosten eines Geschäftsjahrs auf die Kostenträger verteilt, ohne Rücksicht auf z. B. buchhalterisch notwendige Abgrenzungen. Mithilfe der Istkostenrechnung erfolgt die Nachkalkulation.

Die Aussagekraft der Istkostenrechnung für sich genommen ist gering. Denn Abgrenzungen, z. B. zwischen den unterschiedlichen Perioden oder zwischen Kosten und kalkulatorischem Aufwand, finden dabei nicht statt.

Beispiel:

Eine Abgrenzung z. B. von Versicherungskosten, Mieten oder Energiekosten, die für mehrere oder für vergangene bzw. zukünftige Geschäftsjahre angefallen sind, erfolgt nicht.

Dennoch liefert diese Kostenrechnung mit ihren Istdaten wichtige Erkenntnisse für das Controlling. Ein Plan-Ist-Vergleich etwa kann nur dann durchgeführt werden, wenn die tatsächlich angefallenen Kosten auch erfasst wurden.

Wie funktioniert die Istkostenrechnung?

Die Istkostenrechnung erfasst alle Kosten einer Periode. Ausschlaggebend für die Zuordnung zu den Perioden ist dabei der Rechnungseingang bzw. der Zeitpunkt der Kostenentstehung.

Beispiel Kostenerfassung:

Reparaturrechnungen werden in der Periode gebucht, in der sie anfallen, ganz egal, ob die Abnutzung und damit die Ursache für die Reparatur schon früher eingetreten ist.

- Die Kosten werden getrennt nach Kostenarten auf den Kostenstellen erfasst.
- Gleichzeitig wird die Leistung der einzelnen Kostenstellen in der jeweiligen Periode ermittelt.
- Auf diese Mengen werden die ermittelten Istkosten verteilt. Damit erhält man die Ist-Stückkosten.

Zufallsbedingter Wert als großer Nachteil

Dass die Istkostenrechnung stark vom Zufall abhängt, zeigt das folgende Beispiel. Unterstellt wird dabei eine Istkostenrechnung zu Vollkosten, in der alle Kosten über die Kostenstellen auf die Kostenträger verteilt werden.

Beispiel Ermittlung Ist-Stückkosten:

In einem Produktionsbetrieb werden im Monat November und Dezember folgende Istkosten ermittelt:

	November	Dezember
Produktion	25.000	20.000
Personalkosten	15.000	15.000
Materialkosten	12.500	10.000
sonstige Kosten	5.000	7.000
Summe Kosten	32.500	32.000
Kosten pro Stück	**1,30**	**1,60**

Im Dezember wurden, bedingt durch die Feier- und Urlaubstage, 5.000 Stück weniger produziert als im Vormonat. Die Personalkosten sind jedoch mit 25.000 € identisch. Die Materialkosten sind in Abhängigkeit von der geringeren Menge ebenfalls zurückgegangen. Dagegen sind im Dezember noch einige Rechnungen für das vergangene Jahr eingegangen (sonstige Kosten). Insgesamt erhöhen sich die Stückkosten also von 1,30 auf 1,60 €. Dieser Anstieg von 23 % kann natürlich nicht vom Produkt verantwortet werden.

Das Ergebnis der Istkostenrechnung ist also stark von zufälligen Einflüssen, wie Verteilung der Arbeitszeiten, Rechnungsstellung von Lieferanten, Zustand des Maschinenparks und willkürlichen Entscheidungen auf allen Ebenen abhängig. Dies muss der Kostenrechner immer berücksichtigen und die Ergebnisse entsprechend kommentieren.

Tipp:

Um solcherlei Zufälligkeiten zumindest teilweise zu eliminieren, können Sie mit festen Verrechnungspreisen arbeiten, bei denen die Wirtschaftsgüter mit ihren Durchschnittspreisen der vergangenen Perioden erfasst werden. Das ist dann aber keine reine Istkostenrechnung mehr, sondern nähert sich der Rechnung mit *Normalkosten* an.

Kalkulation

Bei der Kalkulation geht es um die Beantwortung der Frage: Welche Kosten sind für das einzelne Produkt, die einzelne Leistung, den Auftrag angefallen? Ein anderer Begriff für den gleichen Vorgang lautet „Kostenträgerstückrechnung“.

Im Controlling werden nicht nur Kundenaufträge, das heißt, sämtliche abzusetzende Produkte und Leistungen kalkuliert. Darüber hinaus gilt es auch, interne Aufträge (Innenaufträge) zu kalkulieren, um sie für die Kostenrechnung „verrechnen“ zu können.

Beispiel:

Wenn die unternehmenseigene Handwerkerabteilung eine Abdeckung für eine Reparaturgrube in der Lkw-Garage erstellt, fallen dafür Kosten an – für Material und für Löhne. Die Handwerker haben eine Leistung erbracht, für die aber keine Rechnung gestellt wird und die auch keine Zahlung nach sich zieht. Diese Kosten werden als *Gemeinkosten* dem Fuhrpark zugerechnet.

Im Mittelpunkt stehen also einzelne Kostenträger. Die Kalkulation ist nach *Kostenartenrechnung* und *Kostenstellenrechnung* die dritte Stufe der laufenden Kostenrechnung.

Formen der Kalkulation

Kalkulationen werden zu unterschiedlichen Zeitpunkten (bezogen auf den Auftrag) durchgeführt. Danach kann man unterscheiden in:

- **Vorkalkulation:** Kalkulation vor Auftragserteilung. Meist erfolgt sie nur grob, da zu Auftragsmenge und Terminierung oft noch keine konkreten Angaben vorliegen.

Beispiel:

Typisch sind Vorkalkulationen für die langfristige Einzel- und Auftragsfertigung (Bauindustrie, Anlagenbau, Elektro- und Maschinenbau, Schiffsbau). Bekannt sind Vorkalkulationen auch aus dem Bereich des Handwerks in Form von Kostenvoranschlägen oder Angeboten.

Mitlaufende Kalkulation

- **Zwischenkalkulation:** Wird durchgeführt bei Aufträgen mit langer Produktionsdauer. Praktisch handelt es sich um eine „Nachkalkulation" der bisher angefallenen Kosten, noch während der Auftrag läuft.

Tipp:

Bei den meisten handelsüblichen Controllingprogrammen können Sie einen monatlichen oder teilweise noch kurzfristigeren Soll-Ist-Vergleich der bisher angefallenen Auftragskosten abrufen.

- **Nachkalkulation:** Sie wird nach Abschluss des Auftrags im Nachhinein erstellt. Dabei werden alle angefallenen Kosten abgerechnet (Istkostenkalkulation).

Tipp:

Mit der Nachkalkulation können Sie überprüfen, ob die ursprünglichen Annahmen auch eingetreten sind und welche Schlussfolgerungen man für künftige Aufträge ziehen sollte. Für Daueraufträge und Großserienfertigung ist die Nachkalkulation deshalb weniger interessant.

Im Hinblick auf den Umfang der einbezogenen Kosten lassen sich noch weitere Kalkulationsarten unterscheiden:

- die Vollkostenkalkulation (siehe *Vollkostenrechnung*),
- die *Deckungsbeitrags*- oder Teilkostenkalkulation und
- die Grenzkostenkalkulation.

Kalkulationsverfahren

Die Herstell- oder Selbstkosten, die man für die Verrechnung der Kosten auf Kostenträger benötigt, können mit unterschiedlichen Verfahren kalkuliert werden. Während die Divisionskalkulation hierfür eine eher einfache Technik darstellt, müssen für die Zuschlagskalkulation Einzel- und Gemeinkosten getrennt werden.

Neben der Divisions- und der Zuschlagskalkulation gibt es weitere Verfahren, die hier dargestellten sind Versionen dieser beiden Grundtypen.

Abhängigkeit von Kalkulationsverfahren und Fertigungstyp

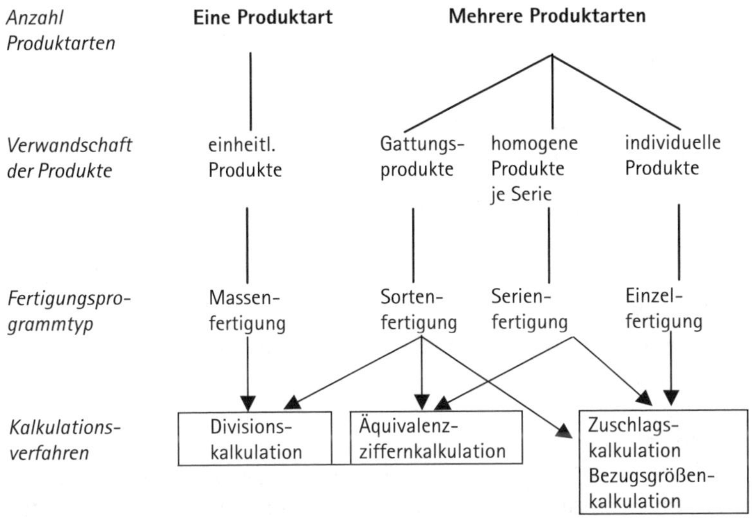

Quelle: Wahle, O.: Kostenrechnung für Studium und Praxis, S. 146.

Divisionskalkulation

Die Divisionskalkulation ist ein relativ einfaches Verfahren der Kalkulation (Kostenträgerstückrechnung), das in mehreren Stufen aufgebaut werden kann.

Einstufige Divisionskalkulation

In der einfachsten Version werden die Kosten einer Leistungseinheit ermittelt, indem man die gesamten Kosten einer Periode (eines Jahres) durch die erbrachte Menge dividiert.

Formel

$$\text{Selbstkosten/Stück} = \frac{\text{Gesamtkosten der Periode}}{\text{Menge}}$$

Beispiel:

Jahreskosten: 200.000 €, erbrachte Menge: 8.000 Stück,
Kosten: 25 €/Stück

Zwei Voraussetzungen müssen erfüllt sein, damit die Divisionskalkulation sinnvoll eingesetzt werden kann:

- Der Gesamtbetrieb wird als einzige Leistungsstelle gesehen. D. h., das Unternehmen ist ein Einprodukt-Betrieb oder zumindest Einproduktbereich; der Fertigungsprozess erbringt einheitliche Leistungen.
- Es gibt keine Lagerbestandsveränderungen an Halb- und Fertigfabrikaten.

Achtung:

Diese Voraussetzungen sind in der Praxis nur selten gegeben. Am ehesten trifft das zu bei Werken der Grundstoffindustrie, bei Elektrizitätswerken u. Ä.

Zweistufige Divisionskalkulation

Etwas näher an der Wirklichkeit als die einstufige ist die zweistufige Divisionskalkulation. Um Bestandsveränderungen im Fertigwarenbereich berücksichtigen zu können, werden in ihr die Kosten der

Herstellung sowie Verwaltungs- und Vertriebskosten auf unterschiedliche Leistungseinheiten bezogen. Die Formel lautet:

Formel zweistufige Divisionskalkulation

$$k = \frac{K_H}{x_P} + \frac{K_W}{x_A}$$

k: Selbstkosten in €/Stück, K_H: Herstellkosten gesamt, K_V: Verwaltungs- und Vertriebskosten, x_P: produzierte Menge, x_A: abgesetzte Menge

Beispiel zweistufige Divisionskalkulation:

Anfangsbestand an Fertigerzeugnissen:	4.200 kg
Produktion des laufenden Monats:	12.400 kg
Endbestand an Fertigerzeugnissen:	3.850 kg
Herstellkosten des Monats:	185.630 €
Verwaltungskosten des Monats:	22.300 €
Vertriebskosten des Monats:	34.620 €

k = 185.630/12.400 + (22.300 + 34.620) / 12.750 = 14,97 + 4,46

k = 19,43 €/kg

Tipp:

Die Divisionskalkulation lässt sich zu einer mehrstufigen Kalkulation ausbauen, bei der auch Lagerbestandsänderungen an unfertigen Erzeugnissen einbezogen werden können. Weiterhin können unterschiedliche Materialverbräuche in verschiedenen Stufen sowie Mengengefälle eingebracht werden.

Äquivalenzziffernkalkulation

Die Äquivalenzziffernkalkulation ist eine Sonderform der Divisionskalkulation. Sie eignet sich immer dann, wenn zwar unterschiedliche Produkte hergestellt werden, diese aber zu einer „Familie" mit großen Ähnlichkeiten gehören.

Da es sich um artähnliche Produkte handelt, wird davon ausgegangen, dass sich die Kosten der Produkte in einem bestimmten Verhältnis zueinander verhalten. Dies ist denkbar, wenn die Produkte sich nur durch den Materialeinsatz und/oder unterschiedliche Bearbeitungszeiten unterscheiden, ansonsten jedoch den gleichen Fertigungsprozess durchlaufen.

Die Kostenunterschiede der einzelnen Erzeugnisse werden über Äquivalenzziffern (ÄZ) ausgedrückt. Ein Erzeugnis wird als Basiserzeugnis definiert. Ihm wird die ÄZ 1,0 zugeordnet. Die übrigen Erzeugnisse werden im Hinblick auf die verursachten Kosten zur Einheitssorte ins Verhältnis gesetzt.

Beispiel Äquivalenzkennziffernkalkulation:

Eine Brauerei stellt drei Biersorten her: Pils, Schwarzbier, Bockbier. Die Gesamtkosten der Periode betragen 454.000 €. Basiserzeugnis ist das Pilsner, es hat den größten Anteil am Bierausstoß. Deshalb erhält es die ÄZ 1,0.

Nun stellt man fest, in welchem Verhältnis die Stückkosten (€/Hektoliter) der einzelnen Sorten zu den Stückkosten von Pils stehen. Entsprechend werden die Äquivalenzziffern bestimmt. Hier sollen es für Schwarzbier 1,2 und für Bockbier 1,5 sein.

Multipliziert man die Produktionsmengen der einzelnen Biersorten mit den jeweiligen Äquivalenzzahlen, erhält man sog. Rechnungseinheiten (RE). Daraus lassen sich nun die Stück- und Gesamtkosten pro Sorte bestimmen:

Sorte:	ÄZ	Menge	RE	Stückkosten	Gesamtkosten
Pils	1,0	800	800	1,0 x 200 = 200	800 x 200 = 160.000
Schwarz	1,2	600	720	1,2 x 200 = 240	600 x 240 = 144.000
Bock	1,5	500	750	1,5 x 200 = 300	500 x 300 = 150.000
			2.270		454.000

Kosten/RE = 454 000 € : 2270 RE = 200 €/RE

Zuschlagskalkulation

Bei der Zuschlagskalkulation erfolgt eine Trennung von Einzel- und Gemeinkosten. Die Einzelkosten – z. B. alle Materialkosten, die sich ausschließlich einem Produkt zuordnen lassen – können je Kalkulationsobjekt direkt erfasst und dem Kostenträger zugerechnet werden.

Die Gemeinkosten, die stets für mehrere Erzeugnisse gemeinsam anfallen, werden den Kostenträgern mithilfe der Kalkulationssätze mittelbar zugerechnet.

→ Gemeinkosten

Achtung:
Die Problematik liegt in der Festlegung der Zuschlagssätze.

Kalkulation von Kuppelprodukten

Von Kuppelproduktion spricht man, wenn bei der Herstellung eines Produkts zwangsläufig auch ein anderes verkaufsfähiges Nebenprodukt anfällt. Hier entsteht die Frage, welchem der Produkte welcher Kostenanteil zugerechnet wird.

Für die Kalkulation von Kuppelprodukten werden zwei Verfahren unterschieden:

- Bei der Restwertrechnung gilt das Hauptprodukt als das eigentliche Kalkulationsobjekt. Von den dafür entstehenden Kosten werden die Überschüsse aus der Verwertung abgezogen und danach eine normale Divisionskalkulation durchgeführt.

Restwertrechnung

- Bei der Kostenverteilung erfolgt die Kalkulation nach dem Äquivalenzziffernsystem.

Kostenverteilungsmethode

Kalkulatorische Kosten

Als kalkulatorische Kosten bezeichnet man die Kosten, denen in der Finanzbuchhaltung entweder kein *Aufwand* oder Aufwand in anderer Höhe gegenübersteht. Der Unterschied resultiert aus der ungleichen Herangehensweise bei der Finanzbuchhaltung und der Kostenrechnung.

In der Finanzbuchhaltung spielen handels- und steuerrechtliche Vorschriften eine entscheidende Rolle. Die Höhe der dort verrechneten Kosten ist bestimmt von rechtlich vorgeschriebenen Wertansätzen. In der Kostenrechnung hingegen bestimmen betriebswirtschaftliche Überlegungen die Wertansätze.

Tipp:

Merken Sie sich: In der Finanzbuchhaltung werden die Kosten gemäß Handels- und Steuerrecht kalkuliert. Am Ende wird eine Gewinn- und Verlustrechnung erstellt. In der Kostenrechnung spielen betriebswirtschaftliche Belange eine Rolle, am Ende interessiert das Betriebsergebnis.

Auch wenn es in vielen Fällen keine Abweichungen zwischen den beiden Betrachtungsebenen gibt, existieren doch Unterschiede, auf die im Folgenden eingegangen wird.

Kalkulatorische Abschreibungen

Wiederbeschaffungskosten, tatsächliche Nutzungsdauer

Die kalkulatorische Abschreibung orientiert sich an den Wiederbeschaffungskosten und an der tatsächlichen Nutzungsdauer des Wirtschaftsguts.

Auf CD-ROM

Checkliste kalkulatorische Abschreibungen:

- Überlegen Sie, ob Sie nach Ende der voraussichtlichen Einsatzdauer eines Wirtschaftsguts dieses ersetzen müssen (Normalfall), oder ob es nur für einen begrenzten Auftrag angeschafft wurde.
- Planen Sie die voraussichtlichen Wiederbeschaffungskosten: Wird ein Ersatz nötig, überschlagen Sie die Kosten für die Ersatzbeschaffung. Bedenken Sie dabei: Gibt es eine allgemeine Preissteigerung (inflationsbedingt)? Oder wird das Wirtschaftsgut etwa aufgrund der technischen Entwicklung teurer?
- Von diesen Wiederbeschaffungskosten subtrahieren Sie den voraussichtlichen Restwert. (Das sollten Sie aus Vorsichtsgründen nur dann tun, wenn Sie für das Wirtschaftsgut am Ende der Nutzungsdauer mit hoher Wahrscheinlichkeit noch einen Erlös erzielen können.)
- Addieren Sie eventuell zu erwartende Rückbaukosten, Verschrottungskosten usw.
- Überlegen Sie, ob Sie das Wirtschaftsgut so lange nutzen werden, wie es laut *AfA-Tabelle* vorgesehen ist, oder ob die Nutzungsdauer kürzer oder länger sein wird.
- Bestimmen Sie die kalkulatorischen Abschreibungen, indem Sie die bereinigten Wiederbeschaffungskosten durch die voraussichtliche Nutzungsdauer dividieren.

Beispiel kalkulatorische Abschreibungen für ein Taxi:

Kaufpreis des Fahrzeugs	30.000 €
Nutzungsdauer lt. AfA-Tabelle	6 Jahre
nominelle Abschreibung (Finanzbuchhaltung)	5.000 €/Jahr
voraussichtlicher Wiederbeschaffungspreis	38.000 €
– voraussichtlicher Restwert	5.000 €
= bereinigter Wiederbeschaffungspreis	33.000 €
voraussichtliche Nutzungsdauer	6 Jahre
kalkulatorische Abschreibung	**5.500 €/Jahr**

Was hat das für Auswirkungen? In seiner internen Kalkulation muss der Taxiunternehmer Abschreibungen von 5.500 € pro Jahr einkalkulieren, damit er am Ende der Nutzungsdauer mit seinem Taxibetrieb so viel verdient hat, dass er sich dann ein adäquates Fahrzeug kaufen kann. Würde er lediglich die bilanziell erforderliche, an den Anschaffungskosten orientierte nominelle Abschreibung in seine Preise einkalkulieren, fehlten ihm am Ende der Nutzungsdauer 3.000 €, um sich einen adäquaten Ersatz zu kaufen.

Kalkulatorische Zinsen

Kalkulatorische Zinsen umfassen die Kosten für die Nutzung des betriebsnotwendigen Kapitals (Kosten der Kapitalbindung). Ausschlaggebend für diese Vorgehensweise ist die Überlegung, dass gebundenes Kapital alternativen Anlagemöglichkeiten entzogen ist (Opportunitätskostengedanke). Dabei werden neben den effektiv an Fremdkapitalgeber zu zahlenden Zinsen auch kalkulatorische Zinsen für das Eigenkapital erfasst.

Beispiel Kalkulatorische Zinsen:

Eigenkapital, das ein Unternehmer in sein Unternehmen steckt, kann er nicht gleichzeitig für etwas anderes verwenden. Er verzichtet damit auf mögliche Zinseinnahmen aus einer Geldanlage. Deshalb kann er mit Recht erwarten, dass er für diesen Kapitaleinsatz Erträge in Form von Gewinnen bzw. Wertsteigerungen erzielt.

Achtung:

Kalkulatorische Zinsen beziehen sich auf das eingesetzte und im Unternehmen gebundene Eigenkapital. Fremdkapitalzinsen werden in der normalen Betriebsabrechnung bereits als Kosten erfasst.

Kalkulatorische Miete

Nutzt ein Unternehmen eigene Immobilien oder Räumlichkeiten, muss es dafür keine Miete oder Pacht zahlen. Es verzichtet aber auf mögliche Mieteinnahmen, da es die Räume ja selbst nutzt. Diese Opportunitätskosten muss der Unternehmer in seiner betriebswirtschaftlichen Kostenrechnung berücksichtigen.

Kalkulatorischer Unternehmerlohn

→ Gewinn, S. 37

Ein Unternehmer, der für sein eigenes Unternehmen arbeitet, ohne dafür ein Gehalt zu beziehen (z. B. der Einzelkaufmann), muss seinen Lebensunterhalt aus dem erwirtschafteten und ausgeschütteten Gewinn bezahlen. Dementsprechend muss ein entsprechender Gewinnteil einkalkuliert werden.

Tipp:

Einen kalkulatorischen Unternehmerlohn dürfen Sie nicht einplanen, wenn Sie in Ihrer eigenen GmbH Geschäftsführer sind und dafür ein Geschäftsführergehalt beziehen. Dieses Gehalt ist Bestandteil der Personalkosten.

Kalkulatorische Wagnisse

Es gibt unternehmerische Risiken, die man in die Kalkulation einbeziehen sollte. Dazu gehören z. B. eine (unerwartete) Änderung der Nachfrage, Konjunkturschwankungen, aber auch Forderungsausfälle. Mit den kalkulatorischen Wagniskosten versichert sich das Unternehmen quasi selbst gegen solche unversicherbaren und unvorhersehbaren Schadensfälle.

Bei der Verrechnung der kalkulatorischen Wagniskosten geht man wie folgt vor:

- Man berechnet einen Wagnissatz. Dieser ergibt sich aus der durchschnittlichen Relation von effektiven Wagnisverlusten eines längerfristigen Zeitraums zu einer Bezugsgröße (Beschäftigung, Umsatz, Selbstkosten etc.)

Beispiel:

Man bestimmt, welcher Anteil an den gesamten Materialaufwendungen man verschrotten musste, weil es durch kurzfristige Marktschwankungen nicht mehr verarbeitet werden konnte. Dieses Problem tritt z. B. bei stark modeabhängigen Produkten auf.

- Danach verrechnet man die Wagniskosten pro Periode in der Kalkulation. In Fortsetzung des obigen Beispiels müsste man das eingekaufte, dann aber nicht mehr benötigte Ausgangsmaterial den verkauften Produkten zurechnen.
- Zum Schluss werden die effektiv angefallenen Wagnisaufwendungen (z. B. der Materialaufwand für später nicht hergestellte Produkte) in der Finanzbuchhaltung abgegrenzt.

Achtung:

All die genannten kalkulatorischen Kostenbestandteile sind lediglich für die interne Kostenrechnung und damit für die *Kalkulation* relevant. Sie beeinflussen nicht die nach handels- und steuerrechtlichen Gesichtspunkten berechnete Gewinn- und Verlustrechnung.

Kosten- und Leistungsrechnung

Siehe *Kostenrechnung*, S. 291.

Kostenarten

→ Kostenartenrechnung, S. 289

Die im Betrieb anfallenden Kosten entstehen für ganz verschiedene Zwecke. Teilt man die Kosten danach ein, gelangt man zu den Kostenarten.

→ Kalkulatorische Kosten, S. 28

Die Erfassung nach Kostenarten beruht auf einer Vielzahl von Quellen. Sie erfolgt in der Buchhaltung. Die Kostenartenrechnung ergänzt die übernommenen Werte um kalkulatorische Kostenarten, die in der Finanzbuchhaltung nicht vorhanden sind. Dafür werden jedoch die Aufwendungen, die nicht mit der betrieblichen Aufgabe in direktem Zusammenhang stehen (die neutralen Aufwendungen), in der Kostenrechnung nicht berücksichtigt.

Nach welchen Kriterien lassen sich Kostenarten bestimmen?

Die folgenden Gliederungskriterien sind üblich, jedoch sind auch andere Gliederungsmöglichkeiten denkbar.

Das wichtigste Kriterium der üblichen Unterteilung ist die Art der verbrauchten Produktionsfaktoren und wird durch die Bezeichnung der Kostenart in der Regel auch schnell deutlich, etwa

Gliederungskriterien

- Materialkosten
- Personalkosten
- Energiekosten usw.

Darüber hinaus wird nach folgenden Kriterien unterschieden:

Einzel- vs. Gemeinkosten

- Manche Kosten lassen sich direkt dem Produkt zuordnen, andere nicht. So unterscheiden sich die *Einzel-* von *Gemeinkosten*.
- Für die Unterteilung in primäre und sekundäre Kosten ist die Herkunft ausschlaggebend. Primäre Kostenarten entstehen durch einen Leistungsbezug von außen (Material, Personal etc.), sekundäre durch interne Leistungen (z. B. Umlagen der Kostenstellenrechnung).

- Fixe und variable Kosten werden anhand der Abhängigkeit von Beschäftigungsänderungen eingeteilt.

Fixe oder variable Kosten

Die Kostenartenrechnung unterscheidet weiterhin nach ursächlichen Kriterien, die teilweise organisatorisch, teilweise sachlich begründet sind, z. B. Vertriebskosten, Beschaffungskosten oder Logistikkosten, Reisekosten usw.

Wichtige Kostenarten

Personalkosten

Die Personalkosten umfassen alle Aufwendungen, die für den Produktionsfaktor Arbeit gemacht wurden.

Beispiel:

- Löhne und Gehälter
- Arbeitgeberanteil an den Sozialabgaben
- Urlaubsgeld, Lohnfortzahlung im Krankheitsfall
- Aufwendungen für vermögenswirksame Leistungen
- Abfindungen
- Aufwendungen für Dienstfahrzeuge mit privater Nutzung

Achtung:
Speziell die Lohnnebenkosten sind ein nicht unerheblicher Faktor, der von den Unternehmen nur bedingt beeinflusst werden kann.

Wichtig ist bei den Personalkosten die korrekte Unterteilung in fixe und variable Kosten und in Einzel- bzw. Gemeinkosten.

Tipp:
In vielen Fällen wird übersehen, dass auch die Kosten der Personalverwaltung zu den Personalkosten gehören, da diese vom Faktor Arbeit verursacht werden. Grundsätzlich gehören auch die Aus- und Weiterbildungskosten dazu, obwohl hierfür meist ein separater Ausweis erfolgt.

Materialkosten

Die Materialkosten umfassen in der Praxis meist nur das Fertigungsmaterial. Hilfs- und Betriebsstoffe werden separat ausgewiesen. Für die korrekte Darstellung müssen zu den Materialkosten auch deren Beschaffungskosten, bspw. für Transport, Verpackung oder Transportversicherung gebucht werden. Einfuhrzölle verteuern das eingesetzte Material ebenso. Grundsätzlich sind die Materialkosten um die Kosten der Bestellung (also die im Einkauf anfallenden Kosten) zu erhöhen.

Besonderheiten bei der Abrechnung der Materialkosten:
Das gelieferte Material wird in den seltensten Fällen sofort verbraucht, es wird vielmehr eingelagert. Die Bestände werden nach den Anschaffungskosten bewertet. Materialkosten entstehen erst dann, wenn nach dem Lagerabgang ein Verbrauch stattfindet. Grundlage für die Kostenartenrechnung ist hier der Materialentnahmeschein mit den Bewertungen des verbrauchten Materials.

Energiekosten

Wenn Fertigungsprozesse oder Fertigungsanlagen große Mengen an Energie verbrauchen, muss auch die Kostenartenrechnung darauf reagieren.

Tipp:

Eine Unterteilung in die einzelnen Energiearten (Strom, Gas, Kohle, Wasserkraft, Solarenergie etc.) kann für Entscheidungen über die zukünftige Energiepolitik des Unternehmens wichtig sein.

Eine weitere Aufgabe ist die möglichst umfangreiche Zuordnung der Energiekosten zu den Produkten, um aus Gemeinkosten Einzelkosten zu machen und damit eine bessere Verrechnung zu erlauben.

Kommunikation

Zu den Kommunikationskosten zählen z. B. Telefon- und Internetgebühren sowie Portogebühren, soweit diese nicht dem Warenversand zuzurechnen sind (z. B. für Werbe-Mailings, Geschäftsbriefe, Rechnungsversand).

Zu den Kommunikationskosten können auch die Einrichtung und Unterhaltung der Firmenwebsite und des Intranets zählen. Die technische Entwicklung wird in wenigen Jahren die Telefonkosten wahrscheinlich ganz in den IT-Kosten untergehen lassen, wenn die Telefonie nur noch die digitalen Strukturen der IT nutzt. Ein Teil der umfangreichen EDV-Kosten kann und muss jedoch auch heute schon den Kommunikationskosten zugeordnet werden.

Kostenartenrechnung

Die Kostenartenrechnung ist die erste Stufe der Kostenrechnung. Sie erfasst und sortiert die Kosten nach den verschiedenen Zwecken, für die sie entstanden sind.

In der Kostenrechnung werden große Mengen an Daten verarbeitet. Grundlage aller Berechnungen dort sind die Kosten, die im Unternehmen an den unterschiedlichsten Stellen entstanden sind. Diese Werte erreichen den Kostenrechner daher auch aus vielen verschiedenen Quellen. Damit diese Daten abgestimmt werden können und deren Vollständigkeit und Korrektheit überwacht werden kann, ist ein Verfahren notwendig, das die Werte übernimmt, prüft und für die Kostenrechnung aufbereitet. Das ist die Kostenartenrechnung.

Aufgaben der Kostenartenrechnung

Die Kostenartenrechnung erfasst sämtliche für die Kostenrechnung relevanten Kosten, gliedert sie nach *Kostenarten* und stellt sie für die weitere Verarbeitung der Kostenrechnung zur Verfügung.

> **Achtung:**
> Ohne Abstriche ist sicherzustellen, dass die Kosten vollständig und korrekt erfasst sind. Die Zuordnung der Werte zu den Kostenarten muss eindeutig und überschneidungsfrei erfolgen.

Bei jeder Kostenbuchung müssen sowohl die Menge also auch der Wert (Preis) erfasst werden. Nur so ist in der späteren Kombination mit der Planungsrechnung eine Abweichungsanalyse möglich.

Tipp:

Würden lediglich die Werte (Preise) erfasst, könnte man nie sagen, ob Kosten eingehalten wurden oder nicht. Es wäre möglich, dass allein dadurch die geplanten Kosten nicht überschritten wurden, dass weniger bestellt wurde. Welche Auswirkungen auf den Produktionsprozess daraus entstünden, wäre nicht erkennbar.

Gleichzeitig versieht die Kostenartenrechnung die Werte mit mindestens einem zusätzlichen Kriterium wie *Kostenstelle*, *Kostenträger* oder Projektnummer.

Ergebnisse der Kostenartenrechnung

Dank der Kostenartenrechnung lassen sich

- alle Kosten eines Unternehmens eindeutig, aktuell und effizient erfassen,
- wichtige Erkenntnisse über die Zusammensetzung der Gesamtkosten des Unternehmens und einzelner Kostenstellen sammeln,
- die wichtigsten Einflussgrößen auf den Erfolg feststellen,
- Kostentreiber identifizieren (Was führt in welchem Maße zu Kostenerhöhungen?),
- Auswertungen und Kennzahlen (Kostenart/Mitarbeiter, Anteil der Kostenart am Umsatz etc.) schnell und einfach berechnen und zur Verfügung stellen.

Die Kostenartenrechnung liefert damit die Ausgangsbasis für die Beurteilung von Kostenstellen, die Kalkulation von Kostenträgern und Projekten und die Abrechnung von Aufträgen.

Beispiele: Anwendung der Kostenstellenrechnung

- Wie hoch sind die Personalkosten in der Hauptverwaltung?
- Wie hoch sind die Lagerkosten?
- Welche Sachkosten fallen in der Lehrlingsausbildung an?

Tipp:

Bei Kostenstellen, in denen ein hoher Anteil von Fixkosten anfällt, sollte besonders auf die Auslastung der Kapazitäten geachtet werden.

Auch die *Kalkulation* ist auf eine Unterscheidung der Kostenarten angewiesen. Fertigungs- und Materialkosten werden in einer typischen Kalkulation ebenso getrennt bewertet wie Vertriebs- und Verwaltungskosten. Darüber hinaus braucht man die Kostenartenrechnung bei der *Budgetierung* (S. 329).

Tipp:

Die Kostenartenrechnung können Sie sowohl als Istkostenrechnung als auch als Plankostenrechnung durchführen.

Kostenrechnung

Die Kostenrechnung gehört zum betrieblichen Rechnungswesen und wird gemeinsam mit der Leistungsrechnung als Kosten- und Leistungsrechnung bezeichnet. Sie hat den Charakter einer kalkulatorischen Erfolgsrechnung.

Kalkulatorische Erfolgsrechnung bedeutet:

- Die Kostenrechnung dient der Kalkulation.
- Mithilfe der Kostenrechnung wird der Erfolg des Unternehmens bestimmt. Dieser ergibt sich aus der Differenz zwischen den betrieblichen Leistungen und den dafür angefallenen Kosten.

Für den Aufbau der Kostenrechnung und ihre Durchführung gibt es grundsätzlich keine rechtlichen Vorschriften. Generell sind jedoch immer die drei Bereiche *Kostenartenrechnung, Kostenträgerrechnung* und *Kostenstellenrechnung* zu finden.

Aufgaben der Kostenrechnung

Planungsbereich

Als *Plankostenrechnung* gehört die Kostenrechnung zum betrieblichen Planungssystem. Ziel ist, die Kosten sämtlicher betrieblicher Aktivitäten sachgerecht zu planen.

Realisierung

Bei der eigentlichen Durchführung der Kostenrechnung werden die Kosten

- nach Kostenarten erfasst (*Kostenartenrechnung*),
- auf die Kostenträger verrechnet (*Kostenträgerrechnung*)
- und auf die Kostenstellen verteilt (*Kostenstellenrechnung*).

Neben diesen Hauptaufgaben in der Realisierungsphase bedient die Kostenrechnung u. a. auch folgende Aufgabenbereiche:

- Wirtschaftlichkeitsrechnungen
- Ermittlung von Angebotspreisen, Preisuntergrenzen (beim Absatz eigener Produkte) und Preisobergrenzen (bei der Beschaffung)
- Bestimmen von Verrechnungspreisen für innerbetriebliche Leistungen

Kontrolle und Dokumentation

Schließlich hat die Kostenrechnung auch Kontrollfunktion: Hier werden Preise (entspricht der Preis, der auf dem Markt erzielt wird, noch den aktuellen Kosten?), Wirtschaftlichkeit und Erfolg einzelner Kostenstellen und/oder Kostenträger sowie des gesamten Unternehmens überprüft. Eine letzte wichtige Aufgabe besteht in der Dokumentation: Wie haben sich einzelne Kostenbestandteile im Zeitablauf entwickelt?

Kostenrechnungssysteme

Verschiedene Systeme für verschiedene Zwecke

Je nachdem, ob die Kosten vorab geplant, aktuell erfasst oder später, im Zuge der Kontrolle, mit dem Plan abgeglichen werden, ergibt sich ein eigenes Kostenrechnungssystem. Schließlich kann man auf jeder dieser Zeitstufen entweder alle Kosten oder nur einen Teil, nämlich die Einzelkosten, berücksichtigen; so entsteht entweder eine Teilkosten- bzw. eine Vollkostenrechnung. Daneben setzt man die *Prozesskostenrechnung* ein, um die Kosten interner Leistungsbereiche (etwa Vertrieb) zuzuordnen.

Übersicht: Kostenrechnungssysteme

- Istkostenrechnung
- Plankostenrechnung
- Normalkostenrechnung
- Vollkostenrechnung
- Teilkostenrechnung
- Prozesskostenrechnung

Nähere Hinweise zu den einzelnen Kostenrechnungssystemen erhalten Sie unter den entsprechenden Stichwörtern.

Kostenstelle

Die Kostenstelle ist ein genau definierter und abgegrenzter Bereich innerhalb eines Gesamtunternehmens oder einer Organisation, in dem Kosten entstehen.

Die Bandbreite reicht dabei von einem einzelnen Arbeitsplatz bis zu einer ganzen Abteilung. Aufgabe der *Kostenstellenrechnung* ist es, die Kosten am Ort ihrer Entstehung, also nach dem Verursacherprinzip, zu erfassen.

Die Kostenstellen werden dabei nach unterschiedlichen Kriterien gegliedert. Als Kostenstelle eignen sich alle Tätigkeits- und Verantwortungsbereiche in einem Unternehmen, die eine organisatorische oder sachliche Einheit bilden und die in den Prozess der Leistungserstellung oder Leistungsverwertung eingegliedert sind.

Wie kann man Kostenstellen definieren?

Je nach Art der Abrechnung werden *Hauptkostenstellen* und *Hilfskostenstellen* unterschieden. Letztere bilden eine Art Vorkostenstelle für die Verrechnung interner Leistungen auf die Hauptkostenstellen. Hauptkostenstellen (Endkostenstellen) stehen immer im direkten Zusammenhang mit einem betrieblichen Produkt oder einer Leistung, das bzw. die für den Absatz bestimmt ist (Kostenträger).

Weitere Gliederungsmöglichkeiten sind:

- Funktionsorientierung: Materialstellen, Fertigungsstellen, Verwaltungsstellen, Vertriebsstellen
- Organisationsorientierung: Dabei soll jede Kostenstelle ein eigener Verantwortungsbereich sein. Der Leiter trägt die alleinige Verantwortung, Doppelverantwortlichkeiten sind zu vermeiden.
- räumliche Orientierung
- Rechnungsorientierung: Hierbei werden unter dem Gesichtspunkt verursachungsgerechter Verrechnung mehrere Kostenstellen zusammengefasst, z. B. mehrere Maschinen mit gleicher oder ähnlicher Kostensituation.

Kostenstellenrechnung

Die Kostenstellenrechnung ist ein Instrument der Kostenrechnung, mit dem die Kosten, die nicht dem Produkt direkt zugeordnet werden können, den Stellen zugerechnet werden, die für die Entstehung verantwortlich sind.

→ Gemeinkosten, S. 263

Diese *Gemeinkosten* werden auf *Kostenstellen* gesammelt und nach verschiedenen Gesichtspunkten ausgewertet. Der große Gemeinkostenblock wird dadurch in kleinere Größenordnungen gebracht, die eine sinnvolle Betrachtung zulassen. So werden die Gemeinkosten für eine Verteilung auf Produkte oder Produktgruppen und für eine effektive Planung und Überwachung zugänglich.

Eines der wichtigsten Controllinginstrumente

Die Kostenstellenrechnung ist neben der *Kostenträgerrechnung* das wichtigste Werkzeug im Controlling. Sie ermöglicht eine relativ korrekte Zuordnung von Gemeinkosten zu Kostenträgern entsprechend den Leistungen, die diese von den Kostenstellen beziehen. Dies geschieht durch die Ermittlung von *Zuschlagssätzen* für die *Kalkulation*. Dadurch lassen sich klare Verantwortung schaffen und Planungen realisieren.

Aufgaben

Auch die Gemeinkosten müssen von den erzielten Erlösen bezahlt werden. Daher ist es notwendig, diese soweit wie möglich auf die einzelnen Produkte oder Produktgruppen zu verteilen. Geschieht dies nur pauschal, kann dies zu einer falschen Verteilung und damit zu falschen Entscheidungen führen.

Beispiel:

Werden die Kosten der Betriebskantine nach der Anzahl der Mitarbeiter auf die einzelnen Bereiche verteilt, ist das zumeist nicht sachdienlich. Abgesehen von der Tatsache, dass nicht alle Mitarbeiter die Kantine nutzen, sollten zumindest räumlich getrennte Bereiche, die definitiv die Angebote der Kantine nicht nutzen (können), auch nicht an den durch sie verursachten Kosten beteiligt werden.

Der Anteil der Gemeinkosten an den Gesamtkosten eines Unternehmens ist dabei meist erheblich. So können etwa die Verwaltungskosten, die z. B. in der Personalabteilung oder der Finanzbuchhaltung entstehen, nicht mehr direkt einem Produkt zugeordnet werden. Ähnliches geschieht beim Einsatz neuer Techniken für die Kommunikation und das Marketing.

Achtung:

Die Einführung einer Kostenstellenrechnung ist auch mit zusätzlichem Aufwand verbunden. Wurde bislang beispielsweise das verbrauchte Hilfsmaterial pauschal auf einem Konto „Hilfsmaterial" verbucht, muss nun eine Zuordnung zu einzelnen Kostenstellen erfolgen.

Kostenträger

Kostenträger sind die Produkte und Leistungseinheiten eines Unternehmens.

Beispiel:

Ein Hersteller von Fahrrädern kann folgende Kostenträger bilden: City-Bikes, Mountainbikes, Kinderfahrräder.

Ein Ingenieurbüro bildet möglicherweise die Kostenträger: Vermessungsleistungen, Einzelprojekte, Dienstleistungen für das Unternehmen X.

→ Kostenträgerrechnung

Auf die Kostenträger werden im Rahmen der *Kostenträgerrechnung* die Kosten verrechnet, die für diese Produkte und Dienstleistungen anfallen.

Kostenträgerrechnung

In der Kostenträgerrechnung werden die Einzelkosten aus der Kostenartenrechnung und die Gemeinkosten in Form von Zuschlagssätzen auf die Kostenträger verrechnet.

Die beiden Bereiche der Kostenträgerrechnung sind die *Kostenträgerstückrechnung* und die Kostenträgerzeitrechnung.

Die Kostenträgerstückrechnung dient vor allem der Kalkulation der einzelnen Kostenträger. Bei der Kostenträgerzeitrechnung werden die Kosten und Erlöse eines Unternehmens während eines bestimmten Zeitraums (Geschäftsjahr) erfasst und damit der Erfolg (Gewinn oder Verlust) festgestellt.

Hauptaufgaben der Kostenträgerrechnung sind damit

- die Kosten der einzelnen Kostenträger zu ermitteln,
- den Erfolg der einzelnen Kostenträger und damit deren Beitrag zum Erfolg des Unternehmens zu ermitteln,
- Informationen für die Bewertung der Bestände an unfertigen Erzeugnissen und Fertigerzeugnissen zu liefern.

Kostenträgerstückrechnung

Siehe *Kalkulation*, S. 275.

Leistung

Ein Unternehmen erbringt einerseits Leistungen, die zu Umsatzerlösen führen: Es stellt Produkte her, verrichtet Dienstleistungen, und setzt diese Leistungen ab. Es erstellt aber auch Leistungen, die letztlich keinem Kunden (direkt) berechnet werden können und nicht zu Erträgen führen. Doch auch diese Leistungen sind für das interne Rechnungswesen wichtig, sei es für die Aktivierung in der Bilanz, sei es für die Kalkulation.

Die Leistung – im Sinn des Rechnungswesens – bezieht sich auf die betriebliche Tätigkeit. Sie umfasst

- die Umsatzerlöse,
- die selbst erstellten Leistungen (Eigenleistungen) und
- die sonstigen Erträge.

Eigenleistung

Nicht alle Leistungen führen automatisch zu *Einnahmen* oder *Erträgen*. Den sog. *Eigenleistungen* etwa stehen keine Einnahmen gegenüber. Sie werden in der Bilanz mit den Herstellkosten aktiviert (siehe Beispiel „Herstellkosten, Ermittlung“, S. 180).

Beispiel Eigenleistung:

Eine Autowerkstatt baut einen ihr gehörender Transporter zu einem Abschleppfahrzeug um. Das ist eindeutig betriebliche Tätigkeit, darüber hinaus ist es eine werterhöhende Maßnahme an dem Fahrzeug. Den dabei entstehenden Kosten (Löhne, Material usw.) stehen aber keine Einnahmen gegenüber, da das Abschleppfahrzeug nicht verkauft wird. Trotzdem wurde eine Leistung erbracht und das Betriebsvermögen erhöht.

Die innerbetrieblichen Leistungen münden ebenfalls nicht unmittelbar in Umsatzerlöse, müssen aber natürlich kalkuliert werden. Das geschieht in der Kosten- und Leistungsrechnung über die Hilfskostenstellen.

Normalkostenrechnung

Die Normalkostenrechnung nutzt die Istkosten mehrerer vergangener Perioden, um die Kosten einer Periode zu planen. Dabei werden die durchschnittlichen Istkosten pro Mengeneinheit erfasst und mit der geplanten Menge multipliziert.

Üblicherweise werden Planpreise aus verschiedenen Überlegungen heraus festgesetzt, die unabhängig sind von Vergangenheitswerten (siehe nächstes Stichwort, *Plankostenrechnung*), Die Normalkostenrechnung bezieht sich hingegen auf Istkosten aus der Vergangenheit und arbeitet mit Durchschnittswerten.

Beispiel Normalkosten Pkw-Nutzung:

Um die Kosten, die im nächsten Geschäftsjahr voraussichtlich für einen Firmen-Pkw anfallen, geht man wie folgt vor: Zunächst werden sämtliche Kosten, die für seine Nutzung entstanden sind, erfasst. (Das beginnt bei den Treibstoffkosten, setzt sich über Steuern, Reparaturen, Versicherungen usw. fort und lässt auch die Abschreibungen nicht außer Acht.) Diese Istkosten werden durch die im gleichen Zeitraum gefahrenen Kilometer dividiert. Damit erhält man einen auf Vergangenheitswerten beruhenden durchschnittlichen Pauschalsatz (= Normalkosten) pro Kilometer (von beispielsweise 0,40 €/km). Um nun die Plankosten zu erhalten, multipliziert man die geplante Kilometerleistung des Folgejahres mit den Normalkosten pro Kilometer.

Die Qualität der Ergebnisse einer Normalkostenrechnung hängt insbesondere von der Qualität der Normal- bzw. Verrechnungspreise ab. Diese sollten vor allem unbeeinflussbare Kostenschwankungen eliminieren. Daher werden meist Durchschnittswerte aus mehreren zurückliegenden Perioden verwendet.

Beispiel: Kostenschwankungen

Würden im obigen Beispiel nur die Pkw-Kosten eines einzigen Jahres zugrundegelegt, in welchem auch noch eine größere, außerplanmäßige Reparatur fällig wurde, wären die Normalkosten zu ungenau.

Andererseits müssen auch Preisänderungen (z. B. beim Benzin) berücksichtigt werden. Im Beispiel des Pkw müsste dann der durchschnittliche Verbrauch mit den zu erwartenden Benzinpreisen multipliziert werden.

Tipp:

Die Aufgabe des Kostenrechners ist es, diese Verrechnungspreise möglichst so festzulegen, dass die Differenzen zu den Istkosten gering sind. Verrechnungspreise sollten über einen gewissen Zeitraum stabil bleiben. Anpassungen an die Marktentwicklung der Preise sollten nur dann vorgenommen werden, wenn die Differenzen sehr groß werden.

Plankostenrechnung

Unter einer Plankostenrechnung versteht man ein Kostenrechnungssystem, das in der Kostenarten-, Kostenstellen-, Kostenträger- und Ergebnisrechnung mit geplanten Kosten arbeitet und diese Plankosten den Ist-Kosten zum Vergleich gegenüberstellt. Sie kann als starre oder flexible Plankostenrechnung ausgestaltet sein.

Wie der Name sagt, werden Plankosten für einen in der Zukunft zu erreichenden Wert festgelegt. Dazu müssen Mengen und Preise der für den geplanten Output benötigten Produktionsfaktoren festgelegt werden.

Beispiel:

Es sollen 20.000 Küchenschürzen „Kochtraum" hergestellt werden. Dazu werden u a. der geschätzte Materialpreis für den Stoff und für das Nähzubehör, die anfallenden Lohnkosten, die Kosten für die Wartung der Maschinen etc. im Plan festgehalten.

Plankosten ermittelt man unter weitgehender Loslösung von Werten aus der Vergangenheit. Vielmehr nutzt man dazu wirtschaftliche Überlegungen, technischen Berechnungen und Verbrauchsmessungen.

Plankosten haben Vorgabecharakter und beziehen sich immer auf einen bestimmten Zeitraum (z. B. Geschäftsjahr, Quartal etc.).

Die starre Plankostenrechnung

Die Schritte der starren Plankostenrechnung sind:

1. Ermittlung von „normalisierten Kostensätzen“ losgelöst von vergangenheitsbezogenen Istwerten
2. Bestimmung von Kostenvorgaben mithilfe technischer Berechnungen und Verbrauchsstudien
3. Gleichzeitige Verwendung von Planpreisen

Formel

Die Plankosten errechnen sich wie folgt:

Planmenge × Planpreis = Plankosten

Wie Gemeinkosten geplant werden

Bei der Planung der Gemeinkosten geht man grundsätzlich analog vor:

1. Analyse der in den einzelnen Kostenstellen durchzuführenden Fertigungsprozesse
2. Finden von Bezugsgrößen, zu denen sich die Kosten möglichst proportional verhalten, als Maßgrößen für die Kostenverursachung
3. Durchführung technischer Verbrauchsstudien und Berechnungen zum Festlegen von Planwerten

Flexible Plankostenrechnung

Variable und fixe Kostenbestandteile

Hier erfolgt eine Trennung der Kosten in variable und fixe Kostenbestandteile. Damit werden die Plankosten an Beschäftigungsschwankungen angepasst. Es entstehen die Sollkosten (Plankosten der Istbeschäftigung):

Formel Sollkosten

$$\text{Sollkosten} = \text{variable Kosten} \times \frac{\text{Istbeschäftigung}}{\text{Planbeschäftigung}} + \text{Fixkosten}$$

Unter „Beschäftigung" ist im betriebswirtschaftlichen Sinn die Menge oder der Output zu sehen. Die Kostenkontrolle erfolgt über den Vergleich von Istkosten und Sollkosten.

Beispiel:

Planleistung: 2.000 Mannstunden, Plankosten: 60.000 €, davon 15.000 € fix und 45.000 € variabel

Istleistung: 2.200 Mannstunden, Istkosten: 69.500 €

Legt man eine volle Umrechnung der Kosten auf eine Leistungseinheit zugrunde (30 €/Mannstunde), wären bei 2.200 Mannstunden Plankosten i. H. v. 66.000 € angefallen. Die Kostenüberschreitung beträgt damit 3.500 €. Bei deutlichen Preisabweichungen wäre eine weitere Korrekturrechnung erforderlich.

Sollkosten sind eine Form der Plankosten und haben den Charakter von Vorgaben.

Prozesskostenrechnung

Die Prozesskostenrechnung ist ein System der *Vollkostenrechnung*. Dabei wird berücksichtigt, dass die Produkte eines Unternehmens unterschiedliche Tätigkeiten bzw. Teilprozesse im Unternehmen in Anspruch nehmen.

Die Prozesskostenrechnung ist vor allem dort ein sinnvoller Ansatz, wo es gilt, Gemeinkosten auf Produkte oder Leistungen zuzurechnen, bzw. in Dienstleistungsbereichen, in denen kaum variable Kosten auftreten.

Mit der Prozesskostenrechnung soll eine verursachungsgerechte Verrechnung von internen (Dienst-) Leistungen im Rahmen der Produktkalkulation erreicht werden und sich die Kostentransparenz in den indirekten Bereichen erhöhen, um dort eine Kostenkontrolle zu ermöglichen. Ziele

Voraussetzungen und Ablauf

Voraussetzung bzw. zentrale Aufgabe einer Prozesskostenrechnung ist eine Prozess- oder Aktivitätenanalyse des Unternehmens. Dazu müssen die in jeder Kostenstelle ablaufenden Teilprozesse mit ihrer jeweiligen Bearbeitungszeit festgehalten werden. Die erkannten Prozesse werden bezüglich ihres Verhaltens im Hinblick auf die Veränderung des Leistungs- und damit auch Kostenvolumens der Kostenstelle untersucht.

Auf CD-ROM

Checkliste: Ablauf der Prozesskostenrechnung

- Die in den Kostenstellen des Unternehmens abgewickelten Aufgaben werden in prozessbezogene Aktivitäten zerlegt.
- Es sind Maßgrößen festzulegen, die die Kosten in den einzelnen Prozessen beeinflussen (sog. Kostentreiber).
- Daraus werden Prozesskostensätze ermittelt.
- Mithilfe der Prozesskostensätze werden die prozessbezogenen Gemeinkosten auf die Produkte bzw. Leistungen kalkuliert.

Wie Prozesse in der Kostenrechnung definiert werden

In der Prozesskostenrechnung ist ein Prozess eine Kette von Aktivitäten, die auf die Erbringung einer bestimmten Leistung ausgerichtet sind. Ein Prozess ist gekennzeichnet durch

- eine konkrete Leistungsausbringung,
- bestimmte Qualitätsmerkmale (die häufig nicht explizit definiert sind),
- den Verbrauch von Ressourcen (Kosten),
- einen Kosteneinflussfaktor und
- eine analysierbare Bearbeitungszeit.

Merkmale eines Prozesses

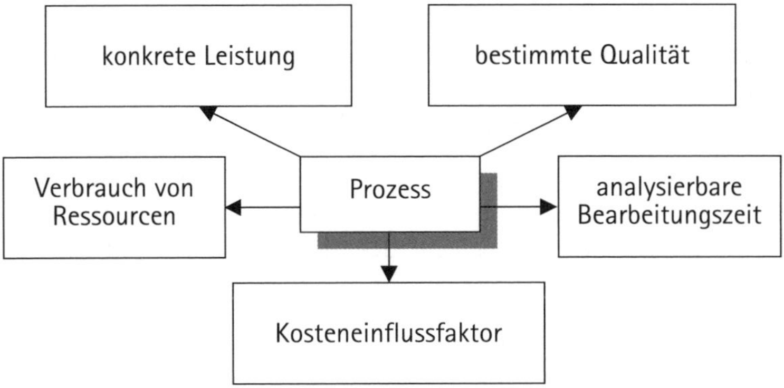

Haupt- und Teilprozesse

Zu unterscheiden sind Hauptprozesse und Teilprozesse. Ein Hauptprozess stellt eine Kette homogener Teilprozesse dar, die demselben Kosteneinflussfaktor unterliegen.

Beispiel Hauptprozesse:

- Bearbeitung eines Kundenauftrags für das Inland
- Bearbeitung eines Kundenauftrags für das Ausland
- Beschaffung von Materialien
- Gewinnung neuer Kunden

Unter einem Teilprozess wird eine Kette homogener Aktivitäten innerhalb einer Kostenstelle zusammengefasst, die einem oder mehreren Hauptprozessen zugerechnet werden können.

Beispiel Teilprozesse für den Hauptprozess „Bearbeitung eines Kundenauftrags für das Ausland":

- Auftragseingang bearbeiten
- Fertigungsmeldung bearbeiten
- Produkt lagern
- Lieferschein erstellen
- Zollpapiere erstellen
- Spedition beauftragen
- Ware versenden
- Rechnung erstellen und versenden

Qualitätskosten

Unter dem Begriff Qualitätskosten werden alle Kostenarten und -positionen verstanden, die entstehen, um Qualitätsanforderungen im Unternehmen erfüllen zu können.

Qualitätskosten entstehen im Wesentlichen bei der Durchführung präventiver Maßnahmen, bei der eigentlichen Qualitätsprüfung sowie für die Bearbeitung und Beseitigung interner und externer Fehler.

Sie lassen sich in drei Hauptgruppen unterteilen:

- Kosten für Fehlerverhütung
- Kosten für Prüfungen
- Kosten für interne und externe Fehler

Innerhalb dieser Hauptgruppen lassen sich die Qualitätskosten weiter untergliedern.

Beispiel: Kosten für Fehlerverhütung

- Schulung der Mitarbeiter
- Einführung eines Qualitätsmanagementsystems
- Einführung eines Qualitätskontrollsystems
- Auswahl von Zulieferern unter Qualitätsgesichtspunkten

Rechnungswesen

Das interne Rechnungswesen (die Buchführung) erfasst die Zahlen im Unternehmen und stellt sie nach den Bedürfnissen des Unternehmens zusammen. Das externe Rechnungswesen verarbeitet diese Daten und erstellt daraus den Jahresabschluss. Organisatorisch sind diese Funktionen in der (Finanz-)Buchhaltung und im Controlling angesiedelt (Kosten- und Leistungsrechnung).

Das Rechnungswesen eines Betriebs wirkt einerseits nach außen. Hierzu gehört die Erstellung des Jahresabschlusses nach genau festgelegten gesetzlichen Regeln. Anderseits müssen die Zahlen im Unternehmen erfasst und – nach den Bedürfnissen des Unternehmens – zusammengestellt werden. Letzteres erfolgt im internen Rechnungswesen, der Buchführung. Hier werden alle Daten gesammelt und verarbeitet, die in irgendeiner Form das Vermögen des Unternehmens verändern. Die dabei verwendeten Hilfsmittel (Kontenrahmen, Datenverarbeitungssysteme usw.) sind dem Unternehmen überlassen.

Wenn beispielsweise eine Rechnung beglichen wird, ändert sich das vorhandene liquide Vermögen. Wird ein Erzeugnis oder eine Dienstleistung verkauft, verringert sich der Bestand an Fertigerzeugnissen, es erhöhen sich aber auch die Forderungen oder, nach Bezahlung, der Kontostand und damit wiederum das liquide Vermögen.

Das interne Rechnungswesen liefert somit nicht nur die Daten für das externe Rechnungswesen, sondern auch für das Controlling. Die damit betrauten jeweiligen Abteilungen im Betrieb sind z. B. die Buchhaltung, aber auch die Abteilung für Kosten- und Leistungsrechnung.

Das Controlling wiederum ist auf das Rechnungswesen angewiesen, aber doch eine eigenständige, übergeordnete Funktion und als solche auch meist organisiert (in Form einer Controlling-Abteilung). In Abhängigkeit von Größe und Organisation des Unternehmens werden beide Funktionen – internes Rechnungswesen und Controlling – allerdings nicht immer exakt getrennt. Bei genauerer Betrachtung ist das auch nicht nötig: Die mit diesen Bereichen verbundenen Aufgabenstellungen müssen erfüllt werden.

Tipp:

In der Organisation des internen Rechnungswesens sind Sie frei. Was Sie jedoch einhalten müssen, sind die Grundsätze der ordnungsgemäßen Buchführung. Das heißt insbesondere, dass sämtliche Vorgänge erfasst werden müssen, und zwar wahrheitsgemäß, vollständig und in einer nachvollziehbaren Form.

Target Costing

Auch: Zielkostenmanagement

Target Costing (Zielkostenmanagement) ist ein umfassendes Kostenplanungs-, Kostensteuerungs- und Kostenkontrollkonzept. Dabei stehen zwei Fragen im Mittelpunkt: Zu welchem Preis (Target Price) kann ein Produkt auf dem Markt platziert werden? Wie hoch dürfen demnach die Herstellkosten maximal sein?

Ziel von Target Costing ist, sehr frühzeitig, möglichst schon in der Entstehungsphase eines Produkts, darauf hinzuwirken, dass dieses zu einem wettbewerbsfähigen Marktpreis angeboten werden kann.

Dies impliziert, dass sich die *Herstellkosten* an dem Preis orientieren müssen, den der Kunde bereit ist zu zahlen, ohne dass die angestrebte Gewinnmarge gefährdet wird. Diese orientiert sich an der geplanten Umsatzrendite des Unternehmens. Die Kosten werden im Target Costing also retrograd (rückwärts) kalkuliert.

Dies lässt sich in folgender Formel ausdrücken:

Target Price (Marktpreis) – Target Profit (Gewinn) = Target Costs (Herstellkosten)

Auf CD-ROM

Checkliste Target Costing:

- Wie hoch ist der am Markt durchsetzbare Preis?
- Wie hoch ist die geplante Gewinnmarge?

Wie hoch sind demnach die erlaubten Kosten = Target Costs?

Die erlaubten Kosten werden in der Regel unterhalb der kalkulierten Kosten liegen. Es besteht also ein Widerspruch zwischen den Kosten, die man aus heutiger Sicht zugrundelegen muss, und den Kosten, die aus Sicht eines möglichen Marktpreises erlaubt sind.

Achtung:

Es handelt sich bei Target Costing nicht, wie man annehmen könnte, um ein Kostenrechnungssystem, sondern um ein Kostenmanagement-Konzept. Oft steht am Anfang eine Marktforschung, bei der Konsumenten nach ihren Vorstellungen über Leistung und Preis der – häufig noch zu entwickelnden – Produkte befragt werden.

Der Kunde entscheidet mit

Nun reicht es nicht aus, einfach zu sagen: „Unsere Kosten sind zu hoch.“ Die Besonderheit des Target Costings besteht darin, dass man versucht, ganz genau herauszufinden, was der Kunde für einzelne Funktionen oder Produktkomponenten zu zahlen bereit ist.

Damit ergibt sich folgende Vorgehensweise:

1. Man prüft, welche Einzelfunktionen das Produkt haben muss.
2. In einem nächsten Schritt wird festgestellt, in welchen Funktionen für den Kunden welcher Nutzen liegt. Diese „Einzelnutzen“ ergeben einen Gesamtnutzen für den Kunden von 100 %.
3. Man kalkuliert das Produkt in seinen Komponenten und erhält so die voraussichtlichen Kosten pro Komponente.
4. Nun gleicht man ab, ob der Kostenanteil der einzelnen Komponenten am Produkt (in Prozent) dem Nutzenanteil der entsprechenden Komponenten für den Kunden (in Prozent) entspricht.
5. Zum Schluss berechnet man die sog. „Zielkostenindices“:

Formel Zielkostenindex

$$\text{Zielkostenindex} = \frac{\text{Gewichtung der Komponente}}{\text{Anteil an den Kosten}}$$

Aus den Zielkostenindices lässt sich erkennen, ob eine Funktion zu aufwendig hergestellt wird oder ob hinsichtlich des vom Kunden erwarteten Nutzens noch Nachbesserungen möglich sind.

Der Sinn des Verfahrens liegt darin begründet, dass nicht nur allgemein festgestellt wird, ob die geplanten die erlaubten Kosten überschreiten, sondern ob die einzelnen Komponenten, die für den Kunden einen Nutzen darstellen, mit angemessenen Kosten hergestellt werden können.

Tipp:

Target Costing bedingt eine intensive Abstimmung und Zusammenarbeit von Marketing, Forschung und Entwicklung und Fertigung.

Teilkostenrechnung

Die Teilkostenrechnung ist ein Kostenrechnungssystem, das (im Gegensatz zur *Vollkostenrechnung*) den Produkten und Dienstleistungen eines Unternehmens nur die Einzelkosten als variable Kosten und die variablen Bestandteile der Gemeinkosten zurechnet. Die Fixkosten werden als „Block“ gesehen, der durch den Umsatz aller Kostenträger gedeckt werden muss. Es kommt dabei nicht darauf an, welchen Anteil die einzelnen Kostenträger an dieser Deckung haben.

→ Deckungsbeitrag, Deckungsbeitragsrechnung

Zwar ist die Aufteilung der Kosten in variable und fixe Bestandteile Grundlage der Teilkostenrechnung. Der Einfluss der Fixkosten auf die Stückkosten wird hier jedoch eliminiert. Damit werden die Zurechnungen über Schlüssel vermieden und Verrechnungen auf die Kostenträger überflüssig. Die ewige Suche nach einem gerechten Schlüssel, wie sie in der Vollkostenrechnung notwendig ist, entfällt.

Die Berechnung der variablen Stückkosten hilft bei Entscheidungen, die sich auf das kurzfristige Produktionsprogramm beziehen.

Beispiel:

Für die Herstellung des Silvesterknallers „Karpatenböller" fallen Personalkosten von 2 € und Sachkosten von 3 € an. Verkauft wird er für 7 €. Damit werden dem Verkaufspreis insgesamt 5 € Einzelkosten zugerechnet. Die verbliebenen 2 € helfen, die gesamten Fixkosten im Unternehmen zu decken. Es wird aber nicht versucht, über einen Zurechnungssatz dem Karpatenböller einen bestimmten Anteil der Fixkosten zuzuordnen. Es reicht die Aussage, dass mit dem Verkaufspreis von 7 € alle zurechenbaren variablen Kosten gedeckt sind.

Tipp:

Für viele Entscheidungen benötigen Sie die Kenntnis der Stückkosten aus der Teilkostenrechnung. Für andere wiederum werden die Vollkosten verlangt. Sie sollten daher beide Kostenrechnungssysteme parallel führen, was in modernen Informationsverarbeitungssystemen kein Problem ist.

Bestimmung der variablen Kosten

Die Aufspaltung der Kosten in variable und flexible Bestandteile erfolgt im Rahmen der Teilkostenrechnung in Abhängigkeit der Kostenarten. Dabei sind einige Kostenarten sehr eindeutig in ihrer Zugehörigkeit, andere verlangen intensivere Überlegungen, um eine korrekte Zuordnung zu ermöglichen. Der Schlüssel für eine sinnvolle und richtige Aufteilung liegt in der Erfahrung der Mitarbeiter.

→ Kostenarten; S. 286

Beispiel:

Materialkosten lassen sich eindeutig zuordnen. Bei Transportleistungen ist das schon schwieriger.

Tipp:

Es ist nicht immer leicht, für jede Kostenart eine realistische Aufteilung zu finden. Auch die Arbeit des Controllers muss wirtschaftlich sein. Ist es uneffizient, eine Aufteilung in fix und variabel vorzunehmen, kommt es durchaus öfter zu der Situation, dass eigentlich variable Kosten als fix verrechnet werden.

Umsatz

Umsatz oder Umsatzerlöse (beide Begriffe sagen das Gleiche aus) sind die Erlöse aus folgenden für die gewöhnliche Geschäftstätigkeit des Unternehmens typischen Geschäften:

- **Verkauf von Erzeugnissen und Waren,**
- **Vermietung und Verpachtung,**
- **Dienstleistungen.**

Nettoumsatz

Die Umsatzsteuer (umgangssprachlich Mehrwertsteuer) wird auf den Umsatz erhoben, sie gehört aber nicht zum Umsatz. Auch Erlösschmälerungen (Rabatte, gewährte Skonti usw.) sind von den Erlösen abzuziehen. Das Ergebnis ist der Nettoumsatz.

Tipp: Skonto und Umsatzsteuer

Zunächst buchen Sie den vollen Rechnungsbetrag als Forderung aus Lieferung und Leistung. Bei fristgemäßer Zahlung kürzt der Kunde den Forderungsbetrag. Durch den Skontoabzug ermäßigt sich auch die umsatzsteuerliche Bemessungsgrundlage. Sie müssen daher die Umsatzsteuerschuld entsprechend berichtigen.

Umsatzerlöse sind der Ausgangspunkt für die *Gewinn- und Verlustrechnung*. Sie beruhen auf dem eigentlichen Leistungsprozess und berechnen sich, indem die verkauften Mengen sämtlicher Produkte mit den Stückpreisen multipliziert werden; die Formel lautet dann (in ihrer einfachsten Form):

Formel Umsatzerlöse

$$\text{Umsatzerlöse} = \sum_{i=1}^{n} \text{abgesetzte Menge}_i \times \text{Preis}_i$$

i = Produkt i; n = Anzahl der Produkte insgesamt

Die Umsatzerlöse sind mitentscheidend für die betriebliche Situation und Basis einer Vielzahl von Kennziffern (z. B.: Gewinn, Umsatzrendite, Gesamtrendite).

Verbindung von Umsatz und Kosten

Es ist nicht ausreichend, den Umsatz eines Jahres den Kosten des Jahres gegenüberzustellen. Das Problem liegt darin, dass der Umsatz die abgesetzte Leistung repräsentiert, die Kosten aber die hergestellte Leistung.

Beispiel Problematik Umsatz und Kosten:

Angenommen, Sie stellen Schiffe her und benötigen für die Herstellung eines Schiffes genau zwei Jahre. Ohne die Berücksichtigung von Bestandsänderungen ergäbe sich folgende Situation:

Jahr 1: Umsatz 0 €. Kosten sind aber für ein halbes Schiff angefallen, das bedeutete einen Verlust in Höhe der gesamten Kosten.

Jahr 2: Umsatz: ein vollständiges Schiff. Kosten sind wiederum nur für ein halbes Schiff angefallen. Damit entsteht ein Gewinn in Höhe des planmäßigen Gewinnes für ein Schiff zuzüglich der (im zweiten Jahr nicht angefallenen) Kosten für ein halbes Schiff.

Es ist offensichtlich, dass diese Herangehensweise keine sinnvollen Ergebnisse zeitigt.

Demzufolge ist entweder die betriebliche Leistung eines Jahres den angefallenen Kosten anzupassen oder die Kosten sind dem Umsatz zuzuordnen. Die beiden dabei vom Gesetzgeber vorgeschriebenen Verfahren sind das *Gesamtkostenverfahren* und das *Umsatzkostenverfahren* (siehe nächstes Stichwort). Beide Verfahren kommen letztlich zum gleichen Ergebnis, nur die Herangehensweise ist unterschiedlich.

Vorschrift und Beispiele zu Gesamtkostenverfahren S. 267

Umsatzkostenverfahren

Das Umsatzkostenverfahren ist ein Verfahren, bei dem in der Gewinn- und Verlustrechnung den Umsätzen einer Periode lediglich die Kosten, die für diese Umsätze entstanden sind, gegenübergestellt werden.

Im Gegensatz zum *Gesamtkostenverfahren* wird hier nicht die betriebliche Leistung korrigiert. Die Korrektur erfolgt vielmehr dadurch, dass nicht sämtliche, sondern nur die Kosten des Umsatzes den Umsatzerlösen gegenübergestellt werden.

Das Umsatzkostenverfahren ist eine gute Basis für die Berechnung von *Deckungsbeiträgen*. Sowohl das Gesamtkostenverfahren, als auch das Umsatzkostenverfahren kommen zum gleichen Jahresergebnis.

→ Deckungsbeitragsrechnung, S. 250

Beim Umsatzkostenverfahren ist die Basis die Leistung des Unternehmens gegenüber dem Markt. Das, was am Markt abgesetzt wird, führt zu Umsatz. Alle anderen Bestandteile der betrieblichen Leistung führen nicht zu Umsatz.

Berechnungsschema

Dem Umsatz werden die Kosten gegenübergestellt, die bei der Herstellung der verkauften Produkte angefallen sind. Kosten für Bestandserhöhungen werden erst in der Periode angesetzt, in der diese Produkte auch verkauft werden. Bestandsreduzierungen wiederum führen zu Umsatz, ohne dass in dem entsprechenden Jahr Kosten angefallen sind. Trotzdem werden die Kosten des Umsatzes (also aller verkauften Produkte) dem Umsatz gegenübergestellt. In dem Jahr, in dem sie tatsächlich angefallen sind, wurden sie ja nicht angesetzt, da sie damals zu einer Bestandserhöhung geführt hatten.

Die Berechnungsvorschrift findet sich in § 275 Abs. 3 HGB; im Folgenden ein Beispiel einer GuV nach dem Umsatzkostenverfahren.

Gewinn- und Verlustrechnung nach dem Umsatzkostenverfahren

1	Umsatzerlöse	9.500.000
2	Herstellungskosten der zur Erzielung der Umsatzerlöse erbrachten Leistungen	7.035.240
3	**Bruttoergebnis vom Umsatz**	**2.464.760**
4	Vertriebskosten	275.000
5	allgemeine Verwaltungskosten	315.000
6	sonstige betriebliche Erträge	0
7	sonstige betriebliche Aufwendungen	425.500
	Betriebsergebnis	**1.449.260**
8	Erträge aus Beteiligungen	0
9	Erträge aus anderen Wertpapieren und Ausleihungen des Finanzanlagevermögens	15.400
10	sonstige Zinsen und ähnliche Erträge	25.840
11	Abschreibungen auf Finanzanlagen und auf Wertpapiere des Umlaufvermögens	0
12	Zinsen und ähnliche Aufwendungen	258.000
	neutrales Ergebnis	**-216.760**
13	Ergebnis der gewöhnlichen Geschäftstätigkeit	1.232.500
14	außerordentliche Erträge	15.000
15	außerordentliche Aufwendungen	1.500
16	**außerordentliches Ergebnis**	**13.500**
	Ergebnis vor Steuern	**1.246.000**
17	Steuern vom Einkommen und vom Ertrag	323.960
18	sonstige Steuern	51.000
19	**Jahresüberschuss/Jahresfehlbetrag**	**871.040**

Hinweis: Alle Zahlen in €.

Variable Kosten

Variable Kosten ändern sich mit der Beschäftigung, d. h. mit der ausgebrachten Menge. Die Abhängigkeit ist in vielen Fällen annähernd proportional, allerdings muss das nicht immer der Fall sein.

Die Abhängigkeit ist häufig dadurch gekennzeichnet, dass die variable Kostenart nicht mit der gleichen Intensität steigt wie die Produktionsmenge.

Beispiel Materialkosten:

Die Kosten für Grundmaterial sind das klassische Beispiel für variable Kosten. Es ist offensichtlich, dass für 40 Fahrräder mehr Material verbraucht wird als für 20 Fahrräder. Aufgrund geringerer Verschnittmengen, eventuell günstigerer Einkaufspreise wg. Mengenrabatts usw. wird der Verbrauch aber sowohl mengenmäßig als auch wertmäßig nicht exakt das Doppelte betragen.

Ein weiteres Beispiel für variable Kosten sind Fertigungslöhne.

Tipp:

In den wenigsten Fällen werden Mitarbeiter komplett nach der erbrachten Leistung bezahlt. Zumeist erhalten sie einen leistungsunabhängigen Lohnbestandteil und darüber hinaus Leistungsprämien u. Ä. Die entsprechenden Lohnkosten enthalten also variable und fixe Bestandteile.

Im Gegensatz zu den variablen Kosten stehen die *Fixkosten.*

Vollkostenrechnung

Die Vollkostenrechnung ist ein System der Kostenrechnung, bei dem die gesamten („vollen") Kosten auf das Produkt (den *Kostenträger*) verrechnet werden. Diese Kosten umfassen sowohl den unmittelbaren Verbrauch, z. B. von Material, als auch die anteilige Inanspruchnahme von Kapazitäten (Gemeinkosten). Ziel ist es, dem Kostenträger diejenigen Kosten zuzuordnen, die er im Prozess der Leistungserstellung verursacht hat. Die Vollkostenrechnung dient sowohl der Kalkulation als auch der Gewinnermittlung.

Die traditionelle Vollkostenrechnung mit ihrer typischen Abfolge von Kostenarten-, Kostenstellen- und Kostenträgerrechnung ist am häufigsten in der Praxis anzutreffen. In Form der Teilkostenrechnung und der Prozesskostenrechnung hat dieses Modell jedoch inzwischen Konkurrenz bekommen.

Unter der traditionellen Vollkostenkalkulation versteht man immer eine Zuschlagskalkulation (vorwiegend in Produktionsunternehmen) zur Ermittlung der Selbstkosten. Voraussetzung ist eine Unterscheidung aller Kosten nach *Einzel-* und *Gemeinkosten.*

Grundidee

Die Vollkostenrechnung basiert auf folgender Überlegung: Wenn man jedes einzelne Produkt nach diesem Verfahren kalkuliert, werden die gesamten Unternehmenskosten von allen verkauften Produkten zusammen getragen.

Vorgehensweise

- Zunächst werden den Kostenträgern systematisch die Einzelkosten (und eventuell die Sondereinzelkosten) zugeordnet. Das lässt sich zumeist mithilfe von Materialentnahmescheinen, Lohnrechnungen und ähnlichen Hilfsmitteln relativ problemlos erledigen.

- Dann müssen die Gemeinkosten anteilig zugeordnet werden. Dazu ist es erforderlich, entsprechende Zuordnungsschlüssel zu finden. Diese Zuordnung kann nur näherungsweise erfolgen.
- Im Ergebnis sind sämtliche im Unternehmen angefallenen Kosten den diversen Kostenträgern zugeordnet worden, man erhält die Selbstkosten des Produkts.

→Gemeinkosten werden anteilig zugeordnet

Schema der Vollkostenrechnung (für einen Produktionsbetrieb)

Formel

	Materialeinzelkosten
+	Materialgemeinkosten in % der Material-EK
=	**Materialkosten**

	Fertigungseinzelkosten
+	Fertigungsgemeinkosten in % der Fertigungs-EK
+	Sondereinzelkosten der Fertigung
=	**Fertigungskosten**

Materialkosten + Fertigungskosten = **Herstellkosten**

	Herstellkosten
+	Vertriebsgemeinkosten in % der Herstellkosten
+	Verwaltungsgemeinkosten in % der Herstellkosten
+	Sondereinzelkosten des Vertriebs
=	**Selbstkosten**

Ziele der Vollkostenrechnung

Hauptzweck der Vollkostenrechnung war von Anfang an die *Kalkulation* mit dem Ziel, für solche Produkte Preise zu bilden, für die kein Marktpreis besteht. Die relativ einfache Rechnung und plausible Zuordnung von Kosten sollte den Preis rechtfertigen. Dieses Vorgehen eignet sich insbesondere zur Ermittlung des Angebotspreises bei Einzelfertigung.

→Kalkulation, S. 275

Beispiel:

Das zweite Ziel neben der Kalkulation der einzelnen Leistungseinheiten ist die Ermittlung des Periodenerfolgs (Gewinn oder Verlust). Hierbei werden die Nettoerlöse aller Produkte den jeweiligen Kosten gegenübergestellt. Die Summe der Produkterfolge ist danach identisch mit dem Betriebsergebnis.

Vor- und Nachteile der Vollkostenrechnung

Auch für kleine Unternehmen geeignet

Die traditionelle Vollkostenrechnung ist in der betrieblichen Praxis vor allem deswegen so weit verbreitet, weil das Rechenmodell recht einfach aufgebaut ist, keine Trennung in variable und fixe Kosten voraussetzt und ohne aufwendige Datenermittlung auskommt. Auch kleine Unternehmen mit wenigen Kostenstellen können eine Vollkostenrechnung durchführen.

Die Vollkostenrechnung hat die langfristige Perspektive im Blick: Auf Dauer müssen alle Kosten eines Unternehmens gedeckt werden; alle verkauften Produkte zusammen müssen die Fixkosten tragen.

Tipp:

Unter großem Konkurrenzdruck kann man leicht dazu verleitet werden, Produkte auch über einen längeren Zeitraum am Rand der kurzfristigen Preisuntergrenze zu verkaufen, um im Markt zu bleiben. Die Selbstkostenpreise – so grob auch die Kostenverrechnung sein mag – geben immerhin einen Anhaltspunkt, wo auskömmliche Preise auf Dauer liegen müssen.

Liegt kein Marktpreis für ein Produkt vor, ist die Vollkostenrechnung das Mittel der Wahl für die Angebotserstellung.

Nachteile

Diesen positiven Aspekten stehen aber auch einige Nachteile gegenüber, deren man sich bewusst sein muss, um keine falschen Entscheidungen zu treffen:

- Einer der häufigsten Einwände gegen die Kalkulation auf Vollkostenbasis ist, dass man sich leicht „aus dem Markt herauskalkuliert", indem man anhand der eigenen Kosten einen zu hohen Preis ermittelt und das Produkt nicht mehr absetzen kann.

- Die Schlüsselung von Gemeinkosten auf die Kostenträger ist immer problematisch, da es keinen direkten Zusammenhang gibt. Dies gilt grundsätzlich für alle Verrechnungssätze des Vollkostenkalkulationsschemas.
- Je nachdem, welche Mengen abgesetzt werden können, müssen mehr oder weniger Fixkosten auf die einzelnen Produkte verrechnet werden.
- Die Vollkostenrechnung ist nicht für Produktentscheidungen geeignet. Hat man mit dieser Methode nämlich ein Verlustprodukt identifiziert und nimmt es aus dem Programm, wird sich das Unternehmensergebnis nicht verbessern, sondern sogar verschlechtern. Denn man hat hier nicht im Blick, wie weit das Produkt zur Deckung der Fixkosten beigetragen hat. Es entfallen dann zwar die variablen Kosten (und die Erlöse natürlich auch), was jedoch bleibt, sind die Fixkosten – sie müssen nun von den übrigen Produkten mitgetragen werden.

Nicht geeignet für Produktentscheidungen

Achtung:

Nicht angewendet werden sollte die Vollkostenrechnung für Make-or-Buy-Entscheidungen. Im Fall von Fremdfertigung verursacht man im eigenen Bereich Unterbeschäftigung, wodurch zusätzlich Leerkosten entstehen.

Ebenso ungeeignet ist sie für Verfahrensentscheidungen. Eine neue, schnellere Maschine mit hohen Fixkosten kann wirtschaftlicher sein als die alte Maschine mit niedrigen Fixkosten. Dennoch müsste man bei einer Alternativrechnung auf Vollkostenbasis die neue Maschine wegen ihrer hohen Fixkosten ablehnen.

Zielkostenrechnung

Siehe *Target Costing*, S. 306.

Zuschlagssätze

Zuschlagssätze werden benötigt, um die Gemeinkosten auf die einzelnen Kostenträger zu verteilen.

Mithilfe des *Betriebsabrechnungsbogens* werden Prozentzahlen ermittelt, die als Zuschlag zu den Einzelkosten einen bestimmten Anteil der Gemeinkosten ausdrücken.

Beispiel:

In einem Unternehmen gibt es zwei Fertigungshauptkostenstellen. Zuschlagsbasis für die Gemeinkosten sollen die Lohnkosten sein.

	Kostenstelle A	Kostenstelle B
Lohnkosten	8.500 €	2.800 €
zu verrechnende Gemeinkosten	6.205 €	2.660 €
Zuschlagssatz	73 %	95 %

Das bedeutet: Auf die Lohnkosten der Kostenstelle A werden 73 % Gemeinkosten zugeschlagen, auf die der Kostenstelle B 95 %.

Das Grundproblem besteht in der Wahl der richtigen Zuschlagsbasis.

Wie lassen sich die Zuschlagsgrundlagen ermitteln?

Materialbereich

Im Materialbereich bieten sich die Materialkosten als Zuschlagsgrundlage an. Es wird unterstellt, dass die Höhe der Materialgemeinkosten abhängig ist von der in der betrachteten Periode verbrauchten Rohstoffe. Da die Materialgemeinkosten in den meisten Fällen vergleichsweise niedrig sind, ist die Aussagekraft dieser Zuschlagsgrundlage in der Regel ausreichend; mögliche Zuordnungsfehler haben nur geringe Auswirkungen auf das Ergebnis.

Formel Materialgemeinkostenzuschlag

$$\text{Materialgemeinkostenzuschlag} = \frac{\text{Materialgemeinkosten}}{\text{Fertigungsmaterial}} \times 100$$

Im Fertigungsbereich werden in der Regel die Fertigungslöhne als Zuschlagsgrundlage ausgewählt.

Formel Fertigungsgemeinkostenzuschlag

$$\text{Fertigungsgemeinkostenzuschlag} = \frac{\text{Fertigungsgemeinkosten}}{\text{Fertigungslöhne}} \times 100$$

Wegen des permanent sinkenden Lohnanteils an den Gesamtkosten wird diese Zuschlagsgrundlage aber zunehmend kritisch gesehen. Zuschlagssätze von mehreren hundert Prozent sind keine Seltenheit.

Tipp:

Überschreiten die Zuschlagssätze die Grenze von 200 bis 250 % nachhaltig, sollten Sie im Einzelfall überlegen, ob die Fertigungslöhne noch die richtige Zuschlagsgrundlage darstellen. Alternativ kann der BAB auch mithilfe der Maschinenstundensatzrechnung erstellt werden.

Verwaltungs- und Vertriebsbereich

Für die Verwaltungs- und Vertriebskostenstellen existieren keine unmittelbaren Zuschlagsgrundlagen, da diese Kosten weder direkt vom Materialverbrauch noch vom Fertigungslohn bestimmt werden. In der Praxis werden daher oft die *Herstellkosten* des Umsatzes als Zuschlagsgrundlage gewählt. Hintergrund ist die Überlegung, dass Verwaltungs- und Vertriebskosten nur dann entstehen, wenn Produkte hergestellt bzw. verkauft werden.

Vorschläge für mögliche Gemeinkostenschlüssel

Wie oben bereits gesagt, können viele Gemeinkosten nicht direkt mithilfe von Belegen auf die Kostenstellen verteilt werden. In diesen Fällen ist es erforderlich, geeignete Verteilerschlüssel zu nutzen.

Tipp:

Beachten Sie, dass diese Verteilerschlüssel immer nur ein Hilfsmittel sind. Sie werden die Kosten nie absolut korrekt verteilen können. Im Wissen um diese Unmöglichkeit ist es in der betrieblichen Praxis auch nicht sinnvoll, seine ganze Kraft in die Auseinandersetzung um den richtigen Schlüssel zu legen. Es reicht aus, wenn dieser nicht unlogisch ist und damit der tatsächlichen Verursachung möglichst nahe kommt.

Die folgende Tabelle enthält Vorschläge für geeignete Schlüssel, wie sie in der betrieblichen Praxis vorkommen. Sie ist weder vollständig, noch erhebt sie einen Anspruch darauf, die allein mögliche Lösung darzustellen.

Mögliche Gemeinkostenschlüssel	
Kostenart	Verteilerschlüssel
Steuern	Prozentsatz
Raumkosten	Quadratmeter
Miete	Quadratmeter
Heizkosten	Kubikmeter umbauter Raum
Hilfsmaterial	Grundmaterial (wenn nicht über Materialentnahmescheine abrechenbar)
Reinigungskosten	Quadratmeter
Freiwillige Sozialleistungen	Anzahl der Mitarbeiter
Beleuchtung	Quadratmeter
Wachdienst	Anzahl der Mitarbeiter oder Quadratmeter
Allgemeine Verwaltung	Anzahl der Mitarbeiter

5 Unternehmenssteuerung

Der Begriff „Unternehmenssteuerung" ist weit gefasst. Eigentlich lassen sich in diesem Bereich all die Dinge unterbringen, die mit Management als Tätigkeit, mit Planung, mit Controlling, mit der Auswertung von Kennzahlen und vielem anderen zu tun haben. Nicht gleichzusetzen ist die Unternehmenssteuerung mit der Unternehmensführung. (Dieser Aspekt wird vor allem im Kapital „Personal" angesprochen.)

In diesem Kapitel werden zunächst wesentliche Kennzahlen vorgestellt – und vor allem auch Ansätze zu deren Interpretation geliefert –, die nicht nur das gesamte Unternehmen betreffen und für dessen Steuerung besonders wichtig sind (z. B. Anlagendeckung oder Cashflow). Weiterhin widmet sich der Abschnitt wichtigen statistischen Methoden zur Auswertung von Unternehmenskennzahlen, wie der Diskriminanz- oder der Regressionsanalyse.

Zur Steuerung eines Unternehmens gehören auch Entscheidungen, die Beteiligungen, Zukäufe von Unternehmensteilen oder ganzen Unternehmen, ebenso die Trennung von Unternehmensteilen oder die Übergabe des Betriebs an einen Nachfolger betreffen. In all diesen Fällen muss man sich über den Wert des Unternehmens im Klaren sein. Dazu dienen die Ausführungen über die grundsätzlichen Methoden zur Unternehmensbewertung.

Als Abrundung findet der Leser in diesem Kapitel wichtige Verfahren wie die Budgetierung oder die Kapitalstrukturanalyse erläutert. Auch die betrieblichen Steuern, die in vielen Fällen Einfluss auf unternehmerische Entscheidungen haben, werden in einer kurzen Zusammenfassung vorgestellt.

Anlagendeckung

Die Anlagendeckung ist eine Kennziffer der *Bilanzanalyse*. Sie gibt an, in welchem Maße das Anlagevermögen durch *Eigenkapital* (Anlagedeckung I) oder durch Eigenkapital und langfristiges *Fremdkapital* (Anlagedeckung II) gedeckt ist.

Aufgabe des Managements ist es, die Bilanzstrukturen den Herausforderungen anzupassen, denen ein Unternehmen auf dem Markt gegenübersteht. Veränderungen in den Bilanzstrukturen, etwa bei der Anlagendeckung, erfolgen zumeist nicht plötzlich, sondern über einen Zeitraum von mehreren Jahren.

Tipp:

Analysieren Sie bei Kennzahlen wie der Anlagendeckung die Entwicklung über einen Zeitraum von wenigstens fünf Jahren. Dann lassen sich auch schleichend eintretende Veränderungen mit einiger Sicherheit erkennen. Berücksichtigen Sie bei Ihrer Analyse aber auch Veränderungen des Unternehmensumfelds.

Trennen Sie dann nach Veränderungen, die eine Reaktion auf veränderte Umfeldbedingungen sind und nach solchen, die sich ohne bewusste Steuerung in diese Richtung ergeben haben. Gerade die allmählich eingetretenen Veränderungen können Hinweise auf künftige Risiken geben.

Die goldende Bilanzregel

Grundlage für die Kennziffer Anlagendeckung ist der Gedanke, dass langfristig im Unternehmen gebundenes Vermögen (beim Anlagevermögen trifft das zumindest tendenziell zu) durch langfristig zur Verfügung stehendes Kapital finanziert sein sollte.

Beispiel:

Wird eine Maschine unter Zuhilfenahme des Kontokorrentkredits – oder, was noch ungünstiger wäre, aus nur kurzfristig zur Verfügung stehendem Geld, z. B. aus kurzfristigen Lieferantenverbindlichkeiten – finanziert, geht das Unternehmen ein großes Risiko ein: Wird der Kontokorrentkredit für Lohnzahlungen oder Ähnliches benötigt oder müssen die Lieferantenverbindlichkeiten beglichen werden, steht das Geld nicht zur Verfügung, ist es doch in die Maschine investiert worden.

Diese Anforderung wird auch „Goldene Bilanzregel" genannt. Sie ist keine gesetzliche Regel, aber kaufmännisches Grundwissen.

Berechnung und Interpretation

Die Formel der Anlagendeckung I lautet:

Formel Anlagendeckung I

$$\text{Anlagendeckung I} = \frac{\text{Eigenkapital}}{\text{Anlagevermögen}} \times 100$$

Die Kennziffer drückt aus, zu welchem Prozentsatz das Anlagevermögen durch Eigenkapital gedeckt ist. Zielgröße ist ein Wert von mindestens 100 %.

Diese strenge Auslegung der Anlagendeckung ist unter heutigen Verhältnissen nicht sinnvoll einzuhalten. Deshalb wurde die Anlagendeckung modifiziert:

Formel Anlagendeckung II

$$\text{Anlagendeckung II} = \frac{\text{Eigenkapital} + \text{langfr. Fremdkap.}}{\text{Anlagevermögen}} \times 100$$

Auch hier gilt wieder eine Zielgröße von 100 %.

Tipp:

Wird dieser Wert erreicht, garantiert das jedoch nicht, dass das Unternehmen ständig liquid ist, genau wie ein Verfehlen des Wertes nicht automatisch zu Problemen führt. Es handelt sich lediglich um Erfahrungswerte. Wird jedoch signifikant gegen diese Regeln verstoßen, sollten Sie überlegen, wie Abhilfe zu schaffen ist.

Achtung, begrenzte Aussagekraft

Aus der Bilanz selbst ist nicht ersichtlich, welche Vermögenswerte aus welchen Quellen finanziert wurden. Es sind lediglich Größenordnungen erkennbar. Deshalb lassen sich aus Kennziffern wie der Anlagendeckung auch keine kausalen Schlüsse auf die Situation des Unternehmens ziehen, sondern lediglich Ansatzpunkte finden.

Tipp:

Die Kennziffer Anlagendeckung stellt immer nur die Situation genau am Bilanzstichtag dar. Wenn der Anlagedeckungsgrad in den vergangenen Jahren auf eine solide Finanzierung hingedeutet hat, dürfte sich aber mit hoher Wahrscheinlichkeit kurzfristig daran auch nichts ändern.

Es ist Aufgabe der Finanzabteilung, auf eine fristenkongruente Finanzierung hinzuarbeiten. Im Sinne einer innerbetrieblichen Kontrolle wird die Controllingabteilung aber Signale einer negativen Abweichung registrieren und die Unternehmensführung auf eventuelle Risiken hinweisen. Gemeinsam ist dann nach Lösungen zu suchen.

Beispiel:

Unproblematisch ist die langfristige Finanzierung kurzfristiger Vermögensbestandteile. Kritisch ist dagegen der gegenteilige Fall: Langfristig gebundenem Vermögen stehen nur kurzfristige Mittel zur Verfügung.

Lösungsmöglichkeiten wären z. B.:

- Umschuldung von kurz- in langfristige Kredite
- Zuführung zusätzlichen Eigenkapitals (Kapitalerhöhung)
- Verkauf nicht mehr benötigter Vermögensteile u. a.

Anlagenintensität

Die Anlagenintensität ist eine Kennziffer der *Bilanzanalyse* und gehört zur Analyse der Vermögensstruktur. Sie drückt den Anteil des Anlagevermögens am Gesamtvermögen aus.

Die absolute Höhe der Anlagenintensität ist wenig aussagefähig, ebenso der zwischenbetriebliche Vergleich. Begründet ist das darin, dass diese Kennzahl stark von den konkreten betrieblichen Gegebenheiten abhängig ist. Wichtige Aussagen lassen sich jedoch aus einem Zeitvergleich ziehen, einer Untersuchung der Entwicklung der Anlagenintensität über mehrere Jahre.

Berechnung und Interpretation

Formel Anlagenintensität

$$\text{Anlagenintensität} = \frac{\text{Anlagevermögen}}{\text{Gesamtvermögen}} \times 100$$

Eine hohe Anlagenintensität führt tendenziell zu höheren Fixkosten. Jedoch ist die Kennziffer immer im Zusammenhang mit anderen Entwicklungen zu sehen, wie z. B. der Entwicklung des Umsatzes.

Je nach Entwicklung der Anlagenintensität ist zu prüfen, ob

- das Anlagevermögen durch zu geringe Investitionen überaltert,
- im Anlagevermögen nicht betriebsnotwendige Bestandteile enthalten sind
- und Ähnliches.

Betriebliche Steuern

Betriebliche Steuern nennt man all jene Steuern, die für Unternehmen relevant sein können. So erhebt der Staat nicht nur Steuern auf den Unternehmenserfolg (Gewinn) oder treibt die sog. Gewerbesteuer ein, er schreibt z. B. auch genau vor, wie mit der Umsatzsteuer umzugehen ist.

Da Steuern das gesamte Unternehmen betreffen, ist es auch Aufgabe der Unternehmensführung, die steuerlichen Auswirkungen von Entscheidungen zu prüfen bzw. sachkundig prüfen zu lassen. Es gibt immer wieder Fälle, die wirtschaftlich sinnvoll erscheinen, von denen unter Berücksichtigung steuerlicher Auswirkungen aber Abstand zu nehmen ist und umgekehrt.

Beispiel:

In einem Unternehmen soll eine bisher integrierte Hilfsabteilung (z. B. die Betriebshandwerker) ausgegliedert und in eine selbständige GmbH überführt werden. Alleiniger Gesellschafter bleibt das Mutterunternehmen, es wird ein Ergebnisabführungsvertrag geschlossen.

Auf diese Weise können Gewinne der Handwerker-GmbH beispielsweise mit Verlustvorträgen der Muttergesellschaft verrechnet und die gesamte Steuerlast reduziert werden. Die Komplexität solcher Vorgänge macht es erforderlich, dass sie unter Hoheit der Unternehmensführung erfolgen müssen.

Die vom Staat erhobenen Steuern lassen sich grundsätzlich in vier Kategorien einteilen:

- Ertragsteuern,
- Substanzsteuern,
- Verkehrsteuern und
- Verbrauchsteuern.

Unternehmen sind grundsätzlich von allen vier Arten betroffen.

Steuerliche Vorschriften haben im Rahmen der Bilanzpolitik Einfluss auf den Bewertungsansatz des Anlage- und Umlaufvermögens. Insbesondere bei der Erstellung des Jahresabschlusses spielen die betrieblichen Steuern eine große Rolle, aber auch in der Kostenrechnung sind sie bei der Vorbereitung betrieblicher Entscheidungen von Bedeutung.

Steuerkategorien im Einzelnen

Ertragssteuern

Erwirtschaftet ein Unternehmen Gewinn, erhebt der Staat Anspruch auf seinen Teil. Die Bemessungsgrundlage für diese Ertragssteuern ist vom wirtschaftlichen Ergebnis des Unternehmens abhängig. Je nach Steuerart dienen dabei unterschiedliche Teile des Ertrags als Bemessungsgrundlage.

Die wichtigsten Ertragssteuern sind:

- Einkommensteuer (für die Gesellschafter von Personengesellschaften oder für Einzelkaufleute),
- Körperschaftssteuer (für Kapitalgesellschaften),
- Gewerbeertragssteuer
- Solidaritätszuschlag.

Bei Substanzsteuern dient das Vermögen in verschiedenen Ausprägungen als Bemessungsgrundlage. Beispiele sind

Substanzsteuern

- Grundsteuer,
- Erbschafts- und Schenkungssteuer.

Achtung:
Der wirtschaftliche Sinn von Substanzsteuern ist stark umstritten. Durch die Besteuerung von Vermögenswerten wird Vermögen an den Staat umverteilt, das dann nicht mehr zur Erzielung von Erträgen zur Verfügung steht. Durch die Besteuerung von Vermögen entzieht der Staat sich selbst langfristig die Grundlage für das laufende Erzielen von Steuereinnahmen aus Erträgen.

Beispiel:
Wenn beispielsweise, wie bis vor wenigen Jahren, Barvermögen als Bemessungsgrundlage für eine Vermögenssteuer dient, wird der Steuerbetrag an den Staat abgeführt. Dafür sinken in sämtlichen folgenden Jahren die Steuereinnahmen aus der Besteuerung von Kapitalerträgen – diesen Teil des Kapitals hat ja nun der Staat.

Verkehrssteuern sind an bestimmte wirtschaftliche Vorgänge gebunden, unabhängig vom wirtschaftlichen Erfolg. Typisches Beispiel ist die Umsatzsteuer, die nach dem System der sog. Mehrwertsteuer erhoben wird. Das bedeutet: Netto trägt diese Steuer nur der Verbraucher; jeder in der Herstellungskette muss sie auf den von ihm selbst geschaffenen Mehrwert abführen.

Verkehrssteuern: Umsatzsteuer u. a.

Die Umsatzsteuer bedeutet für Unternehmen zwar letztlich keine finanzielle Belastung, da sie der Endverbraucher trägt, dennoch ist sie bei der Buchung der laufenden Geschäftsvorfälle zu berücksichtigen. Vereinnahmte Umsatzsteuer muss an den Staat abgeführt, die verausgabte darf davon abgezogen werden.

Achtung:
Auch wenn die Umsatzsteuer letztlich ein sog. durchlaufender Posten im Unternehmen ist, kann sie doch erheblichen Einfluss auf die Planung und Steuerung der Liquidität haben.

Weitere Beispiele für Verkehrssteuern sind:

- Grunderwerbssteuer,
- Kraftfahrzeugsteuer,
- Versicherungssteuer.

Verbrauchssteuern

Verbrauchssteuern belasten den Gebrauch und Verbrauch bestimmter Güter. Beispiele sind

- Tabaksteuer,
- Mineralölsteuer,
- die sog. „Öko-Steuer".

Steuern und Kosten

Steuern stellen dann Kosten dar, wenn sie in unmittelbarem Bezug zur betrieblichen Leistung stehen. Verkehrs- und Verbrauchssteuern sind damit eindeutig Kosten und vermindern die Steuerbemessungsgrundlage für die ertragsabhängigen Steuern. Aus betriebswirtschaftlicher Sicht werden sie in die Kalkulation einbezogen.

Keine Betriebsausgabe

Einige Steuern sind vom Abzug als Betriebsausgaben ausgeschlossen. Das sind insbesondere:

- Steuern vom Einkommen und Ertrag,
- Personensteuern (Erbschafts- und Schenkungssteuer),
- Umsatzsteuer für den Eigenverbrauch.

Budgetierung

Unter Budgetierung versteht man die Erstellung von Budgets für die Planung und Kontrolle. Dabei werden für die unterschiedlichen Teilbereiche des Unternehmens einzelne Budgets vorgegeben (in Mengeneinheiten und Wertgrößen), die verbindlich sind. Sie bilden den Rahmen, innerhalb dessen die Budgetverantwortlichen eigenverantwortlich entscheiden können.

Grundgedanke und Ziele

Der Grundgedanke der Budgetierung besteht darin, Sollwerte vorzugeben, die (später) mit den Istwerten abgeglichen werden. Die Budgetierung hat dabei zum Ziel,

- Planabweichungen frühzeitig feststellen und untersuchen zu können,
- rechtzeitig Maßnahmen zur Gegensteuerung einleiten zu können,
- das Verhalten der Mitarbeiter zu steuern sowie
- einen in der Unternehmensorganisation verankerten und allgemein akzeptierten Maßstab für die Messung des Erfolgs zu erzeugen.

Arten von Budgets

Starr oder flexibel?

Budgets können nach ganz verschiedenen Kriterien festgelegt werden. So lassen sich nicht nur Budgets für verschiedene Zeiträume unterscheiden, sie können auch auf unterschiedliche Weise geplant werden. Während starre Budgets während einer Budgetperiode unbedingt einzuhalten sind, können flexible Budgets in Abhängigkeit von verschiedenen Parametern leicht an neue Situationen angepasst werden. So sind beispielsweise bei einem flexiblen Budget unterschiedlich hohe Materialaufwendungen in Abhängigkeit vom Beschäftigungsgrad möglich.

Außerdem lässt sich unterscheiden in

- Monats-, Quartals- oder Jahresbudgets,
- Budgets für Kostenstellen, Abteilungen oder auch für einzelne Projekte,
- Umsatz-, Absatz-, Kosten-, Finanz- oder Investitionsbudgets, je nach Gegenstand der Budgetierung.

Die hier aufgeführten Arten sind übrigens nicht die einzig möglichen.

Achtung:
Budgets sind nicht nur Kostenvorgaben. In den Prozess der Budgetierung müssen auch die zugehörigen Leistungen mit einbezogen werden.

Beispiel:
Der Technikbereich eines Wohnungsunternehmens bekommt als Budget Arbeitsleistungen der Instandhaltungsabteilung von x Mannstunden zugeteilt. Da es sich um eine innerbetriebliche Leistung handelt, muss er dafür nicht zahlen, jedoch werden ihm die in der Instandhaltungsabteilung angefallenen Kosten anteilig zugerechnet.

Funktionen der Budgetierung

Planung

Überwiegend zur operativen Steuerung eingesetzt

Budgets werden aus der langfristigen strategischen Planung abgeleitet, um die Zukunft des Unternehmens im operativen Bereich zu planen. Grundlegende Voraussetzung für eine Budgetierung ist demnach ein vollständiges Planungssystem. Aus der Absatzplanung werden Produktions- und Beschaffungspläne entwickelt. Über Personal- und Kostenpläne wird daraus der Finanzplan mit der Plan-Gewinn- und Verlust-Rechnung und der Planbilanz. Die Planung muss detailliert genug sein, dass die Werte auf die einzelnen Kostenstellen verteilt werden können.

Tipp:

Für eine erfolgreiche Budgetierung ist eine bewährte Kostenstellenrechnung die beste Voraussetzung. Die Verantwortung für Kosten und Leistungen muss klar definiert und zugeordnet sein.

Koordination

Mithilfe der Budgetierung werden die einzelnen Teilbereiche eines Unternehmens aufeinander abgestimmt. Das Gesamtunternehmensziel ist dabei die Messlatte, an der sich alle Einzelbudgets zu orientieren haben.

Eigenverantwortung

Ist ein Budget erst einmal bewilligt, kann der Budgetverantwortliche eigenverantwortlich darüber entscheiden, wie er mit diesen Vorgaben umgeht. Es ist also Sache des jeweiligen Teilbereichs, *wie* die Vorgaben erreicht werden. Dies soll einerseits die Motivation der Mitarbeiter fördern, andererseits aber auch Aktivitäten auslösen.

Achtung:

Die Budgetierung führt dazu, dass Leistungsanforderungen und Leistungsergebnisse einzelner Unternehmensbereiche sichtbar werden.

Kontrolle

Mittels des Budgets können Sollwerte und Istwerte einander gegenübergestellt werden. Auftretende Abweichungen werden im Rahmen von Abweichungsanalysen untersucht.

Voraussetzungen für eine erfolgreiche Budgetierung

Um eine sinnvolle Budgetierung zu erreichen, müssen einige Voraussetzungen erfüllt werden. Die folgende Checkliste gibt Ihnen dazu Hinweise.

Auf CD-ROM

Checkliste: Erfolgsfaktoren Budgetierung

- Ist das Budget auf die Unternehmensziele ausgerichtet?
- Sind die Einzelbudgets aufeinander abgestimmt?
- Ist das Budget realistisch (erfüllbar)?
- Ist die Erfüllung durch die Budgetverantwortlichen zu steuern oder gibt es gravierende äußere Einflüsse, die zu Abweichungen führen können, ohne dass die Mitarbeiter das ändern können?
- Lässt das Budget den Teilbereichen auch genügend Entscheidungsspielräume?
- Sind die Budgetverantwortlichen von ihren Kenntnissen und Fähigkeiten her in der Lage, eigenverantwortlich Entscheidungen zu treffen?
- Sind sie darüber hinaus mit den entsprechenden Kompetenzen ausgestattet?

So beugen Sie Problemen vor

Da es letztlich um zu verteilende Mittel geht, ist die Budgetierung immer eine schwierige Aufgabe. Hier hilft es, sich einige Prinzipien zu vergegenwärtigen:

Priorität haben übergeordnete Ziele

- **Prioritätsprinzip**: Die einem Unternehmen zur Verfügung stehenden Mittel sind in der Regel knapp – zwischen den einzelnen Verwendungsmöglichkeiten besteht Konkurrenz, und letztlich möchte kein Budgetverantwortlicher auf die Mittel verzichten, die er für nötig hält. Bei der Verteilung gilt es daher, die Prioritäten in Einklang mit den übergeordneten Zielsetzungen des Unternehmens zu setzen.

Tipp:

Fördern Sie einen offenen Diskurs zwischen den Budgetverantwortlichen, damit transparent wird, wo die Mittel am sinnvollsten verwendet werden.

- **Prinzip der Zielkosten:** Wurden Budgetgrößen einmal festgelegt, sollten sie während einer noch laufenden Kontrollperiode prinzipiell nicht mehr verändert werden. Dies ist lediglich dann zu rechtfertigen, wenn sich auch die zugrunde liegenden Annahmen geändert haben und eine schnelle Zielanpassung notwendig wird.
- **Akzeptanz**: Das Budget muss von allen betroffenen Mitarbeitern akzeptiert werden.

Verfahren der Budgetierung

Umsetzung überwachen

Die Art und Weise, in der die Budgets aufgestellt werden, ist oft entscheidend für die Akzeptanz, die sie bei den betroffenen Mitarbeitern finden. Als Budgetierungsverfahren lassen sich finden:

- retrogrades Verfahren (Top-down)
- progressives Verfahren (Bottom-up)
- Gegenstromverfahren

Von oben nach unten

Beim Top-down-Verfahren erstellt das Management einen Rahmenplan, die nachgeordneten Bereiche setzen diesen in Teilpläne um.
Vorteil: Alle Teilpläne passen in den Rahmenplan.
Nachteil: Sachkenntnis der unteren Ebenen wird ausgeblendet.

Von unten nach oben

Beim Bottom-up-Verfahren werden von den unteren Ebenen ausgehende Teilpläne koordiniert und zusammengefasst.
Vorteil: Die Planung geht von den Stellen aus, die den besten Zugang zu den benötigten Informationen haben.
Nachteil: Der aus den Teilplänen erstellte Gesamtplan korrespondiert häufig nicht mit den globalen Zielstellungen des Unternehmens.

Mehr Abstimmung beim Gegenstromverfahren

Beim Gegenstromverfahren wird, ausgehend von den unteren Ebenen, ein vorläufiger Gesamtplan erstellt. Auftretende Abweichungen und eventuelle Vorschläge zu Änderungen gehen vom Management wieder an die Teilbereiche zurück, die dann die Teilpläne anpassen.
Vorteil: Man entscheidet nicht über Pläne einer Ebene ohne Kenntnis der Pläne der übergeordneten (untergeordneten) Ebene.

Tipp:

Das Gegenstromverfahren ist auch möglich, indem zuerst ein vorläufiger Rahmenplan vorgegeben wird, der in den unteren Ebenen auf Realisierbarkeit geprüft wird. In Anbetracht der in den unteren Ebenen zumeist vorhandenen Sachkenntnis über Einzelprozesse erscheint die erste Variante sinnvoller.

Kritik an der Budgetierung

→ Budgetkontrolle, s. u

Die Aufstellung von Budgets, aber auch ihre regelmäßige Überwachung, ist mit einem erheblichen Aufwand verbunden. Es versteht sich, dass die erzielbaren Vorteile diesen wirtschaftlichen Aufwand übertreffen müssen.

Es gibt Auffassungen, die das gesamte System der Budgetierung infrage stellen. Insbesondere werden der hohe Aufwand und die geringe Flexibilität kritisiert. Das System des „Beyond Budgeting" lehnt z. B. die Erstellung von Sollgrößen ab und bewertet (vereinfacht ausgedrückt) allein die Entwicklung von Istgrößen.

Budgetkontrolle

Die Budgetkontrolle ist in der Regel ein eigener Prozess innerhalb der *Budgetierung*. Sie beinhaltet einerseits einen Soll-Ist-Vergleich, andererseits eine Abweichungsanalyse. In dieser Abweichungsanalyse werden die Ursachen der Abweichungen untersucht.

Ergebniskontrolle

Die grundlegende Form der Budgetkontrolle ist die Ergebniskontrolle. Hier erfolgt der Abgleich zwischen der Sollgröße und der Istgröße.

Prämissenkontrolle

Dieser Abgleich ist nur sinnvoll, wenn gleichzeitig eine Prämissenkontrolle durchgeführt wird. Dabei wird überprüft, ob die ursprünglichen Entscheidungsgrundlagen noch zutreffend sind.

Beispiel Prämissenkontrolle:

Der Fuhrpark hat eine deutliche Überschreitung der Kraftstoffkosten ausgewiesen. Die Prämissenkontrolle ergibt, dass die Diesel- und Benzinpreise durch in dieser Konsequenz nicht vorhersehbare politische Ereignisse innerhalb eines Jahres um mehr als 25 % gestiegen sind.

Phasen der Budgetkontrolle

Die Budgetkontrolle verläuft in vier Phasen:

- Zunächst werden die Kontrollgrößen ermittelt, Soll und Ist gegenübergestellt und die Abweichungen festgehalten. 1. Phase
- Nun werden die Ursachen der Abweichungen analysiert. Dazu spaltet man die Gesamtabweichung in „Teilabweichungen" auf, wobei die letzteren nach Einflussgröße und Herkunftsbereich quantifiziert werden. 2. Phase
- In der dritten Phase werden die Abweichungen beurteilt, d. h. in Bezug auf ihre Ursachen, Verantwortlichkeiten und Konsequenzen eingeschätzt. 3. Phase
- Nun gibt es zwei Möglichkeiten: Entweder werden Maßnahmen ergriffen, um auf Kurs zu bleiben (sprich, die angezielten Sollwerte doch noch zu erreichen), oder man passt die Ziele an die Abweichungen an. Letzteres wird stets dann vorgenommen, wenn klar ist, dass der Plan nicht mehr erreicht werden kann. 4. Phase

Tipp:

Häufig ist es sinnvoll, wenn neben den Ergebnissen auch die verwendeten Techniken und Verfahren, die Entscheidungsprozesse und sonstige Verhaltensweisen mit den ursprünglichen Ansätzen verglichen werden.

Cashflow

Der Cashflow ist eine Kennzahl der Bilanz- und Finanzanalyse. Bei seiner Berechnung werden die Einzahlungen einer Periode den Auszahlungen gegenübergestellt. Er drückt damit den Einzahlungsüberschuss aus.

Mit der Bestimmung des Cashflow wird die Informationsfunktion des Jahresabschlusses verbessert. Während die klassische *Gewinn- und Verlustrechnung* den Überschuss einer Periode feststellt, werden beim Cashflow die Zahlungen als Basis genommen.

Ermittlung des Cashflow

Der Cashflow lässt sich grundsätzlich nach zwei Methoden ermitteln: direkt und indirekt.

Direkte Ermittlung

Im Rahmen der direkten Ermittlungsmethode wird der Cashflow bestimmt, indem die auszahlungswirksamen Aufwendungen von den einzahlungswirksamen Erträgen subtrahiert werden. Der Cashflow wird also direkt aus den zahlungswirksamen Komponenten der Gewinn- und Verlustrechnung abgeleitet.

Formel direkte Ermittlung

  Einzahlungswirksame Erträge (Einzahlungen)
– auszahlungswirksame Aufwendungen (Auszahlungen)
= **Cashflow**

Dieser Weg setzt voraus, dass man auf die entsprechenden Daten zurückgreifen kann, die in der Regel nur im internen Rechnungswesen vorliegen.

Für externe Interessenten lässt sich der Cashflow meist nur indirekt, nämlich aus dem Jahresüberschuss ableiten (mit annehmbarer Genauigkeit). Dann sieht die Formel wie folgt aus:

Formel indirekte Ermittlung

	Jahresüberschuss/Jahresfehlbetrag
+	Aufwendungen, die nicht zu Auszahlungen geführt haben (z. B. Abschreibungen, Bildung von Rückstellungen)
–	Erträge, die nicht zu Einzahlungen geführt haben (z. B. Auflösung von Rückstellungen)
=	**Cashflow**

Tipp:

Der Cashflow ist keine Pflichtkennzahl, die im Jahresabschluss einer Kapitalgesellschaft veröffentlicht werden muss. Trotzdem sind die meisten Unternehmen in den letzten Jahren dazu übergegangen, den Cashflow anzugeben.

Interpretationen des Cashflow

Cashflow als ertragswirtschaftlicher Überschuss

Interpretiert man den Cashflow als ertragswirtschaftlichen Überschuss, ist die Aussage gegenüber der klassischen Betriebsabrechnung in einigen Punkten genauer: Der Cashflow lässt keine Bewertungsspielräume zu wie die Bilanz. Er vermittelt demzufolge in der Betrachtung über längere Zeiträume ein relativ gutes Bild über die Erfolgsentwicklung eines Unternehmens.

Dagegen spricht: Bei der Ermittlung des Cashflow werden Aufwandsgrößen, die nicht zahlungswirksam sind, ausgegrenzt. Das betrifft vor allem die Abschreibungen und die Bildung von Rückstellungen.

Achtung:

Abschreibungen und Rückstellungen sind aber tatsächlicher Aufwand und dürfen nicht einfach unter den Tisch fallen.

Cashflow als finanzwirtschaftlicher Überschuss

Als finanzwirtschaftlicher Überschuss ist der Cashflow der Überschuss der Einzahlungen einer Periode über die Auszahlungen im gleichen Zeitraum. Er ist damit der Betrag, der zur Durchführung von Investitionen und zur Aufrechterhaltung der Liquidität (Einlösung fälliger Verbindlichkeiten) in der vergangenen Periode zur Verfügung stand.

Ein positiver Cashflow muss allerdings nicht zwangsläufig bedeuten, dass das Unternehmen jederzeit liquid war. Der Cashflow ist eine Größe, die im Laufe der untersuchten Periode entstanden ist, also für einen gewissen Zeitraum Gültigkeit hat. Ein Unternehmen muss aber zu jedem Zeitpunkt zahlungsfähig sein.

Beispiel:

Der Kleinunternehmer Schmidt macht Gewinn. So viel, dass er seinen Lebensunterhalt bestreiten und dazu noch etwas Geld sparen kann. Doch sein Gartenbaubetrieb ist ein echtes Saisongeschäft. Über die Wintermonate kann er kaum Rechnungen stellen und hat wenig Zahlungseingänge zu verzeichnen. Trotzdem muss er auch in dieser Zeit Geld auf dem Konto haben: für Büromiete, Kfz-Kosten – und um den eigenen Lebensunterhalt bestreiten zu können.

Aus den genannten Gründen ist die Planung des Cashflows auch nicht als Ersatz für eine fundierte Liquiditätsplanung zu sehen.

Discounted Cashflow (DCF)

Die Berechnung des Discounted Cashflow ist eine Methode zur Bestimmung des *Unternehmenswertes*.

Dabei werden die den Eigentümern zur Verfügung stehenden Cashflows mit einem Kalkulationszinsfuß auf den heutigen Tag abgezinst. Die Summe der abgezinsten Zahlungen entspricht dem *Ertragswert* des Unternehmens.

Diskriminanzanalyse

Die Diskriminanzanalyse ist ein statistisches Auswahlverfahren auf multivariater Basis, mit dessen Hilfe versucht wird, aus bestimmten Kennzahlenkombinationen abzuleiten, ob sich ein Unternehmen in „positive" oder in „negative" Richtung entwickeln wird.

Die Diskriminanzanalyse findet Anwendung u. a. bei der Bonitätsprüfung vor Kreditvergaben und ähnlichen Entscheidungssituationen.

Beispiel:

Es lässt sich statistisch ermitteln, dass Unternehmen, die eine bestimmte Eigenkapitalquote und eine bestimmte Umsatzrendite unterschreiten, mit hoher Wahrscheinlichkeit innerhalb der nächsten Jahre insolvent werden. Mithilfe der Diskriminanzanalyse wird berechnet, wo diese Grenzwerte liegen.

Eigenkapitalquote

siehe *Kapitalstrukturanalyse*, S. 347.

Free Cashflow

Der Free Cashflow ist ein Bestandteil des gesamten *Cashflows*. Er repräsentiert den aus dem Unternehmen entnahmefähigen Zahlungsmittelüberschuss, also die Summe, die den Eigentümern zufließt oder zufließen kann, nachdem die erforderlichen Investitionen getätigt worden sind.

Es gibt zwei Möglichkeiten, den Free Cashflow zu ermitteln. Entweder zieht man vom Brutto-Cashflow die Zahlungen für Investitionen ab und addiert die Einzahlungen aus Desinvestitionen hinzu. Oder man ermittelt ihn indirekt aus dem Betriebsgewinn. Dann sieht die Rechnung wie folgt aus:

Formel
Direkte Ermittlung des Free Cashflow

	Betriebsgewinn
-	pagatorische Steuern (Steuern, die zu Zahlungen führen)
+	Abschreibungen
+/-	Veränderungen der Rückstellungen
-	Investitionen in das Anlagevermögen
-	Investitionen in das Umlaufvermögen (Working Capital)
+	Einzahlungen aus Desinvestitionen
=	**Free Cashflow**

Fremdkapitalquote

siehe *Kapitalstrukturanalyse*, S. 347.

Frühwarnung

Jedes unternehmerische Handeln birgt Gefahren und Risiken in sich. Diesen Risiken gilt es rechtzeitig zu begegnen. Frühwarnsysteme sind Informationssysteme, die mit möglichst großem zeitlichen Vorlauf auf Veränderungen der Umwelt, des Marktes und/oder des Wettbewerbs aufmerksam machen sollen.

Die Unternehmenssteuerung befasst sich in hohem Maße mit Ereignissen, die in der Zukunft liegen. Ihr tatsächliches Eintreffen ist also mit Unsicherheiten verbunden.

Tipp:

Unsicherheit ist die Unkenntnis über das Eintreten künftiger Ereignisse, über das Maß von Abweichungen usw. Das Risiko ist die Gefahr, die aus einer solchen Unsicherheit entsteht. Demzufolge sollten Sie zunächst prüfen, wie sicher künftige Ereignisse eintreten (z. B. die Höhe des geplanten Umsatzes). Im nächsten Schritt sollten Sie dem Gedanken nachgehen, ob aus der möglichen Unsicherheit ein Risiko hervorgeht, und wenn ja, wie hoch es ist.

Frühwarnsysteme konzentrieren sich auf Risiken und mögliche Gegenmaßnahmen. Dabei stehen solche Veränderungen im Mittelpunkt, die nachhaltigen Einfluss auf die Entwicklung des Unternehmens nehmen können.

Drei Eskalationsstufen für operatives und strategisches Controlling

Unter dem Oberbegriff „Frühwarnung“ werden zumeist drei Stufen zusammengefasst:

- die Frühaufklärung,
- die Früherkennung,
- die Frühwarnung im eigentlichen Sinne.

Bei allen drei Eskalationsstufen geht es um ein Ziel: Es soll möglichst viel Zeit bleiben, damit man auf sich abzeichnende Störgrößen rechtzeitig reagieren, d. h. Maßnahmen zur Gegensteuerung einleiten kann. Doch auf jeder Stufe werden andere Grundlagen zur Entscheidung herangezogen, je nachdem, ob es ums operative Geschäft oder die strategische Ausrichtung geht.

Grade der Frühwarnung: Strategisch oder operativ?

	Frühwarnung	Früherkennung	Frühaufklärung
Inhalt	Erkennen von Gefährdungen und Risiken	Erkennen von Risiken und Chancen	Einbeziehen von Gegenmaßnahmen
Orientierung	operativ orientiert	operativ und teilweise strategisch orientiert	strategisch orientiert
Basis	Kennzahlen	Indikatoren	Erfolgspotenziale

Operativ ausgerichtete Frühwarnsysteme (also Frühwarnungssysteme im engen Sinn) unterscheiden sich grundsätzlich von Frühwarnsystemen, die eine strategische Orientierung haben. Dies erklärt sich weitgehend aus der unterschiedlichen Zielsetzung des operativen Geschäfts und der strategischen Planung: Während im „Tagesgeschäft“ kurzfristige Erfolgsgrößen (Gewinne) im Vordergrund stehen, geht es bei der strategischen Planung um Erfolgspotenziale des Unternehmens, aus oder mit denen dann (bei der operativen Umsetzung) die Gewinne erwirtschaftet werden sollen. Dies veranschaulicht folgende Tabelle:

Operative und strategische Herangehensweise

	Operatives Controlling	Strategisches Controlling
Zielgröße	Gewinn	Erfolgspotenziale
Steuerungs-instrumente	Hinarbeiten auf bestimmte Bilanzrelationen, Bilanzpolitik, Steuerung der Erfolgsgrößen in der G.u.V., Budgets	z. B. Portofolioanalyse
Indikatoren	Umsätze, Kosten, Liquidität, Auftragseingang	Marktattraktivität, relative Wettbewerbsstärke

Unterschiedliche Informationsbasis

Ein weiterer entscheidender Unterschied besteht in der Art der verwendeten Informationen: Operativ hat man es mit eindeutig definierten quantifizierbaren Größen zu tun. Strategische Planung muss mit wenig strukturierten, häufig auch mit qualitativen Informationen auskommen, die ein hohes Maß an Interpretationsfähigkeit voraussetzen.

Unterschiedliche Ansatzpunkte

Ansatzpunkt einer operativen Frühwarnung sind starke Abweichungen der geplanten oder erwarteten Entwicklung. Die dadurch verursachte Unterschreitung der geplanten Zielsetzung signalisiert Gefahr. Ansatzpunkte einer strategischen Frühwarnung sind Signale, die eine Entwicklung andeuten, die zu einer Beeinträchtigung bzw. Veränderung der Potenzialgrößen des Unternehmens führen können. Strategische Frühwarnung muss sich somit immer mit unscharfen Informationen auseinandersetzen.

Beispiele für Kennzahlen mit Frühwarncharakter

→ Kennzahlen, Kennzahlensysteme, S. 54

Die folgenden Kennzahlen sind nach Unternehmensbereichen aufgeschlüsselt. Es handelt sich dabei um eine Auswahl. Sicherlich gibt es auch eine Vielzahl anderer Kennzahlen, die Frühwarncharakter haben.

- **Finanzwesen:** Eigenkapitalrentabilität, Fremdkapitalquote, Verschuldungsgrad, Gesamtkapitalrentabilität, Investitionsquote, Kreditspielraum, Gewinnrate, Cashflow, Zahlungsziel, Gewinnschwelle

- **Absatz:** Auftragseingangsquote, Markterschließungsgrad, Marktanteil, Preiselastizität, Termintreue, Werbeerfolgsquote, Werbeelastizität, Umschlagshäufigkeit, Reichweite
- **Materialwirtschaft:** Materialintensität, Umschlagshäufigkeit, Lagerdauer, Lieferverzögerungen, Fehlerquote
- **Personalwesen:** Personalkostenquote, Arbeitsproduktivität, Fluktuationsrate, Krankenquote, Altersstruktur
- **Forschung und Entwicklung:** Forschungsintensität, Innovationsgrad, Lizenzeinnahmen, Verbesserungsvorschlagsquote
- **Produktion, Qualität:** Produktivität, Wirtschaftlichkeit, Beschäftigungsgrad, Mehrarbeitsquote, Instandhaltungs- und Reparaturquote, Fehler- und Ausschussquote, Fixkostenbelastung

Beispiele:

Kennzahlen: Ein Rückgang der monatlichen Umsätze deutet auf ein akutes Problem hin. Hier muss schnellstens gegengesteuert werden.

Indikatoren: Immer wieder verspätete Zahlungen eines Kunden deuten darauf hin, dass er finanzielle Probleme haben könnte. Hier müsste mittelfristig geklärt werden, ob sich das Unternehmen besser gegen Zahlungsausfälle absichern kann, beispielsweise durch eine Änderung der Zahlungsbedingungen (Vorauskasse, Anzahlungen).

Erfolgspotenziale: Ein gewerblicher Vermieter erkennt, dass sein Wohnungsbestand in einem Wohngebiet konzentriert ist, was langfristig zu einem Risiko führen könnte. Er beginnt, durch Zukäufe im Stadtzentrum und durch gezielte Neubaumaßnahmen langfristig sein Immobilienportfolio umzustrukturieren.

Goldene Bilanzregel

Siehe *Anlagendeckung*, S. 322.

Intensitätskennzahlen

Intensitätskennzahlen sind Kennzahlen, die die Bedeutung der verschiedenen Aufwandsarten für den gesamten Betriebserfolg ausdrücken. Sie werden demzufolge bei der Analyse des Betriebsergebnisses (Analyse der *Gewinn- und Verlustrechnung*) verwendet.

Intensitätskennzahlen werden im Allgemeinen gebildet für die drei *Produktionsfaktoren* Werkstoffe (in der Form von Materialaufwand), Arbeit (in Form des Personalaufwandes) und Betriebsmittel (in Form der Abschreibungen).

Einerseits wird der Anteil der jeweiligen Faktoren an der Gesamtleistung ermittelt. Andererseits sind Zeitreihen und, wenn möglich, zwischenbetriebliche Vergleiche interessant. Eine hohe Intensität spricht dafür, dass Veränderungen der jeweiligen Aufwandsart einen starken Einfluss auf das Betriebsergebnis haben.

Beispiel Personalintensität:

Eine hohe Personalintensität bedeutet, dass der Anteil der Personalkosten an der betrieblichen Gesamtleistung sehr hoch ist. Ändern sich nun die Personalkosten (z. B. durch Tariferhöhungen der Löhne oder Gehälter), hat das einen deutlichen (negativen) Einfluss auf das zu erwartende Betriebsergebnis. Bei einem hoch technologischen Unternehmen mit geringem Personalaufwand sind solche Auswirkungen deutlich geringer als bei einem personalintensivem Betrieb.

Klassische Intensitätskennzahlen

Die klassischen Intensitätskennzahlen sind:

- Materialintensität
- Personalintensität
- Abschreibungsintensität

Diese Kennzahlen beziehen sich immer auf die Gesamtleistung des Betriebs. Unter Gesamtleistung ist zu verstehen:

Formel Gesamtleistung

	Umsatzerlöse
+/-	Bestandsveränderungen an fertigen und unfertigen Erzeugnissen und Leistungen
+	aktivierte Eigenleistungen
=	**Gesamtleistung**

Damit ergeben sich die Intensitätskennzahlen wie folgt:

Formel Materialintensität

$$\text{Materialintensität} = \frac{\text{Materialaufwand}}{\text{Gesamtleistung}} \times 100$$

Formel Personalintensität

$$\text{Personalintensität} = \frac{\text{Personalaufwand}}{\text{Gesamtleistung}} \times 100$$

Formel Abschreibungsintensität

$$\text{Abschreibungsintensität} = \frac{\text{Abschreibungen}}{\text{Gesamtleistung}} \times 100$$

Ansätze zur Interpretation

Zur absoluten Höhe der Intensitäten lassen sich keine pauschalen Aussagen machen. So wird bei einem Betrieb des Maschinenbaus die Materialintensität deutlich höher sein als bei einem Weiterbildungsinstitut. Bedeutsam sind jedoch Entwicklungen im Zeitablauf und Vergleiche zwischen Unternehmen ähnlicher Größe und der gleichen Branche.

> **Achtung:**
> Kleinere Schwankungen werden sich immer ergeben. Für eine Analyse bedeutsam sind überhöhte Steigerungen bzw. deutliches Absinken.

Die folgenden Ansatzpunkte sind Stellen, an denen man weiter nach Ursachen forschen sollte. Einen Automatismus zwischen Veränderungen und auslösenden Faktoren gibt es nicht.

Auf CD-ROM

Checkliste: Mögliche Ursachen für eine Veränderung der Materialintensität

- ungünstigere Einkaufspreise
- Preisdruck im Verkauf
- andere bilanzielle Bewertungsmethoden
- Materialverluste im Produktionsprozess durch uneffektiv ablaufende Prozesse (Ausschuss usw.)
- Diebstahl

Tipp:

Ein Sinken der Materialintensität ist nicht per se vorteilhaft. Sie sinkt nämlich z. B. auch dann, wenn andere Größen steigen (z. B. die Lohnkosten) und das in den Absatzpreisen durchsetzbar ist. Zwar reduziert sich dadurch der Anteil des Materials an der Gesamtleistung, der Materialverbrauch jedoch bleibt konstant. Betrachten Sie also immer auch die absoluten Größen.

Veränderungen der Personalintensität

Hier ist zu beachten, dass sich der Personalaufwand nicht proportional zur Gesamtleistung entwickelt. Er steigt, bevor die Leistung ebenfalls steigt. Bei sinkender Leistung sinkt der Personalaufwand nicht gleichermaßen mit.

Achtung:

Personalintensität und Materialintensität hängen oft zusammen. Es lässt sich ablesen, ob ein Unternehmen materialintensiv oder lohnintensiv ist. Je nachdem, ob mehr Zulieferteile bezogen werden oder mehr selbst gefertigt wird, kann es deutliche Schwankungen (auch innerhalb einer Branche) geben.

Veränderungen der Abschreibungsintensität

Eine hohe Abschreibungsintensität deutet auf eine Fertigung mit hohem Anteil an Maschinen und Anlagen (Anlagevermögen) hin. Das wiederum ist ein Hinweis auf hohe Rationalisierung. Sinkt nun die Abschreibungsintensität bei gleichzeitigem Anstieg der Personalintensität, kann das ein Anzeichen für mangelnde Rationalisierung sein.

Kapitalstrukturanalyse

Die Kapitalstrukturanalyse befasst sich mit der Zusammensetzung der Passivseite der *Bilanz*. Die bestehende Kapitalstruktur hat wesentlichen Einfluss auf die Möglichkeiten, weiteres Kapital zu bekommen, aber auch auf die existentielle Sicherheit des Unternehmens. Andererseits beeinflusst die Kapitalstruktur die *Rentabilität*.

Die Unternehmensführung muss darauf hinarbeiten, dass die Kapitalstruktur (die Finanzierungsstruktur des Unternehmens) solide ist und auch bei Änderungen des wirtschaftlichen Umfelds nicht sofort zu Problemen führt.

Achtung:

Wenn auch die operative Steuerung durch die Finanzabteilung erfolgt – diese kann nur umsetzen, was generell von der Unternehmensführung gewollt ist. Demzufolge obliegt die Beantwortung der Frage nach der Finanzierungsstruktur (wie viel Eigenkapital können oder wollen wir einsetzen? usw.) den Eigentümern und dem obersten Management. So kann die Finanzabteilung die Eigentümer auch nicht zwingen, die Eigenkapitalquote zu erhöhen, sie kann nur versuchen, die Auswirkungen – etwa durch ein cleveres Kreditmanagement – im Griff zu behalten.

Die wesentlichen Kennzahlen für die Kapitalstrukturanalyse sind die Eigenkapital- bzw. die Fremdkapitalquote sowie der Verschuldungsgrad.

Formel Eigenkapitalquote

$$\text{Eigenkapitalquote} = \frac{\text{Eigenkapital}}{\text{Gesamtkapital}} \times 100$$

Formel Fremdkapitalquote

$$\text{Fremdkapitalquote} = \frac{\text{Fremdkapital}}{\text{Gesamtkapital}} \times 100$$

Beide Kennzahlen drücken den Anteil der jeweiligen Kapitalart am Gesamtkapital (= Bilanzsumme) aus.

Tipp:

Fremdkapitalquote und Eigenkapitalquote ergänzen sich gegenseitig auf 100 %. Es ist deshalb nicht erforderlich, beide zu berechnen. Eine Eigenkapitalquote von beispielsweise 23 % zieht automatisch eine Fremdkapitalquote von 77 % nach sich.

Formel Verschuldungsgrad

$$\text{Verschuldungsgrad} = \frac{\text{Fremdkapital}}{\text{Eigenkapital}} \times 100$$

Der Kehrwert des Verschuldungsgrads wird „Finanzierungsverhältnis" genannt. Die Kennziffern werden demnach auch analog interpretiert.

Interpretation der Kapitalstruktur

Analysieren Außenstehende die Kapitalstruktur eines Unternehmens, geht es vor allem um die Frage: Wie hoch ist die Wahrscheinlichkeit, dass das Unternehmen auf absehbare Zeit noch existiert und seinen Zahlungsverpflichtungen nachkommen kann? Entsprechend fallen dann die Schlussfolgerungen über eine (künftige) Zusammenarbeit aus.

Intern ist die Analyse der Kapitalstruktur selbstverständlich ebenfalls von existenzieller Bedeutung. Das entsprechende Zahlenmaterial liefert die Controllingabteilung nach Zuarbeit des Rechnungswesens. Die Entscheidungen darüber, ob zu einer Verbesserung der Finanzierungsstruktur eventuell eine Eigenkapitalerhöhung durchgeführt werden sollte oder welche anderen Maßnahmen infrage kommen, trifft aber das oberste Management in Zusammenarbeit mit den Eigentümern.

Da die oben genannten Kennziffern alle die gleiche wirtschaftliche Aussage haben, reicht es aus, sich bei der Interpretation auf eine, z. B. die Eigenkapitalquote zu beschränken.

Eine hohe Eigenkapitalquote bedeutet:

- hohe Unabhängigkeit und viel Flexibilität
- bessere Möglichkeiten, an Fremdkapital zu kommen

- keine Verpflichtungen zu Zinszahlungen, deshalb günstigere Zahlungssituation in angespannter Liquiditätslage
- eine bessere Außenwirkung

Aber: Eigenkapitalgeber erwarten zumindest mittelfristig eine Rendite auf das eingesetzte Eigenkapital, die höher ist als die Rendite einer vergleichbaren risikolosen Anlage (z. B. Spareinlage). Die Zahlungen an Eigenkapitalgeber (Gewinnausschüttungen, Dividenden) erfolgen aus dem versteuerten Gewinn. Somit erfordert ein hoher Eigenkapitalanteil auch eine hohe Rentabilität des Unternehmens, um die Ansprüche der Eigenkapitalgeber zu befriedigen.

Rendite berücksichtigen

Beispiel: Höhe der Eigenkapitalausstattung

Eine festgelegte Höhe der Eigenkapitalausstattung gibt es nicht. Die Unterschiede je nach Branche oder Unternehmensgröße machen es nicht möglich, eine allgemeingültige Zielgröße zu nennen. So wird von einem anlageintensiven Produktionsunternehmen (relativ viel Kapital ist in Maschinen, Anlagen, Gebäuden gebunden) erwartet, dass ein relativ hoher Anteil dieser Anlagegüter mit Eigenkapital finanziert wurde. Grund: In Zeiten schwankender Auftragslagen ist es kaum möglich, durch Verkäufe von Anlagevermögen Liquidität zu erhalten. (s. a. *Anlagendeckung*). Bei flexiblen Dienstleistungsunternehmen (z. B. einem Ingenieurbüro) ist weniger Kapital gebunden, deshalb kann auch der Anteil der Fremdfinanzierung höher sein.

Kriterien für eine optimale Kapitalstruktur

Die folgenden Kriterien sind Anhaltspunkte für eine Beurteilung. Eine fixe Grenze ist nicht bestimmbar.

- **Finanzierungskosten:** Welcher Aufwand ist zu treiben, um das Kapital zu finanzieren? Bei Fremdkapital sind das die Zinsen, bei Eigenkapital die Renditeerwartungen der Eigentümer.
- **Fristigkeit:** Wie lange muss das Kapital zur Verfügung stehen? Aus Sicherheitsgründen ist es nicht richtig, langfristig gebundenes Kapital kurzfristig zu finanzieren (Widerspruch gegen die „Goldene Bilanzregel"). Einen kurzfristigen Bedarf an Liquidität hingegen sollte man kurz- und nicht langfristig finanzieren.

Beispiele:

Finanziert man einen Lkw (Nutzungsdauer 8 Jahre), ist dieses Kapital lang gebunden; eine solche Anschaffung sollte man nicht aus dem Kontokorrentkredit bezahlen. Nicht nur, weil die Zinsen hier sehr hoch sind, diese Kredite sind auch relativ kurzfristig kündbar. Und dann wird die Anschlussfinanzierung zum Problem; rasch muss eine neue Finanzierungsquelle gefunden werden, gegebenenfalls zu noch ungünstigeren Konditionen.

Wird ein kurzfristiger Zahlungsengpass mit einem lang laufenden Kredit ausgeglichen, ist dies ebenso ungünstig. Dann zahlt man zwar weniger Zinsen als bei einem Kontokorrentkredit. Ist der Engpass jedoch vorüber (weil z. B. eine Verbindlichkeit, wie vorhersehbar, beglichen wird), steht das Geld wieder zur Verfügung. Parkt man es nun auf einem Festgeldkonto bis zum Ende der Kreditlaufzeit, erbringt dies regelmäßig weniger Zinsen, als man für den Kredit aufwenden muss.

- **Höhe des benötigten Kapitals:** Die absolute Höhe des benötigten Kapitals lässt die eine oder andere Finanzierungsvariante von vornherein als nicht sinnvoll erscheinen.
- **Flexibilität:** Je kürzer die Kündigungsmöglichkeiten sind, umso flexibler kann man auf veränderte Anforderungen reagieren.
- **Absicherung:** Die von Fremdkapitalgebern zumeist verlangten Sicherheiten schränken die Freiheiten bei der Wahl von Finanzierungsvarianten ein.
- **Möglichkeiten der Einflussnahme:** Kapitalgeber nehmen Einfluss auf die Geschäftsführung; Eigenkapitalgeber haben im Allgemeinen ein Anrecht auf Mitsprache entsprechend der Höhe des von ihnen eingebrachten Kapitalanteils. Fremdkapitalgeber haben dieses Recht nicht.

Tipp:

Über die Gestaltung von Kreditbedingungen nehmen die Fremdkapitalgeber jedoch manchmal mittelbar Einfluss auf die Geschäftsführung.

Prozessoptimierung

Die Prozessoptimierung zielt auf eine verbesserte Nutzung der im Unternehmen vorhandenen Ressourcen, d. h. mehr Output bei gleichem Ressourcenverbrauch oder weniger Ressourcenverbrauch bei gleichem Output. Auch nicht wertschöpfende Prozesse sollen in ihrem Rahmen herausgefiltert und reduziert werden.

Ansatzpunkte der Prozessoptimierung können sein:

- das Eliminieren von Prozessen und Teilprozessen,
- das Verschmelzen von Prozessen und eine veränderte Anordnung,
- die Automatisierung von Teilprozessen oder auch
- das Hinzufügen von erforderlichen Teilprozessen.

→ Prozesskostenrechnung, S. 301; Prozessmanagement, S. 95

Ziele der Prozessoptimierung

Im Visier der Prozessoptimierung steht die gesamte Wertschöpfungskette des Unternehmens. Dabei werden Kosten, Qualität und Prozesszeiten auf den Prüfstand gestellt.

- **Prozesskosten:** Zunächst einmal geht es darum, die Kosten der Geschäftsprozesse zu senken, indem diese effizienter gestaltet werden.
- **Prozessqualität:** Allerdings müssen die Kosten nicht grundsätzlich im Vordergrund stehen. Geht es etwa darum, geradlinigere und effizientere Abläufe zu schaffen, ist eine Umstrukturierung womöglich sogar mit höheren Kosten bei bestimmten Prozessen verbunden. Durch einen effektiveren Gesamtprozess sollten diese zusätzlichen Aufwendungen jedoch wieder aufgehoben werden.
- **Prozesszeiten:** Im Vordergrund stehen die Durchlaufzeiten eines Prozesses, also die Zeit, die benötigt wird, einen Geschäftsprozess einmal von Anfang bis Ende auszuführen. Ziel ist es, die Durchlaufzeiten so niedrig wie möglich zu halten.

Tipp Prozessoptimierung:

Wenn Sie sich an das Problem der Prozessoptimierung heranmachen, dann bedenken Sie vor allem Folgendes:

- Im Fokus Ihrer Überlegungen stehen die Prozesse.
- Der Grundgedanke sollte nicht sein, bestehende Prozesse kostengünstiger zu gestalten, sondern die Prozesse an sich unter die Lupe zu nehmen.
- Wenn es Ihnen gelingt, hier effektivere Abläufe zu schaffen, wird es auch möglich sein, das Ganze kostengünstiger zu gestalten. (siehe hierzu auch *Organisation*)

Wie Prozesse effizienter gestalten?

Effizienz bedeutet, mit möglichst wenig Aufwand und/oder Mitteln zu einem gewünschten Ergebnis zu gelangen. In der betrieblichen Praxis heißt das: mit möglichst wenig zeitlichem Aufwand, Kosten und Reibungsverlusten.

Prozesse werden dann effizienter, wenn Kostentreiber und uneffektive Teilschritte identifiziert und weitgehend reduziert oder sogar ganz ausgeschaltet worden sind.

Auf CD-ROM

Checkliste: Prozessanalyse

Zerlegen Sie die Prozesse in einzelne Stationen (Teilprozesse). Hinterfragen Sie schrittweise jeden Teilprozess, dessen Ablauf und Tätigkeiten. Überlegen Sie für jeden Teilprozess, ob dieser Schritt

- ganz weggelassen werden kann,
- an einem anderen Ort erfolgen kann,
- durch einen anderen Mitarbeiter ausgeführt werden kann,
- im Prozessablauf an einer anderen Stelle eingeordnet werden kann,
- mit einer anderen Tätigkeit zusammengelegt werden kann,
- in der Art und Weise, wie und wie schnell er bisher ausgeführt wird, verbessert werden kann.

Beispiele für Kostentreiber und ineffiziente Teilschritte:

Kostentreiber und Effizienzbremsen

- Zu häufige Auftragskontrollen,
- Zuständigkeitskonflikte,
- unnötige Doppelarbeiten,
- hoher Abstimmungsaufwand,
- Vorgänge bleiben unnötig lange liegen,
- Missverständnisse und Informationsverluste,
- unter Kostengesichtspunkten unbedeutende Entscheidungen müssen durch Vorgesetzte abgesegnet werden.

→ Business Reengineering, S. 19

Nachdem man die Kostentreiber und ineffizienten Prozessteile identifiziert hat, gilt es, sie zu verbessern. Die wohl radikalste Methode ist das *Business Reengineering*. Gerade im Mittelstand ist es allerdings häufig besser, eine schrittweise, von unten initiierte Vorgehensweise zu wählen wie im *Kaizen* (S. 49).

Im Folgenden einige Ansatzpunkte zur Prozessoptimierung:

Wie Prozesse optimieren?

- Anzahl der Schnittstellen reduzieren (z. B. beim Durchlauf der Prozesse durch die einzelnen Abteilungen und Kostenstellen).
- Möglichst wenig Stellen bzw. nur eine Stelle arbeitet an einem gut abgrenzbaren Teilprozess.
- Aufgaben bündeln.
- Prozessqualität steigern, indem man Schwerpunkte in den Tätigkeiten der einzelnen Mitarbeiter setzt und deren Kompetenzen erweitert.
- Jeder Prozess wird einem Prozessverantwortlichen zugewiesen, um die Überwachung der Prozesse sicherzustellen (muss der Kosten-, aber auch der Qualitätssicherung dienen).
- Parallelität im Prozessablauf anstreben, d. h. Prozesse entflechten.

Beispiel:

Manchmal ist es sinnvoller, Routineaufträge und Sonderaufträge von der Prozessgestaltung her zu trennen. Ganz zu Beginn wird geprüft, wie ein Auftrag zu behandeln ist und dann durchläuft er entweder den „Routinestrang", der durch eingeschliffene Abläufe gekennzeichnet ist, oder den „Sonderaufgabenstrang", bei dem mehr Zwischenschritte (z. B. Kontrollen, Anpassungsmaßnahmen oder Rückfragen) eingebaut sind.

- *Benchmarking:* Wie machen es andere Firmen?
- Automatisierung von Routineaktivitäten wie z. B. Ablage etc.

Wie Prozesszeiten verkürzen?

Hat man vor allem die Durchlaufzeiten im Blick, sollte man darauf achten, dass der Prozess dennoch den gleichen Output liefert. Um kürzere Durchlaufzeiten zu erreichen, sind Prozesse nach Teilprozessen zu durchforsten, die nicht der Wertschöpfung dienen (keinen Mehrwert schaffen) oder die Wertschöpfungskette unnötig lang unterbrechen.

Beispiel

Bevor das Unternehmen Müller eine Stelle ausschreibt, muss jede Stellenanzeige in der Rechtsabteilung geprüft werden. Dort ist aber so viel zu tun, dass die meisten Stellenanzeigen erst einmal liegen bleiben. Damit verzögert sich der gesamte Einstellungsprozess. Bei der Prozessoptimierung in der Personalabteilung fällt dies auf – in Zukunft darf eine Mitarbeiterin der PA, die über die nötigen Fachkenntnisse verfügt, die Anzeigentexte freigeben.

Wie Prozesskosten senken?

Zur Kostenkontrolle ermittelt man den Prozesskostensatz, das heißt, die Kosten für den untersuchten Prozess vor und nach den eingeleiteten Optimierungsmaßnahmen. Der Prozesskostensatz ist letztlich der Gradmesser für den Erfolg. Voraussetzung zur lückenlosen Kostenerfassung ist eine genaue Kostenartenrechnung.

Tipp:

Es empfiehlt sich, dass Sie wichtige Geschäftsprozesse auch nach der Prozessoptimierung langfristig überwachen, um Kostenveränderungen rechtzeitig entgegensteuern zu können. Dazu können Sie Plankosten aufstellen (optimierter Prozess), die Sie später mit den Istkosten vergleichen (Soll-Ist-Analyse).

Regressionsanalyse

Die Regressionsanalyse ist ein statistisches Analyseverfahren und gehört wie die *Diskriminanzanalyse* zu den multivariaten Verfahren. Man untersucht, inwieweit in der Vergangenheit tatsächlich eingetretene Werte vom Durchschnitt abweichen.

Mit der Ermittlung einer Regressionsgleichung aus den Werten der Vergangenheit kann man berechnen, wie sich ein bestimmter Wert (z. B. die Produktionskosten) verändern wird, wenn sich die verursachende Größe (z. B. abgesetzte Menge) um einen bestimmten Betrag ändert und – und das ist das Entscheidende – wie groß die Wahrscheinlichkeit ist, dass dieser Wert auch tatsächlich erreicht wird.

Die Regressionsanalyse wird im Controlling und der Unternehmenssteuerung vor allem dann eingesetzt, wenn es darum geht, Beziehungen zwischen einer abhängigen und einer oder mehreren unabhängigen Variablen festzustellen. Vom Grundsatz her geht es darum, eine funktionale Abhängigkeit mithilfe statistischer Daten festzustellen.

Beispiele:

Produktionskosten: Die Produktionskosten eines Guts lassen sich darstellen als die Summe aus Fixkosten und der Ausbringungsmenge, multipliziert mit den variablen Kosten je Stück. Dieser einfache lineare Zusammenhang wird jedoch durch Störeinflüsse in Wirklichkeit verzerrt (z. B. Ausschuss, mangelnde Arbeitsleistung, aber auch Mehrleistungen durch günstige Umstände usw.), die ebenfalls jeweils in Form einer Variablen (Zufallsvariable) in die Gleichung eingebracht werden.

Aktienanalyse: Mithilfe der Regressionsanalyse ist es möglich, Aktienkursentwicklungen aus statistischen Daten zu prognostizieren. In die Berechnung gehen fundamentale Werte (z. B. Gewinn je Aktie, Wachstumsraten von Gewinn und Umsatz, Verschuldungsgrad des Unternehmens u. a.) genauso ein wie das bisherige Verhalten der Investoren am Aktienmarkt.

Die Grenzen der Regressionsanalyse liegen damit auf der Hand: Es werden Daten aus der Vergangenheit nach statistischen Methoden untersucht. Ob die gleichen Zusammenhänge allerdings auch in der Zukunft wirken, ist nicht gewiss.

Unternehmensbewertung

Die Unternehmensbewertung ist eine besondere Form der Wirtschaftlichkeitsrechnung. Ziel ist es, den Preis für ein ganzes Unternehmen festzustellen.

Anlässe für die Bewertung von Unternehmen sind

- Kauf oder Verkauf,
- Verschmelzung,
- Eintritt neuer Gesellschafter,
- Abschluss eines Gewinnabführungsvertrags,
- Abfindungen für Führungskräfte,
- Sanierungen,
- Kreditwürdigkeitsprüfungen und anderes.

Oft, aber nicht immer, ist mit der Unternehmensbewertung ein vollständiger oder teilweiser Eigentumsübergang verbunden.

Verfahren zur Unternehmensbewertung

Vom Grundsatz her ist zu unterscheiden nach den Substanzwertmethoden (traditionelle Verfahren) und den Ertragswertmethoden, die auf die zukünftige Entwicklung abstellen.

Substanzwertverfahren

→ Substanzwert, S. 160

Die traditionellen Verfahren legen großes Gewicht auf die Substanz des Unternehmens. Sie zielen insbesondere darauf ab, einen objektiven, d. h. von den Parteiinteressen losgelösten Unternehmenswert zu bestimmen. In einer einfachen Form berechnet sich der Substanzwert folgendermaßen: Gesamtes Vermögen des Unternehmens laut Bilanz abzüglich Schulden.

Achtung:
Man kommt nur dann zu einem richtigen Ergebnis, wenn das Vermögen laut Bilanz (die Bilanzsumme) auch den tatsächlichen Werten entspricht. Gerade das ist aber oft zweifelhaft, haben doch einzelne Vermögensgegenstände für sich genommen einen anderen Wert als in ihrem zielgerichteten Zusammenwirken.

Die einzelnen Verfahren der Substanzbewertung unterscheiden sich vor allem in den unterschiedlichen Wertansätzen. Ein und dasselbe Wirtschaftsgut kann unterschiedlich bewertet werden, je nachdem, ob man den aktuellen Zeitwert laut Bilanz zugrunde legt, den Wiederbeschaffungswert oder gar einen Verkaufswert bei Liquidation.

Unterschiedliche Wertansätze

Beispiel:
Die Theke des Gastronomiebetriebs „Gutbräu" hat laut Bilanz einen aktuellen Zeitwert von 8.000 €. Der Wiederbeschaffungswert liegt bei 20.000 € – so viel müsste der Besitzer für eine neue ausgeben. Bei einer Geschäftsauflösung bekäme er aber nur noch 1.000 € für die Theke (Liquidationswert).

Ertragswertverfahren

Bei diesen Verfahren wird das Unternehmen als Einheit betrachtet. Sein Wert bestimmt sich damit nicht durch die Summe der Einzelbeträge, die für seinen Aufbau erforderlich waren, sondern durch den Nutzen, den das Unternehmen als Ganzes hat.

Ertragswert, S. 360

Beispiel:
Das „Gutbräu" strahlt eine ganz besondere Atmosphäre aus. Dies ist nicht nur der schicken Einrichtung zu verdanken – es gibt gutes Essen, ansprechende Veranstaltungen, der Gastrobetrieb liegt zudem in einem attraktiven Viertel der Stadt. Insofern ist die im obigen Beispiel genannte Theke für sich genommen viel weniger wert als im Gesamtzusammenhang des Betriebs gesehen. Insofern hätte es hier auch wenig Sinn, bei einer Veräußerung die einzelnen Vermögensgegenstände des Gutbräus getrennt zu bewerten.

Rechnerisch versteht sich der Ertragswert als Summe abgezinster, zukünftiger Unternehmenserfolge. Seine Bestimmungsgrößen sind folglich Zukunftserfolg und Kapitalisierungszinsfuß.

Zukunftserfolg mit Free Cashflow bewerten

Zunächst ist zu klären, was als Zukunftserfolg zu betrachten ist. Es hat sich herausgebildet, den Zukunftserfolg anhand der mit dem Unternehmen zu erwirtschaftenden *Free Cashflows* zu bestimmen. Dieser wird durch bestimmte „Werttreiber" beeinflusst. Zur Bestimmung ihrer Höhe kann man die folgende Checkliste nutzen:

Auf CD-ROM

Checkliste: Werttreiber des Free Cashflow

Überlegen und planen Sie die Entwicklung der folgenden Kenngrößen für die nächsten Jahre:

- Entwicklung des Umsatzes
- Entwicklung der Umsatzrendite
- Steuerlast, Steuerquote
- Netto-Investitionen in das Anlagevermögen
- Netto-Investitionen in das Umlaufvermögen
- Kapitalkosten
- eventuelle Wettbewerbsvorteile und die Dauer ihres Anhaltens.

Der Ertragswert wird dann nach der Methodik des Abzinsens der Free Cashflows auf den heutigen Tag bestimmt. Der anzusetzende Kalkulationszinssatz bestimmt sich nach den Möglichkeiten einer alternativen Anlage bei vergleichbarem Risiko. Er entspricht der erwarteten Mindestrendite des Investors.

Tipp: betriebsnotwendiges Vermögen

Nicht betriebsnotwendiges Vermögen sowie Schulden sind gesondert zu behandeln. Der aus ihnen resultierende Wert ist zum Ertragswert zu addieren. Die Trennung in betriebsnotwendiges und nicht betriebsnotwendiges Vermögen unterliegt keinen Vorschriften und wird nach subjektiven Kriterien vorgenommen.

Siehe auch *Shareholder Value*, S. 434.

Verschuldungsgrad

Siehe *Kapitalstrukturanalyse*, S. 347.

Wertermittlungsmethoden

Die Ermittlung des Wertes von Wirtschaftsgütern ist in vielen Fällen von essentieller Bedeutung. Das ist nicht nur bei der Bilanzierung der Fall, sondern auch beim Kauf und Verkauf von Unternehmen oder Unternehmensteilen.

Letztlich wird der Preis eines Wirtschaftsguts durch Angebot und Nachfrage bestimmt. Aber beide, sowohl der potenzielle Käufer, als auch der Verkäufer, brauchen einen Anhaltspunkt, wo ihre Vorstellungen liegen sollten. Dazu dienen die Methoden der Wertermittlung.

> **Achtung:**
> Die ermittelten Werte sind demzufolge auch keine exakt bestimmbaren Größen, sondern eben der Ausgangspunkt beispielsweise für Preisverhandlungen.

Grundsätzlich lassen sich folgende Methoden der Wertermittlung unterscheiden:

- Ermittlung des bilanziellen Werts
- Ertragswertmethode
- Sachwertmethode

Bilanzieller Wert

Der bilanzielle Wert ist der Wertansatz, zu dem ein Wirtschaftsgut in der Bilanz auftaucht. Seine Ermittlung ist eng an gesetzliche Vorgaben, wie z. B. das HGB, steuerliche Vorschriften oder *internationale Rechnungslegungsvorschriften* (IFRS, US-GAAP) gebunden. Ausgangspunkt sind die Anschaffungs- oder *Herstellungskosten*, von denen die Abschreibungen abgezogen werden.

→ Bewertung, S. 134

Im Falle außerplanmäßiger Wertminderungen ist auf den niedrigeren Wert entsprechend den gesetzlichen Vorschriften abzuschreiben.

Ertragswert

Der Ertragswert ist ein Wert, der sich aus den (zukünftigen) Erträgen eines Wirtschaftsguts herleitet. Er wird berechnet, indem die einzelnen Erträge (zumeist ausgedrückt in der Form von Zahlungen) mit einem Kalkulationszinsfuß auf den aktuellen Tag abgezinst und diese Barwerte dann addiert werden.

Die Ertragswertmethode ist immer dann sinnvoll anzuwenden, wenn der Zweck des zu bewertenden Gegenstands darin besteht, Erträge daraus zu ziehen.

Beispiel Immobilie:

Möchte man ein Mehrfamilienhaus bewerten, geht man im Allgemeinen nach der Ertragswertmethode vor. Dazu werden die Mieteinnahmen bestimmt, eventuelle Aufwendungen davon abgezogen und die so bestimmten Erträge auf das aktuelle Datum abgezinst. Bei der Bewertung eines selbst genutzten Einfamilienhauses dagegen spielen andere Kriterien die entscheidende Rolle, insbesondere die Bausubstanz und ihr Wert (also der Sachwert).

Sachwert

Im Gegensatz zum Ertragswert bemisst sich der Sachwert (im betriebswirtschaftlichen Sinn) nach den Anschaffungskosten oder den angemessenen Wiederbeschaffungskosten eines Wirtschaftsguts. Hier steht also kein Ertrag im Mittelpunkt, sondern der Gebrauch. Nicht umsonst spricht man auch von „Sachwert“, wenn Verbraucher ihr Geld in eine Immobilie (anstatt z. B. in Aktien) investieren. Der Sachwert ist nicht immer gleichzusetzen mit dem Verkehrswert, also dem Preis, der momentan am Markt erzielt werden kann.

6 Finanzwirtschaft

Jedes Unternehmen möchte seine Produkte oder Dienstleistungen am Markt absetzen. Dazu braucht es aber erst einmal Geld: für Material und Rohstoffe, für Maschinen, für die Ausstattung der Büros und vieles mehr – und nicht zuletzt für die beschäftigten Mitarbeiter. Bevor Umsatz fließt, müssen also Geldmittel aufgebracht werden – eine Finanzierung ist erforderlich. Später will das erwirtschaftete Geld sinnvoll eingesetzt werden, eventuell müssen neue Kredite aufgenommen, vielleicht sogar neues Eigenkapital eingesetzt werden.

Diese Versorgung des Unternehmens mit dem erforderlichen Kapital ist Gegenstand der betrieblichen Finanzwirtschaft. In diesem Kapitel wird ausführlich auf die verschiedenen Mittel und Wege der Kapitalbeschaffung eingegangen. Neben der klassischen Eigenkapital- und Kreditfinanzierung spielt die Kapitalbeschaffung auf den internationalen Finanzmärkten hier eine immer größere Rolle.

Neben der Beschaffung von Kapital ist die Steuerung der täglichen Liquidität eine notwendige Voraussetzung für die weitere Existenz des Betriebs. Können die täglichen Rechnungen nicht mehr bezahlt werden, ist das ein zwingender gesetzlicher Insolvenzgrund.

Schließlich geht es um das Gegenstück der Finanzierung, die Investition. Mithilfe von Investitionsrechnungsverfahren kann berechnet werden, ob eine Investition überhaupt sinnvoll ist, wie rentabel sie ist oder – falls mehrere Investitionsalternativen bestehen – welche die günstigste ist.

Viele der in diesem Kapital vorgestellten Begriffe sind nicht nur für die praktische Unternehmensleitung relevant, sondern auch für all jene, die ihr Kapitel in ein Unternehmen investieren wollen oder dies bereits getan haben – vom GmbH-Gesellschafter bis zum Aktionär.

Aktie

Aktien sind Wertpapiere, die Rechte und Pflichten von Aktionären verbriefen. Ein Aktionär (Inhaber einer oder mehrerer Aktien) hält einen Anteil am Kapital der Gesellschaft, die die Aktien ausgegeben hat. Seine weiteren Rechte und Pflichten sind im Aktiengesetz detailliert festgelegt.

Aktien waren ursprünglich real vorhandene Wertpapiere, die Urkundenwirkung hatten. Heute sind die so genannten „effektiven Stücke" selten und haben (neben ihrem nach wie vor bestehenden Wert als Nachweis von Rechten und Pflichten) häufig vor allem einen Sammlerwert. Die Rechte aus Aktien werden heute zumeist in Form von Datensätzen in den Wertpapierdepots bei den Kreditinstituten verwahrt. Der Datensatz lässt eine eindeutige Zuordnung der Aktien zu den Aktionären zu.

Ausgestaltung von Aktien

Aktien stellen einen Wert dar. Dieser Wert wird als „Nennwert" bezeichnet. Der Nennwert muss mindestens 1 €/Aktie betragen und drückt den Anteil am Kapital der Gesellschaft aus.

Beispiel Beteiligung am Grundkapital:

Eine Aktie mit einem Nennwert von 1 € besagt, dass der Inhaber der Aktie mit 1 € am gezeichneten Kapital (Grundkapital) der Aktiengesellschaft beteiligt ist.

Nennwertlose Stückaktien haben einen fiktiven Nennwert. In diesem Fall steht das Grundkapital der Aktiengesellschaft fest und die Anzahl der Aktien, auf die es verteilt ist. Somit lässt sich der Wert einer einzelnen Aktie errechnen:

Formel

$$\text{fiktiver Wert Stückaktie} = \frac{\text{gezeichnetes Kapital}}{\text{Anzahl der Aktien}}$$

Vom Nennwert deutlich zu unterscheiden ist der Börsenkurs der Aktie. Das ist der Preis, zu dem die Aktie an der Wertpapierbörse gerade gehandelt wird. Er wird während der Handelszeiten durch Angebot und Nachfrage immer wieder neu bestimmt.

Börsenkurs: bestimmt von Angebot und Nachfrage

Die Ausgabe von Aktien (das Inverkehrbringen) ist nur zum Nennwert oder höher erlaubt (pari oder über pari). Eine Ausgabe unter pari ist nicht gestattet.

Beispiel:

Der Nennwert einer Aktie soll 1 € betragen. Auch wenn die Nachfrage nach der Aktie sehr niedrig sein sollte, darf sie nicht zu einem Preis unter 1 € in Verkehr gebracht werden. Fällt der Kurs später jedoch unter einen Euro, sind Kauf und Verkauf zu dem niedrigeren Preis möglich.

Wird die Aktie, was üblich ist, über dem Nennwert ausgegeben, wird der übersteigende Betrag (Agio) in die Kapitalrücklage (siehe *Bilanz*, S. 139) eingestellt.

Rechte und Pflichten von Aktionären

Als Aktionär ist man Miteigentümer der Aktiengesellschaft. Die wesentliche Pflicht besteht darin, die entsprechende Einlage in das Eigenkapital zu erbringen. Das geschieht bei der Gründung oder bei späteren Kapitalerhöhungen.

Rechte von Aktionären	Pflichten
• Stimmrecht in der Hauptversammlung • Recht auf Anteil am Gewinn (Dividende) • Recht auf Anteil am Liquidationserlös • Recht auf Bezug neuer Aktien bei Kapitalerhöhungen	• Leisten der Einlage • Haftung bis zur Höhe des Nennbetrages (Diese Haftung bedeutet, dass das eingesetzte Kapital komplett verloren gehen kann, wenn die Aktiengesellschaft insolvent wird.) • eventuelle Nebenverpflichtungen aus der Satzung der AG

> **Achtung:**
> Der spätere Handel der Aktie an der Börse ändert die finanziellen Verhältnisse der Aktiengesellschaft nicht mehr. Es handelt sich lediglich um den Preis, zu dem die Rechte und Pflichten vom alten an den neuen Aktionär übergehen (verkauft werden).

Arten von Aktien

Nach der Wertbezeichnung unterscheidet man

- Nennwertaktien
- und Stückaktien (siehe oben).

Nach der Übertragungsmöglichkeit unterscheidet man

- Inhaberaktien (berechtigt ist der Inhaber),
- Namensaktien (der Name des Aktionärs ist im Aktienbuch der AG eingetragen und muss bei Übertragung geändert werden),
- vinkulierte Namensaktien (zusätzlich muss die AG der Übertragung noch zustimmen).

Ferner unterscheiden sich nach den Rechten Stammaktien (Normalfall) und Vorzugsaktien (in der Regel ohne Stimmrecht, dafür mit höherem Dividendenanspruch) und nach dem Ausgabezeitpunkt alte Aktien und junge Aktien (bei einer Kapitalerhöhung).

Amortisationsrechnung

Die Amortisationsrechnung (Pay-Off-Periode) ist ein Verfahren der *Investitionsrechnung*, bei dem berechnet wird, wie lange es dauert, bis die Aufwendungen für eine Investition durch zusätzliche Einnahmen wieder in das Unternehmen zurückgeflossen sind (Amortisationsdauer).

→ Investitionsrechnung, S. 392

Es gibt ein statisches und ein dynamisches Rechenverfahren. Die statische Amortisationsdauer wird nach folgender Formel berechnet:

Formel

$$\text{Amortisationsdauer} = \frac{\text{Anschaffungskosten} - \text{Liquidationserlös der Altanlage}}{\text{Gewinn} + \text{Zinsen} + \text{Abschreibungen}}$$

Bei der dynamischen Amortisationsrechnung kann der Zeitpunkt der Zahlungen durch Abzinsung berücksichtigt werden. (Dazu mehr unter den Stichworten „Investitionsrechnung“ und „Kalkulationszinsfuß“).

Tipp:

Vergleicht man die Amortisationsdauer von zwei oder mehreren Investitionsobjekten nach statischer oder dynamischer Methode, ergibt sich keine Veränderung im Hinblick darauf, welches Objekt sich früher amortisiert. Jedoch verschiebt sich der absolute Zeitpunkt der Amortisation bei der dynamischen Berechnung gegenüber der statischen Berechnung nach hinten.

Vorsicht: Aus der Amortisationsrechnung lässt sich nicht die Rentabilität oder der Gewinn einer Investition bestimmen.

Anleihe

Eine Anleihe ist ein Finanzierungsinstrument, das Unternehmen auf verschiedenste Weise (je nach Ausgestaltung des Titels) Fremdkapital zuführt. Anleihen werden als verzinsliche Wertpapiere an der Börse oder direkt über Kreditinstitute gehandelt.

auch: Schuldverschreibung, Obligation oder Bond

Durch den Verkauf von Anleihen erhält das Unternehmen Kapital von außen zugeführt. Dieses Kapital muss verzinst werden und nach einer vereinbarten Zeit auf eine vereinbarte Art und Weise wieder zurückgezahlt werden. Damit ist die Finanzierung über Anleihen eine Form der Fremdfinanzierung.

Anleihen können in der Regel gehandelt werden. Je nach Ausgestaltung erfolgt das an der Börse oder direkt über Kreditinstitute. Die Handelbarkeit macht Anleihen zu einem beliebten Finanzierungsinstrument.

Anleiheformen

Der Markt für Anleihen ist äußerst vielfältig. Hinsichtlich ihrer Ausgestaltung bestehen nur geringe Einschränkungen, sodass die Bedingungen gut an die Bedürfnisse der Unternehmen angepasst werden können. Man unterscheidet u. a.

- nach den Emittenten: Staatsanleihen, Industrieanleihen, Anleihen von Ländern und Kommunen, Anleihen von Organisationen u. a.
- nach der Herkunft: nationale und internationale Anleihen
- nach der Tilgung: endfällige oder laufende Tilgung, z. T. mit Auslosung der zu tilgenden Tranchen
- nach der Verzinsung: fest oder variabel verzinslich
- nach sonstigen Ausstattungsmerkmalen: Wandelanleihen, Optionsanleihen, Gewinnschuldverschreibungen und andere.

Tipp:

Anleihen zu emittieren ist für das Unternehmen mit Kosten verbunden. Deshalb ist die Finanzierung über Anleihen erst ab einem bestimmten Mindestvolumen – das im Millionenbereich liegt – wirtschaftlich sinnvoll. Durch die Stückelung (Aufteilung) der Anleihen in kleinere Beträge sind sie aber auch für Privatpersonen eine sinnvolle Geldanlagemöglichkeit.

Annuität

Annuität bedeutet „gleichmäßige Zahlung“. Eine annuitätische Zahlung ist demnach eine regelmäßige Zahlung, die sich in ihrer Höhe nicht ändert.

Die Bezeichnung Annuität findet insbesondere in der Kreditwirtschaft und in der Investitionsrechnung Verwendung.

Annuität in der Investitionsrechnung

In der Investitionsrechnung (Bestimmung des Nutzens von Investitionen nach der *Kapitalwertmethode*) dient die Berechnung der Annuität dazu, unterschiedliche jährliche Zahlungen während der Nutzungsdauer eines Investitionsguts in gleichmäßige Zahlungen umzurechnen. Dies ist wiederum die Voraussetzung für weitergehende Berechnungen, etwa wenn man wissen möchte, wann der günstigste Zeitpunkt für den Ersatz eines alten Wirtschaftsguts ist.

→ Investitionsrechnung, S. 392

Annuität in der Kreditwirtschaft

Ein Kredit heißt dann „annuitätisch", wenn die zu zahlenden Beträge (zumeist monatliche oder auch jährliche Rate) über einen bestimmten Zeitraum hinweg immer gleich bleiben. Die Raten setzen sich jedoch aus zwei Bestandteilen zusammen: den Zinsen und der Tilgung. Mit jeder Rückzahlung reduziert sich die Resthöhe des Kredites. Damit wären auch weniger Zinsen (in Euro, der Zinssatz selbst bleibt selbstverständlich gleich) zu zahlen. Die „ersparten" Zinsen werden dazu verwendet, die Tilgung des Darlehens zu erhöhen.

Kredit mit gleich bleibenden Zahlungen

Beispiel: Annuitätendarlehen

Die Darlehenssumme des Kredits beträgt 180.000 €, der Zinssatz 6 % und die Tilgung im ersten Jahr 2 %. Es soll immer in einer Rate am Ende des Jahres getilgt werden. Damit ergibt sich im ersten Jahr ein Kapitaldienst von 14.400 € (nämlich 6 + 2 % von 180.000 €); diese Summe wird auch in den nächsten Jahren gezahlt. Die Zahlungen setzen sich demnach wie folgt zusammen:

Jahr	zu verzins. Darlehensbetrag	Kapital dienst	davon Zinsen (6 %)	davon Tilgung	Rest-schuld
1	180.000	14.400	10.800	3.600	176.400
2	176.400	14.400	10.584	3.816	172.584
3	172.584	14.400	10.355	4.045	168.539
4	168.539	14.400	...	...	...

Es werden immer genau 14.400 € gezahlt, also eine über die Jahre gleichmäßige (= annuitätische) Zahlung. Allerdings verändert sich bei jeder Rate der Anteil von Zins und Tilgung.

Berechnung der Annuität

Will man nun bestimmen, wie hoch die jährlichen Zahlungen (Zins und Tilgung) sein müssen, um ein Darlehen in einem bestimmten Zeitraum zurückzuzahlen, braucht man die Annuitätsrechnung. Die Annuität ist demnach abhängig vom Zinssatz und der Laufzeit des Darlehens.

Die entsprechende Berechnungsformel lautet:

Formel Annuität

$$\text{Annuität} = \text{Darlehenssumme} \times \frac{i(1+i)^n}{(1+i)^n - 1}$$

i = Zinssatz; n = Gesamtlaufzeit des Darlehens in Jahren

Beispiel:

Nach der obigen Formel kann man berechnen, dass ein Darlehen von 100.000 € mit einem Zinssatz von 10 % (damit i = 0,10) genau nach 10 Jahren zurückgezahlt ist, wenn man eine Annuität (Zahlung pro Jahr) von exakt 16.274,54 € leistet.

Annuitätenmethode

Die Annuitätenmethode ist ein Verfahren der dynamischen *Investitionsrechnung*. Sie beruht auf den gleichen Grundsätzen, wie die *Kapitalwertmethode.*

Investitionsrechnung, S. 392

Bei der Annuitätenmethode werden die ungleichmäßigen Zahlungen der Zahlungsreihe, die der Investitionsrechnung zugrunde liegt, in jährlich gleichmäßige Zahlungen umgerechnet.

→ Kapitalwert, S. 406

Achtung:

Der Kapitalwert der ursprünglichen (ungleichmäßigen) Zahlungsreihe ist gleich dem Kapitalwert der gleichmäßigen (annuitätischen) Zahlung.

Berechnet wird die Größe, indem man den Kapitalwert der ursprünglichen Zahlungsreihe mit dem Annuitätenfaktor (Kapitalwiedergewinnungsfaktor) multipliziert.

Tipp:

Der Annuitätenfaktor ist abhängig vom Kalkulationszinsfuß und der Laufzeit. Sie können ihn einschlägigen Tabellen entnehmen, um sich die Berechnung zu ersparen.

Ziel dieser Rechnung ist es, ein Investitionsvorhaben mit einer alternativen Finanzanlage vergleichbar zu machen, bei der sich eine jährliche Verzinsung zumeist in gleicher Höhe ergibt. Eine Investition ist dann vorteilhaft, wenn ihre Annuität größer oder gleich Null ist.

Baisse

Baisse ist ein Begriff aus der Börsensprache und bezeichnet eine kräftige Abwärtsbewegung der Kurse.

Eine Baisse ist dadurch gekennzeichnet, dass sich die Kurse nicht nur einzelner Wertpapiere, sondern auf großer Breite nach unten bewegen. Auch in Baisse-Situationen lässt sich an der Wertpapierbörse durch Spekulation Geld verdienen: Es werden Papiere verkauft mit der Absicht, sie später zu niedrigeren Preisen wieder zurückzukaufen. Das Gegenstück zur Baisse ist die *Hausse*.

Beteiligung

Beteiligung ist eine Form der *Finanzierung*, bei der dem Unternehmen von außen Eigenkapital zugeführt wird. Damit wird ein Beteiligungsverhältnis zwischen dem Kapitalgeber und dem Unternehmen begründet.

Die Beteiligung an Unternehmen ist vom Grundsatz her sowohl für natürliche Personen als auch für juristische Personen (Betriebe, Organisationen) möglich. Beteiligen können sich sowohl neue Gesellschafter als auch Personen, die schon Anteilseigner sind (durch Erhöhung ihres Kapitalanteils). Die Beteiligung kann nicht nur in Form von Geld- oder Sacheinlagen, sondern auch durch die Einlage von Rechten erfolgen.

Beispiel:

Herr Obermayer hat die (heiß begehrte) Lizenz, direkt an der Bergstation des Skilifts einen Ausschank zu betreiben. Er bringt dieses Recht in die neu gegründete „Jagerteehütten" GmbH ein.

Mit der Beteiligung erwirbt der Kapitalgeber Rechte, die je nach Rechtsform des Unternehmens verschieden ausgestaltet sind. (Dazu mehr im letzten Abschnitt dieses Buchs.)

Rechtsformen von Unternehmen ab S. 583

Auch die Art und Weise der Beteiligungsfinanzierung hängt von der jeweiligen Rechtsform ab. Ein wichtiges Kriterium ist, ob das Unternehmen emissionsfähig ist oder nicht.

Beteiligung bei emissionsfähigen Unternehmen

→ Aktie, S. 362

Aktiengesellschaften und KGs auf Aktien (KGaA) haben Zugang zum organisierten Eigenkapitalmarkt. Die *Börse* erlaubt es, das in Teilbeträge aufgeteilte Eigenkapital (*Aktien*) zu handeln. Dadurch ist nicht nur ein schneller Kauf und Verkauf möglich, sondern es kann eine Beteiligung auch mit relativ geringen Beträgen erfolgen.

Beteiligung bei nicht emissionsfähigen Unternehmen

Alle anderen Unternehmensformen (z. B. die GmbH oder OHG) sind nicht emissionsfähig. Das bedeutet auch, dass sich hier Geschäftsanteile nur schwer oder gar nicht weiterveräußern lassen.

Will man sich an solchen Unternehmen beteiligen, stehen als Alternativen zur Verfügung:

- bei einer GmbH: Erwerb eines Anteils an der GmbH. Das erfordert jedoch die notarielle Änderung des bestehenden GmbH-Vertrags.
- bei einer Genossenschaft: Zeichnung von Anteilen an der Genossenschaft. Diese Anteile sind jedoch nicht übertragbar (Ausnahmen davon müssen in der Satzung der Genossenschaft geregelt sein).
- bei einer OHG oder einer GbR: Eintritt in das Unternehmen. Dafür sind keine formalen Voraussetzungen nötig, allerdings haf-

tet der neue Gesellschafter mit seinem Privatvermögen für eventuelle Verbindlichkeiten der Gesellschaft.

- Stille Gesellschaft: Der Stille Gesellschafter leistet seine Einlage bei einer GmbH in das Vermögen der Gesellschaft. Hier ist eine Abgrenzung relativ leicht möglich. Bei Personengesellschaften leistet er seine Einlage rechtlich gesehen in das Privatvermögen des Kaufmanns, der es dann für das Unternehmen verwendet. Allerdings hat der Stille Gesellschafter darauf keinen rechtlich durchsetzbaren Einfluss. Deshalb kommt diese Form nur bei Personen zum Tragen, zwischen denen ein besonderes Vertrauensverhältnis besteht (oft ein verwandtschaftliches Verhältnis). Stille Gesellschafter haben keinen Einfluss auf die Unternehmensführung, deshalb ist ihre Einlage eine Zwischenform zwischen Eigen- und Fremdkapital.

Mehr dazu unter den Stichworten *Finanzierung*, S. 379, und *Kapitalerhöhung*, S. 398.

Börse

An der Börse werden Kapital, Geld, Devisen, Finanzderivate, Aktien und andere Wertpapiere oder auch Waren gehandelt. Die gehandelten Objekte sind fungibel, das bedeutet, sie sind nicht körperlich an der Börse vorhanden, sondern werden nur als Rechte an diesen Objekten gehandelt.

Börsen sind u. a. dadurch gekennzeichnet, dass einheitliche Marktbedingungen herrschen, Angebot und Nachfrage regelmäßig, reguliert und organisiert aufeinander treffen und die Preise durch Angebot und Nachfrage entstehen.

Ursprünglich waren Börsen räumlich abgegrenzte Plätze (sog. Börsenparkett). Inzwischen haben sie sich überwiegend zu Computerbörsen gewandelt. Zum Handel an der Börse sind nur ausgewählte Personen zugelassen (Börsenmakler). Private Anbieter oder Kaufinteressenten geben ihre Angebote demnach nur indirekt ab. Das gilt übrigens auch für elektronische Computerhandelssysteme an der

Börse. Diese werden u. a. von Kreditinstituten oder zugelassenen Maklern genutzt.

Funktionen der Börse

Vor allem Unternehmen und der Staat (bzw. Länder und Kommunen) sind auf der Suche nach Kapital, um zum Teil voluminöse Investitionsprojekte zu finanzieren. Diesen Kapitalnachfragern stehen die Kapitalanbieter gegenüber: Sparer und andere Privatpersonen sowie Investoren (institutionelle Anleger).

Beispiel:

Als Investoren treten häufig Fonds, Versicherungsgesellschaften oder andere institutionelle Anleger auf. Letztlich sind die von ihnen aufgebrachten Mittel aber vor allem Gelder von Privatpersonen – z. B. Kapital von Versicherten.

Die Hauptfunktion der Börse besteht also darin, Anbieter und Nachfrager zusammenzubringen. Müssten beide Seiten direkt verhandeln, würde das zusätzliche Informationskosten verursachen.

Fristentransformation

Eine weitere wesentliche Funktion der Börse besteht in der Fristentransformation. Weil ständig Handel stattfindet, ist es möglich, unterschiedliche Anlage- und Nachfragehorizonte aufeinander abzustimmen.

Beispiel Fristentransformation:

Eine Staatsanleihe zur Finanzierung von Infrastrukturmaßnahmen hat eine Laufzeit von 10 Jahren. Ein Anleger, der diese Anleihe kauft, kann sie aber bereits nach einigen Monaten an der Börse weiterverkaufen und wird so wieder liquid.

Konzentrationsfunktion

Durch die Bündelung vieler kleiner Sparbeträge erfolgt zudem eine Konzentration des Kapitalangebots.

Primär- und Sekundärmarkt

Der Primärmarkt umfasst die Emission von neuen Papieren, wie Schuldverschreibungen am Rentenmarkt und Aktien als Beteiligungspapiere. Er bietet den Kapitalnachfragern somit einen Zugangsweg zu gebündelten finanziellen Ressourcen, womit die Börse eine Art Mittelbereitstellungsfunktion erfüllt, bei der sie allerdings lediglich als Vermittler bzw. Plattform auftritt und das nachgefragte Kapital nicht selbst zur Verfügung stellt.

Der Sekundärmarkt dient dagegen dem Handel mit den von Kapitalnachfragern emittierten Titeln (Zirkulationsmarkt). Er erfüllt die Fungibilitätsfunktion, indem die am Primärmarkt emittierten Titel auf dem Sekundärmarkt zu den jeweiligen Handelszeiten jederzeit handelbar sind.

Damit diese Märkte funktionieren, müssen folgende Anforderungen erfüllt sein:

Voraussetzungen für eine funktionierende Börse

- Der Markt muss liquide sein. Das heißt, es muss ausreichend Kapital vorhanden sein, damit die Aufträge zeitnah ausgeführt werden können.
- Der Markt muss eine hohe Informationseffizienz und -transparenz aufweisen. Informationen aller Art und der Zugang zu ihnen ist die Voraussetzung für eine Preisbildung.
- Der Handel muss mit minimalen Transaktionskosten abgewickelt werden können.

Welche Börsen gibt es?

Es gibt drei Börsensegmente in Deutschland, die unterschiedlich strengen Zulassungs- und Publizitätsanforderungen unterliegen. Die Handelsbedingungen werden im Einzelnen durch das Börsengesetz und andere Vorschriften geregelt:

Mehr dazu: www.deutsche-boerse.com

- **Amtlicher Markt:** Der „strengste" Markt. Hier sind nur amtlich notierte Wertpapiere zugelassen; die emittierenden Unternehmen müssen bestimmte Voraussetzungen erfüllen, z. B. bei der Erstzulassung mindestens 10.000 Stückaktien emittieren und einen Börsenzulassungsprospekt vorlegen.
- **Geregelter Markt:** Hier entfallen gewisse Pflichten, die für den amtlichen Markt gelten, etwa der Börsenzulassungsprospekt.

- **Freiverkehr:** Handel mit nicht amtlich notierten Werten durch freie Makler; hier werden oft (weniger) Aktien von kleineren Unternehmen gehandelt.

Außerdem lassen sich je nach Handelsobjekt, Organisationsform oder Erfüllungszeitpunkt des Geschäfts folgende Arten von Börsen unterscheiden:

Börsenarten

Handelsobjekt	Organisationsform	Erfüllungszeitpunkt
• Wertpapierbörse • Devisenbörse • Rohstoff- oder Warenbörse	• Präsenzhandel • Elektronisches Handelssystem (Computerbörse)	• Kassabörse • Terminbörse

Präsenzhandel

Der Präsenzhandel ist die klassische Börse (auch Parketthandel genannt), der Ort, wo die Makler ihre Geschäfte abwickeln (oft im Hintergrund zu sehen, wenn das Fernsehen Börsennachrichten überträgt). Die Kauf- und Verkaufsaufträge werden dem Makler zugeleitet, der dann einen Kurs stellt (berechnet), bei dem die meisten Aufträge durchgeführt werden können.

Elektronischer Handel: XETRA

Im elektronischen Handel wird die Arbeit des Maklers sozusagen automatisiert, die Kurse werden fortlaufend und vollautomatisch erstellt. Das an der Deutschen Börse in Frankfurt genutzte System ist *XETRA*.

Kassabörse und Terminbörse: unterschiedlicher Zeitpunkt zählt

Bei der Kassabörse schließt sich die Erfüllung direkt an den Abschluss des Geschäfts an, bei der Terminbörse wird das Börsengeschäft erst zu einem späteren Zeitpunkt oder innerhalb einer vorher vereinbarten Laufzeit wirksam. Hierzu ein Beispiel:

Beispiel:

Ein PKW-Hersteller aus Deutschland verkauft einen großen Teil seiner Produktion in die USA, demzufolge erhält er seine Umsatzerlöse in US-Dollar. Seine Produktionskosten fallen jedoch naturgemäß in Euro an. Um sich gegen für ihn ungünstige Kursentwicklungen zwischen

Euro und US-Dollar abzusichern (Sinken des Dollarkurses), schließt er ein Devisentermingeschäft ab: Bereits heute vereinbart er, dass er in einem Jahr einen heute festgelegten Dollarbetrag zu einem heute festgelegten Kurs in Euro umtauschen kann. Damit erlangt er Kalkulationssicherheit. Andererseits kann er aber nicht von für ihn positiven Kursentwicklungen (Steigen des Dollars gegenüber dem Euro) profitieren.

In Deutschland herrscht ein Regionalbörsensystem. Das heißt, es gibt zur Zeit sieben Wertpapierbörsen und die in Frankfurt bei der Deutschen Börse AG angesiedelte Finanzterminbörse EUREX, die Warenterminbörse WTB in Hannover, die Energiebörse EEX in Frankfurt am Main und die Energiebörse LPX in Leipzig. Die Frankfurter Wertpapierbörse ist eindeutig die Börse, an der die meisten Umsätze getätigt werden (etwa 90 %).

Dividende

Dividenden sind Erträge aus *Beteiligungen*. Sie sind der Teil des Bilanzgewinns einer Aktiengesellschaft, der dem *Aktionär* am Schluss des Geschäftsjahres und nach Bestätigung des Jahresabschlusses ausgezahlt wird.

In der regulären Hauptversammlung einer Aktiengesellschaft wird regelmäßig auch über die Verwendung des Gewinns beschlossen. Mit diesem Beschluss erwirbt der Aktionär den Anspruch auf die Ausschüttung der Dividende.

Letztlich verbirgt sich hinter der Dividende der Teil des Jahresüberschusses, der nach Zahlung von Steuern auf Einkommen und Ertrag nicht in die *Rücklagen* eingestellt und auch nicht auf neue Rechnung vorgetragen wird. Die Dividende ist die „Belohnung“ für den Einsatz des Kapitals.

Die Höhe der an den einzelnen Aktionär zu zahlenden Dividende ist abhängig von seinem Anteil am Unternehmen, also von der Anzahl der Aktien, die er besitzt. Demnach ist die Dividende an den Nennwert (bzw. den Stückwert) der Aktie gekoppelt.

Ausschüttung oder Thesaurierung?

Die Frage, ob erwirtschaftete Gewinne im Unternehmen verbleiben sollen (Thesaurierung, d. h. „Ansammlung“ und Einstellen in die Gewinnrücklagen) oder an die Aktionäre ausgeschüttet werden, ist der Ausdruck eines generellen Interessenkonfliktes:

Das Management ist vordergründig daran interessiert, Gewinne nicht auszuschütten, um so die Eigenkapitalbasis des Betriebs zu stärken. Aktionäre haben natürlich ein Interesse daran, möglichst hohe Dividenden zu erhalten. Die Ausschüttung stellt für sie einen sofortigen Zahlungsmittelzufluss dar. Bleiben die Gelder im Unternehmen, erhöht sich zwar grundsätzlich dessen Wert, was sich auch im Aktienkurs niederschlagen sollte. Ob das aber tatsächlich so eintritt, ist ungewiss.

Tipp:

Können sich das Management, das eine höhere Thesaurierung vorschlägt, und die Aktionäre nicht einigen, sieht das Aktiengesetz folgende Regelung vor: Die Aktionäre können nur über die Verwendung von 50 % des ausschüttbaren Gewinns entscheiden. Die andere Hälfte kann auf Wunsch des Managements in die Rücklagen eingestellt werden.

Dividendenpolitik

Dividenden können nur gezahlt werden, wenn ein Gewinn erwirtschaftet worden ist. Das muss nicht unbedingt im laufenden Geschäftsjahr gewesen sein, bestimmte Formen der Rücklagen können auch ausgeschüttet werden.

Achtung:

Keinesfalls dürfen Dividendenausschüttungen bei erwirtschafteten Verlusten dadurch ermöglicht werden, dass etwa ein Kredit aufgenommen wird.

Wie hoch soll die Dividende sein?

Die Frage, wie hoch die Ausschüttung sein soll, ist nicht pauschal zu beantworten. Die Entscheidung darüber trifft die Hauptversammlung der Aktiengesellschaft zumeist auf Basis eines Vorschlages des Managements.

Übliche Standards sind:

- **Ertragsorientierte Dividendenpolitik:** Man geht von dem in einer Periode erwirtschafteten Gewinn aus. Die Höhe der Dividende entspricht jeweils einem bestimmten, festgelegten Anteil am erzielten Gewinn.

Achtung:

Dieses Vorgehen kann zu stark schwankenden Dividendenzahlungen führen, da Gewinne nur selten über mehrere Perioden konstant bleiben. Der Kapitalmarkt sieht solche Schwankungen eher kritisch.

- **Branchenübliche Dividendenpolitik:** Man richtet sich nach der durchschnittlichen Dividendenrendite der Branche. Problematisch wird das, wenn die im eigenen Unternehmen erwirtschaftete Rendite unter der durchschnittlichen Branchenrendite liegt und damit zu hohe Ausschüttungen erfolgen.
- **Dividendenrendite als Instrument zur Kapitalmarktpflege:** Die in der Vergangenheit gezahlte Dividende ist ein Indikator für den Erfolg des Unternehmens. Deshalb lassen sich bei bisher hohen Dividenden Kapitalerhöhungen leichter durchführen.

Darüber hinaus ist es möglich, dass Großaktionäre aufgrund ihrer Stimmrechte bei der Hauptversammlung eine Dividendenpolitik durchsetzen, die speziell auf ihre Interessen abgestimmt ist.

Beispiel:

Wenn sich Kreditinstitute überwiegend im Besitz der öffentlichen Hand befinden, kann es vorkommen, dass die Finanzverantwortlichen des Bundeslands auf bestimmten Ausschüttungen bestehen, weil die Einnahmen bereits im Haushalt eingeplant sind.

Factoring

Factoring nennt man den Verkauf von offenen Rechnungen (Forderungen aus Lieferungen und Leistungen) vor deren Fälligkeit. Die entsprechende Dienstleistung wird von Finanzinstituten und anderen Finanzdienstleistern (Factoring-Gesellschaften) angeboten.

Besonders Mittelstandsunternehmen bereitet es Probleme, wenn ausstehende Rechnungen aufgrund schlechter Zahlungsmoral spät beglichen werden oder ganz ausfallen. Häufen sich solche Fälle, führt dies zu gefährlichen Liquiditätsengpässen. Hier ist Factoring ein guter Weg, Risiken zu mindern: Ein Factor kauft alle Rechnungen auf Dauer auf und bietet darüber hinaus damit zusammenhängende Dienstleistungen an, von der Debitorenbuchhaltung „inhouse" bis zur kompletten Abwicklung des Forderungsmanagements.

Der Factor bezahlt in der Regel 80 bis 90 % des offenen Betrags sofort, die restlichen 10 – 20 % bei Rechnungsbegleichung, unter Berücksichtigung von Retouren und Skonti. Dadurch kann der Factoring-Kunde Lieferantenverbindlichkeiten ablösen und dort Skonti in Anspruch nehmen. Daneben entfällt beim Full-Service-Factoring der Verwaltungsaufwand für Debitorenbuchhaltung, Auskünfte und Bonitätsprüfung, Mahnwesen und Inkasso sowie eine Rechtsverfolgung bei Ausfall der Forderung.

Der Verkauf der Forderungen kann

- offen (der Empfänger der Rechnung wird informiert) oder
- still (der Rechnungsempfänger weiß nichts vom Verkauf)

erfolgen.

Werden nur einzelne Forderungen (überwiegend im Exportgeschäft) aufgekauft, nennt man den gleichen Vorgang Forfaitierung. Von „unechtem Factoring" spricht man, wenn der Factor das Risiko aus eventuellen Forderungsausfällen nicht vollständig übernimmt.

Tipp:

Der größte Vorteil besteht im sofortigen Zufluss der Mittel: In der Regel können Sie schon innerhalb einer Woche ab Rechnungsstellung mit einem Zahlungseingang rechnen und gewinnen so mehr finanziellen Handlungsspielraum. Allerdings entstehen dabei auch Kosten, die sich aus einer Gebühr auf den Umsatz, Zinsen für die Bevorschussung und sonstigen Gebühren zusammensetzen. Der Deutsche Factoring-Verband empfiehlt, dass Factoring-Kunden aus Gründen der Rentabilität einen Jahresumsatz von über 1 Mio. € aufweisen sollten.

Mehr Infos: Deutscher Factoring-Verband e.V. (www.factoring.de)

Finanzierung

Unter Finanzierung eines Unternehmens versteht man seine Ausstattung mit Geld und sonstigen finanziellen Mitteln. Indirekt ist darunter auch die Ausstattung mit Sachmitteln zu verstehen, da in solch einem Fall lediglich die Stufe „Geld" übersprungen wird und sogleich das erforderliche Wirtschaftsgut eingebracht wird.

Die Finanzierung ist erforderlich, weil Unternehmen zunächst Geld aufwenden müssen, um Betriebsmittel zu kaufen, Löhne und Gehälter zu zahlen etc., und erst später, nach dem Absatz ihrer Produkte oder Dienstleistungen, für ihre Leistung Geld erhalten. Dieser Zeitraum muss finanziell überbrückt werden. Das inhaltliche Gegenstück zur Finanzierung ist die *Investition.*

Je nach Sichtweise ist zu unterscheiden, ob es sich um

- Eigen- oder Fremdfinanzierung bzw. um
- Innen- oder Außenfinanzierung

handelt.

Eigen- und Fremdfinanzierung

Finanzmittel können aus der Sicht der Eigentümer des Betriebs Eigenmittel oder Fremdmittel sein. Der Ausweis erfolgt in der *Bilanz* demzufolge auch getrennt.

Eigenfinanzierung ist folgendermaßen gekennzeichnet:

- Die Mittel stehen in der Regel zeitlich unbefristet zur Verfügung.
- Eigenmittel sind nachrangig, d.h. sie stehen im Insolvenzfall zunächst den Gläubigern zu. Erst wenn alle Fremdkapitalgeber befriedigt sind, können die restlichen Eigenmittel den Eigentümern zugute kommen.
- Das Geben von Eigenmitteln begründet ein Beteiligungsverhältnis.
- Eigenmittel werden in der Regel nicht verzinst. Allerdings stehen die Gewinne (nach Steuern) grundsätzlich den Eigenkapitalgebern zu.

Bei der Fremdfinanzierung gilt hingegen:

- Fremdkapital steht im Normalfall nur zeitlich begrenzt zur Verfügung und muss danach zurückgezahlt werden.
- Fremdkapital begründet ein in der Regel vertraglich abgesichertes Gläubiger-Schuldner-Verhältnis.
- Für die Überlassung von Fremdkapital sind in der Regel Zinsen zu zahlen.

Achtung:
In einigen Fällen werden bei der Überlassung von Fremdkapital keine Zinsen berechnet, z. B. beim Ausnutzen von Zahlungszielen. Der Fremdkapitalgeber hat die für ihn anfallenden Finanzierungskosten jedoch in seine Preise einkalkuliert, sodass die Zinszahlung in diesem Fall indirekt über den Preis erfolgt.

Fremdkapital wird häufig in Form von Darlehen (z. B. Bankkrediten) vergeben. Dann sind die gegenseitigen Rechte und Pflichten zumeist vertraglich eindeutig geregelt. Es gibt aber darüber hinaus andere Formen der Fremdkapitalbereitstellung.

Beispiele für die Finanzierung mit Fremdkapital:

- Finanzierung über Schuldverschreibungen
- kurzfristige Geldmarktpapiere (z. B. Commercial Papers, stehen allerdings nur großen kapitalmarktfähigen Unternehmen zur Verfügung)

- Lieferantenkredite (Ausnutzen von Zahlungszielen)
- Finanzierung über Rückstellungsgegenwerte (*Rückstellungen*)
- Genussscheine

Innen- und Außenfinanzierung

Aus der Sicht des Unternehmens ist es entscheidend, ob zusätzliches Kapital von außen zugeführt wird oder ob es aus dem Unternehmensprozess heraus gewonnen wird und dann diesem zur Verfügung steht.

Beispiel Innenfinanzierung:

Wenn das Unternehmen Gewinne erwirtschaftet und diese nicht oder nicht vollständig an die Eigentümer ausschüttet, stehen diese Mittel dem Unternehmen weiterhin zur Verfügung. Es wurde aber kein Geld von außen zugeführt, sondern der Umsatz war größer als die Kosten. Demnach handelt es sich um eine Form der Innenfinanzierung. Der Fachbegriff lautet „Gewinnthesaurierung" (Ansammeln von Gewinnen).

Die Gewinnthesaurierung ist speziell für kleine Unternehmen oft die einzige Möglichkeit, dem Unternehmen zusätzliches Kapital zukommen zu lassen, um beispielsweise Wachstum zu finanzieren.

Gewinnthesaurierung ermöglicht Wachstum

Wird dem Unternehmen dagegen Kapital von außen zugeführt, spricht man von Außenfinanzierung. Bei dieser Betrachtungsweise ist es unerheblich, ob es sich um eigenes oder fremdes Kapital handelt.

Beispiel Außenfinanzierung:

- Die Aufnahme eines Kredits führt dazu, dass dem Unternehmen mehr Geld zur Verfügung steht als vorher (Fremdfinanzierung).
- Nimmt eine GmbH einen neuen Gesellschafter auf, wird dieser einen Anteil am Gesellschaftskapital übernehmen und einzahlen. Er beteiligt sich an der Gesellschaft und bringt so von außen Kapital ein, allerdings in Form von Eigenkapital.

Das folgende Schema zeigt anhand von Beispielen die einzelnen Finanzierungsformen nochmals auf:

Finanzierungsformen im Überblick

		Unternehmenssicht	
		Außenfinanzierung	*Innenfinanzierung*
Sicht der Eigentümer	*Eigen-finanzierung*	Beteiligung, Subvention	Gewinn-thesaurierung
	Fremd-finanzierung	Kredite	Rückstellungen

Sonstige Finanzierungsformen

Einige Formen der Finanzierung lassen sich jedoch nicht eindeutig in dieses Schema einordnen. Insbesondere sind hier zu nennen:

- *Leasing* (S. 410)
- *Factoring*/Forfaitierung (S. 378).

Finanzierungskosten

Siehe *Kapitalkosten*, S. 402.

Finanzplanung

Die Finanzplanung beschäftigt sich mit der an den Zielen des Unternehmens orientierten Gestaltung der finanziellen Größen, wie z. B. der Finanzströme und der Finanzbestände. Sie soll vor allem die Zahlungsfähigkeit sicherstellen und die Rentabilität steigern.

Die Finanzlage ist für ein Unternehmen von existenzieller Bedeutung. Ist ein Betrieb nicht mehr liquid, folgt die Insolvenz. Umso wichtiger sind in diesem Bereich also Planung, Vorausschau und überlegtes Tun; Improvisation hat hier keinen Platz.

Aufgaben der Finanzplanung

Die Finanzplanung hat im Wesentlichen vier Aufgabenbereiche zu bewältigen:

- die aktuelle Liquiditätssicherung,
- die strukturelle Liquiditätssicherung,
- Sicherung/Steigerung der Rentabilität
- und das Vorhalten einer Liquiditätsreserve.

Aktuelle Liquiditätssicherung

Auf CD-ROM

Im Rahmen der aktuellen (auch laufenden oder situativen) Liquiditätssicherung muss sichergestellt werden, dass ein Unternehmen jederzeit zahlungsfähig ist. Hierzu werden unter Berücksichtigung von Anfangsbeständen die zu erwartenden Ein- und Auszahlungen einander gegenübergestellt. Gegebenenfalls anfallende Fehlbeträge sind auszugleichen, auftretende Überschüsse hingegen verzinslich anzulegen.

Planungszeitraum: 1 Jahr

Die Plangrößen müssen möglichst präzise sein. Daher umfasst die aktuelle Liquiditätssicherung lediglich einen Planungszeitraum von bis zu einem Jahr, wobei gestaffelte Teilplanungen vorgenommen werden, die eine umso größere Detailgenauigkeit aufweisen, je kürzer ihr Planungshorizont ist.

Strukturelle Liquiditätssicherung

Goldene Bilanzregel, S. 387, Goldene Finanzierungsregel, S. 387

Je weiter man in die Zukunft plant, desto schwieriger ist die Prognose von Ein- und Auszahlungen. Daher verlagert sich mit zunehmendem Planungshorizont die Betrachtung von Zahlungsgrößen zu einer Betrachtung von Vermögens- und Kapitalgrößen. Die strukturelle Liquiditätssicherung beruht auf der Analyse und Abstimmung von Kapitalbedarf und Kapitalbereitstellung, die im Wesentlichen in bilanziellen Größen zum Ausdruck kommen. Die strukturelle Liquidität wird allgemein dann als sichergestellt angesehen, wenn die bilanziellen Größen gewisse Normvorstellungen erfüllen, die in so genannten Finanzierungsregeln sichtbar werden. (*Goldene Bilanzregel, Goldene Finanzierungsregel*).

Rentabilitätssteigerung

Die Finanzplanung hat neben der Sicherstellung der Liquidität auch einen Beitrag zur Steigerung der Rentabilität zu leisten. Hierbei wird vor allem gefragt:

- Wie lassen sich die Finanzierungskosten minimieren?
- Wie werden überschüssige Mittel optimal angelegt (beste Rendite)?
- Wie kann für mehr finanzielle Flexibilität gesorgt werden, beispielsweise, um notwendige Investitionen zu tätigen?

Vorhalten einer Liquiditätsreserve

Insbesondere aufgrund der mit der Finanzplanung verbundenen Unsicherheit über die Höhe und das zeitliche Auftreten zukünftiger Ein- und Auszahlungen muss ein Unternehmen eine Liquiditätsreserve vorhalten. Wie hoch diese Reserve sein muss, ist durch das Risiko, dass die tatsächlichen Zahlungen von den geplanten abweichen, aber auch durch deren (Opportunitäts-)Kosten bestimmt.

Beispiel Opportunitätskosten:

Ein Einzelhändler nutzt für seine Firma die Geschäftsräume im Erdgeschoss des eigenen Hauses. Da sich die Räume in seinem Eigentum befinden, muss er auch keine Miete zahlen. Wirtschaftlich sollte er aber eine andere Überlegung anstellen: Wenn er die Geschäftsräume vermieten würde, könnte er beispielsweise eine monatliche Miete von 2.000 € erzielen. Auf diese Miete muss er verzichten, weil er die Räume selbst nutzt. Bei der nicht eingenommenen Miete handelt es sich um „Opportunitätskosten".

Opportunitätskosten sind ein Bestandteil der *kalkulatorischen Kosten* (S. 281).

Fristenrisiko

Das Fristenrisiko ist ein Finanzierungsrisiko. Es entsteht, wenn Finanzmittel nicht so lange zur Verfügung stehen, wie sie benötigt werden, und damit gegen die *Goldene Bilanzregel* verstoßen wird. Das Fristenrisiko äußert sich in zwei Versionen, dem Anschlussrisiko und dem Konditionenrisiko.

Die kritischere Version ist das Anschlussrisiko. Anschlussrisiko bedeutet, dass keine anschließende Finanzierung zustande kommt, wenn das ursprünglich zur Verfügung stehende Kapital zurückgezahlt werden muss.

Achtung:
Eine fehlende Anschlussfinanzierung kann für ein Unternehmen sehr schnell existenzgefährdend werden. In solchen Fällen müssen nicht selten Vermögensgegenstände verkauft werden, um wieder liquid zu werden.

Beim Konditionenrisiko kann zwar eine Anschlussfinanzierung gefunden werden, aber zu deutlich schlechteren Konditionen als bei der ursprünglichen Finanzierung. Hier tritt zwar nicht sofort die Existenzgefährdung ein, aber das wirtschaftliche Ergebnis kann gegebenenfalls empfindlich beeinträchtigt werden.

Fristentransformation

Von Fristentransformation spricht man, wenn die Fristen von Kapitalangebot und Kapitalnachfrage nicht übereinstimmen.

Durch Finanzintermediäre (Kreditinstitute) werden viele Gelder, die mit unterschiedlichen Fristen zur Verfügung stehen, zusammengefasst und in Form großer Kredite weitergegeben.

Beispiel:

Viele Sparer legen ihr Geld in kurzfristigen Sparformen an, um flexibel auf eventuellen Geldbedarf reagieren zu können. Die Nachfrage nach längerfristigen Krediten ist demgegenüber jedoch höher – wer etwa sein Haus finanzieren möchte, ist daran interessiert, das Geld möglichst über mehrere Jahre zu vorher festgelegten Konditionen zur Verfügung zu haben. Den Ausgleich schaffen Kreditinstitute, indem sie die Spareinlagen zusammenfassen und langfristig wieder verleihen. Ein System von Sicherungsinstrumenten im Kreditwesen sorgt dafür, dass die Sparer trotzdem jederzeit an ihr Geld kommen können.

Für Betriebe trifft dieser Sachverhalt ebenfalls zu: Das Unternehmen benötigt einen Investitionskredit mit einer Laufzeit von beispielsweise fünf Jahren, der ihm von einer Bank zur Verfügung gestellt wird. Die Bank verwendet dazu auch kurzfristige Spareinlagen ihrer Kunden und übernimmt dabei das Risiko aus der Fristentransformation. Für das Unternehmen schlägt sich diese Risikoübernahme konkret im Kreditzins nieder: Für das übernommene Risiko kalkuliert die Bank einen Anteil im Kreditzins.

Achtung:

Die genaue Kalkulation der Bank werden Sie als Kunde kaum erfahren. Sie können aber davon ausgehen, dass sich das Risiko des Kreditinstitutes kalkulatorisch auch in allen Zinsen wiederfindet.

Gewinnvergleichsrechnung

Die Gewinnvergleichsrechnung ist ein statisches Verfahren der *Investitionsrechnung*, bei dem die durchschnittlich entstehenden Gewinne miteinander verglichen werden.

Die Gewinnvergleichsrechnung erweitert das Modell der *Kostenvergleichsrechnung* um die Erlöse. Sie berücksichtigt damit Absatz- und Umsatzaspekte. Im Gegensatz zur Kostenvergleichsrechnung kann man mit diesem Verfahren auch Einzelvorhaben ohne direkten Vergleich mit einem anderen Investitionsobjekt beurteilen.

→ Kostenvergleichsrechnung, S. 406

Tipp:

Allerdings sollten Sie eine Investition nicht nur aufgrund von Kosten- und Gewinnhöhe beurteilen, da dieses Verfahren keine Aussagen darüber erlaubt, wie sich das eingesetzte Kapital verzinst. Je nach Unternehmenssituation ist auch nicht immer die Investition die günstigste, die den höchsten Gewinn erzielt.

Goldene Finanzierungsregel

Die Goldene Finanzierungsregel ist eine allgemeinere Form der *Goldenen Bilanzregel.* Sie besagt, dass Kapitalüberlassungsdauer und Kapitalbindungsdauer übereinstimmen sollen.

Kapital darf demzufolge nicht länger in Vermögensteilen gebunden werden als es zur Verfügung steht. Ansonsten besteht die akute Gefahr eines *Fristenrisikos.*

Beispiel:

Haben Sie Verbindlichkeiten, die erst in drei Monaten fällig sind, fließt das Geld auch erst in drei Monaten von Ihrem Konto ab. Diese im Moment vorhandene Liquidität sollte Sie aber nicht dazu verleiten, beispielsweise Material einzukaufen, dass erst in mehr als sechs Monaten zu Umsätzen führen wird. Sie haben dann das für sechs Monate im Material bzw. den unfertigen Erzeugnissen gebundene Kapital kurzfristig durch noch nicht fällige Rechnungen (Verbindlichkeiten aus Lieferungen und Leistungen) finanziert. Für den Materialkauf benötigen Sie noch eine andere Finanzierungsquelle (z. B. einen Kontokorrentkredit).

Da aus der Bilanz keine direkte Zurechnung von Aktiv- und Passivpositionen ersichtlich ist, kann die Einhaltung der goldenen Finanzierungsregel nicht direkt überprüft werden.

Tipp:

Praktische Bedeutung hat die goldene Finanzierungsregel in der Finanzplanung. Hier ist es noch möglich, bei der Entscheidung über die Mittelverwendung, z. B. für Investitionen, die geplanten Finanzierungsquellen zuzuordnen und darauf zu achten, dass die Finanzmittel für den gesamten Zeitraum, in dem sie in den Investitionsgütern gebunden sind, auch zur Verfügung stehen.

Handelskredite

Handelskredite entstehen dann, wenn in den Lieferanten-Kunden-Beziehungen die Waren und Dienstleistungen nicht sofort bezahlt werden müssen, sondern Zahlungsziele gewährt werden.

Die Ware steht dem Käufer bereits zur Verfügung, die Bezahlung erfolgt später. Man spricht hier auch von „Lieferantenkredit“.

Auf indirekte Kapitalkosten achten!

Handelskredite sind in der Regel zinslos. Sie verursachen beim Kreditgeber (dem Lieferanten) jedoch Finanzierungsaufwand, den er über den Preis an den Käufer weitergibt. Damit entstehen dem Käufer indirekt ebenfalls *Kapitalkosten.*

Häufig wird bei Rechnungen mit einem Zahlungsziel (z. B. „zahlbar innerhalb 30 Tage“) gleichzeitig ein *Skonto* eingeräumt. Zahlt der Kunde sofort, kann er das Skonto, z. B. 2 %, vom Rechnungsbetrag abziehen.

Hausse

Hausse ist ein Begriff aus der Börsensprache und bedeutet eine kräftige Aufwärtsbewegung der Kurse.

Kennzeichen ist, dass sich nicht nur einzelne, sondern eine große Breite von Kursen nach oben bewegen. Nicht genau zu unterscheiden ist die Hausse von einer „freundlichen Stimmung" an der Börse. Spekulation in Hausse-Phasen bedeutet, dass man Wertpapiere möglichst zu Beginn der Hausse kauft und sie dann, nach Kurssteigerungen, wieder verkauft („Gewinne mitnehmen"). Das Gegenstück zur Hausse ist die *Baisse.*

Interne Zinsfußmethode

Die interne Zinsfußmethode ist ein Verfahren der dynamischen *Investitionsrechnung.* Sie beruht auf den Grundsätzen der *Kapitalwertmethode.*

Mit ihrer Hilfe wird die Rendite der Investition bestimmt. Man berechnet dabei den Kalkulationszinsfuß, bei dem der Kapitalwert genau Null ergibt. Nach der Interpretation des Kapitalwerts bedeutet das, dass bei einem Kapitalwert von Null die Rendite genau dem Kalkulationszinsfuß entspricht.

Kapitalwertfunktion und interner Zinsfuß

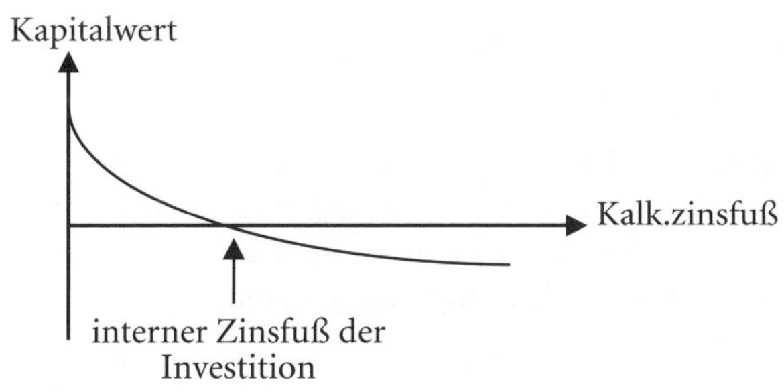

Tipp:

Da die interne Zinsfußmethode von einer Reihe Voraussetzungen ausgeht, die problematisch sein können (u. a. werden im Rechenmodell überschüssige Gelder bis zum Ende der Laufzeit des Investitionsvorhabens mit dem internen Zinsfuß verzinst), sollten Sie auch andere Verfahren in die Entscheidungsfindung einbeziehen. Andererseits können Sie mit der internen Zinsfußmethode die Rentabilität bestimmen, was mit der Kapitalwertmethode nicht möglich ist.

Investitionen

Der Kauf von betriebsnotwendigem Anlagevermögen wie Maschinen, Grundstücke, Büroeinrichtung, Lizenzen und Ähnlichem wird Investition genannt. Allgemeiner gefasst ist eine Investition der Einsatz und damit die Bindung von Kapital für betriebliche Zwecke.

Eine Investition beginnt damit immer mit einer Auszahlung aus dem Unternehmen (für den Kauf des Investitionsguts) und zieht im weiteren Verlauf während seiner Nutzung Einzahlungen nach sich: die Produkte, die mit seiner Hilfe gefertigt wurden, erzielen Umsatz. Dass einzelnen Investitionsgütern später ein Umsatz eindeutig zugeordnet wird, ist allerdings nicht immer möglich.

Beispiel:

Wird für das Vorstandssekretariat ein Kopierer angeschafft, kann man diesem zwar Auszahlungen (den Preis und evtl. spätere Wartungskosten) zuordnen, aber keine Umsätze.

Nicht unter den gängigen Begriff Investition fallen Käufe von *geringwertigen Wirtschaftsgütern.*

Investitionen haben langfristige Folgen

Investitionen binden Kapital immer langfristig und lassen sich oft gar nicht oder nur schwer wieder rückgängig machen. Demzufolge sind bei Investitionsentscheidungen die langfristigen Ziele des Unternehmens nicht aus den Augen zu verlieren.

Tipp:

Neben der Rentabilität von Investitionen („rechnet sie sich?") dürfen Sie auch die Frage der *Liquidität* nicht außer Acht lassen. Sie darf durch die Finanzierung der Investition nicht gefährdet werden.

Investitionsarten

Eine Investition kann notwendig werden, weil ein nicht mehr gebrauchsfähiges Anlagegut ersetzt werden muss (Ersatzinvestition). Oder man investiert, weil man seinen Betrieb oder bestimmte Funktionen erweitern möchte oder muss. Dann spricht man von Erweiterungsinvestitionen.

Beispiele Erweiterungsinvestition:

Für das Rechnungswesen wird eine neue Software angeschafft. Um ein innovatives Produkt zu bauen, benötigt die Fertigung eine Spezialmaschine.

Je nach Investitionsobjekt kann es sich dabei handeln um

- Sachinvestitionen (Grundstücke, Maschinen, Gebäude, Werkstoffe usw.),
- immaterielle Investitionen (Lizenzen, Patente, Forschung und Entwicklung usw.) oder
- Finanzinvestitionen (Wertpapiere, Beteiligungen an anderen Unternehmen).

Für Fragen der *Investitionsrechnung* ist es weiterhin interessant, ob es sich um eine einmalige Investition oder um eine Investition handelt, bei der später neue Zahlungen erforderlich werden (z. B. weil Teile verschleißen und ersetzt werden müssen).

→ Investitionsrechnung, S. 392

Investitionsrechnung

Mithilfe der Investitionsrechnung wird bestimmt, ob eine *Investition* für sich genommen vorteilhaft ist. Auf gleiche Weise kann man ermitteln, welche von mehreren infrage kommenden Investitionen für das Unternehmen den größten Vorteil erbringt.

Weitergehende Verfahren der Investitionsrechnung ermöglichen die Bestimmung der optimalen Nutzungsdauer von einzelnen Investitionsprojekten und die Berechnung des Zeitpunkts, zu dem es wirtschaftlich am sinnvollsten ist, ein bestehendes Investitionsobjekt durch ein neues zu ersetzen.

Annahmen und Grenzen der Investitionsrechnung

Immer eine Modellrechnung

Die Investitionsrechnung ist eine Modellrechnung, die von einer Reihe Annahmen ausgeht, die in der betrieblichen Praxis nicht in dieser reinen Ausprägung gegeben sind. Die wesentlichen Annahmen sind:

- Den einzelnen Investitionsvorhaben lassen sich Auszahlungen (Kosten) und (bei der Mehrzahl der Verfahren) Einzahlungen (z. B. aus Umsatzerlösen) bzw. Gewinne zuordnen.
- Obwohl bis auf den Kauf des Investitionsguts alle weiteren Zahlungen in der Zukunft liegen, geht man davon aus, dass man die Aus- und Einzahlungen mit Sicherheit voraussagen kann.
- Steuerliche Gegebenheiten werden zunächst außer Acht gelassen.
- Kapital steht grundsätzlich unbegrenzt zur Verfügung. Für seine Überlassung müssen jedoch Zinsen gezahlt werden.
- Überschüssiges Kapital kann zu gleichen Konditionen unbegrenzt angelegt werden.

Es gibt zwar auch Verfahren, die die im Geschäftsleben vorhandenen Unsicherheiten mithilfe von Wahrscheinlichkeiten und ähnlichen mathematischen Hilfsmitteln abbilden, doch sind diese Modellrechnungen wiederum hoch kompliziert.

Tipp:

Vermeiden Sie den Fehler, die Ergebnisse einer Investitionsrechnung als absolute Wahrheit zu interpretieren, denn über die oben genannten Annahmen hinausgehend weist sie auch einige Ungenauigkeiten auf. Sie ist also nur ein Hilfsmittel zur Entscheidungsfindung und kann Ihnen die eigentliche Entscheidung nicht abnehmen.

Statische und dynamische Verfahren

Die Standardverfahren der Investitionsrechnung lassen sich in statische und dynamische Verfahren einteilen:

Verfahren der Investitionsrechnung

Statische Verfahren	Dynamische Verfahren
• Kostenvergleichsrechnung • Gewinnvergleichsrechnung • Rentabilitätsvergleichsrechnung • Statische Amortisationsrechnung	• Kapitalwertmethode • Interne Zinsfußmethode • Annuitätenmethode • Dynamische Amortisationsrechnung

Der grundlegende Unterschied zwischen diesen beiden Gruppen von Verfahren besteht darin, dass statische Verfahren Durchschnittswerte für ein Jahr ermitteln und diese Durchschnittswerte als Entscheidungsgrundlage wählen. Dynamische Verfahren hingegen haben Zahlungen als Basis und berücksichtigen deren jeweiligen Zeitpunkt zumindest annähernd.

So werden z. B. bei statischen Berechnungen die durchschnittlichen Kosten pro Jahr ermittelt (alle Kosten, die mit der Investition im Zusammenhang stehen, das sind, vereinfachend, Abschreibungen, Betriebskosten und Kapitalkosten, werden addiert und dann der Durchschnitt berechnet). Dabei wird nicht berücksichtigt, ob womöglich gegen Ende der Nutzung höhere Betriebskosten anfallen, da die Maschine dann stärkeren Verschleiß aufweist.

Bei dynamischen Verfahren spielen hingegen nicht die Kosten eine Rolle, sondern die mit der Investition verbundenen Zahlungen. So gehen in die Berechnung nicht die Abschreibungen ein, sondern die Auszahlung für die Anschaffung der Maschine. Andererseits werden nicht die Gewinne der einzelnen Jahre berücksichtigt, sondern die Umsätze, die zu Zahlungen an das Unternehmen (Einzahlungen) führen. Diese Zahlungen werden mit einem *Kalkulationszinsfuß* auf den Zeitpunkt unmittelbar zu Beginn der Investition abgezinst.

> **Achtung:**
> Jegliche Anwendung der Investitionsrechnungsverfahren setzt voraus, dass man dem Investitionsgut entweder Kosten und Leistungen (statische Verfahren) oder Aus- und Einzahlungen (dynamische Verfahren) zuordnen kann.

Wann welches Verfahren anwenden?

Vor- und Nachteile

Die statischen Verfahren sind einfacher zu handhaben, die dynamischen Verfahren kommen der Wirklichkeit näher.

In allen Fällen, in denen einzelne Investitionsgüter nicht mit Umsätzen, Gewinn und Einzahlungen direkt in Verbindung gebracht werden können, bleibt als einzig sinnvolle Variante die *Kostenvergleichsrechnung*. Je wichtiger die Investition für das Unternehmen ist und je mehr Kapital benötigt wird, umso wichtiger erscheint es, Verfahren der dynamischen Investitionsrechnung anzuwenden.

Kalkulationszinsfuß

Um Zahlungen, die zu unterschiedlichen Terminen in der Zukunft erfolgen, vergleichbar zu machen, müssen sie mit einem Kalkulationszinsfuß auf den betrachteten Tag abgezinst werden. Die Wahl der Höhe dieses Zinsfußes kann entscheidende Bedeutung für das Ergebnis der Betrachtung haben.

Der Kalkulationszinsfuß ist, wie der Name schon sagt, kein Zinssatz, der beispielsweise von einer Bank verlangt wird. Er ist vielmehr eine Kalkulationsgröße, die sich an der erwarteten Rendite der Kapitalgeber orientiert.

Die Höhe des Kalkulationszinsfußes ist abhängig

- von den Alternativen, die ein Kapitalgeber zur Investition (Geldanlage) hat und
- vom Risiko, das mit der Investition verbunden ist.

Kapitalbedarfsplanung

Die Kapitalbedarfsplanung ist ein Bestandteil der langfristigen Finanzplanung. Dabei wird versucht, folgende Frage zu beantworten: „Welche Vermögensgegenstände wird das Unternehmen voraussichtlich brauchen und aus welchen Quellen sollen sie finanziert werden?"

Das Ergebnis der Kapitalbedarfsplanung ist ein so genannter Kapitalbindungsplan. Darin werden im Wesentlichen die finanziellen Folgen langfristig wirkender unternehmenspolitischer Entscheidungen dargestellt.

Aufbau eines Kapitalbindungsplans

Der grundsätzliche Aufbau entspricht dem einer Bilanz. Dabei werden auf der linken Seite die Positionen aufgeführt, für die Kapital verwendet werden soll. Auf der rechten Seite stehen die geplanten Finanzierungsquellen (siehe nächste Seite).

Wie Bilanz aufgebaut

Mit einem Kapitalbindungsplan lässt sich beurteilen, ob sich in der Zukunft Finanzmittelverwendung und Finanzmittelbeschaffung entsprechen, d. h. ob sich das Unternehmen in einem strukturellen finanziellen Gleichgewicht befindet.

Finanzmittelverwendung	Finanzmittelbeschaffung
I. Erhöhung des 1. Anlagevermögens, davon a) Sachanlagen b) Finanzanlagen 2. Umlaufvermögens, davon a) Vorräte und Waren b) Forderungen c) Flüssige Mittel II. Finanzmittelabflüsse durch 1. Rückzahlung von Schulden 2. Rückzahlung von Beteiligungskapital 3. Gewinnausschüttung 4. Gewinnsteuern	I. Erhöhung durch 1. Beteiligungsfinanzierung 2. Rücklagendotierung 3. Kreditfinanzierung 4. Rückstellungen II. Desinvestitionen durch 1. Abschreibungserlöse 2. Verkauf von Gegenständen des Anlagevermögens 3. Verkauf von Gegenständen des Umlaufvermögens

Wovon ist der Kapitalbedarf abhängig?

Hauptkriterium ist der geplante Umsatz. Dieser hat unter anderem Einfluss auf die folgenden Bereiche:

Auf CD-ROM

Checkliste Kapitalbedarf

- geplantes Investitionsvolumen
- Höhe der Finanzanlagen
- Veränderungen im Umlaufvermögen
- Volumen weiterer Finanzmittelabflüsse

Für die Höhe des Kapitalbedarfs sind externe und interne Faktoren ausschlaggebend. Externe Faktoren wirken von außen auf den Betrieb ein. Sie können kaum oder auch gar nicht vom Unternehmen beeinflusst werden. Sie müssen jedoch genauestens beobachtet werden, um rechtzeitig reagieren zu können. Zu den externen Bestimmungsfaktoren des Kapitalbedarfs zählen beispielsweise:

- die Struktur und die Entwicklung der Absatz- und Beschaffungsmärkte,
- das Preisniveau,
- staatliche Beschränkungen,
- Veränderungen der Produktionstechnologie.

Externe Bestimmungsfaktoren: Märkte, Gesetze, Technologie

Interne Faktoren, die zumindest teilweise im Einflussbereich des Unternehmens liegen, können beispielsweise sein:

Interne Bestimmungsfaktoren für den Kapitalbedarf

- **Betriebsgröße:** Eine Änderung der Betriebsgröße bewirkt i. d. R. keine proportionale Änderung des Kapitalbedarfs. Kapazitätserweiterungen haben oftmals einen sprunghaften Anstieg des Kapitalbedarfs zur Folge. Andererseits führt die Verringerung der vorhandenen Kapazität nicht zwingend zu einem entsprechend reduzierten Kapitalbedarf.
- **Prozessanordnung:** Ein effizienter technischer und organisatorischer Unternehmensaufbau von der Beschaffung über die Fertigung bis zum Absatz senkt den Kapitalbedarf.
- **Prozessgeschwindigkeit:** Sie beeinflusst die Länge der Kapitalbindung und somit auch die Höhe des Kapitalbedarfs. So geht der Kapitalbedarf bei gleicher Prozessanordnung und zunehmender Prozessgeschwindigkeit zurück.
- **Beschäftigungsniveau:** Unternehmen mit einem gleichmäßigen Beschäftigungsgrad besitzen in der Regel einen geringeren Kapitalbedarf als Unternehmen mit einem unregelmäßigen Beschäftigungsgrad.
- **Produktionsprogramm:** Das Produktionsprogramm beeinflusst den Kapitalbedarf für Forschung und Entwicklung, Produktionsumstellungen, Vorratshaltung etc. wesentlich. Mit zunehmender Marktstabilität nimmt der für die Produkte erforderliche Kapitalbedarf ab.

Tipp:

Verfügt ein Unternehmen über genügend Finanzmittel oder kann es diese beschaffen, gibt es für die finanzielle Führung keine besonderen Probleme, da dann alle vorgesehenen Anschaffungen realisiert werden können. Bestehen hingegen Finanzierungsengpässe, müssen Sie Einschränkungen vornehmen – was gleichzeitig bedeutet, dass Ihnen klar sein muss, wo Sie die entsprechenden Prioritäten setzen.

Kapitalerhöhung

Die Kapitalerhöhung ist die Zuführung von Eigenkapital in ein bestehendes Unternehmen; auf welche Art sie geschieht, hängt von der Rechtsform des Unternehmens ab.

Bei Einzelunternehmen und Personengesellschaften erfolgt eine Kapitalerhöhung durch die Einzahlung von zusätzlichen Eigenkapitalanteilen oder die Aufnahme neuer Gesellschafter. Das Gleiche gilt für die GmbH. Bei Aktiengesellschaften ist die Kapitalerhöhung im Aktiengesetz reglementiert und erfolgt nach bestimmten Kriterien.

Gründe für Kapitalerhöhungen

Kapitalerhöhungen können zum einen aus rechtlichen, zum anderen aus wirtschaftlichen Gründen notwendig sein.

Rechtliche Gründe treten dann auf, wenn sich die Rechtsform des Unternehmens ändert:

- Bei Personengesellschaften bestehen nach deutschem Recht keine Mindestanforderungen für die Eigenkapitalausstattung. Die Begründung liegt vor allem darin, dass immer mindestens ein Gesellschafter vorhanden ist, der mit seinem Privatvermögen haftet.
- Ganz anders bei Kapitalgesellschaften: Eine GmbH muss ein Stammkapital von mindestens 25.000 € und eine AG ein Grundkapital oder gezeichnetes Kapital von mindestens 50.000 € ausweisen. Soll also eine Personengesellschaft in eine Kapitalgesellschaft oder eine GmbH in eine AG umgewandelt werden, ist unter Umständen eine vorherige Kapitalerhöhung nötig.

Die wirtschaftlichen Gründe können vielfältiger Natur sein. Insbesondere wären zu nennen:

Wirtschaftliche Gründe für eine Kapitalerhöhung

- Erweiterung der Geschäftstätigkeit,
- Finanzierung einer großen Investition ohne Kredite,
- Finanzierung von Unternehmenszusammenschlüssen,
- Verbesserung der Bonität durch Erhöhung der Eigenkapitalquote resp. Senkung des Verschuldungsgrads (vgl. *Kapitalstrukturanalyse*, S. 347).

Tipp:

Mit wachsendem Verschuldungsgrad steigt die Abhängigkeit von externen Kapitalgebern. Durch eine Kapitalerhöhung lassen sich finanzielle Stabilität und Rating verbessern. Dies wiederum führt zu niedrigeren Fremdkapitalkosten.

Kapitalerhöhung bei der GmbH

Zuführung von zusätzlichem Eigenkapital

Eine GmbH verfügt über ein im Gesellschaftsvertrag nominell festgelegtes Stammkapital (oder gezeichnetes Kapital), welches von den Gesellschaftern entsprechend ihrer jeweiligen Anteile an der Gesellschaft als Stammeinlage zu leisten ist. Diese Einlage kann sowohl bei der Neugründung als auch bei zukünftigen Kapitalerhöhungen in Form von Geld- oder Sacheinlagen erfolgen.

Soll nun eine Kapitalerhöhung durch Zufluss von neuen Mitteln von außen durchgeführt werden, können entweder die einzelnen Anteile der Gesellschafter erhöht oder es können neue Gesellschafter aufgenommen werden. Beide Vorgehensweisen setzen sowohl eine Änderung des Gesellschaftsvertrags durch einen formellen Gesellschafterbeschluss mit Dreiviertel-Mehrheit sowie eine Eintragung ins Handelsregister voraus.

Ohne Zuführung von zusätzlichem Eigenkapital

Das gezeichnete Kapital einer Gesellschaft kann aber auch durch interne Eigenfinanzierung (*Innenfinanzierung*) erhöht werden. Durch einbehaltene bzw. thesaurierte Gewinne werden Gewinnrücklagen gebildet. Bei Bedarf können diese Rücklagen in gezeichnetes Kapital umgewandelt und entsprechend den bestehenden Anteilen auf die Gesellschafter verteilt werden.

Achtung:
In diesem Fall erhöht sich lediglich das gezeichnete Kapital, das gesamte wirtschaftlich zur Verfügung stehende Eigenkapital verändert sich nicht. Die Erhöhung ist bereits früher, mit der Einbehaltung von Gewinnen, eingetreten.

Kapitalerhöhung bei der Aktiengesellschaft

Kapitalerhöhungen bei Aktiengesellschaften haben zur Folge, dass die Anteile der bisherigen Aktionäre „verwässert" werden.

Verwässerungseffekt

Beispiel:

Wenn das gezeichnete Kapital einer Aktiengesellschaft bisher auf 100 Aktionäre gleichmäßig aufgeteilt war, besaß jeder von ihnen 1 % des Unternehmens. Eine Kapitalerhöhung um 20 % des bisherigen Kapitals hätte zur Folge, dass die Altaktionäre nun zusammen nur noch 80 % des Unternehmens besitzen. Die restlichen 20 % gehören den neuen Aktionären. Das hat folgende Auswirkungen:

- Der absolute Wert des Vermögens der Altaktionäre hat sich nicht geändert, haben die neuen Aktionäre doch auch frisches Kapital in das Unternehmen eingebracht.
- Der relative Anteil am Unternehmen und damit auch die mögliche Einflussnahme haben sich aber auf 80 % reduziert.

Damit Altaktionäre bei Kapitalerhöhungen nicht benachteiligt werden, steht ihnen grundsätzlich ein gesetzliches Bezugsrecht auf neue Aktien zu. Dieses Bezugsrecht können sie ausüben, aber auch separat verkaufen.

Grundsätzlich können vier Formen der aktienrechtlichen Kapitalerhöhung unterschieden werden:

Form der Kapitalerhöhung	Gesetzliche Regelung, Kennzeichen
Ordentliche Kapitalerhöhung	§§ 182-191 AktG; Normalform der Kapitalerhöhung
Bedingte Kapitalerhöhung	§§ 192-201 AktG; zweckgebundene Erhöhung des gezeichneten Kapitals
Genehmigte Kapitalerhöhung	§§ 202-206 AktG; Vollmacht der Hauptversammlung für spätere Erhöhung
Kapitalerhöhung aus Gesellschaftsmitteln	§§ 207-220 AktG; Umbuchung aus der Gewinnrücklage, keine Zuführung von zusätzlichem Eigenkapital

Kapitalherabsetzung

Kapitalherabsetzung ist die Verminderung des Eigenkapitals von Unternehmen.

Bei Einzelfirmen und Personengesellschaften erfolgt die Kapitalherabsetzung im Wesentlichen durch Entnahmen, bei Kapitalgesellschaften (GmbH und AG) ist die Kapitalherabsetzung gesetzlich geregelt.

Meist sind es folgende Gründe, warum eine Kapitalherabsetzung erfolgt:

- Entnahmen durch Gesellschafter
- Ausscheiden von Gesellschaftern
- Verminderung des Kapitalbedarfs eines Unternehmens
- Sanierung des Unternehmens

Kapitalherabsetzung bei Kapitalgesellschaften

Erfolgt die Kapitalherabsetzung zur Sanierung des Unternehmens (vereinfachte Kapitalherabsetzung), sind keine besonderen Vorschriften zum Gläubigerschutz zu beachten. Hier geht es nur darum, buchmäßig nachzuvollziehen, was in der Vergangenheit bereits geschehen ist. In der Regel hat das Unternehmen einen so hohen Verlust erwirtschaftet, dass es diesen nicht mehr durch das Auflösen von Rücklagen auffangen kann, sodass letztlich keine andere Möglichkeit bleibt, als das gezeichnete Kapital zu reduzieren. Sanierung

In allen anderen Fällen wird Kapital an die Eigentümer zurückgezahlt. Das führt zu einer Reduzierung des Eigenkapitals und damit (relativ) zu einer Verschlechterung der Position der Gläubiger.

Beispiel Kapitalherabsetzung:

In einem Unternehmen soll bisher folgende Kapitalsituation gegolten haben: Gezeichnetes Kapital 1 Mio. €, Fremdkapital: 4 Mio. €. Damit betrug die Eigenkapitalquote 20 %. Wird nun das Eigenkapital um die Hälfte herabgesetzt, beträgt die Eigenkapitalquote nur noch 10 %. Die Haftungsmasse wurde zu Lasten der Gläubiger (Fremdkapitalgeber) reduziert.

Gläubigerschutz tritt ein

Da eine solche „ordentliche Kapitalherabsetzung“ die Position der Gläubiger schädigt, müssen diese der Herabsetzung entweder zustimmen oder ausgezahlt werden.

Auf CD-ROM

Checkliste: Kapitalherabsetzung bei einer AG

- Die Kapitalherabsetzung muss durch eine Dreiviertel-Mehrheit der Hauptversammlung beschlossen werden. Verfügt ein Unternehmen über mehrere Aktiengattungen, dann ist für jede Gattung ein separater Beschluss zu fassen. In dem Beschluss ist festzuhalten, zu welchem Zweck die Kapitalherabsetzung durchgeführt wird.
- Der Beschluss muss dann zur Eintragung in das Handelsregister angemeldet werden. Ist die Eintragung erfolgt, gilt das gezeichnete Kapital als herabgesetzt.
- Nach Bekanntmachung des Beschlusses und der Eintragung ins Handelsregister haben die Gläubiger sechs Monate Zeit, sich zu melden, um Befriedigung oder Sicherung ihres jeweiligen Anspruchs zu verlangen.
- Auszahlungen an die Aktionäre aus der durchgeführten Kapitalherabsetzung dürfen erst nach Ablauf von sechs Monaten seit Bekanntmachung des Eintrags geleistet werden. Darüber hinaus muss den Gläubigern, die innerhalb dieser Frist ihre Ansprüche gemeldet haben, Befriedigung oder Sicherheit gewährt worden sein.

Kapitalkosten

Auch: Finanzierungskosten

Kapitalkosten sind die Aufwendungen, die erbracht werden müssen, um finanzielle Mittel in Anspruch nehmen zu können.

Kapital gibt es nicht umsonst. Jeder, der einem Unternehmen Kapital zur Verfügung stellt, möchte dafür eine „Belohnung“ haben. Gibt er dem Unternehmen einen Kredit, erhält er dafür Zinsen. Beteiligt er sich am Unternehmen, stellt er also Eigenkapital zur Verfügung, steht ihm ein Anteil am Gewinn zu. Diese Kosten müssen im Unternehmen erwirtschaftet werden.

Kapitalkosten für Eigenkapital

Eigenkapitalgeber werden durch die Beteiligung am Unternehmen per Definition (Mit-) Eigentümer des Unternehmens. Das *Eigenkapital* wird dem Unternehmen in der Regel zinslos zur Verfügung gestellt. Demnach fallen keine laufenden Zinszahlungen an.

→ Eigenkapital, S. 153

Worin besteht also die „Belohnung" für die Beteiligung am Unternehmen? – Der Unternehmer möchte einen Gewinn erwirtschaften.

Nur wenn dieser Gewinn größer ist als andere Alternativen für seine Kapitalanlage, wird er (bei wirtschaftlicher Vernunft) sein Geld in das Unternehmen stecken. Welche Rendite er erwirtschaften möchte, hängt auch von dem dabei einzugehenden Risiko ab. Immerhin kann er sein gesamtes eingesetztes Kapital auch verlieren.

Das Unternehmen muss also einen Gewinn erwirtschaften, der so hoch ist, dass Eigenkapitalgeber eine angemessene Rendite erhalten. Die Zielrendite orientiert sich am *Kalkulationszinsfuß* des Investors.

Tipp Steuern:

An die Eigenkapitalgeber kann nur der Gewinn ausgeschüttet werden, der dem Unternehmen nach Abzug der Ertragssteuern (Gewerbesteuer, Körperschaftssteuer) verbleibt. Demzufolge muss der Gewinn so hoch sein, dass auch nach Abzug von Steuern im Unternehmen dem Investor eine angemessene Rendite verbleibt.

Die Kapitalkosten für Eigenkapital sind *kalkulatorische Kosten.*

→ Kalkulatorische Kosten, S. 281

Kapitalkosten für Fremdkapital

Bei Fremdkapital, das in Form von Krediten zur Verfügung gestellt wird, sind die Kapitalkosten die vereinbarten Kreditzinsen. Diese sind Betriebsaufwand und vermindern damit die Steuerbemessungsgrundlage.

Für Fremdkapital in Form von *Handelskrediten* werden keine Zinsen berechnet. Damit fallen auch keine direkten Kapitalkosten an. Da die Lieferanten jedoch ihre eigenen Finanzierungskosten für den Zeitraum bis zur Bezahlung der Rechnung in ihre Preise einkalkulieren, erhöht dieser Anteil die Kosten für den Käufer (der Preis der bezogenen Waren oder Dienstleistungen ist höher).

Dieser Teil der Kapitalkosten ist nicht direkt abgrenzbar, aber trotzdem wirtschaftlich zu spüren.

Einmalige und laufende Kapitalkosten

Einmalige Kapitalkosten fallen mit Beginn oder Ende der Finanzierung an. Laufende Kosten entstehen während der Nutzung des Kapitals.

Beispiele:

Einmalige Kapitalkosten:

- Provisionen
- Bearbeitungsgebühren
- Disagio
- Emissionskosten
- Kosten, die mit der Bereitstellung von Sicherheiten entstehen
- Vorfälligkeitsentschädigungen bei vorzeitiger Rückzahlung

Laufende Kapitalkosten:

- Zinsen
- Gewinnausschüttungen
- Überziehungsprovisionen
- Bereitstellungsprovisionen
- Technische Kosten für Couponeinlösung, Publizitätsaufwendungen, Kurspflege usw.

Kapitalwertmethode

Die Kapitalwertmethode ist ein dynamisches Verfahren der *Investitionsrechnung*. Dabei werden die mit einer Investition verbundenen Zahlungen mit einem *Kalkulationszinsfuß* auf den Zeitpunkt t_0 unmittelbar zu Beginn der Investition abgezinst.

Mit dem Kapitalwert kann man die Vorteilhaftigkeit einer Investition für sich oder auch im Vergleich mit anderen Investitionen bestimmen.

Basis für die Anwendung dieser Methode ist eine Zahlungsreihe, die die Investition darstellt.

Beispiel Zahlungsreihe:

Ein Investitionsgut soll 1 Mio. € kosten. Im ersten Jahr werden diesem Investitionsgut Kosten von 500.000 € zugeordnet und damit zahlungswirksame Umsätze von 1.180.000 € erzielt. So kommt es zu einem Einzahlungsüberschuss, der 680.000 € beträgt. Im zweiten Jahr beträgt der Einzahlungsüberschuss 560.000 €. Die Nutzungsdauer des Investitionsguts soll lediglich diese beiden Jahre betragen, einen Restwert, zu dem das Gut verkauft werden könnte, gibt es nicht. Damit hat die Investition folgende Zahlungsreihe:

Jahr t_0	t_1	t_2
- 1.000.000 €	+ 680.000 €	+ 560.000 €

Jede einzelne dieser Zahlungen (aus der Zahlungsreihe) wird mit dem gewählten Kalkulationszinsfuß abgezinst.

Die Summe der abgezinsten Zahlungen ist der Kapitalwert. Im obigen Beispiel beträgt er bei einem Kalkulationszinsfuß von 10 %:

$$\text{Kapitalwert} = -1000 + \frac{680}{1{,}1} + \frac{560}{1{,}1^2} = +81$$

Der Kapitalwert ist also positiv, die Investition sinnvoll.

Interpretation des Kapitalwerts

Der Kapitalwert ist (unter den genannten Modellvoraussetzungen) ein zuverlässiger Wert, mit dem man die Vorteilhaftigkeit von Investitionen beurteilen kann. Unabhängig von der geplanten Nutzungsdauer ist immer das Vorhaben am sinnvollsten, das bei einem gegebenen Kalkulationszinsfuß den höchsten Kapitalwert ausweist.

Was sagt der Kapitalwert nun aber aus?

- **Positiver Kapitalwert:** Das Vorhaben hat eine höhere Rendite, als der Kalkulationszinsfuß. In obigem Beispiel ist die Rendite also größer als 10 %.
- **Kapitalwert = 0:** Die Rendite des Vorhabens entspricht genau dem Kalkulationszinsfuß.
- **Negativer Kapitalwert:** Die Rendite des Vorhabens ist geringer als der Kalkulationszinsfuß. Sie ist allerdings immer noch positiv, solange die Summe der Zahlungsreihe, die der Berechnung zugrunde liegt, nicht negativ ist.

Tipp:

Der Kapitalwert ist abhängig vom gewählten Kalkulationszinsfuß. Je höher Sie die Mindestverzinsung (in Form des Kalkulationszinsfußes) bestimmen, umso eher wird eine Investition einen negativen Kapitalwert ausweisen.

Kostenvergleichsrechnung

Die Kostenvergleichsrechnung ist ein statisches Verfahren der *Investitionsrechnung*, bei dem die durchschnittlich anfallenden Kosten – etwa von verschiedenen Investitionsalternativen – miteinander verglichen werden. Die Alternative mit den geringsten Kosten ist demnach die günstigste. Allerdings ist die Aussagekraft der Kostenvergleichsrechnung begrenzt.

In der Methode selbst liegt ihr größter Nachteil begründet: Sie betrachtet nur eine Seite einer Investition, nämlich die Kosten. Es sind also nur Aussagen darüber möglich, welche Investitionsalternative zur geringsten Kostensteigerung führt. Vollständig unberücksichtigt bleibt die Frage, mit welcher Alternative ein höherer Umsatz und mehr Gewinn erzielt werden kann. Wenn zu Gewinn, Umsatz oder Rentabilität jedoch keine Aussagen gemacht werden können, bleibt die Kostenvergleichsrechnung die einzige Alternative.

Tipp:

Die Kostenvergleichsrechnung sollten Sie nur anwenden, wenn Sie zwei oder mehr Alternativen miteinander vergleichen wollen. Bei der Berechnung lediglich eines Investitionsvorhabens fehlt naturgemäß die Vergleichsmöglichkeit. Aus der Kostenhöhe einer Investition allein können Sie so gut wie keine Informationen über deren Vorteilhaftigkeit ableiten.

Kreditwürdigkeit

Kreditwürdigkeit ist die grundlegende Voraussetzung, um einen Kredit zu bekommen. Die Prüfung der Kreditwürdigkeit ist Aufgabe des Kreditgebers, also in der Regel der Bank.

Kreditwürdig sind Personen oder Unternehmen, die so eingeschätzt werden, dass sie die persönliche und sachliche Fähigkeit, aber auch den Willen besitzen, den Verpflichtungen aus einem Kreditgeschäft in der vereinbarten Höhe und zu den vereinbarten Zeitpunkten nachzukommen. Die Kreditwürdigkeit beschreibt damit die zentrale Grundlage aller Kreditverhältnisse, nämlich das Vertrauen in die persönliche Integrität und die finanzielle Stabilität eines Kreditnehmers.

Kreditfähigkeit

Unabhängig von der Kreditwürdigkeit setzt die Gewährung eines Kredits die Kreditfähigkeit des Kreditsuchenden voraus. Darunter ist die Fähigkeit des Kreditnehmers zu verstehen, rechtsgültig Kreditverträge abschließen, d. h. sich in rechtswirksamer Weise gegenüber dem Kreditinstitut verpflichten zu können.

Kreditfähig sind

- voll geschäftsfähige natürliche Personen (also z. B. keine Minderjährigen),
- juristische Personen des privaten (AG, GmbH) und öffentlichen Rechts (Körperschaften, Anstalten) und
- Personengesellschaften.

Juristische Personen besitzen kraft Gesetzes die Fähigkeit, selbständig Rechte zu erwerben und Verpflichtungen einzugehen. Zur Beurteilung der Kreditfähigkeit einer juristischen Person muss die Bank prüfen, wer in welchem Umfang die Institution rechtswirksam vertreten kann, also zur Kreditaufnahme rechtlich oder vertraglich befugt ist.

Persönliche und materielle Faktoren entscheiden

Kreditwürdigkeit wird unter zwei Aspekten gesehen, nämlich unter persönlichen Gesichtspunkten und unter dem Gesichtspunkt der wirtschaftlichen Lage.

Beispiel:

Herr X hat eine Ein-Mann-Firma gegründet und möchte einen Kredit aufnehmen. Seiner Hausbank ist er bisher dadurch aufgefallen, dass er mehrfach ungedeckte Schecks eingereicht, Unterlagen nur schleppend beigebracht und Vereinbarungen nicht eingehalten hat. Obwohl er angeblich wegen drängender Aufträge einen Banktermin nicht wahrnehmen konnte, traf ihn sein Bankbetreuer zufällig beim Abflug eines Urlaubsfliegers nach Mallorca. Diese Verhaltensweisen lassen vermuten, dass Herr X, auch wenn er wirtschaftlich dazu in der Lage wäre, nicht zuverlässig seine Verpflichtungen aus dem Kreditvertrag einhalten wird.

Checkliste: Persönliche Kreditwürdigkeit
- bisherige Zahlungsmoral
- Einhalten von Vereinbarungen
- geschäftliche bzw. berufliche Qualifikation
- Glaubwürdigkeit
- Charakterbild
- Zuverlässigkeit
- Alter u. a. m.

Auf CD-ROM

Die Kriterien, die bei der persönlichen Kreditwürdigkeit angelegt werden, lassen sicherlich immer wieder subjektive Bemessensspielräume zu. Da es sich bei einem Kreditverhältnis um ein Vertrauensverhältnis handelt, kommt ihnen trotzdem große Bedeutung zu.

Wirtschaftliche Lage

Die materielle Kreditwürdigkeit beruht auf der wirtschaftlichen Leistungsfähigkeit und den vorliegenden wirtschaftlichen Verhältnissen des Kreditnehmers. Sie ist dann gegeben, wenn aufgrund der Einkommens- und Vermögensstruktur bei privaten Haushalten oder der Ertrags-, Vermögens- und Finanzlage bei Unternehmen die Zins- und Tilgungsleistungen für die gesamte Laufzeit gewährleistet erscheinen.

Welche Rolle Kreditsicherheiten spielen

Da sich trotz einer Kreditwürdigkeitsprüfung das Kreditrisiko nicht vollständig ausschließen lässt, verlangen Banken die Bereitstellung von Sicherheiten. Durch Sicherheiten wird das Kreditrisiko auf den Kreditnehmer selbst (z. B. Grundschuld) oder auf Dritte (z. B. Bürgschaft) abgewälzt.

Die Bonität zählt letztlich mehr

Die Kredite sollen aber nicht aus den gestellten Sicherheiten, sondern aus den Zahlungsüberschüssen des Schuldners zurückgezahlt werden. Dementsprechend kommt der Bonität des Kreditnehmers im Kreditgeschäft das Hauptaugenmerk zu, während die Sicherheiten lediglich den Charakter einer „zweiten Verteidigungslinie“ besitzen, auf die erst dann zurückgegriffen wird, wenn der Kreditnehmer den Vertrag nicht vereinbarungsgemäß erfüllt.

Leasing

Unter Leasing versteht man ein miet- oder pachtähnliches Vertragsverhältnis. Es wird über einen vorher festgelegten Zeitraum abgeschlossen und stellt eine Sonderform der *Finanzierung* dar.

Die Möglichkeiten der Vertragsgestaltung sind sehr vielfältig, jedoch ist das Grundgeschäft immer das gleiche: Eine Leasinggesellschaft (Leasinggeber) kauft ein Wirtschaftsgut (z. B. ein Auto, eine Maschine, eine Immobilie ...) und stellt es einem Nutzer (Leasingnehmer) zur Verfügung, der dafür eine Leasingrate zahlt. Am Ende der Vertragslaufzeit besteht zumeist ein Wahlrecht, ob der Leasingnehmer das Leasinggut übernimmt oder an den Leasinggeber zurückgibt.

Zuordnung des Leasingguts

Für steuerliche Betrachtung entscheidend

Entscheidend insbesondere für die steuerliche Betrachtung ist, ob dem Leasinggeber oder -nehmer das Leasinggut zugeordnet wird. Diese Zuordnung regeln die so genannten Leasingerlasse des Bundesfinanzministeriums. Typischerweise wird der Leasingvertrag so gestaltet, dass der Leasinggeber nicht nur rechtlicher Eigentümer laut Vertrag bleibt, sondern auch der wirtschaftliche Eigentümer.

Tipp:

Die regelmäßigen Leasingraten sind in diesem Fall für den Leasinggeber Betriebseinnahmen, für den Leasingnehmer abzugsfähige Betriebsausgaben.

Abweichend vom Leasinggeber als zivilrechtlichem Eigentümer und gegen den erklärten Willen der Vertragspartner rechnet das Finanzamt das wirtschaftliche Eigentum dem Leasingnehmer in folgenden Fällen zu:

Leasingnehmer wird zum Eigentümer

- bei einer Grundmietzeit unter 40 % oder größer als 90 % der Nutzungsdauer,
- bei wesentlich kürzerer Grundmietzeit als die betriebsgewöhnliche Nutzungsdauer, einer vereinbarten Verlängerungs- oder

Kaufoption und wenn die Ausübung der Option für den Leasingnehmer wesentlich vorteilhafter ist,

- beim Spezialleasing, d. h. wenn nur dieser eine Leasingnehmer das Wirtschaftsgut sinnvoll nutzen kann. Grundmietzeit, betriebsgewöhnliche Nutzungsdauer und eventuelle Optionen sind in diesem Fall unerheblich.

Beispiel Spezialleasing:

Eine Sprinkleranlage, die ausschließlich nach den betrieblichen Erfordernissen des Leasingnehmers installiert wurde.

In diesen Fällen erkennt das Finanzamt den Leasingvertrag nicht als solchen an, sondern deutet ihn als Darlehensvertrag um. Der Leasingnehmer wird dadurch zum wirtschaftlichen Eigentümer und hat das Leasinggut in seiner Bilanz auszuweisen.

Folge: Umdeutung zum Darlehensvertrag

Welchen Nutzen Leasing hat

Als Vorteile des Leasings gegenüber dem Kauf sind zu nennen:

Vorteile gegenüber Kauf

- Die Zahlung der Leasingraten schont die Liquidität des Unternehmens und kann aus den laufenden Erträgen aus dem Leasinggut bezahlt werden.
- Die Kreditlinie der Hausbank wird durch das Leasing nicht zusätzlich belastet.
- Die Risiken von Fehlinvestitionen verringern sich, wenn der Leasinggegenstand unter Abschluss eines neuen Vertrags umgetauscht werden kann.
- Das Unternehmen kann in die jeweils neueste Technik investieren, ohne eine Restverwertung der alten Anlage zu riskieren.
- Weiterhin können sich für den Leasingnehmer steuerliche Vorteile ergeben. Leasingraten sind in der Regel höher als die anteiligen Abschreibungen, da dem Leasing nicht die Nutzungsdauer (Abschreibungsdauer), sondern die regelmäßig kürzere Grundmietzeit zugrunde liegt.

Steuerlicher Vorteil

- Leasing (im Gegensatz zu Kauf) verbessert kurz- und gegebenenfalls mittelfristig die Liquidität.

Nachteile von Leasing

Diesen Vorteilen stehen auch Nachteile gegenüber, vor allem der, dass die Kosten relativ hoch sind. In die Leasingraten hat der Leasinggeber nicht nur all seine Kosten – die der Leasingnehmer bei einer Kreditfinanzierung ebenfalls hätte –, sondern auch einen Gewinnanteil einkalkuliert.

Tipp:

Die Frage, ob Sie ein Wirtschaftsgut kaufen und (teilweise) mit einem Kredit finanzieren, ob sie es leasen oder auf unbestimmte Zeit mieten sollten, lässt sich nicht pauschal beantworten. Hier ist im Vorfeld eine genaue Analyse, am besten zusammen mit dem Steuerberater, ratsam.

Verbleib des Leasingguts

Das Leasinggut wird immer nur für einen begrenzten Zeitraum geleast. Im Anschluss gibt es grundsätzlich drei Möglichkeiten. Diese finden sich beispielhaft in dem folgenden Vertragstext:

Textbausteine Leasingvertrag: Vertragsende

Beispiel für Alternativen zum Vertragsende:

1. Der Leasingvertrag wird über die Dauer von vier Jahren fest abgeschlossen. Während dieser Zeit ist eine Kündigung durch den Leasingnehmer ausgeschlossen. Nach Ablauf der Grundvertragsdauer hat der Leasingnehmer auf seine Kosten und Gefahr das Leasingobjekt unverzüglich an den vom Leasinggeber bestimmten Ort transportversichert zurückzuliefern (Rückgabe).
2. Der Leasingnehmer hat das Recht, das Leasingobjekt nach Ablauf der Grundvertragsdauer zu kaufen. Der Kaufpreis entspricht dem Buchwert des Leasingobjekts am Ende der Grundvertragsdauer, der sich unter Anwendung der linearen AfA nach der amtlichen AfA-Tabelle ergibt (Kaufoption).
3. Der Leasingnehmer hat das Recht, den Leasingvertrag nach Ablauf der Grundvertragsdauer darüber hinaus zu verlängern. Die Anschlussraten müssen den Werteverzehr decken, der sich auf Basis des unter Berücksichtigung der linearen AfA nach der amtlichen AfA-Tabelle ermittelten Buchwerts und der Restnutzungsdauer ergibt (Verlängerungsoption).

Ob am Ende der Laufzeit bei der Übernahme eine Restzahlung zu leisten ist oder ob das Leasinggut ohne weitere Zahlung in das Eigentum des Leasingnehmers übergeht, hängt davon ab, in welcher Höhe die Abschreibung in die Leasingraten einkalkuliert war. Hier gibt es zwei Varianten der Vertragsausgestaltung:

Restwert muss bezahlt werden

- Beim **Teilamortisationsleasing** sind die Anschaffungskosten nicht durch die Leasingraten gedeckt. Für den Leasingnehmer haben diese Verträge den Vorteil relativ niedriger Leasingraten. Sie sind besonders dann angebracht, wenn Kosten- und Ertragsverläufe aufgrund hoher Restwertvereinbarung eine Vollamortisation nicht zulassen oder eine Vertragsverlängerung nach Ablauf des Grundvertrags sinnvoll erscheint. Will der Leasingnehmer das Wirtschaftsgut am Ende der Grundmietzeit erwerben, muss er den Restwert bezahlen.

Keine Schlusszahlung mehr nötig

- Beim **Vollamortisationsvertrag** erbringt der Leasingnehmer durch die Zahlung seiner Leasingraten alle vom Leasinggeber aufgewandten Anschaffungs-, Finanzierungs- und Nebenkosten. Der Leasingnehmer kann am Ende der Grundmietzeit das Wirtschaftsgut ohne weitere Zahlung übernehmen.

Leverage-Effekt

Der Leverage-Effekt besagt, dass bei Vorliegen bestimmter Voraussetzungen die Rentabilität des eingesetzten Eigenkapitals überproportional erhöht werden kann, wenn ein Teil der Investitionen durch Fremdkapital finanziert, das heißt, der Verschuldungsgrad erhöht wird.

Entscheidungen über die *Finanzierung* von Unternehmen sind im Wesentlichen von drei Aspekten abhängig:

→ Finanzierung, S. 379

Entscheidungsfaktoren Rendite und Zinsen

- Wie hoch ist die Rentabilität des Unternehmens, in das investiert werden soll (erwartete Eigenkapitalrentabilität)?
- Wie hoch sind die Zinsen für Fremdkapital?
- Wie hoch ist die erwartete Rendite bei einer anderen möglichen Investition?

Ist nun die Rentabilität des Unternehmens höher als der Zins, der zur Aufnahme von Fremdkapital zu zahlen ist, ist es sinnvoll, Investitionen mit Krediten zu finanzieren.

Beispiel:

Angenommen, ein Unternehmen hat eine *Gesamtkapitalrentabilität* von 10 % und der Zins für aufzunehmende Kredite beträgt 6 %. In diesem Fall ist es sinnvoll, möglichst viel Kredit aufzunehmen. Warum? Für das Kapital sind 6 % Zinsen zu zahlen, aber es werden 10 % Rendite erwirtschaftet. Diese Differenz von 4 % erhöht den Gewinn und steht den Eigenkapitalgebern zu.

Das bedeutet: Die Finanzierung von Investitionen mit Fremdkapital erhöht die Eigenkapitalrentabilität, sofern die Investitionen eine Gesamtrentabilität erwirtschaften, die über den zu zahlenden Fremdkapitalzinsen liegt. Dieser Effekt wird als Leverage-Effekt bezeichnet. Die zunehmende Verschuldung des Unternehmens durch den Einsatz von Fremdkapital wirkt wie ein Hebel auf die Rentabilität des eingesetzten Eigenkapitals.

Optimaler Verschuldungsgrad

Daraus wäre der Schluss zu ziehen, die Finanzierung des Unternehmens mit einem möglichst hohen Fremdkapitalanteil durchzuführen. Nun ist davon auszugehen, dass Kreditinstitute mit steigendem Verschuldungsgrad für sich ein höheres Risiko erkennen und deshalb die Zinsen anpassen, sprich erhöhen. Ist das der Fall, lässt sich rein rechnerisch ein Optimum für die Verschuldung bestimmen.

Achtung:

Geht man davon aus, dass die Fremdkapitalkosten (weitestgehend) unabhängig vom Verschuldungsgrad sind, gibt es ein solches Optimum, d. h. eine optimale Relation zwischen eingesetztem Eigenkapital und eingesetztem Fremdkapital, nicht.

Tipp:

Letztlich wird ein optimaler Verschuldungsgrad in der Praxis jedoch schon deswegen nicht möglich sein, weil die Banken eine bestimmte Eigenkapitalquote verlangen und ansonsten nicht bereit sind, zusätzliche Fremdmittel zur Verfügung zu stellen.

Der Effekt, dass es sich lohnt, bei niedrigen Fremdkapitalzinsen Investitionen eher über Kredite zu finanzieren, ist auch in der Praxis feststellbar. Die Modellrechnungen zum Leverage-Effekt gehen aber von vielen, zum Teil praxisfernen Voraussetzungen aus, sodass die Ergebnisse nicht eins zu eins auf Finanzentscheidungen zu übertragen sind.

Achtung:

Ein weiteres Risiko besteht darin, dass sich die Gesamtrentabilität eines Unternehmens sehr schnell ändern kann, die Kreditentscheidungen und Festlegungen zu den Zinsen aber langfristig getroffen werden (müssen). Sinkt die Gesamtkapitalrentabilität unter den Fremdkapitalzins, sind die zusätzlichen Aufwendungen durch sinkende Überschüsse oder gar Verluste ebenfalls von den Eigenkapitalgebern zu tragen.

Liquidität

Liquidität ist die Fähigkeit eines Unternehmens, seinen Zahlungsverpflichtungen jederzeit und uneingeschränkt termingerecht und betragsgerecht nachkommen zu können.

Oberstes Ziel der *Liquiditätsplanung* und -steuerung ist deshalb ein finanzielles Gleichgewicht. Das wird erreicht, indem man, ausgehend von der momentan vorhandenen Liquidität, die zu bestimmten Terminen erwarteten Einzahlungen und Auszahlungen erfasst und so die voraussichtliche Liquiditätsentwicklung ermittelt.

→ Finanzplanung, S. 383

Ein Unternehmen, bei dem die Zahlungsfähigkeit nicht gegeben ist, kann seine wirtschaftliche Tätigkeit nicht mehr fortsetzen. Illiquidität ist ein Insolvenzgrund (siehe *Liquiditätskrise*).

Warum Liquidität notwendig ist

Achtung:

Liquidität muss zu jedem Zeitpunkt gegeben sein. Es reicht nicht aus, durchschnittlich über einen bestimmten Zeitraum liquid zu sein. Das Unternehmen muss seinen Zahlungsverpflichtungen jederzeit nachkommen!

Auch ein vorübergehender oder unwesentlicher Liquiditätsengpass darf im Unternehmensalltag nicht vorkommen. Selbst ein temporärer Zahlungsverzug wird von aktuellen und potenziellen Geschäftspartnern misstrauisch betrachtet; er führt unter Umständen dazu, dass man in Vertragsverhandlungen schnell in die Defensive gerät und wesentlich ungünstigere Konditionen erhält.

Tipps:

Sollten Sie vorübergehende Zahlungsschwierigkeiten haben, sprechen Sie mit Ihren Gläubigern und verhandeln Sie über einen Aufschub. Wenn Sie Zahlungsaufforderungen hingegen (wiederholt) ignorieren, werden Ihre Gläubiger versuchen, ihr Geld mit Rechtsmitteln einzutreiben, was die Situation nur verschärft.

Bedenken Sie auch: Wenn Sie Rechnungen oft verspätet begleichen, kann das zu einem schlechteren Rating bei Auskunfteien führen. Das macht es wiederum schwierig, neue Geschäftsbeziehungen anzubahnen.

Messung der Liquidität durch Liquiditätsgrade

Liquidität drückt sich im Verhältnis der flüssigen Mittel zu fälligen kurzfristigen Verbindlichkeiten aus. Betriebswirtschaftlich wird die Liquidität in drei Graden berechnet.

Barliquidität

Die Liquidität 1. Grades wird als Barliquidität bezeichnet. Hier werden die flüssigen Mittel (z. B. Kassenmittel, Bankguthaben und börsenfähige Wertpapiere des Umlaufvermögens) ins Verhältnis zu den kurzfristigen Verbindlichkeiten (z. B. Bankforderungen, Lieferantenkredite) gesetzt.

Formel Barliquidität

$$\text{Liquidität 1. Grades} = \frac{\text{flüssige Mittel}}{\text{kurzfristige Verbindlichkeiten}}$$

Als Faustregel gilt, dass die Liquidität 1. Grades mindestens 0,2 (20 %) betragen sollte.

Die Liquidität 2. Grades, die einzugsbedingte Liquidität, berücksichtigt außerdem die kurzfristigen Forderungen.

Einzugsbedingte Liquidität

$$\text{Liquidität 2. Grades} = \frac{\text{flüssige Mittel} + \text{Forderungen}}{\text{kurzfristige Verbindlichkeiten}}$$

Formel

Die Liquidität 2. Grades sollte mindestens 1 (100 %) betragen.

Die Liquidität 3. Grades, die umsatzbedingte Liquidität, schließlich setzt das gesamte Umlaufvermögen ins Verhältnis zu den kurzfristigen Verbindlichkeiten.

Umsatzbedingte Liquidität

$$\text{Liquidität 3. Grades} = \frac{\text{Umlaufvermögen}}{\text{kurzfristige Verbindlichkeiten}}$$

Formel

Die Liquidität 3. Grades müsste nach einer allgemeingültigen Faustregel für eine zweifache Deckung ausreichen.

Zweck und Grenzen der Aussagekraft

Die Liquiditätsgrade dienen überwiegend der externen Unternehmensanalyse und -beurteilung. Sie werden meist aus Daten der Bilanz abgeleitet. Wie alle aus der Bilanz abgeleiteten Kennzahlen haben auch die Liquiditätskenngrößen nur eine begrenzte Aussagekraft; sie basieren beispielsweise auf Vergangenheitswerten und sind stichtagsbezogen.

Darüber hinaus geben die Liquiditätsgrade lediglich ein durchschnittliches Deckungsverhältnis an; sie sagen nichts über die genaue Fälligkeit kurzfristiger Forderungen aus. Sie informieren den Betrachter auch nicht über in Kürze fällige Auszahlungen, die (noch) nicht aus der Bilanz ersichtlich sind (z. B. Steuern, Mieten, Personal).

Siehe auch die folgenden Stichwörter *Liquiditätsplan, Liquiditätsmanagement* und *Liquiditätskrise.*

Liquidität (strukturelle)

Die strukturelle Liquidität gibt an, wie schnell ein Wirtschaftsgut wieder liquid (zu Geld gemacht) werden kann.

Im Gegensatz zur *Liquidität* in ihrer klassischen Funktion als Zahlungsfähigkeit eines Unternehmens ist mit der strukturellen Liquidität die Liquidierbarkeit eines Wirtschaftsguts gemeint. Dabei geht man davon aus, dass bestimmte Wirtschaftsgüter schwerer zu veräußern und damit wieder zu Geld zu machen sind als andere.

Die Aktivseite der *Bilanz* ist vom Grundsatz her nach der strukturellen Liquidität geordnet. An der Spitze stehen die Vermögensgegenstände, die am schwersten zu liquidieren sind (Anlagevermögen), am Ende der Kassenbestand.

Achtung:

Ob ein Wirtschaftsgut tatsächlich dieser Einordnung entspricht, kann man in letzter Konsequenz erst bei einem tatsächlichen Verkauf feststellen. Hier sind also generelle Annahmen getroffen worden, die zwar tendenziell, aber nicht in jedem Einzelfall zutreffen.

Beispiel Liquidierbarkeit:

Man nimmt an, dass Anlagevermögen schwerer zu veräußern ist als beispielsweise Vorräte aus dem Umlaufvermögen. In der Mehrzahl der Fälle wird das auch so sein. Im Einzelfall kann es aber durchaus vorkommen, dass ein Pkw (Anlagevermögen) schneller und besser zu verkaufen ist als ein „Ladenhüter" aus dem Fertigwarenlager oder eine nicht marktgängige Materialposition.

Liquiditätskrise

Eine Liquiditätskrise äußert sich in dem Unvermögen eines Unternehmens, seinen Zahlungen ständig betrags- und termingenau nachzukommen. Die Liquiditätskrise ist eine Vorstufe zur Illiquidität.

Während Illiquidität ein zwingender Insolvenzgrund ist, kann bei einer Liquiditätskrise durch das Ergreifen entsprechender Maßnahmen die Liquidität wieder hergestellt werden.

Wann entsteht eine Liquiditätskrise?

Liquiditätskrisen entstehen nicht von allein. Häufig sind sie auf falsche unternehmerische Entscheidungen zurückzuführen.

Nicht immer jedoch sind die Ursachen im Unternehmen selbst zu suchen. Eine schlechte Zahlungsmoral der Kunden kann genauso zu einer Liquiditätskrise führen wie falsche strategische Entscheidungen. In beiden Fällen aber gilt: Selbst wenn die Krise abgewendet wurde – werden die Ursachen nicht bekämpft, wird sie wieder auftreten.

Liquidität und Erfolg des Unternehmens hängen also eng zusammen, wirken aber nicht immer gleichzeitig. Natürlich wird ein Unternehmen, das am Markt vorbei produziert und seine Produkte nicht absetzen kann, früher oder später in einen finanziellen Engpass geraten. Klar liegt der Fall auch, wenn ein Unternehmen zwar erfolgreich am Markt ist, aber ein wichtiger Kunde (oder der Hauptabnehmer) nicht mehr zahlungsfähig ist.

Doch kann es (kurzfristig) auch zu einer paradoxen Wirkung kommen:

- Wenn die Auftragslage schlechter wird, steigt die Liquidität (zunächst) an. Der Grund: Aus bereits abgewickelten Aufträgen erfolgen noch Zahlungseingänge, denen mangels Nachfolgeaufträgen aber keine Auszahlungen für Material usw. gegenüberstehen.

- Bei deutlicher Verbesserung der Auftragslage kann es passieren, dass ein Liquiditätsengpass auftritt, weil zunächst in Rohstoffe, Material oder Manpower investiert werden muss.

Tipp:

Das Wichtigste in dieser Situation ist, nicht den Kopf in den Sand zu stecken. Handeln Sie schnell und überlegt. Spielen Sie sämtliche Möglichkeiten zur Deckung der Lücke durch und entscheiden Sie sich. Beziehen Sie die betroffenen Banken, Lieferanten und Kapitalgeber mit ein und ergreifen Sie die Maßnahmen, die am meisten Erfolg versprechen.

Kurzfristige Maßnahmen aus der Liquiditätskrise

Kurzfristig wirken Maßnahmen in zwei Richtungen: Man kann Einzahlungen beschleunigen und Auszahlungen verzögern.

So beschleunigen Sie Einzahlungen

Nutzen Sie alle Möglichkeiten, um schneller an Forderungen zu kommen. Der Katalog der möglichen Maßnahmen fängt bei der Auftragsverhandlung an und schließt mit Maßnahmen zur Zwangsbeitreibung von Forderungen ab:

- Vereinbaren Sie mit Ihren Kunden Anzahlungen, Abschlagszahlungen oder Barzahlungen. In manchen Bereichen (z. B. Bauleistungen nach VOB) stehen Ihnen bei Nachweis bestimmter Leistungen Abschlagszahlungen sogar zu. Fordern Sie diese Zahlungen auch ein.
- Warten Sie nicht mit dem Erstellen der Schlussrechnung, sondern legen Sie diese umgehend nach Erbringen der vereinbarten Leistung vor. Achten Sie darauf, dass die Rechnung nachvollziehbar ist und alle Angaben über die durchgeführten Arbeiten enthält, damit der Kunde keinen Grund für Nachverhandlungen oder eine Verzögerung der Zahlung hat.
- Auch durch mängelfreie und pünktliche Arbeit ohne Nachträge und Ähnlichem nehmen Sie dem Kunden die Möglichkeit, Zahlungen unnötig zu verzögern.
- Schaffen Sie Zahlungsanreize durch Skonto (nicht üblich bei Barzahlung).

- Überwachen Sie mindestens einmal pro Woche Ihre offenen Posten und kontrollieren Sie die Zahlungseingänge sorgfältig. Das gilt sowohl für Schlussrechnungen als auch Anzahlungen und Abschlagszahlungen.
- Fassen Sie persönlich (telefonisch) nach, wenn eine Zahlung nicht pünktlich erfolgt. Das ist meist erfolgreicher als ein standardisiertes Mahnschreiben zu versenden.
- Wenn auch dies keinen Erfolg gebracht hat, dann schicken Sie dem säumigen Zahler eine Mahnung, auch hier möglichst keinen Standardbrief. Achtung: Eine Zahlungserinnerung ist noch keine Mahnung!
- Wenn Sie in der Rechnung einen konkreten Zahlungstermin genannt haben, können Sie vom Kunden bei Verspätung Schadensersatz verlangen. Die Verzugszinsen betragen mindestens vier %.
- Als letzte Möglichkeit können Sie Ihre Rechnungen durch ein Inkassobüro eintreiben lassen. Das ist allerdings mit zusätzlichen Kosten verbunden.

Tipp:

Das konsequente Einbringen von Forderungen ist kein Zeichen von Schwäche, sondern deutet auf ein funktionierendes Rechnungswesen hin. Trotzdem verlangt es an manchen Stellen etwas Fingerspitzengefühl. Bedenken Sie: Sie haben Ihren Teil der Leistung erbracht, Ihr Kunde jedoch noch nicht. In besonders hartnäckigen Fällen kann es sinnvoller sein, künftig auf die Geschäftsbeziehung zu verzichten.

Ausgaben nach hinten schieben

Ebenso effizient wie die Maßnahmen zur Beschleunigung des Geldeingangs sind Ansätze, die Ausgaben zu verzögern. Dabei handelt es sich um rein liquiditätswirksame Vorgänge, um den Zeitpunkt aufzuschieben, zu dem die Ausgaben fällig werden.

Auf CD-ROM

Checkliste: So verzögern Sie Auszahlungen

- Versuchen Sie, mit Ihrer Bank die Tilgung von Krediten zu strecken oder auszusetzen. Die damit verbundenen höheren Zinsen aufgrund der längeren Laufzeit sind manchmal das kleinere Übel.
- Überlegen Sie, ob eine Umschuldung auf andere Darlehensformen sinnvoll ist. Berücksichtigen Sie dabei, dass die Bank hier zusätzliche Gebühren oder Vorfälligkeitsentschädigungen verlangen kann.
- Versuchen Sie mit Ihren Lieferanten, dem Finanzamt oder sonstigen Zahlungsempfängern Vereinbarungen über verlängerte Zahlungsziele, Zahlungsaussetzungen und ähnliche Maßnahmen zu treffen.
- Verhandeln Sie bereits bei Bestellungen über längerfristige Zahlungsziele.
- Verringern Sie private Entnahmen kurzfristig auf das absolut notwendige Maß.

Tipp: Skonto

Der Zinsvorteil beim Skonto ist so hoch, dass Sie immer versuchen sollten, Skonto zu ziehen. Werden Ihnen z. B. bei einer Zahlung innerhalb dreier Tage (anstelle 30 Tage Zahlungsziel) zwei % Skonto gewährt, entspricht das einem Jahreszins von etwa 27 % bei taggenauer Zinsabrechnung.

Mittelfristige Maßnahmen

Kurzfristige Maßnahmen verhelfen gegebenenfalls wieder zu Liquidität, beseitigen allerdings nicht die Ursachen der Krise. Ergreifen Sie daher auch mittelfristig wirkende Maßnahmen, z. B.:

- Versuchen Sie, höhere Preise durchzusetzen. Das wird nur möglich sein, wenn Sie für den Kunden auch einen zusätzlichen Nutzen bieten (bessere Qualität, mehr Service ...).
- Überprüfen Sie Ihr Sortiment und trennen Sie sich gegebenenfalls von Produkten, die einen niedrigen oder negativen Deckungsbeitrag erbringen. Fördern Sie Produkte mit hohem Deckungsbeitrag.

- Versuchen Sie, neue Märkte zu erschließen, auf denen Sie einen Wettbewerbsvorsprung nutzen können. Der Preisdruck ist dann geringer.
- Gehen Sie offensiv auf Ihre Kunden zu. Aktivieren Sie ehemalige Kunden und steigern Sie ihre Verkaufsaktivitäten allgemein.
- Versuchen Sie durch aktives Kostenmanagement Einsparpotenziale freizusetzen.

Tipp:

Legen Sie besonderen Wert auf die Fixkosten. Welche Kostenarten kritisch sind, zeigt Ihre betriebswirtschaftliche Auswertung oder Ihre Gewinn- und Verlustrechnung. Personalkosten lassen sich häufig reduzieren, indem Abläufe optimiert und Warte- und Stillstandszeiten reduziert werden.

Langfristige Maßnahmen

Langfristig wirksame Maßnahmen erfordern zumeist einen gewissen zeitlichen Vorlauf. Sie sind also nur selten geeignet, einen sofortigen Weg aus der Liquiditätskrise zu finden. Jedoch entfalten sie eine anhaltende Wirkung.

Zu den langfristigen Maßnahmen gehören u. a.:

- Verkauf von Anlagevermögen. Hier ist jedoch darauf zu achten, dass betriebliche Abläufe nicht gestört werden dürfen.
- Abbau von Umlaufvermögen (Reduzierung von Vorräten, Abbau des Warenlagers auf ein betriebswirtschaftlich notwendiges Maß, *Just-in-Time-Produktion*)
- Zuführung von zusätzlichem Eigenkapital (Kapitalerhöhung)
- Erhöhung des möglichen Kreditrahmens durch Stellung zusätzlicher Sicherheiten.

Liquiditätsmanagement

Liquiditätsmanagement umfasst alle Maßnahmen, die erforderlich sind bzw. die ergriffen werden, um die Liquidität des Unternehmens (als zwingende Voraussetzung für die weitere Existenz) zu sichern.

Dabei sind zwei Bereiche zu unterscheiden:

1. Planmäßige Maßnahmen, die zu ergreifen sind, wenn sich bei der Aufstellung des *Liquiditätsplans* herausstellt, dass sich voraussichtlich Liquiditätsengpässe oder eine Überliquidität ergeben werden.
2. Die kurzfristige Disposition von Zahlungen mit dem Ziel, das finanzielle Gleichgewicht zu sichern und gleichzeitig die bestmögliche Rentabilität zu erreichen.

Überliquidität und ihre Auswirkungen

Eine gewisse Liquiditätsreserve ist nötig

Nicht alle Zahlungsvorgänge, die ein Unternehmens betreffen, sind exakt vorhersehbar. Denn ob und wann Geschäftspartner, das Finanzamt und andere Beteiligte Forderungen stellen oder Zahlungen leisten, kann man nicht immer beeinflussen. Das betrifft sowohl Einzahlungen (Bezahlung von Rechnungen, Steuererstattungen) als auch Auszahlungen (Abbuchungen per Lastschrift, Steuern, Sozialabgaben usw.). Für diese Unwägbarkeiten benötigt jedes Unternehmen eine Liquiditätsreserve. Ist diese allerdings zu hoch, spricht man von Überliquidität.

Unter dem Gesichtspunkt der Sicherheit ist Überliquidität nicht zu beanstanden. Unter Rentabilitätsgesichtspunkten ist jedoch darauf zu achten, das freie Liquidität die Gewinnspanne des Unternehmens senkt.

Beispiel:

Die Gesamtkapitalrentabilität eines Unternehmens beträgt 12 %. Auf dem Kontokorrentkonto werden Guthaben mit 1 % verzinst, Festgelder bis 30 Tage mit 3 % und langfristige Anlagen mit 4,5 %. Selbst wenn man für überschüssige flüssige Mittel eine dieser Anlageformen wählt, verringert sich die Gesamtrentabilität gegenüber einer Investition im Unternehmen (wo ja 12 % erwirtschaftet werden).

Tipp:

Die Höhe der Liquiditätsreserve ist also immer von zwei Gesichtspunkten abhängig: der Sicherheit und der Rentabilität. Aufgabe des Liquiditätsmanagements ist es, zwischen diesen beiden Zielgrößen das Optimum zu finden. Das allerdings ist nicht exakt berechenbar, daher müssen Sie auf Erfahrungswerte zurückgreifen. Im Zweifel ist der Sicherheit der Vorrang zu geben.

Unterliquidität und ihre Auswirkungen

Unterliquidität hat für den Bestand des Unternehmens deutlich kritischere Auswirkungen; fehlende Mittel sind ein Insolvenzgrund. In einem ersten Schritt hilft das Einrichten einer Kontokorrentlinie in der erforderlichen Höhe. Mittelfristig sollte eine *Liquiditätskrise* aber nicht allein durch Kredite ausgeglichen werden. (Zu einzelnen mittel- wie langfristig wirkenden Maßnahmen mehr unter diesem Stichwort).

→ Liquiditätskrise, S. 419

Tipp:

Ist die finanzielle Lage Ihres Unternehmens angespannt, forschen Sie nach den Ursachen. Eine Liquiditätskrise ist in vielen Fällen auch eine Ertragskrise.

Wichtige Regeln zum Liquiditätsmanagement

Die folgenden Regeln helfen, die Gefahr von Liquiditätsengpässen zu vermindern. Sie sind jedoch keine Garantie dafür, dass das Unternehmen permanent liquid bleibt.

Auf CD-ROM

Checkliste Liquiditätsmanagement

- Prüfen Sie Bereiche, die nicht zu den Kernbereichen gehören, aber erhöhte Liquidität erfordern. Ziehen Sie sich aus unlukrativen Geschäftsfeldern zurück, deinvestieren Sie in unrentablen Bereichen und sourcen Sie unverhältnismäßig teure Leistungen aus.
- Prüfen Sie Investitionen daraufhin, ob sie in das strategische Konzept des Unternehmens passen. Ist eine Investition eher technischen als wirtschaftlichen Gründen geschuldet, sollten Sie ihr keine Priorität einräumen.
- Bilden Sie eine angemessene Liquiditätsreserve.
- Insbesondere bei Großprojekten sollten Sie für unvorhergesehene Aufwendungen eine Reserve von 5 bis 10 % der Investitionssumme einplanen.
- Zeitliche Verzögerungen bei wirtschaftlichen Vorgängen binden Kapital und Liquidität. Planen Sie auch hierfür entsprechende Reserven ein.
- Prüfen Sie, ob das gesamte Vorratsvermögen für die betrieblichen Prozesse erforderlich ist. Lassen sich durch ein verbessertes Vorratsmanagement (z. B. Just-in-time) Vorräte verringern und Liquidität freisetzen?
- Überwachen Sie die Einhaltung Ihrer Zahlungsziele konsequent und führen Sie ein Mahnwesen ein.
- Prüfen Sie die Solvenz Ihrer Neukunden. Mit Anzahlungen, Vorkasse und Sicherheiten schützen Sie sich vor bösen Überraschungen.
- Sind Sie auch außerhalb der EU geschäftlich aktiv, sollten Sie Ihre Forderungen gegen Ausfall und mögliche Währungsrisiken absichern.
- Prüfen Sie, ob die Eigenkapitalquote stimmt. Mit einem ausreichenden Eigenkapitalpolster kann man Liquiditätsengpässe besser überstehen als mit Krediten, die regelmäßige Zinszahlungen erfordern.

Liquiditätsplan

Ein Liquiditätsplan stellt die voraussichtlichen Ein- und Auszahlungen eines Unternehmens für einen bestimmten Zeitraum einander gegenüber und gibt so einen Blick auf die voraussichtliche *Liquidität* des Unternehmens.

Der Liquiditätsplan ist ein kurzfristiger Plan. Er sollte gegebenenfalls taggenau, mindestens wochengenau aufgestellt werden. Da Ein- und Auszahlungen immer nur für einen kurzen Zeitraum mit ausreichender Genauigkeit vorausgesagt werden können, sollte man permanent („rollierend“) für einen Prognosezeitraum von etwa drei Monaten planen.

Kurzfristiger, stets zu aktualisierender Plan

Ein Liquiditätsplan darf nicht isoliert vom restlichen Unternehmensgeschehen betrachtet werden. Um zu einer vollständigen, das gesamte Unternehmen umfassenden Aussage zu gelangen, müssen alle anderen Teilpläne bei seiner Erstellung berücksichtigt werden. Von Bedeutung sind insbesondere Absatz- und Umsatzplan, Produktions- und Lagerplan, Personalplan sowie Investitions- und Desinvestitionsplan.

Aufbau eines Liquiditätsplans

Der Ausgangspunkt ist der aktuelle Bestand an Finanzmitteln, zu dem alle erwarteten Einzahlungen addiert und von dem die erwarteten Auszahlungen subtrahiert werden. Die zu berücksichtigenden Zahlungen resultieren aus drei Bereichen:

- operativer Bereich (die eigentliche wirtschaftliche Tätigkeit des Unternehmens),
- investiver Bereich (Zahlungen, die im Zusammenhang mit *Investitionen* und dem Verkauf von Wirtschaftsgütern stehen),
- Finanzierungsbereich.

Auf CD-ROM

Tipp:

Vergessen Sie nicht, dass Umsatzerlöse in der Regel nicht sofort zu Einzahlungen führen. Zunächst werden Forderungen aufgebaut, die dann, am Ende der Zahlungsfrist, bezahlt werden sollten. Am besten ist es, Sie analysieren den Zahlungseingang der letzten Monate (mindestens 6, besser 12) und ermitteln, wie viel Prozent der Forderungen sofort, innerhalb einer Woche, innerhalb des Zahlungsziels und verspätet eingehen. Auch den Totalausfall von Forderungen sollten Sie berücksichtigen. Diese Zahlen können Sie dann verwenden, um die Liquiditätsplanung aufzustellen.

Die folgenden Beispiele stellen gängige Zahlungen aus den einzelnen Bereichen dar. Sie sind typisch, aber sicher nicht vollständig.

Beispiele für Zahlungen:

Operativer Bereich:

- Einzahlungen:
  - aus Forderungen
  - aus dem Umsatz (sofortige Zahlungen)
  - Erstattungen des Finanzamts (z. B. Umsatzsteuer)
- Auszahlungen:
  - Material
  - Personal
  - Provisionen
  - Mieten/Raumkosten
  - Leasingraten
  - Zahlungen an das Finanzamt (z. B. Umsatzsteuer)
  - Instandhaltung

Investiver Bereich:

- Einzahlungen: Verkauf von Investitionsgütern (Desinvestitionen)
- Auszahlungen: Investitionen in das Anlagevermögen

Finanzierungsbereich:

- Einzahlungen:
  - Aufnahme von Darlehen
  - Zuführung von Eigenkapital (*Kapitalerhöhungen*)
  - Gesellschafterdarlehen
- Auszahlungen:
  - Kredittilgungen
  - Gewinnausschüttungen/Entnahmen

Auswertung des Liquiditätsplans

Ist der Liquiditätsplan aufgestellt, entsteht in der Regel eine Überdeckung (Überliquidität) oder eine Unterdeckung (Unterliquidität). Beide Zustände sind für das Unternehmen nicht erstrebenswert. Ziel ist es vielmehr, ein dauerhaftes finanzielles Gleichgewicht zu erreichen. Unterdeckungen sind u. a. durch freie Kreditlinien abzufangen, Überdeckungen sind möglichst gut verzinslich anzulegen. Beides ist Aufgabe des *Liquiditätsmanagements.*

→ Liquiditätsmanagement, S. 424

Rentabilität

Die Rentabilität (Rendite) drückt aus, wie sich das eingesetzte Kapital verzinst (rentiert) hat. Sie ist immer auf einen bestimmten Zeitraum, in der Regel ein Jahr, bezogen.

Zur Ermittlung der Rentabilität gibt es eine Reihe von Kennzahlen. Sie unterscheiden sich im Wesentlichen durch die gewählten Größen. In allen Fällen wird ein Ergebnis aus dem Einsatz von Kapital einer Größe gegenübergestellt, die dieses Ergebnis ermöglicht hat. Rentabilitätskennzahlen sind also immer Verhältniszahlen, die nach folgendem Schema gebildet werden:

$$\text{Rentabilität} = \frac{\text{Gewinngröße}}{\text{Kapitaleinsatz bzw. Umsatz}} \times 100$$

Grundformel

Gesamtkapitalrentabilität

Hier wird die Ergebnisgröße, der Gewinn, auf das gesamte für seine Erwirtschaftung erforderliche Kapital bezogen. Die Gesamtkapitalrentabilität wird auch als Bruttorentabilität bezeichnet.

Achtung:
Wichtig bei der Bestimmung der Gesamtkapitalrentabilität ist die Wahl der richtigen Gewinngröße. Man kann den Jahresüberschuss heranziehen, muss aber bedenken, dass das Unternehmen mithilfe des gesamten eingesetzten Kapitals auch die Fremdkapitalzinsen erwirtschaftet hat.

Diese mindern zwar den in der Gewinn- und Verlustrechnung ausgewiesenen Jahresüberschuss, gehören aber zum erwirtschafteten Ergebnis.

Formel Gesamtkapitalrentabilität

$$\text{Gesamtkapitalrentabilität} = \frac{\text{Jahresüberschuss} + \text{Fremdkapitalzinsen}}{\text{Eigenkapital} + \text{Fremdkapital}} \times 100$$

Jahresüberschuss und Fremdkapitalzinsen sind der Bruttogewinn, Eigen- und Fremdkapital zusammen ergeben das Gesamtkapital.

Der Jahresüberschuss steht den Eigentümern (Eigenkapitalgebern), die Zinsen stehen den Fremdkapitalgebern (zumeist Banken) zu. Damit ist die Gesamtkapitalrentabilität die Rentabilität des gesamten Unternehmens, unabhängig von der Art der Finanzierung.

Beispiel:

Ein Unternehmen hat in der vergangenen Periode einen Überschuss (vor Zinsen) von 1 Mio. € erwirtschaftet. Es wurde finanziert mit 5 Millionen Eigenkapital und 5 Mio. Fremdkapital. Der Kreditzins beträgt 7 %, demnach sind 350.000 € an Zinsen abzuführen. Damit verbleibt ein Jahresüberschuss von 650.000 €. Die Gesamtkapitalrentabilität beträgt 10 %.

Eigenkapitalrentabilität

Im Vordergrund der Rentabilitätsbetrachtung steht die Eigenkapitalrentabilität. Sie bringt die Verzinsung des eingesetzten Eigenkapitals zum Ausdruck. Den Eigenkapitalgebern steht der Gewinn, also der Jahresüberschuss zu.

Formel Eigenkapitalrentabilität

$$\text{Eigenkapitalrentabilität} = \frac{\text{Jahresüberschuss}}{\text{Eigenkapital}} \times 100$$

Tipp: Vor oder nach Steuern?

Für die Eigenkapitalgeber interessant ist selbstverständlich die Summe, die ihnen zufließt. Das Unternehmen muss auf seine Gewinne Steuern zahlen. Demzufolge ist als Ergebnisgröße der Jahresüberschuss nach Steuern anzusetzen. Das heißt andererseits für das Unternehmen: Wenn die Eigenkapitalgeber eine Rendite von beispielsweise 10 % erwarten und der Steuersatz 40 % beträgt, muss das Unternehmen eine Rendite vor Steuern von 16,67 % erwirtschaften.

Wie hoch sollte die Eigenkapitalrentabilität sein?
Diese Frage kann man unter drei Gesichtspunkten sehen:

- **Sicht der Finanzstruktur:** Die Eigenkapitalrendite muss so hoch sein, dass das Unternehmen sämtliche Zahlungen einschließlich der Ansprüche der Eigenkapitalgeber erfüllen kann.
- **Kapitalmarkttheoretischer Ansatz:** Hier wird mit theoretischen Modellen (z. B. Capital Asset Pricing Model) eine dem Risiko angemessene Verzinsung des Eigenkapitals berechnet.
- **Best Practice:** Vergleich der eigenen Rendite mit der Rendite des Besten der Branche (Benchmarking). Dieses Verfahren liefert zumeist recht ambitionierte Zielstellungen, die entsprechend schwer zu erreichen sind.

Siehe *Return on Investment (ROI)*, S. 432.

Rentabilitätsvergleichsrechnung

Die Rentabilitätsvergleichsrechnung ist ein statisches Verfahren der *Investitionsrechnung*, bei dem die durchschnittlich entstehende Rentabilität des eingesetzten Kapitals ermittelt und gegebenenfalls mit der Rentabilität anderer Projekte verglichen wird.

Zur Bestimmung der Rentabilität können verschiedene Ansätze gewählt werden. Das gilt sowohl für die Ergebnisgröße im Zähler (Gewinn), als auch für die verursachende Größe im Nenner (eingesetztes Kapital). Allgemein üblich ist die folgende Berechnung:

$$\text{Rentabilität} = \frac{\text{Jahresüberschuss} + \text{Zinsen auf Fremdkapital}}{\text{eingesetztes Kapital i.H.d. Anschaff.kosten}}$$

Formel

→ Kalkulationszinsfuß, S. 394

Tipp:

Vielfach gibt die Unternehmensleitung eine zu erzielende Mindestrendite bzw. -verzinsung für eine Investition vor. In der Regel ist dies der unternehmensindividuelle *Kalkulationszinsfuß*. Mithilfe der Rentabilitätsvergleichsrechnung können Sie auf einen Blick erkennen, welche der von Ihnen untersuchten Alternativen über oder unter diesem Zinssatz liegt. Liegen zwei oder mehr Alternativen über den Vorgaben, sollte diejenige gewählt werden, die die höchste Rentabilität aufweist.

Return on Investment (ROI)

Der Return on Investment ist eine Rentabilitätskennzahl, die den Rückfluss des investierten Kapitals beschreibt. Sie drückt damit aus, welche Rentabilität mit dem investierten Kapital erwirtschaftet wurde. Die Maßeinheit ist Prozent.

Der ROI spielt in den Kennzahlensystemen zur Bestimmung der Rentabilität eine hervorragende Rolle. Insbesondere hervorzuheben ist dabei das System von du Pont, bei dem übergeordnete Kennzahlen zerlegt werden, um vertiefte Aussagen zu erhalten.

Berechnung des ROI

In seiner einfachsten Form entspricht die Berechnung des ROI der Berechnung der *Rentabilität* des Gesamtkapitals:

Formel

$$ROI = \frac{\text{Jahresüberschuss} + \text{Fremdkapitalzinsen}}{\text{Eigenkapital} + \text{Fremdkapital}} \times 100$$

Jahresüberschuss und Fremdkapitalzinsen gemeinsam werden dabei auch häufig als „Gewinn" bezeichnet.

Achtung:

Dieser Gewinn ist nicht identisch mit dem Bilanzgewinn oder dem Jahresüberschuss. Der Begriff „Gewinn" bedeutet hier lediglich in ganz allgemeiner Form „Überschuss aus dem Einsatz von Kapital".

Das eingesetzte Eigenkapital und das aufgenommene Fremdkapital bilden gemeinsam das „Gesamtkapital“ (GK).

Zerlegung des ROI in Umsatzrentabilität und Kapitalumschlagshäufigkeit

Bezieht man in die obige Berechnungsformel zusätzlich den Umsatz mit ein, kann man den ROI in zwei Bestandteile zerlegen:

$$\text{ROI} = \frac{\text{Gewinn}}{\text{Umsatz}} \times \frac{\text{Umsatz}}{\text{Gesamtkapital}} \times 100$$

Formel

Dabei ist der erste Faktor die *Umsatzrentabilität* und der zweite Faktor die Kapitalumschlagshäufigkeit (*Umschlagshäufigkeit des Kapitals*). Diese auf den ersten Blick etwas unmotiviert scheinende Zerlegung ermöglicht einen Blick auf die Ursachen für die Veränderung der Rendite (des ROI):

Umsatzrentabilität steigt

- Erhöht sich die Umsatzrentabilität, heißt das, dass die Gewinnmarge am Umsatz höher geworden ist. Die Rentabilität hat sich also dadurch erhöht, dass beispielsweise bei gleichen Absatzpreisen die Kosten gesenkt werden konnten.

Kapitalumschlagshäufigkeit erhöht sich

- Eine erhöhte Kapitalumschlagshäufigkeit bedeutet, dass der Umsatz beispielsweise ausgeweitet wurde, ohne dass dafür zusätzliches Kapital erforderlich war.

Über diese hier genannte erste Zerlegung können die ermittelten Kennzahlen immer weiter zerlegt werden. Das Verfahren kann genutzt werden,

- um Ursachen für eingetretene Veränderungen zu ermitteln oder
- um in der Planung die voraussichtlichen Auswirkungen von Änderungen festzustellen.

Shareholder Value (SV)

Der Shareholder Value ist der Nutzen für den Anteilseigner (Shareholder) an einem Unternehmen. Verfolgt man das Konzept des Shareholder Value, so heißt das, dass die Interessen der Eigentümer (Aktionäre) in den Mittelpunkt der Betrachtung gestellt werden.

Dieses Konzept ermöglicht die Beurteilung des wirtschaftlichen Erfolgs von Strategien. Der Shareholder Value stellt den auf den heutigen Zeitpunkt berechneten Unternehmenswert für die Eigentümer dar. Er berechnet sich nach den Zahlungen, die den Shareholdern aufgrund ihres Beteiligungsverhältnisses heute und in den Folgejahren voraussichtlich zustehen werden.

Die Sicht auf den Shareholder Value

Das Konzept des Shareholder Value wurde in den letzten Jahren stark ideologisiert. Kritiker behaupten, dass die Konzentration auf die Interessen der Aktionäre automatisch zu Lasten der Interessen aller anderer an das Unternehmen gebundenen Personen und Personengruppen (*Stakeholder*) gehe. Eine solche Schwarz-Weiß-Betrachtung ist sicherlich genau so zu hinterfragen wie die rücksichtslose Vertretung von Einzelinteressen.

Ausgangsgrößen des Shareholder Value

Die erste Überlegung besteht in der Frage, worin eigentlich der wirtschaftliche Nutzen für den Anteilseigner liegen könnte. Der Nutzen liegt

- in den *Dividenden*, die er erhält und
- in der Wertsteigerung seines Anteils am Unternehmen.

Beispiel Wertsteigerung:

Hat ein Aktionär eine Aktie zu einem Kurs von 50 € erworben und beträgt der Kurs momentan 65 €, liegt eine Wertsteigerung von 15 € vor.

Als Nächstes geht man davon aus, dass sich der Nutzen in der Form von Geldzahlungen an den Aktionär ausdrückt:

- Jedes Jahr bekommt er (hoffentlich!) seine Dividende ausgezahlt.
- Wenn er das Investment beenden will, verkauft er seine Aktie(n) und erhält dafür ebenfalls einen Geldbetrag.
- Will er sein Engagement fortsetzen, kann man davon ausgehen, dass er (und später seine Erben) theoretisch jedes Jahr einen bestimmten Betrag als Anteil am Gewinn erhalten.

Nun ist nur noch zu bedenken, dass eine Zahlung, die der Aktionär später erhält, auf den heutigen Tag abgezinst werden muss.

Beispiel:

Ein Geldbetrag, den man erst in einem Jahr bekommt, ist, bezogen auf den aktuellen Tag, weniger wert: Um den Zeitraum bis zur Zahlung zu überbrücken, müsste man einen Kredit aufnehmen. Die dafür zu zahlenden Zinsen mindern den Geldbetrag in einem Jahr.

Wie der Shareholder Value berechnet wird

Der Shareholder Value ist die Summe aller Zahlungen, die der Anteilseigner zukünftig aus dieser Beteiligung erhalten wird, abgezinst auf den aktuellen Tag. Die entsprechende Formel lautet:

$$SV = \sum_{t=1}^{n} \frac{\text{Freier Cashflow}_t}{(1+i)^t} + \frac{\text{Restwert im Jahr n}}{(1+i)^n}$$

Formel

SV: Shareholder Value; t: die einzelnen Jahre, n: gesamter Betrachtungszeitraum (Anzahl der Jahre insgesamt), i: Kalkulationszinssatz i, mit dem die Zahlungen abgezinst werden.

Beispiel :

Aus seinem Aktienbesitz am Unternehmen A erwartet ein Aktionär in den nächsten drei Jahren folgende Dividendenzahlungen:

t_1	t_2	t_3
80	80	100

Er schätzt weiterhin ein, dass er am Ende des dritten Jahres seine Aktien für 2.000 € verkaufen kann (Restwert).

Damit berechnet sich bei einem Zinssatz von 10 % (= 0,10) sein Shareholder Value:

$$SV = 80/1{,}1 + 80/1{,}1^2 + 100/1{,}1^3 + 2.000/1{,}1^3$$
$$= 72{,}7 + 66{,}1 + 75{,}1 + 1.502{,}7$$
$$= \mathbf{1.716{,}6}$$

Diese Rechnung ist relativ einfach. Die Problematik steckt jedoch in den Annahmen:

- Es handelt sich um erwartete Zahlungen in der Zukunft. Ob diese tatsächlich eintreffen, ist ungewiss.
- Der Zinssatz zur Abzinsung wurde hier mit 10 % vorgegeben. Es ist aber zu klären, ob dieser Zinssatz realistisch ist.

Interpretation des Shareholder Value

Der im obigen Beispiel berechnete Shareholder Value bedeutet:

- Wenn der Aktionär seine Aktien heute (und nicht erst in drei Jahren) verkaufen würde, lohnte sich das Geschäft für ihn nur, wenn er mindestens 1.716,60 € erhielte. Anderenfalls wäre es für ihn sinnvoller, die Dividenden einzustreichen und in drei Jahren zu 2.000 € zu verkaufen.
- Ein Käufer, der die gleichen Annahmen hinsichtlich Zins und erwartete Zahlungen hat, wird nicht mehr bezahlen als die obigen 1.716,60 €. Bei jedem Euro über diesem Preis sinkt seine Rendite unter die kalkulierten 10 %.
- Damit ist der Shareholder Value der faire Preis für dieses Aktienpaket.

- Der Shareholder Value ist der momentane Marktwert des eingesetzten Eigenkapitals.

Achtung:
Diese Interpretation ist nur sinnvoll, wenn man davon ausgeht, dass die erwarteten Zahlungen auch sicher eintreffen werden. Da hierzu aber zwischen Käufer und Verkäufer sicherlich keine vollkommene Übereinstimmung besteht, kann diese Rechnung nur ein Anhaltspunkt sein. Das Gleiche gilt für die angenommene Verzinsung.

Shareholder Value und Unternehmenswert

Mithilfe des Shareholder Value lässt sich der Wert eines Unternehmens bestimmen. Dazu werden die erwarteten *Free Cashflows* des Unternehmens bestimmt und abgezinst. Diese *Discounted Cashflows* entsprechen dem Wert des Unternehmens.

→ Firmenwert, S. 160, Unternehmensbewertung, S. 356

Beispiel: Bestimmung des Restwerts

Da bei der Bestimmung des Shareholder Value für (unendlich) lange Zeitspannen kein Restwert bestimmbar ist – das Unternehmen soll ja fortgeführt werden – geht man folgendermaßen vor: Der letzte noch mit hinreichender Sicherheit zu bestimmende Cashflow wird als „ewige Rente" (auf Dauer gleich bleibende Zahlung) angenommen. Diese „ewige Rente" kann nach folgender Formel abgezinst werden:

$$\text{Barwert einer ewigen Rente} = \frac{\text{Betrag der Rente}}{i}$$

Formel

i = Kalkulationszinssatz

Der auf diese Weise ermittelte Barwert der Rente wird zu den Barwerten der bekannten Cashflows addiert, die Summe ergibt den Shareholder Value.

Tipp: Bestimmung des Kalkulationszinssatzes

Der Zinssatz, mit dem die künftigen Zahlungen abgezinst werden, richtet sich nach den Renditeerwartungen des Investors in Abhängigkeit vom einzugehenden Risiko. Ausgangspunkt sind die Bedingungen am Kapitalmarkt. Ein pauschaler Zinssatz kann deshalb nicht angegeben werden. Ein Modell zur Bestimmung des Kalkulationszinssatzes ist das Capital Asset Pricing Modell.

Stakeholder

Der Begriff Stakeholder wird im Zusammenhang mit der Bestimmung von Zielen eines Unternehmens und seiner Bewertung verwendet. Im Gegensatz zum *Shareholder Value*, bei dem der Nutzen für die Anteilseigner im Mittelpunkt der Betrachtung steht, geht man hier davon aus, dass wesentlich mehr Personen oder Personengruppen für die Existenz und das Handeln eines Unternehmens notwendig sind und legitime Ansprüche haben, die Ziele des Unternehmens zu beeinflussen.

Zu den Stakeholdern zählen Eigentümer, Finanzgeber und Mitarbeiter eines Unternehmens, dessen Kunden und Lieferanten, aber beispielsweise können auch Gewerkschaften, Verbände, politische Gruppen oder die Regierung Stakeholder sein.

Herkunft des Begriffs:
Es steht etwas „on the stake", das heißt, auf dem Spiel. Stakeholder sind demnach alle, für die im Zusammenhang mit dem Unternehmen etwas auf dem Spiel steht.

Nach dem Stakeholder-Ansatz bestimmt sich der Wert eines Unternehmens aus der Summe der Nutzen, die die einzelnen Stakeholder aus dem Unternehmen ziehen. Einerseits lässt sich der Nutzen für die einzelnen Gruppen nur schwer bewerten. Andererseits können sämtliche Gruppen nur dann überhaupt einen Nutzen aus dem Unternehmen ziehen, wenn sich Unternehmer (Eigentümer) finden, die bereit sind, Kapital zu investieren. Nur wenn ein Unternehmen wirtschaftlich erfolgreich ist, ist es überhaupt in der Lage, die unbestritten berechtigten Interessen der anderen Stakeholder zu bedienen. Shareholder Value und der Nutzen für andere Stakeholder schließen sich also nicht gegenseitig aus, sondern bedingen sich wechselseitig.

Beispiel:

Wenn ein Unternehmer die Kindergartengebühren seiner Mitarbeiter übernimmt, ist das eine lobenswerte soziale Leistung. Diese ist dem Unternehmer aber nur dann möglich, wenn er ein ausreichendes Ergebnis erwirtschaftet, um die zusätzlichen Kosten aufzufangen. Andererseits wird er selbst auch einen Nutzen von dieser Maßnahme haben, nämlich in der Regel motivierte und loyale Mitarbeiter, was wiederum dem Ergebnis dienen wird.

Treasury

Treasury bezeichnet den Finanzbereich eines Unternehmens. Zum Finanzbereich gehören die Teilgebiete Handel und Abwicklung, Finanzcontrolling und Rechnungswesen.

In einigen Fällen wird auch nur der Bereich Handel und Abwicklung von Finanzgeschäften als Treasury bezeichnet. Der Begriff ist also nicht immer eindeutig zuzuordnen.

Kernaufgaben Treasury

Nicht nur Banken, auch größere Unternehmen haben einen Bereich, der den Zahlungsverkehr abwickelt. Dessen Kernaufgaben sind

- die Steuerung der Rentabilität des Unternehmens
- und das finanzielle Risikomanagement.

→ Rentabilität, S. 432, Return on Investment, S. 429

Der erste Aufgabenbereich ist klassischerweise in der betrieblichen Finanzabteilung angesiedelt und muss hier nicht näher erläutert werden. (Dazu gehören die Bildung einer Finanzstruktur, die Sicherung der Unternehmensrentabilität, Investitionsrechnung und Kostenmanagement.)

Risikomanagement

Das finanzielle Risikomanagement kümmert sich um Liquiditätsrisiken, genauer: um die kurzfristige wie auch langfristige Steuerung der Liquidität. Erstere sichert die Zahlungsfähigkeit, die langfristige Perspektive achtet auf das Einhalten bestimmter Bilanzstrukturen.

Beispiel:

Zu den Bilanzstrukturen gehört das z. B. das Vorhalten einer bestimmten Summe flüssiger Mittel, das Einhalten einer bestimmten Eigenkapitalquote oder die Orientierung an der „goldenen Bilanzregel".

Zum zweiten geht es im finanziellen Risikomanagement um Erfolgsrisiken. Diese setzen sich aus

Erfolgsrisiken

- Marktpreisrisiken (Veränderungen von Zinsen, Währungs- und Aktienkursen) und
- Adressenausfallrisiken (Ausfall von Zahlungen an das Unternehmen wegen Insolvenz des Zahlungspflichtigen, Streitfällen usw.)

zusammen.

Umsatzrentabilität

Die Kennziffer Umsatzrentabilität drückt den Anteil des Gewinnes (ordentlichen Betriebserfolgs) am Umsatz aus. Sie ist ein Bestandteil der Aufspaltung des *Return on Investment (ROI).*

Die Berechnungsvorschrift lautet:

Formel

$$\text{Umsatzrentabilität} = \frac{\text{Gewinn}}{\text{Umsatz}} \times 100$$

→ Umschlagshäufigkeit des Kapitals

Die Umsatzrentabilität wird wesentlich beeinflusst durch die Produktionskosten und sonstige Kostenbestandteile. Eine hohe Umsatzrentabilität ist generell zu begrüßen, ist sie doch Ausdruck einer hohen Gewinnmarge.

Umschlagshäufigkeit des Kapitals (Kapitalumschlagshäufigkeit)

Die Umschlagshäufigkeit des Kapitals drückt aus, wie oft sich im betrachteten Zeitraum (in der Regel ein Geschäftsjahr) das eingesetzte Kapital wieder „verflüssigt" hat. Sie ist der Quotient aus den Umsatzerlösen und dem (betriebsnotwendigen) Kapital.

Die Umschlagshäufigkeit des Kapitals ist ein Bestandteil der ersten Aufspaltung des *Return on Investment (ROI)*.

Die Formel lautet:

Formel Umschlagshäufigkeit

$$\text{Umschlagshäufigkeit} = \frac{\text{Umsatzerlöse}}{\text{betriebsnotwendiges Kapital}}$$

Je größer die Kennzahl ist, desto intensiver und effektiver wird das eingesetzte Kapital genutzt. Eine geringe Umschlagshäufigkeit deutet hingegen auf nicht ausgelastete Kapazitäten, hohe Warenlager und hohe Außenstände hin.

Achtung:
Es handelt sich bei der Kapitalumschlagshäufigkeit um eine rein rechnerische Größe. So ist z. B. das in Immobilien investierte Kapital wesentlich länger gebunden als Kapital, das für Materialeinkäufe verwendet wurde.

Die Kennzahl ist stark branchenabhängig.

Beispiele:

Eine niedrige Umschlagshäufigkeit etwa weisen auf:

- Grundstoffindustrie
- produzierende Unternehmen allgemein
- Immobilienunternehmen

Eine hohe Umschlagshäufigkeit:

- Handel
- Dienstleistungsbetriebe für private Dienstleistungen (Friseure, Schneider usw.
- beratende Berufe

Verbriefung

Verbriefung ist ein Begriff aus dem Wertpapierrecht. Damit wird ausgedrückt, dass bestimmte Rechte aus dem Wertpapier demjenigen zustehen, der das Wertpapier besitzt.

Je nachdem, um welche Art von Wertpapier es sich handelt, kann festgelegt sein, ob das Wertpapier einfach übergeben werden kann (Inhaberpapier) oder ob es bestimmte Regeln gibt, wie das Papier weitergegeben werden kann (Order- oder Rektapapier).

Beispiele:

- Inhaberpapier: Das einfachste Beispiel ist ein Geldschein: Der Inhaber kann die Rechte aus dem Papier geltend machen, nämlich sich etwas kaufen.
- Orderpapier: Das Papier muss durch Unterschrift auf der Rückseite weitergegeben werden, z. B. ein Orderscheck.
- Rektapapier: Die Übergabe kann nur durch förmliche Übertragung erfolgen, z. B. Versicherungspolice.

Die Verbriefung von Rechten macht es erst möglich, dass diese Rechte in Form von Wertpapieren gehandelt werden können.

Beispiel Aktie:

Eine *Aktie* verbrieft das Recht, an einer Aktiengesellschaft beteiligt zu sein und verleiht dem Aktionär außerdem ein Stimmrecht in der Hauptversammlung. Durch die Verbriefung ist es möglich, dass Aktien verkauft werden können und demzufolge die Eigentümer der Aktiengesellschaft häufig wechseln.

XETRA

XETRA ist ein vollautomatisches elektronisches Handelssystem an der *Börse*.

→ Börse, S. 371

Im Jahr 1991 wurde zunächst das elektronische Handelssystem IBIS an der Frankfurter Wertpapierbörse eingeführt, das im November 1997 durch das Handelssystem XETRA abgelöst wurde. XETRA sammelt sämtliche Kauf- und Verkaufsaufträge und führt während der Handelszeiten permanent alle Geschäfte aus, bei denen der Angebots- und der Nachfragekurs übereinstimmen.

Der XETRA-Kurs muss deshalb nicht mit dem Kurs, der im Präsenzhandel auf dem Parkett gestellt wurde, übereinstimmen. Da die Händler aber grundsätzlich auf beide Systeme zugreifen können, gleichen sich die Kurse tendenziell immer wieder an.

7 Marketing

Ein Unternehmen lebt vom Verkauf seiner Produkte. Nur auf diese Weise kommt im betrieblichen Prozess Geld in das Unternehmen. Es ist also erforderlich, das Unternehmen als Ganzes auf den Markt auszurichten. Grundsätzlich besteht allerdings nicht das Problem, das abzusetzen, was man hergestellt hat, sondern das herzustellen, was auf dem Markt einen Nutzer und damit einen Käufer findet.

Dieses Kapitel beantwortet alle Fragen, die damit in Zusammenhang stehen. Es stellt die einzelnen Bestandteile des Marketing-Mix vor:

- Welche Produkte und Sortimente sind herzustellen?
- Wie werden die Preise gestaltet?
- Wie kommt die Ware zum Kunden?
- Wie kommuniziert man mit dem Kunden?

Es informiert außerdem über wichtige Analyseverfahren und Methoden des Marketings. Der Frage, wie ein Werbeplan aufzustellen ist, wird ebenso nachgegangen wie Fragen der Marktforschung oder Formen des Außendienstes.

Einen großen Anteil umfasst auch der weite Bereich der Werbung: Welche Werbemittel, welche Werbeträger sind wann sinnvoll? Und wie kann man den Erfolg von Werbung ermitteln?

Dafür, dass ein Unternehmen marktorientiert handelt, sind nicht nur eine kreative Abteilung und die Unternehmensführung zuständig. Erst wenn allen Mitarbeitern eines Unternehmens klar ist, dass das Geld, das jeder am Monatsende erhält, von den Kunden des Unternehmens kommt, wird es gelingen, alle Aktivitäten des Unternehmens einschließlich der internen Prozesse am Markt auszurichten. Folglich finden in diesem Kapitel auch wichtige Begriffe rund um die viel geforderte Kundenorientierung ihren Platz.

Absatzmittler

Absatzmittler sind unternehmensfremde Organe, die für die Verteilung von Leistungen genutzt werden. Solche Organe können einzelne Personen, aber auch Firmen oder Organisationen sein.

Absatzmittler sind rechtlich und wirtschaftlich selbstständige Handelsbetriebe. Sie kaufen die Produkte von den Herstellern und verkaufen sie ohne wesentliche Be- oder Verarbeitung weiter.

Beispiele:

Großhändler und Einzelhandelsbetriebe wie Warenhäuser und Ketten, Fach- und Spezialgeschäfte, der Versandhandel, Teleshopping, aber auch Kioske und Gaststätten.

Käufer können dann weitere Absatzmittler sein (wie im System Großhandel – Einzelhandel) oder die Endabnehmer.

Tipp:

Zwischenhändler, Aufkäufer usw. schmälern Ihren Gewinn durch die Handelsspanne, die sie für sich in Anspruch nehmen. Aber denken Sie daran: Sie erbringen dafür auch eine Leistung, die Sie sonst selbst erbringen müssten. Überlegen Sie also, was für Sie wirtschaftlich sinnvoller ist: Die Waren selbst an den Endverbraucher zu bringen und die damit verbundenen Kosten zu tragen oder einen Dritten mit dem Absatz zu beauftragen.

Neben den Absatzmittlern gibt es im indirekten Vertrieb auch die so genannten Absatzhelfer: Hierbei handelt es sich um selbstständige Kaufleute im Sinne des HGB, die aber kein Eigentum an der zu verkaufenden Leistung oder Ware erwerben. Sie übernehmen bestimmte Tätigkeiten, wie die Vermittlung und den Abschluss von Geschäften oder die Anbahnung von Geschäftsbeziehungen. Absatzhelfer

Klassische Absatzhelfer sind neben Maklern oder selbstständigen Handelsvertretern die Handelskommissionäre; sie nehmen die Waren in Kommission, d. h. verkaufen sie auf Rechnung des Herstellers bzw. Lieferanten, der auch das Verkaufsrisiko trägt.

Besonderheit Franchise-System:

Beim Franchising stellt ein Unternehmen (Franchise-Geber) seinen Partnern (Franchise-Nehmern) ein Geschäftskonzept gegen Bezahlung zur Verfügung; dabei werden Sortiment, Qualität, Aufmachung, Werbung und andere Dinge bis hin zum äußeren Erscheinungsbild weitgehend vorgegeben. Der Franchise-Nehmer profitiert von einer eingeführten Marke und zentralen Marketingmaßnahmen bis hin zu einem zentralisierten Einkauf. Ein populäres Beispiel für Franchising ist McDonald's.

Absatzwege

Siehe *Distributionspolitik*, S. 460, *Direktverkauf*, S. 459, *Absatzmittler*, S. 445.

Beschwerdemanagement

Das Beschwerdemanagement umfasst sämtliche geplanten und konzeptionell durchgeführten Aktivitäten, die ergriffen werden, um Kundenunzufriedenheit abzuwenden.

→ Customer Relationship Marketing, Public Relations

Da die Mehrzahl unzufriedener Kunden ihre Beziehung zum Unternehmen abbricht und damit als Erlösquelle für das Unternehmen wegfällt, ist das Beschwerdemanagement für das Beziehungsmarketing äußerst wichtig.

Ziele sind, einerseits die Zufriedenheit bei den Beschwerdeführern wiederherzustellen, andererseits Schwachstellen bei Produkten oder Dienstleistungen, Produktions- und Absatzprozessen zu identifizieren und zu beseitigen. Auf diese Weise sollen zukünftige Fehler im Hinblick auf die Kundenerwartungen vermieden werden.

Bedeutung für das Unternehmen

Nur wenige unzufriedene Kunden beschweren sich beim Unternehmen selbst. Die meisten wandern einfach zur Konkurrenz ab. Fatal wäre es deshalb, eine geringe Beschwerderate im Unternehmen automatisch als Indikator für eine hohe Kundenzufriedenheit anzusehen. Empirische Studien belegen nämlich, dass ein unzufriedener

Kunde seinen Unmut neun bis sechzehn Personen weitererzählt, während ein positiv überzeugter Kunde seine Freude nur vier- bis achtmal weiterträgt. Unzufriedene Kunden werden damit zu einem unkontrollierten negativen Imagemultiplikator am Markt, den sich kein Unternehmen leisten kann.

Aufgaben des Beschwerdemanagements

Die generelle Funktion des Beschwerdemanagements liegt also darin, aus einem unzufriedenen Kunden wieder einen zufriedenen zu machen. Zur praktischen Umsetzung sind verschiedene „Stationen" im Kundenkontakt nötig.

Beschwerdeannahme

Jeder Kunde sollte darüber Bescheid wissen, wie und auf welchem Weg er eine Beschwerde an das Unternehmen richten, oder wie er seine Ware reklamieren kann.

Tipp:

Richten Sie vor allem telefonische Beschwerdewege ein. Eine Beschwerde ist schneller im Gespräch mitgeteilt als schriftlich formuliert. Ihre Mitarbeiter sollten dazu im Umgang mit verärgerten Kunden geschult sein.

Dabei sollte der Kunde ganz bewusst auf Reklamationsmöglichkeiten hingewiesen werden. Natürlich darf dabei keinesfalls der Eindruck entstehen, dass die Marktleistungen des Unternehmens größtenteils mangelhaft sind.

Beispiel:

Im Versandhandel liegen den Sendungen oft Rücksende-Formulare bei. Darin kann der Kunde Gründe angeben, warum er das Produkt nicht behalten möchte. Bestimmte Gründe können dabei vorgegeben werden, etwa im Textilbereich „Artikel zu groß", „Farbe passt nicht", oder „Artikel entspricht nicht der erwarteten Qualität". Ein freies Feld für andere Gründe sollte dann aber nicht fehlen.

Wer eine kunden- und qualitätsorientierte Unternehmensführung wirklich ernst nimmt, sollte jede vorgebrachte Beschwerde genau erfassen und dokumentieren.

Beschwerdebearbeitung

Im nächsten Schritt ist zu entscheiden, wie und mit welchem Ergebnis der Fall gelöst werden kann. Zunächst ist zu prüfen, ob die Beschwerde bzw. die Reklamation gerechtfertigt ist. Grundsätzlich sollte eine kulante Prüfung erfolgen. Das gilt besonders für Dienst- und Serviceleistungen, die in der Regel aufgrund fehlender objektiver Kriterien oft keine genaue Prüfung zulassen.

Anders ist dies bei empfundenen Produktmängeln. Ob es sich um einen tatsächlichen Mangel handelt, ist schnell geklärt. Ansonsten sollte dem Kunden sachkundig, aber auch bestimmt erklärt werden, dass es sich nicht um einen Mangel am Produkt, sondern bestenfalls um eine Erwartung seinerseits handelt, die dieses spezielle Produkt nicht erfüllt.

Beschwerdelösung

Art und Umfang der angebotenen Lösung hängen auch von der Bedeutung des Kunden ab, die sich nicht nur auf seine Umsatz- und Deckungsbeiträge bezieht, sondern auch auf seine Stellung als Multiplikator.

Tipp:

Bei wichtigen Kunden und/oder bei sehr schwer wiegenden Problemen sollten Sie eine einvernehmliche Individuallösung anstreben. Bei weniger wichtigen Kunden bzw. nur geringen Mängeln empfiehlt es sich, eine Standardlösung anzubieten, die schnell und ohne großen Aufwand umgesetzt werden kann.

Am Schluss steht die Beschwerdekontrolle

In einem letzten Aufgabenfeld geht es um die systematische Auswertung von Kundenbeschwerden zur Identifikation von betrieblichen Schwachstellen sowie um die Überprüfung des Lösungserfolgs. Dazu ist in der Regel eine aktive Befragung der Beschwerdeführer nach der Reklamationsbearbeitung erforderlich, zumindest in Stichproben.

Das gilt insbesondere bei Standardlösungen, die meist ohne weitgehende Einbeziehung des Kunden erarbeitet wurden. Bei individuellen Produkten kann eine gut geführte Dokumentation der Reklamationsfälle helfen, Fehler systematisch aufzuarbeiten.

Tipp:

Schaffen Sie bei Ihren Mitarbeitern ein Bewusstsein dafür, dass Beschwerdeführer in der Regel keine Querulanten oder Störenfriede sind, sondern dem Unternehmen durch ihre Reklamation die Chance geben, Fehler zu erkennen und es beim nächsten Mal besser zu machen.

Brainstorming

Brainstorming ist eine *Kreativitätstechnik*, um in einer Gruppe Ideen zu finden. Dabei sollen in bewusster Abweichung von eingefahrenen Denkschemata neue Vorschläge und innovative Lösungsansätze erarbeitet werden.

Kreative Phase

Brainstorming läuft in zwei Phasen ab. Im ersten Schritt, der kreativen Phase, sollen alle Teilnehmer einer Gruppe zu einer vorgegebenen Fragestellung oder einem bestimmten Problem – die vorab entsprechend genau dargestellt werden müssen – Gedanken, Ideen oder Assoziationen äußern. Dabei kommt es in erster Linie auf eine möglichst große Anzahl von spontanen Lösungsvorschlägen an. Die Qualität dieser Vorschläge wird zunächst nicht beachtet. Jede Kritik an einem geäußerten Vorschlag ist während der kreativen Phase verboten.

Tipp:

Auch bereits bekannte Lösungsansätze dürfen zu Beginn dieser Phase diskutiert werden. Allerdings sollte dann ein möglichst reger Austausch neuer Ideen stattfinden; die unterschiedlichen Vorschläge dürfen kombiniert, erweitert oder weiterentwickelt werden. Je mehr sich die Teilnehmer gegenseitig inspirieren, umso besser.

Bewertungsphase

Im zweiten Schritt, der Bewertungsphase, werden die gesammelten Ideen strukturiert und bewertet.

Auf CD-ROM

Checkliste: Erfolgreiches Brainstorming

- Legen Sie zu Beginn der Sitzung die Regeln fest.
- Formulieren Sie eine exakte Fragestellung.
- Sammeln Sie dazu Vorschläge. Jeder der Beteiligten sollte sich äußern.
- Sie können auch jeden Teilnehmer auffordern, zunächst eigene Ideen aufzuschreiben, bevor diese genannt werden.
- Besonders in dieser Phase darf keine Kritik geübt werden.
- Es sollten nicht nur so viele Vorschläge wie möglich gesammelt werden, sondern auch „verrückte" Ideen Platz haben.
- Zeitdruck in dieser Phase ist meist kontraproduktiv.
- Fixieren Sie die geäußerten Ideen schriftlich.
- Nun werden die einzelnen Vorschläge bewertet. Es empfiehlt sich, jede Ideen möglichst vorurteilsfrei einzuschätzen.
- Danach kann man sie nach vorgegebenen Kriterien (z. B. Kosten, Machbarkeit, Kapazitäten ...) priorisieren.

Call-Center

In einem Call-Center werden auf telefonischem Wege Marktkontakte aufgebaut. Die Aufgaben eines Call-Centers, das als Abteilung in einem Betrieb oder eigenes Unternehmen agiert, gehen dabei über das reine Verkaufen weit hinaus.

So kann ein Call-Center beispielsweise folgende Aufgaben übernehmen:

- Kundendienst, Weitergabe von Informationen an die Anrufer (Hotline)
- Marktforschung, Meinungsforschung
- Beschwerdemanagement
- Bestellannahme
- Ticket-Service
- Notfalldienst (z. B. bei den Automobilclubs)
- Verkauf

Call-Center können in zwei Richtungen operieren. In einem sog. Inbound-Center beantworten die Mitarbeiter Kundenanfragen, nehmen Bestellungen, Beschwerden, Anregungen, Störmeldungen usw. entgegen. Entscheidend ist, dass die Aktivität vom Kunden ausgeht. Die Vielfalt der Fragen erfordert dabei ein fachlich gut geschultes Personal. Inbound-Center

In einem sog. Outbound-Center geht die Aktivität vom Unternehmen aus: Hier werden Kunden angerufen, um Produkte oder Dienstleistungen anzubieten, Termine zu vereinbaren oder auch um Befragungen durchzuführen. Outbound-Center

Beispiele

- Erhebung statistischer Daten
- Pre-Sale (Ermittlung von künftigen Ansprechpartnern)
- Aktualisierung von Adressdaten und anderen Datenbanken
- Verkauf mit Vertragsabschluss

Beide Formen können auch gemischt werden, was in der Regel eine gleichmäßigere Auslastung des Call-Centers mit sich bringt.

Achtung:
Aktive Anrufe ohne Kundenanforderung (sog. Cold Call) sind vom Gesetzgeber stark reguliert und in Deutschland speziell bei Privatkunden verboten. Die entsprechenden gesetzlichen Einschränkungen sollte man unbedingt beachten.

Bei der Organisation von Call-Centern ist es wirtschaftlich entscheidend, ein Maß zu finden, das einerseits die Kosten für die Mitarbeiter und den Betrieb des Call-Centers allgemein im Rahmen hält und andererseits die Wartezeiten der anrufenden Kunden begrenzt.

Dafür gibt es diverse IT-Programme, die es den Call-Center-Agenten ermöglichen, im Prinzip ständig zu telefonieren, ohne sich um die Anwahl von Telefonnummern oder die Auswahl der Anrufer kümmern zu müssen.

Tipp:

Der Einsatz von angelernten Kräften in Call-Centern – nicht selten Studenten – stößt dann an seine Grenzen, wenn der Mitarbeiter (Agent) selbst einfache Rückfragen des Kunden nicht zufriedenstellend beantworten kann. Achten Sie also insbesondere bei der Einbindung eines Dienstleisters darauf, dass das Personal ausreichend geschult wird.

Conjoint-Analyse

Mit der Conjoint-Analyse kann man den Nutzen, den einzelne Produkteigenschaften für den Kunden darstellen, herausfinden. Der Sinn ist, den richtigen „Mix“ von Eigenschaften zu erkennen, der dem Kunden den maximalen Nutzen bietet.

Die Conjoint-Analyse ist eine Methode der Marktforschung. Es geht letztlich darum herauszufinden, welche Eigenschaften eines zu entwickelnden Produkts der spätere Kunden eigentlich als nützlich empfindet und welche Eigenschaften er mehr oder weniger gern in Kauf nimmt. Einer der wichtigsten Anwendungsbereiche ist die Neuproduktentwicklung.

Vorgehensweise

Praktisch umgesetzt wird die Conjoint-Analyse, indem man Testpersonen Beschreibungen von hypothetischen Produkten vorgelegt und sie bittet, diese Produkte nach ihrer persönlichen Vorliebe in eine Rangordnung zu bringen. Das Ergebnis dient als Grundlage, um den Teilnutzwert einzelner Produkteigenschaften ableiten bzw. die Frage beantworten zu können, welche Eigenschaften des Produkts am meisten zum Nutzen für den späteren Kunden beitragen.

Schritt 1: Auswahl der Eigenschaften

Im ersten Schritt werden die Produkteigenschaften ausgewählt, die für die Untersuchung relevant sind.

Tipp:

Stellen Sie dabei sicher, dass diese Eigenschaften

- für das Gesamturteil bedeutsam sind,
- beeinflusst werden können,
- voneinander unabhängig sind und
- nicht nur verschiedene Bezeichnungen für eigentlich gleiche Eigenschaften sind.

Solche Eigenschaften können z. B. der Preis, die Anzahl der Bedienknöpfe, das Gewicht usw. sein.

Im zweiten Schritt wird jede Eigenschaft mit zwei oder drei Ausprägungen definiert (z. B. verschiedene Preise, verschiedene Farben, verschiedenes Material). Schritt 2

Im letzten Schritt bringen die Testpersonen anhand dieser Beschreibungen die hypothetischen Produkte in eine Rangfolge. Schritt 3

In einer computergestützten Auswertung werden die Ergebnisse dahingehend interpretiert, welches Gewicht den einzelnen Merkmalsausprägungen für die Gesamtbewertung der Produkte zukommt. Damit lässt sich der Nutzen für den Kunden bestimmen, der bei allen möglichen Kombinationen der ausgewählten Eigenschaften eintritt.

Beispiel: Cola

Die Cola soll durch drei Eigenschaften gekennzeichnet sein: den Zuckergehalt, den Preis, die Farbe. Die Tester bringen nun alle möglichen Kombinationen dieser Eigenschaften in eine Reihenfolge, die ihnen am meisten zusagt. Je nachdem, welche Eigenschaften am meisten zu der Reihenfolge beigetragen haben, kann man nun feststellen, was für die Entwicklung einer neuen Cola besonders wichtig ist.

Was kann man mit dieser Analyse erreichen?

- Genaue Ermittlung der relativen Wichtigkeit von Produkteigenschaften und Merkmalsausprägungen
- Ermittlung des Gesamtnutzens von verschiedenen Produkten

- Bestimmung der Preiselastizität der Nachfrage (Wie teuer darf das Produkt sein?)
- Ermittlung der Stärken und Schwächen von Produkten im Vergleich zur Konkurrenz
- Simulation der Wirkung von Veränderungen verschiedener Eigenschaften bei der Neueinführung eines Produkts.

Corporate Identity

Corporate Identity (abgekürzt CI) bezweckt, dass ein Unternehmen oder eine Organisation wie eine Persönlichkeit wahrgenommen wird. Die Organisation, wie sie nach innen und außen in Erscheinung tritt und kommuniziert, soll als Einheit mit einem bestimmten Charakter erscheinen. Dieses Image soll positiv und unverwechselbar sein, sodass der Kunde Produkte wie Mitarbeiter damit in Verbindung bringt.

Unter Corporate Identity ist also das vom Unternehmen schlüssig dargestellte Selbstverständnis zu verstehen. Es ergibt sich u. a. aus folgenden Faktoren:

Corporate Behaviour

- Verhalten (Corporate Behaviour): Nach innen und außen müssen Verhaltensweisen gefunden werden, die den Mitarbeitern und der Außenwelt die Identifikation mit dem Unternehmen und seinen Zielen ermöglichen.

Corporate Design

- Erscheinungsbild (Corporate Design): Es gilt, einen unverwechselbaren Firmennamen, ein passendes Logo und einprägsame Firmenfarben festzulegen.

Corporate Communication

- Kommunikation (Corporate Communication): Es soll nicht nur die unternehmensinterne Kommunikationspolitik gepflegt, sondern auch der Bekanntheitsgrad erhöht werden. Dazu eignen sich z. B. Pressekonferenzen, Broschüren, Betriebsbesichtigungen und Ähnliches.

Ziele der CI

Dank der Corporate Identity sollen alle *Stakeholder*, von den Konsumenten bis hin zu den Lieferanten und Aktionären, das Unternehmen als einmalig ansehen. Diese Unverwechselbarkeit soll auch in der Unternehmenskultur zum Ausdruck kommen: die Mitarbeiter sollen stolz sein auf ihr Unternehmen und sich mit ihm identifizieren. Dies kann sich z. B. darin äußern, dass Mitarbeiter eines Autoherstellers auch privat ein Fahrzeug ihrer Firma fahren.

Tipps:

Sicher ist es nicht sinnvoll, die private Nutzung der eigenen Produkte per Anweisung zu regeln. Besser, Sie setzen dafür wirtschaftliche Anreize (Sonderpreise für Werksangehörige). Im besten Fall sind Ihre Mitarbeiter natürlich von der Qualität so überzeugt, dass Konkurrenzprodukte für sie nicht infrage kommen.

Sollen neue und riskante Produkte und Märkte getestet werden, so kann es schädlich sein, sie mit einem bewährten Image zu verbinden. Falls das neue Produkt nämlich keinen Markt findet und schlecht beurteilt wird, kann dies auch auf die anderen Produkte durchschlagen. In diesen Fällen ist ein Test unter anderem Namen oft sinnvoller.

Customer Relationship Management (CRM)

CRM umfasst die Organisation, den Aufbau und die Steuerung der Beziehungen zum Kunden.

Customer Relationship Management ist am besten mit dem deutschen Begriff „Kundenbeziehungsmanagement“ zu übersetzen. Wichtig ist, dass man sich nicht nur intuitiv auf den Kunden einstellt, sondern gezielt und strukturiert vorgeht.

Zum CRM gehören u. a. folgende Bereiche:

- Kundenorientierung des gesamten Unternehmens und aller Mitarbeiter
- Segmentierung der Kunden nach verschiedenen Kategorien (Neukunden, „Starkunden“, Ertragskunden …)

Auf CD-ROM

- Erstellen eines Kundenportfolios, z. B. nach Umsatz, Kundendeckungsbeitrag, Kundenzufriedenheit
- Erstellen von Kundenprofilen, um Kunden gezielt und individuell anzusprechen. Dazu gehört, dass man schnell und effizient auf deren Bedürfnisse reagiert.

Tipps:

Sammeln und nutzen Sie Informationen über Ihre Kunden. Bedenken Sie aber, dass es sich dabei um persönliche Daten handelt; ihr Gebrauch ist entsprechend eingeschränkt. Eine Weitergabe an Dritte ist absolut tabu!

Denken Sie auch daran, wie wichtig zufriedene Mitarbeiter für die Kundenbindung sind: Unzufriedene Mitarbeiter setzen die geforderte Kundenorientierung eher schlecht um und sorgen unter Umständen auch außerhalb des Unternehmens für ein entsprechend schlechtes Image.

Direktmarketing (Direct-Marketing)

Im Direktmarketing wird die Zielgruppe direkt und individuell kontaktiert. Mailings und Versandgeschäft, aber auch Kundenbesuche sind für Direktmarketing-Unternehmen kennzeichnend.

Ziel des Direktmarketings ist es, ohne Mittler auf die potenziellen Kunden so einzuwirken, dass es letztendlich zu einem Vertragsabschluss, also zu einem Verkauf kommt.

Denkbare Ansprechpartner im Direktmarketing können sein:

- Endabnehmer/Verbraucher im Konsumgüterbereich
- *Absatzmittler*, die Waren auf Kommission verkaufen (Kommissionäre)
- gewerbliche Abnehmer aus Industrie und Handwerk
- nicht gewerbliche Abnehmer aus dem öffentlichen, sozialen und gesellschaftlichen Bereich (öffentliche Verwaltungen, Schulen und Universitäten, Vereine, soziale Organisationen usw.)

→ Direktvertrieb, S. 459

Der Kontakt kann dabei durch einen Verkäufer bzw. Vertreter „face to face“ hergestellt werden, wie im *Direktvertrieb* (etwa Haustürgeschäfte oder Vertreterbesuch) oder bei der Vorführung von Mustern (beispielsweise auf Messen, in Fußgängerzonen etc.).

Das Unternehmen kann aber auch über unterschiedliche Medien (s. *Werbemittel*) den Erstkontakt zum Kunden anbahnen. Hier gibt es zahlreiche Möglichkeiten:

- Versand von Printmedien, wie Broschüren, Werbebriefe, Mailings, Kataloge usw., zumeist mit den entsprechenden Bestellunterlagen
- die Versendung von Proben und Mustern
- unadressierte Haushaltswerbung (Postwurfsendungen)
- Kontaktaufnahme über elektronische Medien, z. B. Telefonakquise über Call-Center, Internet/Werbe-E-Mails, Videotext usw.

Besonders im Bereich der Telefon- und Internetwerbung gelten wettbewerbsrechtliche Einschränkungen zum Schutz der Verbraucher. So ist beispielsweise Telefonwerbung beim Endverbraucher nur erlaubt, wenn dieser der telefonischen Kontaktaufnahme zugestimmt hat. Auch Werbe-E-Mails dürfen ohne das Einverständnis des Privatkunden nicht versandt werden.

Wettbewerbsrecht beachten!

Besonderheit: Persönliche Beziehung zum Kunden

Die Besonderheit des Direktmarketings liegt in der persönlichen Beziehung, die zum Kunden aufgebaut werden kann. Das gelingt am besten, wenn die zwischenmenschliche Beziehung zwischen Verkäufer und Abnehmer gestärkt wird. Der Verkäufer *als Person* steht dabei im Mittelpunkt. Er muss nicht nur die wesentlichen Rahmendaten des Marktes kennen, sondern sich auch gut auf jeden seiner Kunden einstellen (siehe Checkliste unten).

Die Verkaufsgespräche müssen sorgfältig vor- und nachbereitet werden. Neben den technischen Merkmalen des Produkts, seinem Design und seiner Verpackung vermitteln auch das Auftreten des Verkäufers, der allgemeine Rahmen der Präsentation oder der Verkaufsraum, in dem die Gespräche geführt werden, eine Botschaft an den Kaufinteressenten.

Auf CD-ROM

Checkliste: Sind Sie für das Direktmarketing gewappnet?

- Sind Sie über das mögliche Absatzpotenzial informiert?
- Kennen Sie die Konkurrenzsituation?
- Haben Sie sonstige Informationen über die Kunden bzw. den speziellen Markt?
- Wissen Sie, wer letztlich die Kaufentscheidung beim Kunden trifft?
- Kennen Sie den Verwender Ihrer Produkte? (Derjenige, der über den Kauf entscheidet, muss nicht der Nutzer sein.)
- Haben Sie einen individuellen Besuchs-/Kontaktplan erstellt?
- Ist der Tourenplan optimal? Zeitliche Fenster sind so zu gestalten, dass man pünktlich eintrifft und ausreichend Zeit auch für Rückfragen hat. Aus Zeitmangel abgebrochene Kundengespräche sind peinlicher und kontraproduktiver, als hätten sie gar nicht stattgefunden.
- Haben Sie individuelle Vorbereitungen für die einzelnen Verkaufsgespräche getroffen und schriftlich niedergelegt?
- Haben Sie sich eine Verkaufsargumentation zurechtgelegt?
- Haben Sie Ihren Besuch rechtzeitig angemeldet?

Vorteile von Direktmarketing

Direktmarketing ist

- nicht öffentlich: Die (Werbe-) Botschaft wird nur von der ausgewählten Empfangsperson wahrgenommen.
- reaktionsschnell und zeitlich unmittelbar: Man kann beispielsweise Produkte unmittelbar nach einem Ereignis anbieten (z. B. Fanartikel im Sportbereich unmittelbar nach dem Sieg)
- zielgerichtet auf eine bestimmte Zielgruppe oder -person: Das ermöglicht maßgeschneiderte Angebote.
- interaktiv: Durch den Dialog kann die Kommunikation und damit die Strategie jederzeit geändert und an den Kunden angepasst werden.

Direktmarketing kann überall dort sinnvoll eingesetzt werden, wo der persönliche Kontakt Erfolg versprechend ist. Der Partner kann dabei der Nutzer selbst oder eine verantwortliche Person (Einkäufer) im Handel oder in einem Unternehmen sein.

Direktvertrieb

Der Direktvertrieb ist ein Bestandteil der *Distributionspolitik* und kann im Unternehmen selbst, über unternehmenseigene Verkaufsstellen oder Filialen, über Reisende oder mithilfe von Direktmarketing-Instrumenten erfolgen.

Eng verwandt mit dem Direktvertrieb ist der Versandhandel, bei dem das Versandhandelsunternehmen jedoch nicht Hersteller des von ihm vertriebenen Sortiments ist.

Der Direktvertrieb bringt folgende Hauptvorteile mit sich:

- den direkten Kontakt zum Kunden
- die Unabhängigkeit von Absatzmittlern wie Groß- und Einzelhandel
- die Möglichkeit, alle absatzpolitischen Maßnahmen selbst bestimmen und beeinflussen zu können
- eine oftmals größere Handelsspanne

Der Direktvertrieb hat aber auch Nachteile:

- Es entstehen Absatz- und Lagerkosten.
- Das Unternehmen muss alle Funktionen des Handels selbst übernehmen.
- Der Markt wird oftmals nur unvollständig abgedeckt, wobei über Direktmarketing-Instrumente versucht werden kann, diesen Nachteil auszugleichen.

Generell ist der Direktvertrieb immer dann zu empfehlen, wenn man die Mehrzahl der nachstehenden Fragen mit Ja beantworten kann.

Auf CD-ROM

Checkliste: Direktvertrieb

- Ist die Zahl der Abnehmer begrenzt?
- Besteht eine starke räumliche Konzentration der Abnehmer?
- Besteht eine räumliche Nähe zwischen dem Unternehmen und den Abnehmern?
- Sind die zu vertreibenden Produkte sehr erklärungsbedürftig?
- Bewegt sich die Nachfrage auf einem konstanten Niveau?

Direktmarketing und Direktvertrieb hängen zusammen, sind aber nicht das Gleiche. Während der Direktvertrieb der *Distributionspolitik* zuzuordnen ist, ist das Direktmarketing vor allem ein Bestandteil der Kommunikationspolitik und der Absatzförderung.

Distributionspolitik

Die Distributionspolitik ist ein Bestandteil des *Marketing-Mix* und bezieht sich auf die Frage, wie ein Unternehmen seine Waren oder Dienstleistungen optimal vertreibt.

Die Distributionspolitik hat zum Ziel, dass Güter bzw. Dienstleistungen

- in der richtigen Menge
- in einwandfreiem Zustand
- zur gewünschten Zeit
- an den beabsichtigten Ort

gebracht werden.

Die Distributionspolitik umfasst zwei Teilbereiche:

Absatzwege und Logistik

- Die Absatzwegepolitik: Hier geht es um die konkrete Bestimmung des Absatzweges.
- Die Distributionslogistik. Sie beinhaltet die Organisation der Auftragsabwicklung und die Organisation des Lager- und Transportwesens.

Direkter Absatz

Grundsätzlich kommen direkte und indirekte Absatzwege infrage. Für den direkten Absatz gibt es eine Vielzahl von Möglichkeiten.

Beispiele:

Verkauf ab Werk; Absatz über Außendienst, entweder in der Form von Handelsvertretern (Selbstständige) oder Handlungsreisenden (unternehmenseigene Mitarbeiter); Verkauf in unternehmenseigenen Verkaufsbüros.

Beim indirekten Absatz werden *Absatzmittler* (Händler) eingeschaltet, die für ihre Leistung eine Handelsspanne erhalten. Die Frage, ob es sinnvoll ist den direkten Absatzweg zu wählen oder über den Handel zu arbeiten, lässt sich anhand der folgenden Checkliste prüfen.

→ Absatzmittler, S. 445

Checkliste Absatzmittler – ja oder nein?

- Ist mein Unternehmen rein technisch in der Lage, den Absatz selbst zu übernehmen? Und welchen Aufwand muss ich dafür betreiben?
- Werden die Kapazitäten, die dafür aufgebaut werden müssen, auch langfristig genutzt?
- Welche Kosten entstehen dafür?
- Sind diese Kosten geringer als die Handelsspanne, die ich durch den direkten Absatz zusätzlich erwirtschaften kann (bzw. die ich durch den direkten Absatz nicht an Händler „abgeben" muss)?

Auf CD-ROM

Handel/Händler

Siehe *Absatzmittler*, S. 445.

Internet-Marketing

Die Gesamtheit der Maßnahmen, Kunden über das Internet anzusprechen und die Instrumente des *Marketing-Mix* – speziell im Bereich Kommunikationspolitik, aber auch bei Vertragsabschlüssen als Form der Distribution – auf diesem Wege auszunutzen, bezeichnet man als Internet-Marketing.

Die Nutzung des Internets als Marketinginstrument hat in den letzten Jahren rasant zugenommen und wird auch weiterhin große

Bedeutung haben. Einige seiner Möglichkeiten und Vorteile seien in der folgenden Übersicht genannt.

Vorteile des Internets für Marketing-Maßnahmen
• Bearbeitung neuer, geographisch entfernter Märkte • Verkauf und Kommunikation rund um die Uhr • direkte Ansprachemöglichkeit verschiedener Zielgruppen • schnelle und effiziente Aktualisierungsmöglichkeiten von Verkaufsprogrammen, Katalogen, technischen Dokumentationen usw.; • Kostenvorteile durch den Wegfall von Druckkosten • effizienter Kundenservice • geringe Kommunikations- und Informationskosten • schneller und gezielter Zugriff auf Informationen (Datenbanken).

Zu bedenken ist, dass die Anonymität des Internets jedoch hohe Sicherheitsstandards erfordert. Gleichzeitig sind Unternehmen an eine Reihe rechtlicher Verpflichtungen gebunden, die zum Teil noch strenger sind als bei anderen Werbemedien.

Die Website und andere Werbemittel im Internet

Die wichtigsten Online-Werbemittel sind:

Online-Werbung

- Webpräsenz/Website mit Unternehmensdarstellung, Links auf Produkte oder Produktgruppen, Online-Katalog, Kontaktdaten, Kontaktaufnahme-Formulare, Downloads u. a. m.)
- Bannerwerbung, Pop-Ups usw. auf fremden Sites
- Präsenz in Suchmaschinen (Google, Yahoo u. a.)
- elektronische Newsletter für bestimmte Kunden
- E-Mail-Werbung (Einschränkungen bei Privatpersonen beachten)
- sog. „Guerilla-Marketing“ in Diskussionsforen u. a.

Der Internetauftritt eines Unternehmens soll nicht nur informieren, sondern auch Aushängeschild sein und Interessenten neugierig machen.

Beispiel: Internetauftritt

So könnte ein Unternehmen im Gaststättengewerbe beispielsweise folgende Informationen ins Netz stellen:

Auf der Startseite findet sich ein (saisonal wechselndes) ansprechendes Foto, Name und Anschrift der Gaststätte und ein eingängiger Slogan. Links verweisen auf die Speisekarte, Öffnungszeiten und Räumlichkeiten, die Geschichte des Hauses, die Besitzer, Interessantes in der Umgebung, besondere Events, eine Anfahrtsskizze.

Daneben ist die Site in entsprechenden Suchmaschinen günstig gelistet und erscheint als Link in einschlägigen Branchenführern (online und Print).

Wie ausführlich (und aufwendig) die Webseite gestaltet wird, ob sie eher produkt- oder imageorientiert aufgebaut ist etc., ist stark abhängig von der Branche, den angebotenen Leistungen und der Distributionspolitik (ob etwa auch online bestellt werden soll). Anhand der folgenden To-Do-Liste lässt sich beispielhaft die Planung eines Internetauftritts für ein Unternehmen nachvollziehen.

To-Do: Planung eines Internetauftritts

- Klären Sie im Vorfeld, welche E-Commerce-Anwendungen für Ihr Geschäft sinnvoll sind.
- Prüfen Sie, welche Finanzmittel Ihnen für Internetprojekte zur Verfügung stehen.
- Entscheiden Sie auf dieser Basis, welche Projekte in welchem Zeitraum in Angriff genommen werden sollen.
- Beziehen Sie von Anfang an Ihre Mitarbeiter in das Projekt ein und planen Sie bei Bedarf entsprechende Qualifizierungsmaßnahmen.
- Richten Sie bei Bedarf eine Projektgruppe ein, die das Projekt umsetzen soll. Diese kann dann festlegen, welche Ziele erreicht werden sollen, welche sachlichen Anforderungen die Mitarbeiter erfüllen müssen, welche organisatorischen Entscheidungen notwendig werden und welche Hard- und Software zum Einsatz kommen soll.
- Nehmen Sie beratende Hilfe von Spezialisten in Anspruch (Multimedia-Agenturen, Unternehmensberater usw.).
- Vergessen Sie nicht, für die entsprechende Sicherheit zu sorgen. Ihr Internetauftritt kann mit Risiken verbunden sein. Sie können mit Viren konfrontiert werden, Ihre E-Mails können von Hackern mitgelesen, umgeleitet oder verfälscht werden usw. Planen Sie daher mit, wie Sie sich vor solcherlei Sicherheitsrisiken schützen können.

Quelle: Geyer/Ephrosi, Crashkurs Marketing, Freiburg, 2005

Key-Account-Management

Das Key-Account-Management ist sowohl Teilgebiet des Marketings wie auch des Vertriebs. Erklärtes Ziel ist neben dem Verkauf die aktive Betreuung und Unterstützung von Schlüsselkunden in allen Belangen der Produktanwendung. Diese Aufgabe wird von qualifizierten Key-Accountern übernommen. Je nach Situation arbeiten diese im Unternehmen oder beim Kunden vor Ort.

Als direkter Partner des Kunden löst der Key-Accounter mit diesem kritische Anwendungsfälle, hilft mit bei der Einführung und Präsentation neuer Produkte und steht jederzeit mit Rat und Tat zur Verfügung. Durch dieses gezielte Engagement entsteht die nötige Vertrauensgrundlage für dauerhafte und erfolgreiche Partnerbeziehungen.

Seine wichtigsten Aufgaben lassen sich wie folgt zusammenfassen:

Aufgaben des Key-Accounters

- Pflege der Schlüsselkundendatei. Dazu zählen die Firmenstammdaten und die Daten der Ansprechpartner. Die Zuordnung zur Kategorie „Schlüsselkunde" sollte auf Grundlage nachvollziehbarer Kriterien erfolgen.
- Erarbeitung eines qualitativen und quantitativen Rahmenplans gemeinsam mit dem Schlüsselkunden. Dadurch erhält der Kunde mehr Sicherheit im Einkauf (z. B. rechtzeitige Verfügbarkeit der Ware), das Unternehmen kann besser disponieren.
- Permanente Unterstützung des Schlüsselkunden
- Systematisches Controlling

Auswahlkriterien für Schlüsselkunden

Die Auswahl der Schlüsselkunden sollte sich immer an mehreren Wertmaßstäben orientieren. Deshalb können verschiedene Unternehmen infrage kommen:

- innovative Wachstumsunternehmen, die Synergien für die eigene Firma bringen
- Firmen mit gutem Markennamen, um Referenzwirkung zu erzielen
- Unternehmen, die direkt oder indirekt das Marktgeschehen beeinflussen

Tipp:

Die Auswahl von Schlüsselkunden sollte kooperativ zwischen dem Vertriebsleiter, dem Key-Accounter und dem betroffenen Außendienstmitarbeiter erfolgen.

Schließlich gibt auch das Umsatzpotenzial des Kunden Aufschluss darüber, ob eine Eignung zum Schlüsselkunden vorliegt.

Achtung:
Für Mittelständler kann der Verlust eines Großkunden die Existenz gefährden. Richtig angepacktes Key-Account-Management mindert nicht nur diese Gefahr, sondern verhilft auch zu Umsatzsteigerungen.

Kommunikationspolitik

Die Kommunikationspolitik ist ein Bestandteil des *Marketing-Mix*. Weil sie jedwede Kommunikation mit dem Kunden umfasst, gehören dazu nicht nur Werbung, Verkaufsförderung oder das Verkaufsgespräch, sondern auch Öffentlichkeitsarbeit, Messen oder Events.

→ Distributions politik (S. 460), Werbung (S. 513), PR (S. 500)

Die Formen der Kommunikation sind eng an die Distributionswege gebunden. Ziel der Kommunikationspolitik ist jedoch immer, die Verbraucher oder Kunden zu informieren und sie dahingehend zu beeinflussen, dass sie die Produkte/Dienstleistungen des Unternehmens kaufen. Oft geht es gleichzeitig um die Erhöhung des Bekanntheitsgrades (des Unternehmens, des Produkts oder der Dienstleistung) oder – vor allem in der Markenwerbung – um den Transport eines bestimmten Images.

In der Kommunikationspolitik sind vor allem folgende Fragen von Bedeutung:

Checkliste: Kommunikationspolitik

- Wer ist der Absender der Botschaft (Kommunikator), geht das aus der Botschaft auch eindeutig hervor?
- Welche Botschaft möchte man senden?
- Welcher Werbeträger ist dafür der richtige?
- Wer ist die Zielgruppe, also der Empfänger der Botschaft?
- Wie erfolgreich waren bisherige kommunikative Anstrengungen, welches Image ist durch sie entstanden?

Mehr dazu siehe *Werbung*, S. 513 und *Public Relations*, S. 500.

Konkurrenzanalyse

Mithilfe der Konkurrenzanalyse werden die am Markt befindlichen Wettbewerbsfirmen und deren Produkte auf Stärken und Schwächen untersucht. Das Unternehmen erhält damit Orientierungspunkte für die eigene Marktpositionierung und Wettbewerbsstrategie.

Auf CD-ROM

Wettbewerber sind in erster Linie Firmen, die insgesamt oder in einem Geschäftsfeld auf denselben Marktzweck wie das eigene Unternehmen ausgerichtet sind. Bei der Konkurrenzanalyse ist deshalb festzustellen, welches Stärken-Schwächen-Profil diese Firmen im Vergleich zum eigenen Unternehmen haben.

Gruppen von Wettbewerbern

Marktführer und Marktherausforderer

Marktführer haben eine besonders ausgeprägte Marktstellung und übernehmen eine Führungsfunktion in Bezug auf Produktangebot, Marktbedienung und Marktbeeinflussung. Marktherausforderer sind solche Firmen, die auf dem Wege sind, sich als Marktführer zu positionieren.

Nischenanbieter und Mitläufer

Nischenanbieter beteiligen sich nur mit einem begrenzten Liefersortiment und Produktangebot am Markt oder konzentrieren sich auf beschränkte Marktgebiete, welche sie mit ihrem Angebot abdecken. Mitläufer beteiligen sich nur marginal am Marktgeschehen und haben meist eine untergeordnete Marktstellung.

Je nach eigener Marktposition sind die erste oder die ersten beiden Gruppen für eine Konkurrenzanalyse interessant. Die Mitläufer spielen nur dann eine entscheidende Rolle, wenn

- das eigene Unternehmen auf bestimmten Märkten in direktem Wettbewerb zu solchen Unternehmen steht oder
- wenn sich abzeichnet, dass ein bisheriger Mitläufer diese Kategorie verlassen wird.

Analysefelder

Was bei einer Konkurrenzanalyse untersucht wird, hängt davon ab, ob ein einzelnes Produkt oder die Wettbewerber im Fokus stehen. Welche Kriterien dabei eine Rolle spielen können, zeigen beispielhaft die folgenden Checklisten. Je nach Branche oder Produkt können auch andere Punkte von Interesse sein.

Auf CD-ROM

Checkliste: Analysefelder von Wettbewerbern

- Wirtschaftliche Voraussetzungen
- derzeitige Marktstellung
- Organisation und Qualitätsmanagement
- Vertriebsstruktur und Vertriebsstärke
- Struktur und Kompetenz im Liefersortiment
- Kundenstruktur
- Professionalität der Kommunikation

Auf CD-ROM

Checkliste: Analysefelder von Produkten/Leistungen

- Produktkonzept und Ausgewogenheit des Sortiments
- Form- und Farbdesign
- Technische Funktionen und Handling
- Qualitätsstandards
- Preis
- Schutzrechte und Dokumentation
- Konkreter Nutzen für den Kunden

Kreativitätstechniken

Kreativitätstechniken sind Methoden, die individuelle Gedankengänge oder das kreative Potenzial einer Gruppe stimulieren.

Bewirkt werden soll die Steigerung der Kreativität durch die Aktivierung unterschiedlicher, auch ungewohnter Denkprozesse sowie durch die Kombination von Analyse und Intuition. Kreativitätstechniken sind in fast allen Problemlösungsprozessen einsetzbar. Sie können jedoch keine Erfolgsgarantie für das Auffinden einer originellen Idee geben.

Tipp:

Eine notwendige Voraussetzung für den Erfolg einer Kreativitätstechnik ist die Motivation der Teilnehmer. Kreativität kann nicht verordnet werden. Ist mit dem Zwang zur Anwendung der Methode gar noch die Kritik an der bisherigen Vorgehensweise und ihren Ergebnissen verbunden, ist der Misserfolg vorprogrammiert.

Arten von Kreativitätstechniken

Je nachdem, welche Art von Denken bevorzugt angesprochen wird, spricht man von intuitiven oder systematisch analytischen Methoden.

Intuitive Methoden

Intuitive Methoden erlauben Gedankensprünge und Diskontinuitäten und fragen nicht nach richtig oder falsch. Sie arbeiten häufig mit Assoziationen oder der bloßen Vorstellungskraft. Jede Idee ist dabei gleich wertvoll. Das Ziel dieser Methoden ist es, eine möglichst große Zahl von Ideen zu produzieren, unter denen sich dann idealerweise auch einige sehr gute befinden.

Beispiele: intuitive Methoden

Brainstorming, Imaginationstechniken wie „Denkhüte", „Denkstühle", Zufallstechniken wie die Reizwort- oder die Lexikon-Analyse, Analogie-Techniken wie die Bionik.

Systematisch-analytische Methoden

Im Gegensatz dazu strukturieren systematisch-analytische Methoden ein Problem, d. h. sie zerlegen es in seine Bestandteile, analysieren diese und ziehen Schlussfolgerungen daraus. Für jeden Tatbestand wird ein abschließendes Urteil gefällt. Logisches Vorgehen, schematische Darstellung, Präzision und eine bestimmbare Anzahl möglicher Lösungen kennzeichnen diese Methoden.

Beispiel: Morphologischer Kasten

Für das Problem werden Kategorien gesucht, die jeweils eine Klasse von Eigenschaften (Optionen) beinhalten. So kann etwa die Kategorie „Produktmaterial" Eigenschaften wie Edelstahl, Glas, Holz enthalten. Kategorien und Eigenschaften werden in einer Matrix aufgetragen; dadurch ergibt sich eine bestimmte Anzahl verschiedener Kombinationen, wobei alles miteinander kombinierbar ist. Daraus wählt man die beste Lösung aus.

Auf welche Weise werden die Ideen gefunden?

Assoziative vs. Zufallstechniken

Ideen können entweder assoziativ gewonnen werden, indem man von einer Idee, einem Bild, einer bereits vorhandenen Lösung ausgeht und diese durch das Bilden von Assoziationsketten immer weiterentwickelt. Zufallstechniken wie die Reizwort- oder die Lexikon-Analyse hingegen konfrontieren das Problem mit Begriffen, die in keinem Zusammenhang mit den erwarteten Inhalten oder Ansichten stehen.

Was soll erreicht werden?

Kreativitätstechniken werden gezielt dazu eingesetzt, die Kreativität einer Gruppe oder einzelner Personen zu steigern. Daneben sollen die Methoden helfen, Denkblockaden aufzulösen, und innere wie äußere Zensoren zum Schweigen bringen. Kreative Methoden weiten den Blick und helfen die ausgetretenen Pfade zu verlassen.

Beispiele:

Allein der Gedanke daran, dass andere über eine ungewöhnliche Idee lästern könnten, hindert viele daran, Ideen zu generieren. Oft auch verrennt man sich bei der Suche nach einer Lösung in eine Richtung.

Vor allem bei innovativen Problemen sollen durch den gezielten Einsatz von Kreativitätstechniken originelle Lösungen gefunden und deren Akzeptanz im Unternehmen gesteigert werden.

Tipp:

Lassen Sie zwei Aussagen nie zu:

- „Das haben wir noch nie so gemacht!"
- „Das haben wir schon immer so gemacht!"

Kundenbewertung

Mit der Kundenbewertung soll ermittelt werden, welche Kunden für den Erfolg eines Unternehmens bedeutsam sind.

Nicht alle Kunden sind gleich: Nach einer allgemeingültigen Regel werden mit rund 20 % der Kunden etwa 80 % des Umsatzes getätigt (A-Kunden, siehe unten). Die Kundenbewertung soll einerseits den Beitrag einzelner Kunden zum Unternehmenserfolg widerspiegeln, andererseits Erkenntnisse darüber liefern, inwieweit und mit welchen Instrumenten des *Marketing-Mix* diese Kunden zu erreichen sind.

Tipp: Kundenloyalität

Angefangen mit der Kenntnis über die Verwendungsfähigkeit Ihres Produkts über die Stufen Kaufinteressent, Erstkäufer, Wiederholungskäufer, Mehrfachkäufer bis hin zum Stammkunden gibt es viele Stufen der Kundenloyalität. Je nachdem, auf welcher Stufe sich ein Kunde gerade befindet, sollte er speziell angesprochen und betreut werden.

Kundenbewertung durch Umsatzanalyse

Die Umsatzanalyse dient insbesondere einer differenzierten Bewertung der Stammkunden. Dazu werden alle Kunden anhand des mit ihnen in einer Periode (z. B. ein Jahr) getätigten Umsatzes bewertet und – je nach Umsatzhöhe – in A-, B- und C-Kunden aufgeteilt. (*ABC-Analyse*).

→ ABC-Analyse, S. 221

Die Umsatzanalyse ermöglicht in vielen Fällen bereits eine gute Kundenbewertung und ist aufgrund ihrer Einfachheit sehr weit verbreitet. Allerdings lässt der erzielte Umsatz keine Aussagen über die Rentabilität eines Kunden zu, da die Kostenseite nicht berücksichtigt wird.

Kundendeckungsbeitrag

Hier wird versucht, den Beitrag eines Kunden zum Gesamtergebnis des Unternehmens zu ermitteln. Dieser Wert gibt wieder, wie rentabel der einzelne Kunde gegenwärtig für das Unternehmen ist, und erlaubt differenzierte Aussagen darüber, welche Kunden profitabel sind und welche Aufwendungen sich für die Gestaltung der Marketingmaßnahmen rechtfertigen lassen.

Vorgehensweise

Vom Bruttoumsatz (Listenpreise) des Kunden werden nach und nach verschiedene Kostenpositionen, die dem Kunden zuzuordnen sind, abgezogen, und so eine mehrstufige *Deckungsbeitragsrechnung* aufgebaut.

Solche Kostenpositionen können sein:

- Rabatte, Skonti,
- Herstellkosten des Umsatzes mit dem Kunden,
- direkt zurechenbare Marketingkosten (Kataloge, Einladungen),
- direkt zurechenbare Verkaufskosten (z. B. Außendienst),
- direkt zurechenbare Service- und Transportkosten.

Auf diese Weise kommt man letztlich über mehrere Stufen zum Kundendeckungsbeitrag.

Achtung:
Es wird nicht immer leicht sein, diese Kostenbestandteile einem Kunden direkt zuzuordnen. Im Zweifel ist zu entscheiden, ob der Nutzen aus der Kenntnis des Kundendeckungsbeitrages höher ist als der betriebene Aufwand. Man wird sich bei dieser Rechnung also nur auf wichtige Kunden bzw. Kundengruppen beschränken.

Auf CD-ROM

Es wäre in vielen Fällen kurzsichtig, den Wert eines Kunden nur anhand des gegenwärtigen Deckungsbeitrages zu ermitteln. Man muss auch sein Entwicklungspotenzial berücksichtigen. So wird in der Anfangsphase einer Kundenbeziehung häufig ein Verlust bewusst in Kauf genommen, wenn man davon ausgehen kann, dass der Kunde mit zunehmender Dauer der Kundenbeziehung immer profitabler wird.

Kundenclubs und Kundenkarten

Kundenclubs und Kundenkarten sind Instrumente der Kundenbindung. Durch sie sollen Käufer aus der Masse der Verbraucher herausgehoben werden (Community-Gedanke); Clubmitglieder bzw. Karteninhaber erhalten in der Regel spezifische Leistungs- und Vorteilsangebote. Das soll sie an das Unternehmen und seine Produkte binden.

Kundenclubs können entweder offen, d. h. für jedermann zugänglich, oder geschlossen sein. Bei geschlossenen Kundenclubs wird von den Mitgliedern in der Regel eine Leistung, etwa ein Jahresbeitrag, verlangt. Die Gegenleistung besteht in besonderen Vorteilen.

Beispiel:

Bei Fluggesellschaften kann man durch das „Sammeln" von Meilen in spezielle Servicebereiche aufgenommen werden.

Mit Kundenkarten können, teilweise gegen die Entrichtung einer Jahresgebühr, spezifische Leistungen in Anspruch genommen werden.

Beispiele:

Ein Biosupermarkt bietet den Kundenkartenbesitzern 3 % Rabatt auf alle Waren oder ein bestimmtes Sortiment. Gleichzeitig erhält dieser Kundenkreis regelmäßig Werbepost mit Angeboten etc. zugesandt.

Ein Textilkaufhaus bieten Besitzern seiner Kundenkarte die Anprobe zu Hause an.

Häufig ist die Kundenkarte mit einer Kreditfunktion verbunden. Das heißt, der Kunde kann wie mit einer Kreditkarte bezahlen, der Rechnungsbetrag wird später von seinem Konto eingezogen.

Ein weiter Aspekt ist nicht zu unterschätzen: Die Daten, die mit Kundenkarten und Kundenclubs gesammelt werden, erlauben es, Kunden gezielt nach Ihren Interessen, nach dem bisherigen Kaufverhalten usw. zu analysieren und das Marketing darauf auszurichten.

→ Kundenprofil, S. 477

Achtung:
Bei aller Euphorie über die Daten, die Ihnen so ins Haus flattern, dürfen Sie nicht vergessen, dass der Datenschutz enge Grenzen hinsichtlich der Speicherung, Auswertung und vor allem der Weitergabe personenbezogener Daten setzt.

Kundenorientierung

Kundenorientierung bezeichnet die Eigenschaft eines Unternehmens, sich voll und ganz an den Wünschen und Bedürfnissen der Kunden auszurichten; kann auch als Orientierung an den Wünschen und Anforderungen des Marktes betrachtet werden.

Theoretisch die Maxime aller Unternehmen, gibt es in der praktischen Umsetzung der Kundenorientierung nach wie vor Nachholbedarf.

Beispiel:
Kundenorientierung äußert sich im Verhalten aller Mitarbeiter. So sollte in einem Hotel auch der Haustechniker Gäste zuvorkommend behandeln und nicht Privatgespräche mit dem Portier führen, wenn ein Gast kommt.

Die Kundenorientierung beschränkt sich keineswegs auf den freundlichen Kundenservice oder die Möglichkeit, zu reklamieren. Sie zieht sich letztlich durch das gesamte Unternehmen. Dennoch gibt es einige Schwerpunktfelder:

- in der Sortimentsgestaltung,
- bei der Standortwahl,
- in der Preispolitik,
- bei Beratung und Service und
- bei der Ladengestaltung.

Beispiel:

Die Unternehmensgruppe Strauss Innovation bietet in ihren etwa 100 Geschäften eine Mischung aus Textilien, diversen Kleinigkeiten für die Wohnung, Wein und Süßwaren an. Auf Anhieb erkennt man den Zusammenhang nicht, aber das Konzept kommt bei den Kunden an. Warum soll man sich nach dem Jeans-Kauf nicht auch noch eine Flasche Wein mit nach Hause nehmen?

Auch das Vorhalten von ausreichend Parkfläche bzw. die Übernahme von Parkgebühren bei einem Einkauf gehört zur Kundenfreundlichkeit.

Wichtige Schritte zur Kundenorientierung

Zielgruppe bestimmen

Das Unternehmen muss wissen, welche Kunden es bedienen will, welche Kunden es bedienen kann und wer seine tatsächlichen Kunden sind. Dabei kann sich herausstellen, dass die tatsächlichen Käufer nicht unbedingt identisch mit der Wunschzielgruppe sind.

Bedürfnisse herausfinden

Was sind die spezifischen Wünsche und Bedürfnisse gerade dieser Zielgruppe(n)? Diese Frage genießt einen hohen Stellenwert in marketing-orientierten Unternehmen. Wer kundenorientiert sein will, muss sich diese Frage allerdings immer wieder stellen. Marktforschung und -analysen geben dazu Auskunft über generelle Trends; sie zeigen auf, wohin sich das Kundenverhalten bzw. einzelne Zielgruppen und Segmente entwickeln. Darüber hinaus ist aber auch der persönliche Kontakt zu den Kunden wichtig, um individuelle Wünsche aufzuspüren.

Tipp:

Der Außendienst ist hierfür die ideale Quelle, erfährt er doch häufig scheinbar nebensächliche, für die Kundenbeziehung jedoch oft relevante Dinge.

Informationen sammeln und auswerten

Informationen über die Kunden erhält das Unternehmen aber nicht nur durch aktive Marktforschung. Viele Kunden liefern von sich aus Hinweise, was ihnen wichtig ist (Gespräche, Reklamationen, Beschwerden, etc.) oder regen zu Verbesserungen an. Jedes vorhandene Kundenproblem, jeder nicht erfüllte Wunsch kann Hinweis auf Optimierungsmöglichkeiten oder sogar auf eine noch unbesetzte Nische sein. Diese Informationen gilt es auswerten: Was ist relevant? Was tritt häufig, was weniger häufig auf? usw.

Strategie überprüfen

Nun gilt es, die eigene Strategie an den Ansprüchen des Markts zu messen:

Auf CD-ROM

Checkliste: Kundenorientierung

- Liegen wir richtig mit unserem Angebot?
- Bieten wir das an, was unsere Kunden brauchen?
- Bieten wir eventuell mehr, als sich unsere Kunden wünschen?
- Bieten wir mehr als das, was die Kunden honorieren?
- Liegen wir noch im Trend? Sind wir auch für die Zukunft gerüstet?
- Welche Innovationskraft haben wir?
- Können wir auch weiterhin unsere Kunden bedienen?

Mitarbeiter einbeziehen

Um die Kundenorientierung wirksam umzusetzen, müssen sich alle Mitarbeiter entsprechend verhalten. Dies muss das Unternehmen kommunizieren und fördern, etwa durch eine entsprechend formulierte Vision, durch Regeln für den Umgang mit Kunden oder durch Schulungen. Hier ist auch wichtig, welches Vorbild die Führungskräfte des Unternehmens abgeben.

Tipp:

Ein Chef, der sich im Beisein seiner Mitarbeiter abfällig über Kunden äußert, muss sich nicht wundern, wenn es diese an Freundlichkeit gegenüber Kunden mangeln lassen.

Kundenprofil

In einem Kundenprofil wird das individuelle Kaufverhalten eines Kunden festgehalten. Diese Daten werden stets erweitert, um den Kunden noch gezielter ansprechen zu können.

Speziell bei der Nutzung von Kundendatenbanken ist es sinnvoll, diese nach bestimmten Kundenprofilen zu ordnen. Die Bestimmungen des Datenschutzes schränken die Nutzungsmöglichkeiten solcher Datenbanken allerdings ein. International schreitet das Datenbanken-Marketing allerdings deutlich voran, sodass es sich kaum ein Unternehmen auf Dauer leisten wird, auf dieses Instrument vollkommen zu verzichten.

Beim Kundenprofil geht es nicht nur um eine Adressendatei. Vielmehr sollen bestimmte für die Geschäftsbeziehung relevante Daten gesammelt und gegebenenfalls maschinell ausgewertet werden.

Geht es um das Marketing für Industriegüter, könnte eine solche Datenbank u. a. Angaben zu folgenden Punkten enthalten:

- bisher durch den Kunden erworbene Produkte bzw. Leistungen
- frühere Geschäftsabschlüsse mit Mengen und Preisen
- Kontaktpersonen und deren persönliche Angaben (Geburtstage, Interessen, Lieblingsgaststätte usw.)
- Anbieter, die als wesentliche Konkurrenten um den Kunden erkannt wurden,
- relative Position des eigenen Unternehmens zu den Konkurrenten
- gegenwärtiger Vertragsstand
- geschätzter Bedarf des Kunden für die nächsten Jahre

Bei Konsumgütern wären u. a. folgende Angaben interessant:

- Alter, Einkommen, Familienmitglieder, Geburtstage
- Aktivitäten in Vereinen
- bestimmte Interessen
- Angaben zum Kaufverhalten
- Angaben zu bisherigen Kontakten

Quelle: Kotler u.a., Grundlagen des Marketing, München 2003

Tipp:

Es geht keinesfalls darum, dass Außendienstmitarbeiter ihre Kunden systematisch ausforschen, um ein möglichst individuelles Profil zu erstellen. Doch viele Informationen, die die Kunden Ihnen z. B. im Small Talk mitteilen, können dem Unternehmen dienen. So kann es etwa für Geschenke sinnvoll sein zu wissen, ob jemand gerne Wein trinkt, oder wie er sich in seiner Freizeit beschäftigt.

Kundenzufriedenheit

Kundenzufriedenheit ist eines der vorrangigen Unternehmensziele. Ein hohes Maß an Kundenzufriedenheit ist ein guter Indikator für zukünftigen Erfolg.

Auf CD-ROM

Kundenzufriedenheit entsteht durch einen Vergleichsprozess. Kunden haben vor dem Kauf von Produkten oder Dienstleistungen bestimmte Erwartungen. Die wahrgenommenen Leistungen werden dann mit den erwarteten verglichen.

Werden diese Erwartungen nicht erfüllt, entsteht Unzufriedenheit. Eine Erfüllung der Erwartungen führt zu einem neutralen Gefühl, gewissermaßen zu einer Indifferenz. Die Leistungen des Unternehmens werden als austauschbar wahrgenommen. Erst wenn die wahrgenommene Leistung die Erwartungen übertrifft, entsteht wirkliche Zufriedenheit.

In einem breiten mittleren Bereich tut sich wenig. Kunden, die ihre Erwartungen erfüllt sehen, sind zwar nicht unzufrieden, nehmen das aber als Selbstverständlichkeit hin. Dieses Verhalten ändert sich überproportional sowohl im positiven als auch im negativen Bereich.

In der „Zone der Begeisterung“ wirken positive Mund-zu-Mund-Propaganda, eine hohe Treuerate und eine geringe Preissensibilität.

Beispiel Autokauf:

Ein Kunde, der von seiner Automarke begeistert ist, empfiehlt sie weiter. Er interessiert sich weniger für Fahrzeuge anderer Marken als für technische Details seiner Marke. Erfahrungsgemäß ist er auch eher dazu bereit, ein teureres Fahrzeug der gleichen Marke zu kaufen.

Die gleiche Wirkung, nur eben mit negativen Vorzeichen, tritt ein, wenn der Kunde enttäuscht ist. Hier ist die Abwanderungsrate sehr hoch; die negative Mund-zu-Mund-Propaganda kann für das Unternehmen gefährlich werden.

Die Rolle der Mund-zu-Mund-Propaganda

Die Mund-zu-Mund-Propaganda hat für Unternehmen einen hohen Stellenwert. Sie wirkt authentisch, resultiert sie doch aus eigenem Erleben und ist nicht in eine anonyme Werbebotschaft verpackt. Besonders, wenn sie von Freunden, Bekannten, Kollegen kommt, wird ihr von vornherein mehr Glauben geschenkt.

Die Mund-zu-Mund-Propaganda wird jedoch intensiver genutzt, wenn der Kunde unzufrieden war. Das führt auch dazu, dass es wesentlich weniger aufwendig ist, einen Kunden zu halten als einen einmal verärgerten Kunden wieder für sich zu gewinnen.

Wovon hängt Kundenzufriedenheit ab?

Die Kundenzufriedenheit ist stark abhängig von den Eigenschaften eines Produkts oder einer Dienstleistung. Dabei gibt es unterschiedliche Arten von Eigenschaften:

Produkteigenschaften

- Basiseigenschaften: Diese setzt der Kunde schlicht und einfach voraus. So sollte ein Bügeleisen in der Lage sein, Falten aus gewaschener Wäsche zu beseitigen.
- Leistungseigenschaften: Diese Eigenschaften können mit Konkurrenzprodukten verglichen werden. Bei einem Bügeleisen wären das beispielsweise die Leistungsaufnahme und das Gewicht.
- Begeisterungseigenschaften: Sie werden vom Kunden als Besonderheit wahrgenommen und führen (hoffentlich) dazu, dass seine Erwartungen übertroffen werden. Eine pflegeleichte gleitfähi-

ge Sohle, die Möglichkeit, auch normales kalkhaltiges Leitungswasser ohne aufwendige Reinigungsprozeduren verwenden zu können oder ein abnehmbarer Wassertank für bequemes Befüllen gehören dazu. Hier erkennt der Kunde einen Zusatznutzen.

Achtung:

Mit dem technischen Fortschritt werden Begeisterungseigenschaften schnell zu Basiseigenschaften. Man sollte sich also nicht immer auf die Wirkung der gleichen Eigenschaften verlassen.

Was tun mit Risikokunden?

Kunden, die nicht zufrieden sind, werden schnell zu Risikokunden. So werden die Kunden eines Unternehmens bezeichnet, die aufgrund der getätigten Umsätze für das Unternehmen von großer wirtschaftlicher Bedeutung sind, aber wegen ihrer geringer Zufriedenheit permanent abzuwandern drohen. Risikokunden müssen intensiver betreut werden als Durchschnittskunden. Wesentliche Punkte dabei sind Service, Qualität und *Beschwerdemanagement.* Wenn der Betreuungsaufwand eines Risikokunden sehr groß ist, die Umsätze und damit auch der Nutzen für das Unternehmen diesen Aufwand aber nicht mehr rechtfertigen, sollte man allerdings überlegen, ob sich das Halten des Kunden um jeden Preis lohnt.

Tipp:

Das Schwierigste beim Umgang mit Risikokunden ist, sie als solche zu identifizieren. Nicht selten teilen sie ihre Unzufriedenheit dem Unternehmen nicht direkt mit. Hier gilt es, bereits feine Signale wahrzunehmen und auf Beschwerden schnell und sachkundig zu antworten.

Untersuchungen bestätigen, dass sich etwa 50 % der unzufriedenen Kunden nicht beschweren, sie handeln einfach – indem sie abwandern. Die Gründe für dieses Verhalten können vielfältig sein: Es ist zu mühselig oder erscheint aussichtslos, sich zu beschweren, oder es gibt keinen Ansprechpartner. Alle drei Ursachen können durch ein gut funktionierendes *Beschwerdemanagement* (S. 446) beseitigt werden.

Mailing

In einer komplexen Werbeumwelt kann man sich entweder durchsetzen, indem man immer auffälligere Werbekampagnen startet. Eine ganz andere Möglichkeit ist es, die Werbung zielgerichteter an den Adressaten zu bringen – über Mailings.

Das Mailing ist eine Form des *Direktmarketings.* Dabei werden die ausgesuchten Empfänger der Werbebotschaft direkt angeschrieben. Bis vor kurzer Zeit konnte man sich unter Mailing ausschließlich den Versand von auf Papier gedruckten Werbebotschaften vorstellen.

Das klassische Mailing erfolgt als Mail-Order-Package. Es besteht zumindest aus den Elementen

- Kuvert (Versandumschlag),
- Werbebrief,
- Prospekt-, Katalogbeilage,
- Reaktionsmittel (Coupon, beigefügte oder beigeklebte Antwortkarte, Bestellschein).

Darüber hinaus finden sich vielfach als Beilagen Kundenzeitschriften, CD-ROMs oder Muster bzw. Proben.

Wenn der Response schlecht ist

Die Rücklaufquote (Response-Quote) in Form von Bestellungen, Nachfragen, Bitte um weitere Informationen usw. wird zunächst enttäuschend erscheinen: Nur zwischen sechs und zehn Prozent der angeschriebenen Konsumenten werden antworten. Die Wirkung kann über mehrstufige Mailings gesteigert werden. Hier werden zunächst eher allgemeine Informationen gesendet, die später Konkretisierungen und Ergänzungen erfahren.

Tipp:

Das einstufige Mailing dient eher dazu, eine schnelle Kaufentscheidung auszulösen. Das mehrstufige Mailing soll langfristige Beziehungen zu einer Zielperson aufbauen. Die Wahl zwischen beiden Mailingformen wird außerdem vom Budget und vom Zeitrahmen bestimmt werden.

Mailing per E-Mail: Nutzen und Grenzen

Inzwischen hat auch die E-Mail einen bedeutenden Stellenwert als Werbemedium erlangt. Online-Mailings ermöglichen es, mit geringstem Aufwand eine große Anzahl von Empfängern zu erreichen. Die Werbebotschaft wird einmal erstellt und dann an den ausgewählten Personenkreis verschickt. Die Kosten sind im Vergleich zum Postversand verschwindend klein.

Achtung:

Beachten Sie bei der Nutzung dieses hocheffektiven Mediums, dass nicht alle Werbebotschaften auch erwünscht sind. Liegt kein Einverständnis des Empfängers vor, wird ein E-Mailing zur unerwünschten Spam-Mail.

Seriöse Unternehmen der Direktwerbebranche sind sich darüber einig, dass ein ausgewogener Verbraucherschutz erreicht werden muss. Dazu soll eine Kombination aus gesetzlichen Regelungen und freiwilliger Selbstkontrolle der Werbebranche führen.

Tipps:

Filterprogramme beim Empfänger sollen die Flut der Spam-Mails eindämmen. Dabei kann es auch einmal vorkommen, dass E-Mails aufgrund bestimmter Absendermerkmale im Spamfilter hängen bleiben, obwohl sie vom Empfänger erwartet oder erwünscht waren (Verkaufsangebote, Hinweise auf technische Änderungen usw.). Vergewissern Sie sich deshalb in regelmäßigen Abständen bei Ihren Kunden, ob sie Ihre E-Mails auch erhalten.

Auch E-Mail-Adressen unterliegen Datenschutzbestimmungen. Machen Sie die E-Mail-Adressen Ihrer Kunden also auf keinen Fall öffentlich. Nutzen Sie die „BCC"-Adressierung, damit andere nicht in den Besitz der Adressen gelangen.

Marke

Eine Marke (Brand) bezeichnet zum einen ein Produkt oder eine Produktreihe, die – aus Sicht der Käufer – ganz besondere, typische Eigenschaften besitzt. Den Prozess, eine Marke zu etablieren und durch Werbung ihren Bekanntheitsgrad zu steigern, nennt man Branding. Unternehmen können ihre Waren oder Dienstleistungen zum anderen als Marke schützen lassen; dann genießen diese Produkte einen bestimmten Rechtsschutz.

Im letzteren Fall spricht man auch von „Warenzeichen"; die bekannten Kennzeichnungen dafür sind:

Marke im rechtlichen Sinn

® amtlich registrierte Marke
TM „trademark", nicht registrierte Marke

Als Marken können alle Zeichen, insbesondere Wörter (einschließlich Personennamen), Abbildungen, Buchstaben, Abkürzungen, Zahlen, Hörzeichen, dreidimensionale Gestaltungen bzw. die Form einer Ware oder ihrer Verpackung sowie sonstige Aufmachungen in Form und Farbe geschützt werden, durch die sich Waren oder Dienstleistungen eines Unternehmens von denen anderer unterscheiden lassen.

Die Anmeldung von Schutzrechten erfolgt beim Deutschen Patentamt. Sie gilt für zehn Jahre und kann gegen die Zahlung einer Gebühr über diesen Zeitraum hinaus verlängert werden. Die einfachste Form ist der Eintrag in das Markenregister, der erfolgt, wenn dem keine „absoluten Schutzhindernisse" entgegenstehen.

Achtung:
Wichtigstes Eintragungshindernis ist dabei neben einer ersichtlichen Irreführungsgefahr und dem Verstoß gegen die guten Sitten die fehlende Unterscheidungskraft der Marke. Aber aufpassen: Das Patentamt prüft nicht eine etwaige Kollision mit anderen Marken, die sich bereits im Register befinden.

Übrigens kommt es nicht darauf an, ob ein Markenprodukt durch den Markeneigentümer selbst hergestellt wird.

Tipp:

Sind Subunternehmen beteiligt (womöglich im Ausland), sollten Sie mittels eines durchgängigen Qualitätsmanagements sicherstellen, dass die Qualitätsanforderungen, die mit der Marke gemeinhin verbunden sind, auch eingehalten werden.

Markenwerbung

Branding: wichtig für Konsumgüter

Sich eine Marke schützen zu lassen, bedeutet nicht zwingend, dass sie auch bei den Käufern als Marke wahrgenommen wird. Eine verkaufsfördernde Wirkung tritt sicher erst dann ein, wenn eine Marke einen bestimmten Bekanntheitsgrad erreicht und mit bestimmten Produkteigenschaften in Verbindung gebracht wird. Ziele der Markenwerbung – des Branding – sind also in erster Linie:

- Steigerung des Bekanntheitsgrads einer Marke,
- Schaffung eines unverwechselbaren Images,
- beherrschende Marktstellung im ausgewählten strategischen Geschäftsfeld.

Manche Marken sind so bekannt, dass ihr Name für das Produkt selbst steht, z. B. Tempo, Uhu und viele andere.

Branding hat vor allem im Konsumgüterbereich eine große Bedeutung. Wer in teils stark übersättigten Märkten agiert, kann sich heutzutage kaum mehr durch reale Produkteigenschaften von der Konkurrenz abheben. Daher verkauft Markenwerbung besonders „ideelle“ Produkteigenschaften: Mit dem Kauf „seiner“ Marke soll der Konsument z. B. ein bestimmtes (Lebens-) Gefühl verbinden oder sich einer bestimmten Gemeinschaft zugehörig fühlen. Die folgende Checkliste gibt Auskunft, wie Markenoriginalität erreicht wird.

Checkliste: Markenoriginalität

- Ist die Marke unverwechselbar?
- Ist der Markenname kurz und prägnant, so dass er sich leicht einprägen lässt (z. B. Bit, Uhu, Aral ...)? Ist er leicht auszusprechen?
- Hat die Marke in anderen Sprachen keine sinnentstellende Bedeutung?
- Suggeriert die Marke einen Wert (z. B. Super ...)?
- Beinhaltet die Marke keine kurzlebigen Modeworte?

Auf CD-ROM

Markenpiraterie (Produktpiraterie)

Unter Markenpiraterie versteht man die unberechtigte Nutzung fremder Markenrechte, um sich auf dem Markt Vorteile zu verschaffen.

Marken sind geschützt, um dem Inhaber der Marke exklusiv die Rechte an der Verwertung der Marke zu sichern. Bei nicht genehmigter Nutzung umgeht der Markenpirat den Aufwand, der für die Entwicklung einer Marke erforderlich ist. Er macht sich unverdienterweise Umsätze zu eigen, denn ein Kunde kann nicht immer unterscheiden, ob es sich tatsächlich um ein Produkt dieser Marke handelt oder nicht. Neben dem wirtschaftlichen Schaden, der dem Eigentümer der Markenrechte entsteht, kann so auch nicht mehr garantiert werden, dass das Produkt die gleichen qualitativen Anforderungen, die entsprechenden Sicherheitsstandards, also die erwarteten Produkteigenschaften aufweist.

Aus den vorgenannten Gründen ist Markenpiraterie international u. a. über Staatsverträge geächtet. Trotzdem stellt es ein weltweites Problem insbesondere für die Industrieländer dar. Nicht in allen Ländern werden Produktpiraten und die mit ihnen zusammenarbeitenden Händlerorganisationen gleichermaßen strafrechtlich verfolgt.

Marketing-Mix

Der Marketing-Mix bezeichnet die Mischung der verschiedenen marktpolitischen Instrumente. In Anlehnung an die englischen Bezeichnungen wird auch der Begriff 4p (product, price, place, promotion) verwendet.

Abhängig von der vorgefundenen Marktsituation werden die operativen Marketing-Instrumente abgestimmt und zur Verbesserung der Position des eigenen Unternehmens auf dem Markt eingesetzt.

Zu den Instrumenten des Marketing-Mix zählen:

- **Produkt- und Leistungspolitik,** Servicepolitik: Welcher Nutzen lässt sich für den Kunden erzielen?
- **Preispolitik**, Konditionenpolitik: Zu welchem Preis kann ich verkaufen? Andere Bezeichnung: Kontrahierungspolitik.
- **Distributionspolitik**: Wie kommt die Ware zum Kunden?
- **Kommunikationspolitik**: Wie erreiche ich meinen Kunden, wie kann ich ihm die Vorzüge meines Angebotes verdeutlichen?

Diese Instrumente sollten immer wieder aufs Neue so miteinander kombiniert werden, das die Unternehmensziele bestmöglich erreicht werden können. Der erweiterte Marketing-Mix beinhaltet u. a. noch drei zusätzliche Instrumente („3 Ps“):

- people (Wie beziehe ich alle beteiligten Personen ein?),
- process (Wie beachte ich alle beteiligten Prozesse?) und
- physical evidence (Wie mache ich die Qualität von nicht-physischen Produkten, z. B. Dienstleistungen, nachvollziehbar?).

> **Achtung:**
> Der sinnvolle Einsatz und die Gewichtung der einzelnen Instrumente des Marketing-Mix kann sich im Zeitablauf immer wieder ändern. Er ist abhängig von der konkreten Marktsituation.

Marktforschung

Marktforschung umfasst die systematische Sammlung, Aufbereitung und Interpretation von Informationen über Märkte, Marktteilnehmer und Rahmenbedingungen.

Grundsätzlich betrifft die Marktforschung sowohl die Absatz- als auch die Beschaffungsmärkte. Im Marketing wird allerdings vorwiegend die Absatzseite betrachtet. Die Informationen aus dem Markt oder aus den Teilmärkten sind letztlich unabdingbar, um im Wettbewerb bestehen zu können. Denn um Produkte und Dienstleistungen auch abzusetzen, muss man

Zweck der Marktforschung

- die Struktur der Märkte kennen,
- die eigene Position auf den Märkten bestimmen,
- die Absatzchancen auf den einzelnen relevanten Märkten klären
- und die Eignung der eigenen Marketingpolitik überprüfen.

Quellen der Marktforschung

Marktforschung bezieht sich weitgehend auf unternehmensexterne Untersuchungsbereiche, wie z. B. Kunden, Wettbewerber, *Absatzmittler* sowie soziale, wirtschaftliche, juristische und technologische Rahmenbedingungen.

Wenn ein Unternehmen Marktdaten sammelt, muss es diese nicht unbedingt selbst erheben. Viele Informationen stammen aus frei verfügbaren Sekundärquellen. Das sind u. a.

- Zahlen aus dem eigenen Rechnungswesen,
- amtliche Statistiken,
- Verbandsnachrichten,
- Informationen aus Tageszeitungen, Wirtschaftszeitschriften, Fachmagazinen,
- Preislisten und Kataloge der Wettbewerber.

Ersterhebungen von Daten sind aufwendig und werden in der Regel durch Marktforschungsinstitute durchgeführt.

Beispiel: Testmarkt

Die Gesellschaft für Konsumforschung hat mit Haßloch eine ganze Gemeinde in ihre Marktbeobachtung eingebunden. Der pfälzische Ort ist schon seit Jahren einer der bekanntesten Testmärkte Deutschlands. Haßlocher Bürger können nicht nur Produkte einkaufen, die erst später im ganzen Land abgesetzt werden sollen, sondern bekommen dafür auch eigens gedrehte Werbefilme oder Zeitschriften-Anzeigen zu Gesicht (über spezielle Zeitungsausgaben bzw. in das örtliche Kabelnetz eingespeiste Filme). Mittels Strichcode-Karten, die beim Einkauf gescannt werden, kann das Konsumverhalten den einzelnen Haushalten zugeordnet und von der GfK genau ausgewertet werden.

Methoden: Analyse, Beobachtung oder Prognose?

Es gibt unterschiedliche Möglichkeiten, Marktforschung durchzuführen:

- Bei der Marktanalyse wird der Markt oder ein Marktsegment einmalig zu ausgewählten Fragen untersucht.
- Bei der Marktbeobachtung wird ein bestimmter Markt laufend überwacht. Hier ist insbesondere der Zusammenhang zwischen dem generell hohen Aufwand und dem daraus entstehenden Nutzen zu beachten.
- Bei der Marktprognose schließlich versucht man, die zukünftige Entwicklung eines Marktes vorherzusagen.

Tipp:

Auch wenn Ihnen eine Marktbeobachtung zu aufwendig ist, können Sie permanent Informationen sammeln und auswerten. Letztlich müssen Sie nur entscheiden, in welchem Umfang und mit welchen statistischen Methoden Sie das tun.

Instrumente der Marktforschung

Die klassischen Instrumente der Marktforschung sind die Befragung (wie z. B. in der *Conjoint-Analyse*), die Beobachtung und das Experiment. Da sie so universell einsetzbar ist, empfiehlt sich in der Regel eine Befragung. Einen Überblick über die dabei zu erledigenden Aufgaben gibt die folgende Checkliste.

Checkliste: Befragung

- Ist der zu befragende Personenkreis festgelegt?
- Sind die Themen der Befragung eindeutig festgelegt?
- Sind die Fragen verständlich formuliert?
- Sind die Fragen nicht suggestiv?
- Sind die Fragen zu den einzelnen Themenbereichen etwa gleichverteilt?
- Gibt es keine Mehrfachfragen zum gleichen Thema?
- Haben Sie an alle wichtigen Bereiche gedacht?
- Benötigen Sie eine Genehmigung bzw. das Einverständnis der Befragten, und wenn ja, wurde beides eingeholt?
- Sind die Auswertungsmodalitäten geklärt?
- Sind die befragten Personen in der Lage, den Fragebogen in einer überschaubaren Zeit abzuarbeiten?
- Sind die zu befragenden Personen über Ziel und Zweck der Befragung informiert?
- Lässt die Rücklaufquote Aussagen zu, die verallgemeinert werden können?
- Ist die Anzahl der Befragten bzw. der verwertbaren Antworten ausreichend?

Auf CD-ROM

Quelle: Geyer/ Ephrosi, Crashkurs Marketing, Freiburg, 2005

Marktsegmentierung

Marktsegmentierung ist die Einteilung des Gesamtmarktes in verschiedene Teilmärkte, die unterschiedliche Marketingstrategien erfordern.

Der Absatzmarkt ist kein einheitliches Ganzes. Innerhalb eines jeden Marktes können unterschiedliche Kundenwünsche oder regionale Besonderheiten zu einer wachsenden Differenzierung führen. Diese neuen Kundensegmente müssen in der Regel auch unterschiedlich bearbeitet werden.

Marktsegmentierung

Märkte können u. a. nach demographischen, geographischen oder psychographischen Aspekten segmentiert werden.

Bei der demographischen Segmentierung wird der Markt nach sozio-ökonomischen Kriterien eingeteilt. Das können u. a. sein:

- Geschlecht
- Alter
- Haushaltsgröße
- Einkommen
- Familienstand
- Zahl und Alter der Kinder
- Beruf
- Religion
- sozialer Status usw.

Geographische Segmentierung

Die geographische Segmentierung erhält u. a. Bedeutung bei den erforderlichen Transportwegen und der entsprechenden Logistik, auch in Anbetracht der damit verbundenen Kosten. Aber unterschiedliche klimatische Verhältnisse können für die Absatzmöglichkeiten von Produkten ebenso relevant sein.

Psychographische Segmentierung

Psychographische Segmentierungskriterien sind die Erwartungen, Einstellungen und Vorstellungen potenzieller Kunden gegenüber der angebotenen Leistung. Diese Erwartungen resultieren u. a. aus Persönlichkeitsmerkmalen und Charaktereigenschaften wie Flexibilität, Offenheit, Konservatismus, Rigidität usw.

Entscheidungen aus der Marktsegmentierung

Aus der Betrachtung der einzelnen Teilmärkte muss entschieden werden, ob das Unternehmen

- den Gesamtmarkt mit einem einzigen Universalprodukt,

- verschiedene Teilmärkte mit jeweils einem entsprechenden Spezialprodukt oder
- mehrere Teilmärkte mit differenzierten Produkten

bearbeiten will, kann oder muss.

Marktstrategien

Resultierend aus den Ergebnissen der *Marktforschung* und der *Marktsegmentierung* kann ein Unternehmen unterschiedliche Strategien verfolgen.

Die wesentlichen Strategien sind in der folgenden Tabelle zusammengefasst:

Strategie	Kennzeichen
Gesamtmarktstrategie	Man entscheidet sich für eine vollständige Abdeckung des Marktes. Das bedeutet: Man versucht sämtliche ausgemachte Kundensegmente mit entsprechend zugeschnittenen Produkten zu versorgen.
Selektive Strategie	Man entscheidet sich, nur einige ausgewählte, dafür attraktive Kundensegmente zu bedienen. Diese Bereiche werden mit speziellen, auf sie zugeschnittenen Produkten versorgt.
Marktspezialisierungsstrategie	Man entscheidet sich dafür, nur ein Kundensegment mit unterschiedlichen Produktvarianten zu bearbeiten. (Unterschiedliche Produkte für eine Zielgruppe).
Produktspezialisierungsstrategie	Ein Produkt wird für alle Kundensegmente angeboten. Es sollte unverwechselbar sein und zumindest einen Teil aus jeder Kundengruppe ansprechen.
Nischenstrategie	Man konzentriert sich auf ein einzelnes Kundensegment mit einem ganz speziellen Produkt.

Es gibt keine in allen Fällen erfolgreiche Strategie. Abhängig von der Gesamtsituation sollte man sich aber für eine erfolgversprechende Variante entscheiden. Idealerweise sollte man auf verschiedenen (Teil-)Märkten verschiedene Strategien fahren.

Portfolioanalyse

Auf CD-ROM

Die Portfolio-Analyse ist ein Instrument der strategischen Unternehmensplanung und -steuerung. Mit ihr beurteilt man jedes Geschäftsfeld bzw. jedes Produkt dahingehend, wie es aktuell am Markt positioniert ist und wohin es sich in den kommenden drei bis fünf Jahren voraussichtlich entwickeln wird.

Unter dem Begriff „Portfolio" versteht man alle angebotenen Produkte und Dienstleistungen eines Unternehmens. Die besondere Herausforderung besteht darin, eine Balance zwischen risikoarmen Geschäften (Absatz etablierter, ertragsstarker Produkte) und risikobehafteten Geschäften (Absatz neu einzuführender Produkte) zu finden. Es gilt festzustellen, ob das bestehende und geplante Portfolio ausgewogen und konkurrenzfähig ist und es voraussichtlich auch bleiben wird. Darüber hinaus geht es darum, in einem sich zunehmend schneller ändernden Umfeld die so genannten Kerngeschäftsfelder zu identifizieren und die vorhandenen Ressourcen auf diese Bereiche zu konzentrieren.

Marktwachstums-Marktanteils-Portfolio

Eines der bekanntesten und am häufigsten verwendeten Modelle ist das Marktwachstums-Marktanteils-Portfolio der *Boston Consulting Group*. Hier wird eine Matrix aus vier Feldern aufgebaut, die einerseits das Wachstumspotenzial des entsprechenden Marktes, andererseits den relativen Marktanteil der Produkte des eigenen Unternehmens berücksichtigt. Je nach Einschätzung werden die einzelnen Produkte einem dieser Felder zugeordnet. Bedeutsam ist vor allem der Einfluss der Produkte auf den *Cashflow* (S. 336) des Unternehmens.

Marktwachstums-Marktanteils-Portfolio

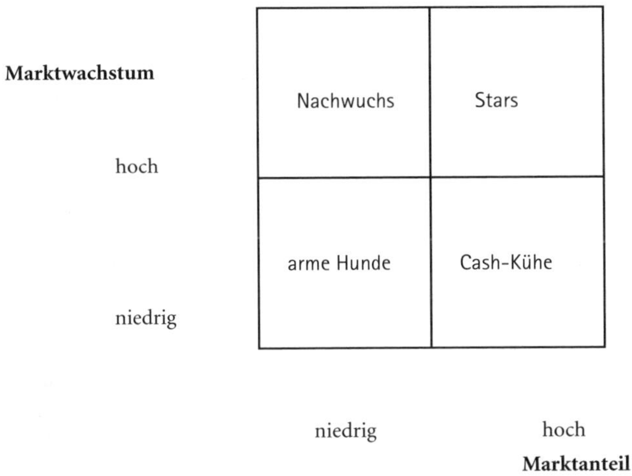

Nachwuchs

Einführungsphase

Nachwuchs-Produkte (auch Fragezeichen genannt) befinden sich in der Einführungsphase. Sie haben noch einen relativ niedrigen Marktanteil, erreichen teilweise aber bereits hohe Wachstumsraten. Alle Nachwuchsprodukte müssen genau analysiert und beobachtet werden. Sie stehen in Bezug auf Marktakzeptanz bzw. Nichtakzeptanz häufig auf der Kippe.

Stars

Wachstumsphase

Star-Produkte befinden sich in der Wachstumsphase. Sie haben bereits einen relativ hohen Marktanteil und verfügen gleichzeitig über eine überdurchschnittlich hohe Wachstumsrate. In dieser Phase haben die Produkte das Potenzial für eine dominierende Marktposition. Noch vor den Cash-Kühen sind die Stars die wichtigsten Produkte eines Unternehmens für die Zukunftssicherung. Sie sollten vom Unternehmen in jedem Fall gefördert werden.

Cash-Cows (Melkkühe)

Reifephase

Produkte, die sich in diesem Feld der Matrix befinden, haben einen hohen relativen Marktanteil. Sie befinden sich in der Reifephase. Meist weisen sie nur noch geringe oder negative Wachstumsraten auf, da sie sich in einem nur wenig expandierenden bzw. bereits schrumpfenden Marktumfeld bewegen. Cash-Cows erzielen hohe Erlöse, die deutlich über den produktbezogenen Kosten liegen. Diese Produkte erzielen den größten Anteil des Cashflows eines Unternehmens und finanzieren die Entwicklung beispielsweise der Nachwuchsprodukte, aber auch das weitere Wachstum der Stars. Cash-Cows sollten so lange wie irgend möglich „gemolken" werden.

Arme Hunde (Poor Dogs)

Sättigungsphase

„Arme Hunde" sind Produkte oder Produktgruppen, die nur noch über einen geringen relativen Marktanteil verfügen und deren Wachstumsrate gegen Null geht oder negativ ist. Solche Produkte befinden sich in der Sättigungs- oder Degenerationsphase. Einstellen ohne Ersatz, Substitution durch neue Produkte, z. B. aus dem Bereich der Stars oder Verkauf der Geschäftseinheit sind hier die angebrachten Strategien.

Marktattraktivität-Wettbewerbsvorteil-Matrix

Diese Matrizen-Form gehört zu einer Reihe von Portfolio-Analysetechniken, die versuchen, sowohl die Marktchancen als auch die Stärken des Unternehmens durch eine größere Zahl von Variablen zu erfassen, als dies die Marktanteils-Marktwachstums-Matrix tut. Die Variablen werden anschließend zu einem Index der Marktattraktivität und der Wettbewerbsvorteile zusammengefasst. Charakteristisch ist hier insbesondere, dass die Dimensionen in je drei Intervalle untergliedert werden und somit neun Bewertungsfelder entstehen (Neun-Felder-Matrix).

Marktattraktivität-Wettbewerbsvorteil-Matrix

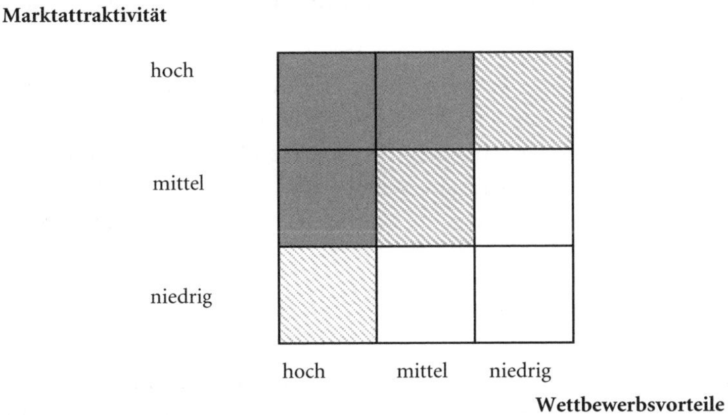

Für die verschiedenen Felder dieses Matrizen-Typs lassen sich grundsätzlich drei Strategiezonen unterscheiden:

- In den drei Feldern links oben werden Wachstums- und Investitionsstrategien empfohlen,
- in den drei Feldern rechts unten werden Desinvestitions- und Abschöpfungsstrategien vorgeschlagen und
- in den mittleren drei Feldern muss jeweils zwischen Ausbau der Aktivitäten oder stufenweisem Rückzug entschieden werden.

Tipp:

Bedenken Sie, dass die Portfolioanalyse lediglich ein Hilfsmittel ist und nicht dazu dienen sollte, Entscheidungen rein schematisch zu treffen!

Potenzialanalyse

Mit der Potenzialanalyse wird versucht, das künftige Kaufverhalten von Kunden zu ermitteln.

Das ist insbesondere an jener Stelle des Kundenverhaltens interessant, an der sich der Kunde zu Wiederholungskäufen entschließt. Hier ist einerseits die Chance groß, den Kunden an das eigene Unternehmen zu binden. Andererseits besteht auch die Gefahr, dass er sich wieder abwendet und seine Kaufkraft der Konkurrenz spendet.

Preispolitik

Die Preispolitik (auch Kontrahierungspolitik genannt) ist ein Bestandteil des *Marketing-Mix.* Ihre zentrale Aufgabe besteht darin, markt- und konkurrenzfähige Preise festzulegen.

Der Preis ist ein zentrales Instrument der Wettbewerbsstrategie. Er darf jedoch nicht isoliert von den anderen Bestandteilen des Marketing-Mixes gesehen werden.

Preise sind immer dann festzulegen, wenn neue Produkte oder Leistungen angeboten werden, aber auch

- wenn bestehende Produkte/Leistungen auf neuen Märkten angeboten werden,
- wenn sich die Rahmenbedingungen (z. B. die allgemeine Preisentwicklung) geändert haben,
- wenn konjunkturelle oder demographische Veränderungen zu veränderter Preisakzeptanz führen oder
- wenn sich wesentliche Kostenfaktoren so geändert haben, dass die bisherigen Preise nicht mehr zu wirtschaftlichem Erfolg führen.

Tipp: Schritte zur Preisfestlegung

- Analysieren Sie, welchen preispolitischen Spielraum Sie zur Verfügung haben.
- Legen Sie Ihre preispolitischen Ziele fest.
- Beachten Sie die preispolitischen Strategien, die Ihnen zur Verfügung stehen.
- Legen Sie die entsprechenden Maßnahmen für Preise und Konditionen fest.
- Führen Sie in regelmäßigen Abständen Preiskontrollen durch.

Kriterien für die Preisfestlegung

Der preispolitische Spielraum wird von drei Faktoren begrenzt:

Preispolitischer Spielraum

- der eigenen Kostenstruktur,
- der Nachfrage (Akzeptanz des Preises) und
- den Preisen der Wettbewerber. Diese Preise sind nicht festgeschrieben. Man sollte darauf eingestellt sein, dass die Wettbewerber wiederum auf die eigenen Preise reagieren werden.

Achtung:

Die Kosten können bei der Preisbildung nur ein Anhaltspunkt sein. Sie legen die Preisuntergrenze fest. Die Preisobergrenze bestimmt der Markt.

Im Prinzip können beim „Pricing" zwei Ziele verfolgt werden: Der Preis wird hoch angesetzt mit einer entsprechend hohen Gewinnmarge, wodurch sich aber evtl. geringere Absatzchancen ergeben. Der Preis wird niedrig angesetzt, was voraussichtlich zu einem höheren Absatz führen wird, aber nur eine geringe Gewinnspanne lässt. Hier gibt es keine allgemeingültige Lösung, die Zielstellungen sind individuell nach den eigenen Prioritäten festzulegen.

Preispolitische Strategien

Hier ist zunächst die Frage zu beantworten: Welches Preisniveau wird angestrebt (hoch, mittel, niedrig)?

Welches Preisniveau?

Beispiel:

Hohe Preise können sinnvoll sein, wenn die angebotenen Leistungen und damit der Nutzen für den Kunden über dem allgemeinen Niveau liegen. Niedrige Preise sind eher bei einer erforderlichen Mindestqualität und großen Absatzmengen sinnvoll.

Wettbewerbsposition. Preisfolge

Zum zweiten spielt die Überlegung eine Rolle, welche Wettbewerbsposition eingenommen werden soll: Preisführer, Preiskampf oder Preisfolger, der sich am Wettbewerb orientiert? Dann ist die Preisabfolge zu bestimmen. So kann man mit einem niedrigen Preis einsteigen und ihn später erhöhen oder umgekehrt, man kann feste oder flexible Preise festlegen, die Preise nach Kundengruppen etc. differenzieren.

Als Maßnahmen kommen infrage:

Maßnahmen

- die kostenorientierte Preisbildung auf der Basis von Vollkosten oder Deckungsbeiträgen,
- die konkurrenzorientierte oder
- die nachfrageorientierte Preisbildung.

Am Ende sollte eine Überprüfung der Konkurrenzpreise erfolgen, aber auch der eigenen Abgabepreise und der Endverbraucherpreise (wenn über Absatzmittler abgesetzt wird).

Tipp:

Der Preis muss zum Produkt passen. Tendenziell ist es zwar so, dass niedrige Preise die Kaufbereitschaft erhöhen. Ist der Preis aber zu gering, kann es sein, dass Kunden dem Produkt aufgrund des subjektiv als niedrig empfundenen Preises bestimmte Eigenschaften nicht zutrauen.

Produktpolitik

Die Produktpolitik ist ein Bestandteil des *Marketing-Mix*.

Hierbei geht es darum, die anzubietende Leistung festzulegen und durch Zusatzleistungen (Service, technische Unterstützung, z. B. durch Hotlines, Beratung usw.) zu ergänzen.

Mit der Festlegung dieser Eigenschaften wird der potenzielle Nutzen des Produkts für den Käufer definiert.

Tipp:

Bedenken Sie, dass Kunden das Produkt kaufen sollen. Demzufolge muss der Nutzen, den der Kunde in dem Produkt erkennen kann, im Mittelpunkt stehen.

Produktentscheidungen sind strategische Entscheidungen. Ein Sortiment kann nicht ständig geändert werden, schon aus technischen Gründen nicht – und wirtschaftlich sinnvoll ist ein permanenter Wechsel sicherlich auch nicht. Die Sortimentsentscheidungen konzentrieren sich auf zwei wesentliche Bereiche:

→ Marke, S. 483

- die Sortimentsbreite (Anzahl verschiedener Produkte oder Dienstleistungen) und
- die Sortimentstiefe (Anzahl der Ausführungen je Produkt).

Checkliste Überprüfung des Sortiments

- Erwarten die Kunden auf Grund des Firmenimages bestimmte Produkte im Sortiment?
- Sind diese Produkte im Sortiment enthalten?
- Gibt es Produkte, die fehlen und die das Image positiv verändern könnten?
- Sind wir in der Lage, diese Produkte anzubieten?
- Kaufen wir sie zu oder fertigen wir selbst?
- Tragen diese Güter zur Ertragserhöhung bei?
- Liefern sie einen positiven Deckungsbeitrag?
- Wenn nicht, sind sie verzichtbar?
- Wie kommen wir zu einem positiven Deckungsbeitrag in den Fällen, in denen die Produkte nicht verzichtbar sind?
- Wollen wir ein Vollsortiment anbieten oder uns auf Teile konzentrieren?
- Gibt es Produkte, die aus dem Sortiment gestrichen werden sollten (überaltert oder wirtschaftliche Gründe)?

Auf CD-ROM

Produktprogramme können angepasst werden durch Innovationen, aber auch durch Variationen, Differenzierungen, Modifikationen oder Erweiterungen des Programms.

Achtung:

Produktpolitik ist immer auch mit einer Analyse des Wettbewerbs verbunden. Wenn sich die Produkte kaum noch unterscheiden, ist es vielleicht der zusätzliche Service, ein verlängerter Garantiezeitraum oder eine Zugabe.

Public Relations (PR)

Public Relations (Öffentlichkeitsarbeit) ist die Gesamtheit aller Maßnahmen eines Unternehmens, um in der Öffentlichkeit positiv wahrgenommen zu werden. Mit PR werden die Beziehungen zur Öffentlichkeit gepflegt.

Gute PR-Arbeit kann vieles bewirken und letztlich entscheidende image- und verkaufsfördernde Impulse setzen. Sinnvollerweise gehen Unternehmen, Institutionen, Behörden, Verbände, Vereine und auch Privatpersonen dabei gezielt, systematisch, planmäßig und wirtschaftlich effektiv vor.

Was ist Öffentlichkeit?

Da es keine einheitliche „Öffentlichkeit" gibt, muss bei der PR-Arbeit deutlich differenziert werden. Egal, ob beispielsweise Medien, Kunden, Lieferanten, Publikum, Aktionäre, Belegschaft oder eine bestimmte Region angesprochen werden – für jede Zielgruppe bedarf es spezieller und zielgerichteter PR-Maßnahmen.

Ziele von Public Relations

PR-Aktionen sollten nie willkürlich stattfinden, sondern immer mit bestimmten Zielen verknüpft sein. Diese Ziele können unterschiedlichster Natur sein, lassen sich jedoch zumeist einer der folgenden Hauptgruppen zuordnen:

- eine Veröffentlichungspflicht erfüllen (z. B. Geschäftsberichte bei Aktiengesellschaften),

- Informationen bereitstellen (z. B. Produkt-Inhaltsstoffe freiwillig benennen),
- Legitimation erläutern (z. B. bestimmte Handlungsweisen erklären, die ohne nähere Erläuterung falsch oder gar nicht verstanden werden können),
- Motivation erwirken (z. B. zu Spenden aufrufen oder globale Kaufimpulse vermitteln).

Die Intensität, mit der Public Relations betrieben wird, unterscheidet sich von Unternehmen zu Unternehmen und von Situation zu Situation.

Dienstleister und Konsumartikelhersteller sind z. B. einer weitaus intensiveren PR verpflichtet als Zulieferbetriebe der Industrie, denn ihre Produkte gelangen direkt an den Verbraucher. Bei Fehlern oder gar einer Gefährdung steht das Unternehmen als Verursacher sofort im Mittelpunkt des öffentlichen Interesses (was nicht heißt, dass Zulieferbetriebe nicht eine ebenso große Verantwortung haben). Aber auch Unternehmen, die branchenbedingt ein eher negatives Image haben oder bereits negativ in die Schlagzeilen geraten sind, wie etwa der Ölkonzern Shell mit Brent Spar, sind auf eine intensive Öffentlichkeitsarbeit angewiesen, um (wieder) Vertrauen aufzubauen. Außerdem gilt: Je größer das Unternehmen, je mehr Arbeitsplätze, umso höher sollte der Stellenwert der PR sein.

Funktionen von Public Relations

Aus den Zielen lassen sich die unterschiedlichen Funktionen der PR ableiten:

- Informationsfunktion nach innen und außen
- Aufbauen und Halten unternehmensrelevanter Verbindungen (Kontaktfunktion)
- Führungsfunktion zum Schaffen von Verständnis für bestimmte Entscheidungen nach innen und außen
- Harmonisierung innerhalb von Unternehmen

- Darstellung der Position in der Gesellschaft durch Einbeziehung gesellschaftlich relevanter Themen (z. B. Klimaerwärmung, Gen-Food oder Ähnliches) und Stellungnahmen dazu
- Absatzförderungsfunktion, mit der auf Unternehmenserfolge eingewirkt wird
- Stabilisierungsfunktion, vor allen Dingen in Krisensituationen
- Verdeutlichung von Kontinuität nach innen und nach außen
- Image aufbauen, halten, pflegen oder auch ändern

Beispiel:

Manchmal leidet das Image eines Unternehmens durch eine an sich geringfügige Fehlentscheidung, eine unbedachte Äußerung (z. B. die berühmten „Peanuts") deutlich und dauerhaft. Mit PR-Maßnahmen wird diesem Negativ-Image entgegengewirkt. So versucht die Deutsche Bahn durch Image-Kampagnen den hartnäckigen Ruf der Unpünktlichkeit loszuwerden.

PR-Instrumente

Vertrauens- und Imagebildung bei den unterschiedlichen Adressaten ist auf verschiedene Arten möglich. Einige der gebräuchlichsten sind:

- Presse- und Medienarbeit,
- PR-Anzeigen,
- Infozettel und Infoposter,
- interne Aushänge,
- Versammlungen, Veranstaltungen und öffentliche Auftritte,
- Sponsoring,
- Tage der offenen Tür,
- Zusammenarbeit mit Hochschulen,
- Product-Placement.

Risikokunden

Siehe *Kundenzufriedenheit*, S. 478.

SWOT-Analyse

Die SWOT-Analyse ist ein Instrument der strategischen Planung. Diese Methode ermöglicht eine zusammenfassende Bewertung der Stärken und Schwächen (strengths & weaknesses) sowie der Chancen und Risiken (opportunities & threats) eines Unternehmens.

Die Stärke der Analyse liegt darin, dass die interne Unternehmenssituation und das Unternehmensumfeld in die Betrachtung einbezogen werden. Damit können ein eventueller interner Handlungsbedarf und mögliche Quellen für Wettbewerbsvorteile gleichermaßen erkannt werden.

Stärken und Schwächen

Die interne Analyse soll dazu beitragen, die eigenen Stärken und Schwächen zu erkennen, die aus den Fähigkeiten und Ressourcen resultieren, über die das Unternehmen verfügt. Das betrifft etwa die Fähigkeiten und Ressourcen in der Forschung und Entwicklung, in der Produktion, im Marketing, im Management, im Finanz- oder Personalbereich usw. Diese Stärken und Schwächen können natürlich nicht absolut gemessen werden, sondern sind nur relativ, z. B. durch *Benchmarking* (S. 17) mit Industriestandards oder Konkurrenten zu ermitteln.

Chancen und Risiken

Der externe Teil der SWOT-Analyse soll die Chancen und Risiken identifizieren, die sich aus Veränderungen der Unternehmensumwelt ergeben und auf die das Unternehmen selbst keinen direkten Einfluss besitzt. Wichtig dabei ist das Erkennen schwer vorhersehbarer Ereignisse aus der Unternehmensumwelt, deren Eintreten das Unternehmen oder sogar die ganze Branche existenziell bedrohen können, wenn keine Gegenmaßnahmen getroffen werden. Andererseits können sich diese Ereignisse aber auch als Chancen erweisen, deren Nutzung rasches Handeln erforderlich macht.

Zu den permanent zu überprüfenden Vorgängen zählen dabei im Wesentlichen

- wirtschaftliche, politische und gesellschaftliche Veränderungen,
- Veränderungen in Bezug auf den Wettbewerb,
- Veränderungen des Marktes,
- Veränderungen bei den Lieferanten.

Tipp:

Strategische Entscheidungen sind immer mit Unsicherheiten verbunden, da die relevanten Einflussgrößen in der Zukunft liegen. Durch den Einsatz solcher Analyseverfahren kann das Entscheidungsrisiko jedoch minimiert werden.

Telefonmarketing

Telefonmarketing ist eine spezifische Form des Verkaufens, die zum Direktmarketing gehört. Im weiteren Sinne ist darunter aber auch der gesamte marktorientierte Kundenkontakt zu verstehen.

Über Telefonmarketing findet man bei geringen Kosten einen schnellen und direkten Weg zum Kunden.

Beispiel:

Eine Wohnungsgesellschaft will Schwachstellen in der Verwaltung aufspüren und führt dazu eine Befragung bei allen Mietern durch. Nachgefragt wird etwa, ob die Hausmeister erreichbar sind, ob regelmäßig das Haus gereinigt wird, ob es Beanstandungen bei den Abrechnungen gab usw.

Die Einflussmöglichkeiten des Verkäufers bzw. des Kundenbetreuers sind dabei ganz auf die sprachliche Kommunikation begrenzt. Häufig werden deshalb professionelle Unternehmen oder spezialisierte Abteilungen des eigenen Unternehmens (*Call-Center*) eingebunden.

Die Tendenz der Anwendung von Telefonmarketing ist steigend. Telefonmarketing reicht von der reinen Kontaktanbahnung und Terminvereinbarungen für den Besuch des Außendienstes bis hin zum konkreten Verkaufsabschluss.

Achtung:
Immer dann, wenn die Aktivität vom Unternehmen ausgeht, sind gesetzliche Beschränkungen zu beachten. Das gilt vor allem beim Telefonieren mit privaten Kunden. Die Beschränkungen im Telefonmarketing zwischen Firmen sind deutlich geringer.

Verkaufsförderung (Sales promotion)

Verkaufsförderung umfasst ein Bündel von Maßnahmen, die alle Bereiche, die am Absatzprozess beteiligt sind, unterstützen sollen. Dazu gehören Information, aber auch technischer Support und Motivation der Vertriebsmitarbeiter.

Verkaufsförderung richtet sich

- an die Absatzbereiche im eigenen Haus (Verkaufspromotion),
- an die Händler (Händlerpromotion) und
- an die Verbraucher.

Verkaufspromotion

Wichtigstes Ziel hierbei ist, die Effektivität der eigenen Verkaufsabteilung zu erhöhen. Wesentlich dabei sind:

- Schulung des Außendienstes (Verkaufstraining, aber auch Erhöhung des Wissensstandes über die zu verkaufenden Produkte und Soft Skills, wie Small-Talk-Fähigkeiten)
- Support des Außendienstes (Videos, Filme über das Unternehmen, Referenzen, Verkaufshandbücher und -richtlinien)
- Motivation des Außendienstes (Provisionen und Prämien, aber auch Arbeitstreffen oder Wettbewerbe)

Händlerpromotion

Verkaufsförderung im Handel gestaltet sich sehr vielfältig. Dazu gehören u. a. das Sales-Point-Marketing (Unterstützung und Beratung der Händler bei der Ausgestaltung der Verkaufsräume, der Warenplatzierung usw.). Aber auch (betriebswirtschaftliche) Beratung und Unterstützung, Einführungs- und Sonderaktionen gehören in diesen Bereich. Letztlich umfasst Händlerpromotion auch die Schulung und Information der Händler und ihrer Mitarbeiter, die Organisation von Tagungen und ähnliche Aktionen.

Verbraucherpromotion

Verbraucherpromotion richtet sich an die Kunden, entweder in unmittelbarer Form (z. B. durch Preisausschreiben, Verlosungen usw.) oder in gemeinsamen Aktionen mit dem Handel (Cross Promotion).

Tipp Cross Promotion:

Cross Promotion ist eine Form der Verkaufsunterstützung, bei der mindestens zwei Werbetreibende gemeinsam Kommunikationsmaßnahmen durchführen und eine einheitliche Werbebotschaft an eine für beide interessante Zielgruppe transportieren. Auf diesem Weg lassen sich gegebenenfalls Werbekosten teilen bzw. es kann ein größeres Werbevolumen realisiert werden. Darüber hinaus besteht die Möglichkeit, dass man vom Image des bzw. der anderen Werbetreibenden profitiert.

Vertrieb

Unter dem Begriff Vertrieb werden alle Aktivitäten in einem Unternehmen verstanden, die zur Öffnung, Bedienung und Sicherung des Marktes erforderlich sind.

Funktional gesehen ist der Vertrieb der marktorientierte Unternehmensbereich, welcher für den Absatz der Produkte und Leistungen verantwortlich ist. Dazu gehören alle planerischen und operativen Aufgaben, von der Vertriebsstrategie bis hin zum systematischen Vertriebscontrolling. Die Form der Vertriebsgestaltung kann von Unternehmen zu Unternehmen sehr unterschiedlich sein und richtet sich im Wesentlichen nach Art und Umfang des Liefersortiments und der eingeschlagenen Firmenpolitik.

Werbeerfolgskontrolle

Werbung ist teuer. Daher sollte regelmäßig kontrolliert werden, ob sie auch erfolgreich war. So ist zu fragen, wie sich einzelne Werbemaßnahmen auf das Unternehmensimage ausgewirkt haben. Wichtig zu wissen ist aber auch, ob sie auch den Umsatz gesteigert haben.

Die Messung des Werbeerfolgs lässt sich sinnvoll an den Wirkungsstufen der Werbung orientieren.

1. Wirkungsstufe: Wahrnehmung

Hier geht es um die Frage, ob die Werbung überhaupt wahrgenommen wurde. Zu prüfen ist das u. a. durch

- die Anzahl der Kontakte des Werbeträgers mit der Zielgruppe,
- die Erinnerung der potenziellen Kunden an die Werbung,
- das Wiedererkennen der Werbebotschaft.

2. Wirkungsstufe: Verarbeitung

Hat der Empfänger die Werbebotschaft verarbeitet, hat sie gewirkt? Das Ergebnis kann man feststellen über

- die Beziehung, die der Empfänger der Werbebotschaft zum angebotenen Produkt herstellt,
- die Bekanntheit/den Bekanntheitsgrad der Marke,
- das Image der angebotenen Leistung bzw. des Unternehmens,
- die Einstellung potenzieller Kunden gegenüber den beworbenen Produkten,
- das Interesse, das potenzielle Kunden am Kauf zeigen,
- Weiterempfehlungen an Dritte.

Tipp:

Einen genau messbaren Erfolg werden Sie selten ermitteln können. Die Werbeerfolgskontrolle kann lediglich Tendenzen deutlich machen.

Methoden, um die obigen Aussagen mit hinreichender Genauigkeit ermitteln zu können, sind überwiegend Befragungen. Diese können entweder mit einer repräsentativ ausgewählten Gruppe erfolgen oder mit zufällig ausgewählten potenziellen Kunden.

3. Wirkungsstufe: Verhalten

Hier kann man ermitteln, wie die Werbung das Kaufverhalten der potenziellen Kunden beeinflusst hat. Hinweise sind u. a. Wiederholungskäufe oder die Erhöhung der Kauffrequenz.

4. Wirkungsstufe: ökonomischer Erfolg

Hier schlägt sich der Werbeerfolg in Umsatzsteigerungen oder ähnlichen Kennziffern nieder. Diese Kennziffern lassen sich zwar gut ermitteln, unklar bleibt aber immer die Stärke des Zusammenhangs zwischen der Werbemaßnahme und dem gemessenen wirtschaftlichen Erfolg.

Mögliche Methoden, um diesen Zusammenhang herzustellen, sind unter anderem:

- der Gebietsverkaufstest,
- ein Vergleich zwischen einem beworbenen und einem nicht beworbenen Teilmarkt, oder Umsatzentwicklung auf einem Teilmarkt nach der Werbemaßnahme,
- die Netapps-Methode: Hier wird das Verhältnis zwischen Werbeaufwand und Werbeertrag z. B. über folgende Informationen ermittelt:
  - Zahl der Personen, die die Werbebotschaft wahrgenommen, aber nicht gekauft haben
  - Zahl der Personen, die die Werbebotschaft wahrgenommen und das Gut gekauft haben
  - Zahl der Personen, die die Werbebotschaft nicht wahrgenommen, aber dennoch gekauft haben
  - Kosten der wahrgenommenen Werbebotschaft pro Person und Erträge, die aus Käufen aufgrund der Werbung resultieren
- Direktmessung, z. B. bei Bestellung unter Bezug auf die Werbemaßnahme
- Befragungen

Werbemittel

Werbemittel werden alle medialen Formate genannt, die eine Werbebotschaft beinhalten.

Dazu gehören in erster Linie

- Anzeigen in Printmedien,
- Kataloge, Flyer und Broschüren,
- Werbespots in Fernsehen und Hörfunk,
- Banner und Pop-Ups im Internet,
- Plakate, Lichtreklame und Werbebanden im öffentlichen Raum, etwa auf Litfasssäulen, Verkehrsmitteln, Bushaltestellen oder Stadionbanden,
- besondere Formen wie Trikotwerbung u. a. m.
- und Werbegeschenke.

Nicht jedes Werbemittel ist auch für jeden Kanal bzw. jeden *Werbeträger* geeignet. Außerdem sind die Werbemittel immer auf das beworbene Produkt bzw. die Leistung abzustimmen.

Beispiel:

Seitenlange PDF-Broschüren wird sich kein Consumer aus dem Internet herunterladen, wenn es nicht notwendig ist – in diesem Medium dominieren in der Regel daher textlich kurze, animierende Werbemittel. Im B2B-Bereich, zumal bei komplexen Problemlösungen, erwartet der Kunde hingegen, dass ihm der Außendienstmitarbeiter ausführliche Unterlagen, Broschüren und Kataloge mitbringt.

Ambient Media: Werbung im Lebensraum

Eine relativ neue Erscheinung ist die sog. „Ambient Media“-Werbung. Hierbei werden Werbemittel im öffentlichen Raum, aber an ausgewählten Orten, wo die Zielgruppe erwartungsgemäß auftritt, platziert. Die Werbeträger können dabei ganz unterschiedliche sein. Ziel ist, den direkten Lebensraum der Konsumenten für die Werbung zugänglich zu machen. Ambient Media wird also vor allem dann eingesetzt, wenn die Zielgruppe über andere Kanäle nur schwer erreicht werden kann.

Beispiel Ambient Media:

Gratispostkarten in Bars, Plakate für Sprachkurse in Universitäten, Duschgel-Proben in Fitnessstudios.

Werbeplanung

Werbeplanung ist die planmäßige Gestaltung aller Maßnahmen, die mit Werbemaßnahmen zu tun haben.

Werbung sollte nicht zufällig ablaufen, sondern in mehreren Schritten geplant werden. Ausgangspunkt ist immer eine Analyse des werblichen Umfelds.

Dazu kann die folgende Checkliste dienen:

Auf CD-ROM

Checkliste: Analyse des Werbeumfelds

- Wird in unserer Branche überhaupt geworben?
- In welchem Umfang werben unsere Mitbewerber?
- Gibt es deutliche Unterschiede in den Werbeaktivitäten der Wettbewerber?
- Welche Werbemittel/Werbeträger werden eingesetzt?
- Was haben wir selbst bisher getan und mit welchem Erfolg?
- Welche Mittel stehen uns zur Verfügung?
- Gibt es passende Werbeagenturen? Welche Referenzen haben sie? Passen sie zu uns und der Werbebotschaft?
- Welche Leistungen erbringen sie und was kostet das?
- Wie kann man sie auf unsere Wünsche einstimmen (Briefing)?

Auf Basis dieser Analyse kann man die folgenden Schritte systematisch angehen:

1. Ziele der konkreten Werbemaßnahme festlegen.
2. Bestimmung des Werbebudgets. Mögliche Wege des Herangehens könnten sein:
   - Prozentsatz-Methode: Bestimmter Prozentsatz des Umsatzes wird für die Werbung bestimmt.
   - Ausgabenorientierte Methode: Das maximal Mögliche auf der Basis des Gewinns der vergangenen Periode einsetzen.

- Konkurrenzorientierung: Vergleich mit den Werbeausgaben der Mitbewerber (Problem der Vergleichbarkeit).
- Ziel-und-Aufgaben-Methode: Festlegung des Werbebudgets anhand der zu erreichenden Ziele.

Beispiel: Tausender-Kontakt-Preis in der Rundfunkwerbung

Die Sendeanstalten verlangen einen bestimmten Preis, die „absoluten Schaltkosten". Wichtiger als diese absoluten Kosten sind aber die Kosten, die man pro erreichtem Zuhörer hat. In der Rundfunkwerbung (natürlich auch im Fernsehen) ist die Anzahl der Personen, die Sie mit einer Werbung erreichen, stark abhängig von der konkreten Tageszeit und den Einschaltquoten. Auf Basis statistischer Erhebungen lässt sich diese Anzahl jedoch relativ genau ermitteln. Daraus wird der sog. „Tausender-Kontakt-Preis" ermittelt, also der Preis, der für einen Werbespot bestimmter Länge zu zahlen ist, um 1.000 Zuhörer zu erreichen.

4. Bestimmung der Hauptzielgruppen der Werbemaßnahmen. In Abhängigkeit von den Zielgruppen kann es erforderlich sein, unterschiedliche Werbeträger einzusetzen. Werbung ist immer zielgruppenabhängig.
5. Bestimmen der Werbebotschaft. Je nach zu sendender Botschaft sind die Gestaltungselemente zu wählen.
6. Festlegung der Werbeträger und Werbemittel, die voraussichtlich zu einem guten Erfolg führen.
7. Festlegung der Umsetzung der Werbemaßnahme. Welche Agentur wird beauftragt, was erledigt man selbst?
8. Werbeerfolg kontrollieren. Eine wesentliche Kennzahl in diesem Zusammenhang ist die Response Quote, also der messbare Rücklauf (siehe *Werbeerfolgskontrolle*).

Die gesamte Werbeplanung mündet in einem Mediaplan. In ihm sollte vor allem enthalten sein, für welche Werbemittel und Werbeträger man sich entschieden hat und die Häufigkeit bzw. die Intervalle, in denen die Werbeträger zum Einsatz gebracht werden sollen.

Tipp:

Führen Sie die einzelnen Schritte der Werbeplanung getrennt nach Produkten/Produktgruppen oder nach strategischen Geschäftsfeldern durch.

Werbeträger

Werbeträger sind die Medien, in denen die einzelnen *Werbemittel* untergebracht werden können, um potenzielle Kunden zu erreichen.

Die Wahl der Werbemittel und die Auswahl der entsprechenden Werbeträger hängen also eng zusammen. Klassische Werbeträger sind:

- Fernsehen
- Hörfunk
- Zeitungen, Zeitschriften
- Briefsendungen, Drucksachen und Wurfsendungen, Telefonansprache, Zusendung von Warenproben usw., also all die Werbeträger, die überwiegend bei der Direktwerbung eingesetzt werden.
- Flächen im öffentlichen Raum, etwa Plakatwände oder Monitore in U-Bahnhaltestellen.

Die Wahl der Werbeträger ist stark abhängig von der Zielgruppe, die erreicht werden soll. Nicht jeder Werbeträger ist auch für jede Botschaft gleich gut geeignet.

Beispiel:

- Bandenwerbung im Fußballstadion erreicht sicher nicht die Seniorin, für die ein Anti-Aging-Gel angeboten wird.
- Radio- oder TV-Werbung ist (außer bei reinen Lokal- oder Stadtsendern) nur für überregional absetzende Unternehmen sinnvoll.
- Ein mittelständisches Unternehmen der Investitionsgüterindustrie wird nicht sinnvoll in einem regionalen Anzeigenblatt werben.

Werbung

Werbung ist als wichtigstes Element der Kommunikationspolitik ein entscheidender Bestandteil des *Marketing-Mix.* Mithilfe der Werbung sollen letztlich potenzielle Kunden dazu veranlasst werden, die Produkte oder Dienstleistungen des Werbenden zu kaufen.

Werbung findet in räumlicher Distanz zum Ort des Verkaufes statt und unterscheidet sich dadurch von der Verkaufsunterstützung.

Tipps:

Fehler in der Werbung können schnell dazu führen, dass das eigentliche Ziel nicht erreicht wird. Dann kann sogar der Fall eintreten, dass das Image leidet.

Denken Sie daran: Nicht immer ist der eigene Geschmack ausschlaggebend. Sie müssen den Geschmack des Kunden treffen, um erfolgreich zu sein.

Grundlage für jede Werbeaktivität sollte immer ein schlüssiges Werbekonzept sein, das u. a. den zeitlichen Einsatz, die Aussage, die Zielgruppe(n) und die Kosten festlegt.

Ziele der Werbung

Grundsätzlich ist die Steigerung des Absatzes der Erzeugnisse/Dienstleistungen oder die Sicherung der Reputation des eigenen Unternehmens das Hauptziel. Man kann die Ziele jedoch auch wie folgt differenzieren:

- **Einführungswerbung:** Sie soll die Voraussetzungen dafür schaffen, dass ein neues Produkt vom Markt angenommen wird. Einführungswerbung kann es auch für ein neues Unternehmen oder eine neue Marke geben.
- **Expansionswerbung:** Ziel der Expansionswerbung ist es, den Umsatz bestimmter, am Markt bereits etablierter Produkte, zu erhöhen. Dies kann entweder durch die Gewinnung neuer Kunden oder durch Mehrkäufe bestehender Kunden erreicht wer-

den. Den Erfolg der Expansionswerbung kann man an Marktanteilen oder an Absatzzahlen messen.

- **Erhaltungswerbung**: Einmalige Bekanntheit reicht nicht aus – das Gedächtnis von Kunden ist kurz. Erhaltungswerbung hat zum Ziel, den Umsatz auf dem erreichten Niveau zu halten und zu verhindern, dass die Kunden abwandern.

Beispiel Erhaltungswerbung:

TV-Werbung für Konsumgüter, Anzeigenwerbung für Dienstleistungen usw. sind klassische Beispiele für Erhaltungswerbung. Wird sie unterlassen, geraten auch die beworbenen Produkte nach und nach in Vergessenheit.

- **Reduktionswerbung**: Reduktionswerbung erfolgt dann, wenn das Unternehmen das Ziel hat, ein bestehendes Produkt allmählich durch ein neues zu ersetzen. Man weist auf die Vorzüge des bestehenden Produkts hin und macht gleichzeitig deutlich, dass das neuere Produkt neben den bereits bekannten Vorzügen noch weitere aufweist, die es über das alte herausheben.

Einzelwerbung/Mengenwerbung

Bei der Einzelwerbung werden ein oder mehrere genau festgelegte potenzielle Kunden mit einer individuell gestalteten Werbebotschaft angesprochen. Die Mengenwerbung spricht spezielle Zielgruppen, aber keine bestimmten Einzelpersonen an. Beispiele sind Werbebriefe oder Mailings.

Alleinwerbung/Kollektivwerbung

Entweder wirbt ein Unternehmen allein oder mehrere schließen sich bei einer Werbemaßnahme zusammen. Werden diese Unternehmen einzeln namentlich in der Werbung erwähnt (z. B. Autohändler, die gemeinsam für eine Automarke werben), so spricht man von Sammelwerbung. Bleiben die einzelnen Unternehmen anonym (z. B. „Fleisch ist ein Stück Lebenskraft“), so handelt es sich um Gemeinschaftswerbung. Hauptvorteil der Kollektivwerbung ist, dass die Werbekosten auf mehrere Parteien umgelegt werden können.

Herstellerwerbung/Handelswerbung

Hersteller haben das vorrangige Ziel, für ihre Produkte zu werben. Im Mittelpunkt stehen zumeist Informationen zu den Eigenschaften der Produkte. Bei der Handelswerbung steht der Ort, wo man ein bestimmtes Produkt oder Sortiment erwerben kann, im Mittelpunkt.

Funktionen der Werbung

Information

Im Wesentlichen geht es um zwei Grundfunktionen, die Information und die Motivation des potenziellen Kunden. An Information soll die Werbung transportieren:

Auf CD-ROM

Checkliste: Werbeinformation

- Name des Produkts bzw. der Dienstleistung und Name des Anbieters
- wesentliche Eigenschaften, insbesondere Vorzüge oder spezieller Nutzen
- mögliche Verwendungszwecke
- sonstige Vorteile, die für den Kunden entstehen
- Gebrauchsanweisungen, Rezepte, Bedienungsanleitungen
- Verstärkung der Werbebotschaft durch entsprechende optische oder akustische Gestaltung

Motivation

Motivation bedeutet, den Kunden emotional zum Kauf zu bewegen. Das geschieht, indem ein „Bedürfnisdruck“ erzeugt wird, der dazu führt, dass neben den rationalen Argumenten auch emotionale Komponenten eine Rolle spielen. Unter anderem will der Kunde zu einer als angenehm empfundenen Situation „dazugehören“ oder sich mit einer bestimmten Käuferschaft identifizieren.

Beispiel:

Die Werbung für Bier mit einem Segelschiff, das das Gefühl von Freiheit und besonderem Erlebnis erzeugt.

Yield-Management

Das Yield-Management (Ertragsmanagement) ist ein Marketing-Konzept zur nachfrageorientierten Angebotssteuerung, das vorwiegend im Dienstleistungsbereich zur Anwendung kommt.

Häufig reichen in Zeiten hoher Nachfrage die Kapazitäten nicht aus; d. h. es gehen Umsätze verloren. Bei schwacher Nachfrage hingegen bleiben Kapazitäten ungenutzt. Sie verursachen aber trotzdem Kosten (insbesondere fixe Kosten). Eine gleichmäßigere Kapazitätsauslastung würde demzufolge zu höheren Erträgen führen. Erforderlich ist also eine Marketingstrategie, die es ermöglicht, die Nachfrage so zu steuern, dass die Kapazitäten optimal genutzt werden können.

Durch gezielte preis- und kommunikationspolitische Maßnahmen soll unter Ertragsgesichtspunkten eine Optimierung der Auslastung von zeitlich begrenzt verfügbaren Kapazitäten (z. B. Sitzplätze in einem Flugzeug) erreicht werden. Letztlich geht es also darum, die Nachfrage unter Berücksichtigung der spezifischen Bedarfssituation der Kunden durch höhere oder niedrigere Angebotspreise gezielt auf freie Kapazitäten zu lenken, um den Gesamtumsatz zu maximieren.

Achtung:
Yield-Management bedeutet kein reines Drehen an der Preisschraube nach oben oder unten. Die Preispolitik muss mit anderen Instrumenten des *Marketing-Mix* gekoppelt werden.

Anwendungsfelder

Yield-Management ist nicht für alle Branchen bzw. Unternehmen gleichermaßen geeignet. Insbesondere unter folgenden Bedingungen scheint der Einsatz Erfolg versprechend:

- unflexible Kapazitäten mit relativ hohen Fixkosten,
- Verfall der Leistung bei Nichtabnahme (Leistung nicht bzw. sehr begrenzt lagerfähig),
- starke Nachfrageschwankungen,

- *Marktsegmentierung* (ergibt, dass die einzelnen Zielgruppen unterschiedliche Ansprüche hinsichtlich einer flexiblen Leistungsnutzung haben),
- Möglichkeit einer Leistungsbuchung bzw. -bestellung im Voraus.

Als Anwendungsfelder kommen somit vorzugsweise der Bereich Transport und Touristik (Fluggesellschaften, Schienenverkehr, Autovermietungen, Reiseveranstalter), das Hotelgewerbe, die Vermietung von Anlagen (z. B. Computer, Spezialmaschinen mit hohen Stillstandskosten) und Arbeitskräften in Betracht. Grundsätzlich ist Yield-Management aber in allen Bereichen denkbar, in denen die Bereitstellung von Leistungen bzw. Dienstleistungspersonal aus einem (relativ) fixen Bestand im Vordergrund steht.

8 Personal

Ein Unternehmen besteht nicht nur aus Gebäuden und Maschinen. Erst der sinnvolle Einsatz menschlicher Arbeit führt zu einer Wertschöpfung, die sich letztlich in Umsätzen und Gewinnen niederschlägt. Demzufolge ist die Personalwirtschaft ein entscheidender Teil der Betriebswirtschaft. Sie beinhaltet einerseits Fragen der Führung, andererseits aber auch eine Vielzahl von Regelungen des Arbeitsrechts.

Die Stichworte dieses Kapitels behandeln die arbeitsrechtlichen Schritte von der Einstellung eines Mitarbeiters über die regelmäßigen Mitarbeitergespräche bis hin zur Beendigung des Arbeitsverhältnisses und dem damit verbundenen Arbeitszeugnis. Dazu gehören etwa Begriffe wie Probezeit, Assessment-Center, Schlüsselqualifikationen und viele andere.

Auch die Organisation des betrieblichen Personalwesens spiegelt sich in den ausgewählten Stichworten wider, von der Personalplanung bis hin zum Personalcontrolling.

Und natürlich spielt in der Praxis immer wieder die Frage eine entscheidende Rolle, wie man Mitarbeiter richtig führt. Daher werden in diesem Kapitel auch die Aufgaben rund um Führen, Motivation und Führungsstil behandelt.

In Deutschland wird der Mitbestimmung der Arbeitnehmer viel Aufmerksamkeit gewidmet. Aus diesem Grund dürfen Ausführungen zum Betriebsrat und seinen Aufgaben, zu Betriebsvereinbarungen und zur Mitbestimmung allgemein nicht fehlen.

Altersteilzeit

Siehe *Teilzeitarbeit*, S. 579.

Alumni

Alumni werden Absolventen von Hochschulen oder Universitäten genannt. Für das moderne Personalwesen sind Alumni als Träger eines Netzwerks interessant.

Alumniarbeit spielt vor allem im Bereich des Fundraising eine Rolle, geht man doch davon aus, dass ehemalige Absolventen, die inzwischen im Berufsleben stehen, nach wie vor eine emotionale Beziehung zu ihrer Ausbildungsstätte haben. Darüber hinaus sind Alumniverbände für Unternehmen insoweit interessant, weil

- die informellen Alumni-Netzwerke für Rekrutierungsmaßnahmen (vor allem im Bereich der Führungskräfte) effektiv und zielgerichtet genutzt werden können,
- Geschäftsbeziehungen schnell und vor allem mit einem gewissen Vertrauensvorschuss angebahnt werden können und
- über Kooperationen mit Hochschulen und Forschungseinrichtungen Aufgaben, die nicht zum täglichen Geschäft gehören, für strategische Entwicklungen aber relevant sind, abgewickelt werden.

Beispiel:

Über die Vermittlung von Praktikanten oder Diplomanden (bzw. Bachelor- oder Masterstudenten) ist es möglich, Aufgaben eher allgemeiner Art, die im täglichen „Klein-klein" immer wieder liegen bleiben, fundiert und umfassend abzuarbeiten. Die Kontakte zu den potenziellen Praktikanten werden in vielen Fällen über Alumni hergestellt, die an ihrer ehemaligen Hochschule den Bedarf anmelden..

Möglichkeiten, solche Beziehungen auch weiterhin zu pflegen, bestehen u. a. in folgenden Maßnahmen:

- Erfassen der persönlichen Adressdaten der Abgänger. Neben der Postanschrift, die sich aber erwiesenermaßen häufiger ändern wird, ist insbesondere eine private E-Mail-Anschrift von Bedeutung, um den Kontakt später wieder herzustellen.

Tipp:

Günstig ist es, die Daten in einer Datei zu erfassen, auf die die Alumni online Zugriff haben. So können Sie bei Adressänderungen, Änderungen der Arbeitsstelle usw. ihre persönlichen Kontaktdaten selbst ändern. Achten Sie beim Aufbau einer solchen Datei aber darauf, dass die Daten nicht in unerlaubter Weise gelesen oder weiterverwendet werden dürfen. Es ist also sinnvoll, den Zugriff lediglich auf die eigenen Adressdaten zu erlauben.

- Organisation regelmäßiger Treffen. Erfahrungsgemäß reichen hierfür Abstände von 2 bis 3 Jahren aus.
- Aufbau von Netzwerken mit dem Ziel, auch berufliche Kontakte weiter zu pflegen. Auch die Vermittlung von Praktikumsplätzen oder Stellen für die Anfertigung von Diplom-, Bachelor- oder Masterarbeiten gehört in diesen Bereich.
- Einbindung der Alumni in einen Förderverein.

Tipp:

Denken Sie daran, dass nicht alle Absolventen an einer späteren Verbindung zu Mitstudenten, zur Hochschule usw. interessiert sind. Es ist nicht sinnvoll, in solchen Fällen immer wieder Kontakt aufzunehmen.

Achtung:

Den Zusammenhalt und die Netzwerke zu pflegen ist sicherlich wesentliche Aufgabe der Ausbildungsstätten. Profitieren werden aber vor allem die Unternehmen, in denen die ehemaligen Studenten arbeiten, weil diese ihre Kontakte vor allem auch im Sinne der Unternehmen einsetzen werden.

Anforderungsprofil

Ein Anforderungsprofil beschreibt die wesentlichen Anforderungen, die für die Ausfüllung eines Arbeitsplatzes erforderlich sind. Es wird für die Personalauswahl und -beurteilung, aber auch für die Mitarbeiterentwicklung eingesetzt.

Im Anforderungsprofil werden nicht nur formale Voraussetzungen und Kenntnisse aufgeführt, die den Bewerber oder Mitarbeiter für den Arbeitsplatz qualifizieren sollen, wie etwa Ausbildung, beruflicher Werdegang/Erfahrung, Zusatzqualifikationen, Führerschein oder auch bestimmte körperliche Eignungen. Hinzu kommen auch bestimmte Persönlichkeitsmerkmale, etwa die besondere Eignung für die Art der Stelle (z. B. Teambereitschaft), Sozialverhalten und persönliche Kompetenzen (oft unter dem Begriff „Soft Skills" zusammengefasst) sowie spezielle Anforderungen, z. B. Gewissenhaftigkeit bei Mitarbeitern, die mit Geld zu tun haben.

Anforderungsprofile sollen sicherstellen, dass Mitarbeiter auf Arbeitsplätzen eingesetzt werden, die ihren Fähigkeiten entsprechen bzw. umgekehrt: (neu zu vergebende) Stellen nur mit kompetenten Mitarbeitern besetzt werden. Damit verfolgt man die Ziele, Ziele

- den Personalbedarf genauer zu planen,
- die *Personalentwicklung* auf eine sachliche Basis zu stellen,
- die Personalsuche gezielt zu betreiben,
- Weiterbildung gezielt auszuwählen
- und eine objektivierende Basis für die *Mitarbeiterbeurteilung* zu schaffen.

Aufbau eines Anforderungsprofils

Zu den allgemeinen Inhalten gehören u. a.

- die Bezeichnung der Stelle,
- eine Einordnung in die betriebliche Aufbauorganisation,
- die Abteilung.

Danach werden entsprechende Anforderungskriterien formuliert, wie

- Fachkenntnisse,
- Ausbildungsabschlüsse,
- Branchenkenntnisse,
- sonstige Kenntnisse (z. B. Sprachkenntnisse),
- körperliche Anforderungen,
- Persönlichkeitsmerkmale, wie z. B. analytisches Denkvermögen, Verhandlungsgeschick, Führungsvermögen, planerische und organisatorische Fähigkeiten, Entscheidungsvermögen, Auffassungsgabe u. a.

Bestimmte Anforderungen sind dabei notwendig, andere wünschenswert.

Tipp:

Wählen Sie eine begrenzte Anzahl von Anforderungsmerkmalen aus und überlegen Sie genau, wie stark sie ausgeprägt sein sollen. Es ist nicht sinnvoll, Anforderungen zu formulieren, die für die entsprechende Stelle nicht unbedingt erforderlich sind. Im Ergebnis finden Sie entweder keinen geeignete Bewerber – kein Mensch ist vollkommen – oder der Bewerber, der alle Anforderungen tatsächlich erfüllt, ist für die Stelle überqualifiziert. Das wiederum führt schnell zu Demotivation, abgesehen von der Tatsache, dass hoch qualifizierte Bewerber auch höhere Gehaltsvorstellungen haben.

Arbeitgeber

Arbeitgeber beschäftigen mindestens eine andere Person in einem abhängigen Arbeitsverhältnis. Der Arbeitgeber kann die Arbeitsleistung gemäß Arbeitsvertrag von seinem Mitarbeiter fordern, dafür schuldet er ihm den Arbeitslohn.

Zu unterscheiden vom Begriff des Arbeitgebers ist der Unternehmer. Unter einem Unternehmer wird gemeinhin der (Mit-) Eigentümer eines Unternehmens verstanden. Der Unternehmer ist sowohl im

BGB als auch steuerrechtlich definiert als eine Person, welche eine gewerbliche oder berufliche Tätigkeit selbstständig ausübt. Gewerblich oder beruflich ist jede nachhaltige Tätigkeit zur Erzielung von Einnahmen, auch wenn die Absicht Gewinn zu erzielen fehlt.

Eine gesetzliche Definition für den Begriff „Arbeitgeber" gibt es indes nicht. Demzufolge wird der Arbeitgeber in der Regel als Gegenposition zum *Arbeitnehmer* betrachtet. Die Eigenschaft des Arbeitgebers hat vor allem steuerrechtliche Hintergründe: Die hoheitliche Aufgabe der Steuererhebung, die beim Arbeitslohn des Arbeitnehmers in Form der Lohnsteuer unmittelbar an der Quelle erfolgt, wird dem Arbeitgeber vom Staat übertragen.

Achtung:
Der Arbeitgeber hat die Steuerabzugsbeträge, zu denen auch der Solidaritätszuschlag gehört, zu berechnen, vom Arbeitslohn einzubehalten und an das Finanzamt abzuführen. Für Fehler im Zusammenhang mit diesen ansonsten von staatlichen Behörden zu erfüllenden Aufgaben kann das Finanzamt den Arbeitgeber durch Haftungsbescheid in Anspruch nehmen (Lohnsteuerhaftung).

Arbeitgeber können nicht nur natürliche Personen, sondern auch jedes andere Rechtsgebilde sein, etwa

- juristische Personen des privaten Rechts,
- Personengesellschaften,
- juristische Personen des öffentlichen Rechts (Bund. Länder, Gemeinden, Anstalten und Körperschaften des öff. Rechts),
- andere Personenvereinigungen, aber auch
- ein Haushaltsvorstand.

Lohnsteuerlich sind zwei Gruppen von Arbeitgebern zu unterscheiden:

- Personen, denen der Arbeitnehmer die Arbeitskraft schuldet, d. h. deren Weisungen er zu folgen hat, in deren Betrieb er eingegliedert ist,

- Personen, die aufgrund eines früheren Dienstverhältnisses an den früher beschäftigten Arbeitnehmer oder dessen Rechtsnachfolger Arbeitslohn zahlen (Zahlung von Betriebsrenten oder von Pensionen).

Arbeitgeberverbände und Tariffähigkeit

Arbeitgeberverbände sind Zusammenschlüsse von Arbeitgebern zwecks gemeinsamer Wahrnehmung arbeitsrechtlicher und sozialpolitischer Interessen. Sie sind in der Regel in der Rechtsform eines Vereins organisiert. Diese Vereinigungen können Vertragspartner beim Abschluss von Tarifverträgen sein. Eine Mindestzahl von Mitgliedern ist nicht erforderlich. Die Arbeitgeber müssen unmittelbar Mitglieder sein. Zwangsverbände (z. B. Berufsgenossenschaften oder Kammern) sind nicht tariffähig.

> **Achtung:**
> Diese Zwangsverbände können jedoch für die Arbeitsverhältnisse ihrer eigenen Arbeitnehmer als einzelne Arbeitgeber Firmentarifverträge abschließen.

Die Tariffähigkeit setzt weiter „Gegnerfreiheit" voraus. Ein Arbeitgeberverband, der auch Arbeitnehmer als Mitglieder hat, ist also nicht tariffähig. Spitzenorganisationen von Arbeitgeberverbänden können im Namen der ihnen angeschlossenen Verbände Tarifverträge abschließen, wenn sie eine entsprechende Vollmacht haben.

Arbeitnehmer

Arbeitnehmer im arbeitsrechtlichen Sinne sind Personen, die aufgrund eines privatrechtlichen Vertrags im Dienst eines anderen zur Arbeit verpflichtet sind. Wesentliches Merkmal des Arbeitnehmers im arbeitsrechtlichen Sinne ist die persönliche Abhängigkeit vom Arbeitgeber.

Der arbeitsrechtliche Begriff stimmt mit dem steuerrechtlichen und sozialversicherungsrechtlichen nicht immer überein. Im Steuerrecht ist der Arbeitnehmerbegriff relevant für die Abgrenzung der nichtselbständigen Tätigkeit – die abhängig und fremdbestimmt ist – von der selbstständigen Tätigkeit, die unabhängig und selbstbestimmt ausgeübt wird.

Unterscheidung von Arbeitern und Angestellten

Die ursprünglich in vielen gesetzlichen Regelungen enthaltene Unterscheidung zwischen Arbeitern und Angestellten war zuletzt individual-arbeitsrechtlich kaum noch von Bedeutung, zumal sie auch sachlich in der Regel nicht mehr zu begründen war. Nach herrschender Meinung waren Arbeiter dabei all diejenigen Arbeitnehmer, die nicht Angestellte waren, wobei dem Begriff des Arbeiters überwiegend körperliche Arbeiten zugeordnet wurden. Mit der fortschreitenden Technik hatte auch diese Unterscheidung ihre Berechtigung verloren. Seit In-Kraft-Treten der Organisationsreform in der Rentenversicherung zum 1.1.2005 ist die Unterscheidung zwischen Arbeitern und Angestellten auch im Sozialversicherungsrecht aufgehoben.

Kennzeichen der Arbeitnehmereigenschaft

Weisungsrecht unterworfen

Arbeitnehmer im sozialversicherungsrechtlichen Sinne ist, wer im Dienste eines anderen in persönlicher Abhängigkeit steht. Diese ist dann gegeben, wenn der Beschäftigte einem die Zeit, die Dauer, die Art und den Ort der Ausführung umfassenden Weisungsrecht des Arbeitgebers unterliegt. Allerdings kann dies – vornehmlich bei leitenden Angestellten – eingeschränkt und verfeinert sein.

Andererseits kennzeichnen eine selbstständige Tätigkeit das eigene Unternehmerrisiko, die Verfügungsmöglichkeit über die eigene Arbeitskraft und die im Wesentlichen frei gestaltbare Tätigkeit und Arbeitszeit. Ob eine Tätigkeit abhängig oder selbständig verrichtet wird, entscheidet sich letztlich danach, welche Merkmale überwiegen. Ob selbständig oder Arbeitnehmer kann durchaus zum Streitfall werden – etwa in der Entscheidung, ob ein „fester freier Mitarbeiter“ als „scheinselbständig“ gilt und damit sozialversicherungspflichtig wäre.

Tipp:

Die Beurteilung, ob jemand Arbeitnehmer ist, d. h. ob ein abhängiges Beschäftigungsverhältnis im Sinne der Sozialversicherung vorliegt, richtet sich allein nach dem Recht der Sozialversicherung. Eine Entscheidung der Steuerbehörde bindet die Träger der Sozialversicherung nicht.

Die steuerrechtliche Behandlung - Lohnsteuer oder Einkommensteuer - kann daher nur als ein wesentliches Indiz dafür gewertet werden, ob jemand Arbeitnehmer ist oder eine selbstständige Tätigkeit ausübt. Wer hauptberuflich eine selbstständige Tätigkeit ausübt und daneben eine Arbeitnehmertätigkeit, gilt in der Krankenversicherung nicht mehr als Arbeitnehmer und unterliegt nicht der Krankenversicherungspflicht. Gleiches gilt auch für die Pflegeversicherung. Die Renten- und Arbeitslosenversicherungspflicht bleibt hiervon unberührt.

Ausschluss der Arbeitnehmereigenschaft

Nicht zu den Arbeitnehmern gehören in der Kranken-, Renten- und Arbeitslosenversicherung insbesondere:

- ordentliche und stellvertretende Vorstandsmitglieder einer Aktiengesellschaft
- mitarbeitende Gesellschafter von offenen Handelsgesellschaften
- Komplementäre
- Kommanditisten, die nicht im Rahmen eines Anstellungsvertrags beschäftigt werden, sondern ihre Tätigkeit in der Kommanditgesellschaft aufgrund gesellschaftlicher Abmachung als persönlichen Beitrag zur Erreichung des Gesellschaftszwecks leisten

Achtung:

Kommanditisten, die im Rahmen eines Arbeitsvertrags gegen Vergütung beschäftigt werden, sind dann keine versicherungspflichtigen Arbeitnehmer, wenn ihnen aufgrund ihrer Kapitalbeteiligung oder nach den im Gesellschaftsvertrag eingeräumten Befugnissen ein maßgeblicher Einfluss auf die KG möglich ist.

- Geschäftsführer von *GmbHs*, die die Geschicke der Gesellschaft kraft ihres Anteils am Stammkapital maßgeblich beeinflussen können. Ein maßgeblicher Einfluss liegt mindestens immer dann vor, wenn die Befugnisse ausreichen, um Gesellschaftsbeschlüsse verhindern zu können (Sperrminorität).

Arbeitsvertrag

Der Arbeitsvertrag ist ein Dienstvertrag, der zumindest die Rahmenbedingungen für eine konkrete unselbständige Arbeitsleistung zum Gegenstand hat. Er bildet die rechtliche Grundlage des Rechtsverhältnisses zwischen *Arbeitgeber* und *Arbeitnehmer*. Durch ihn werden die wechselseitigen Rechte und Pflichten der Vertragsparteien begründet und geregelt.

Hauptinhalte: Leistungspflichten, Vergütung

Die Hauptleistungspflicht des Arbeitnehmers ist die Erbringung der geschuldeten Arbeitsleistungen. Sie ist nicht auf andere Personen übertragbar. Die Hauptleistungspflicht des Arbeitgebers besteht in der Zahlung der Vergütung für die geleistete Arbeit. Sie steht im Austausch- oder Gegenseitigkeitsverhältnis zur Arbeitspflicht des Arbeitnehmers. Die Höhe der Vergütung (Entgelt) richtet sich nach der Vereinbarung im Arbeitsvertrag, soweit nicht ein Tarifvertrag anwendbar ist.

Das Zustandekommen des Arbeitsvertrags setzt eine Übereinkunft der Parteien über die wesentlichen Arbeitsbedingungen, insbesondere die wechselseitigen Hauptpflichten (welche Arbeitsleistung für welches Entgelt) voraus.

Tipp:

Die allgemeinen Regeln des BGB finden grundsätzlich auf den Arbeitsvertrag Anwendung.

Ausgestaltung

Im Allgemeinen stellt das Gesetz nur sehr geringe Anforderungen an den konkreten Inhalt der Vereinbarung. Dies liegt daran, dass hinsichtlich vieler arbeitsvertraglicher Regelungsaspekte ohnehin zwingende oder doch zumindest dispositive gesetzliche Vorgaben bestehen, die immer dann greifen, wenn die Parteien zu einem bestimmten Punkt nichts vereinbart haben.

Beispiele:

Regelungen zum Mindesturlaub nach dem Bundesurlaubsgesetz, Entgeltfortzahlung im Krankheitsfall.

Formfreiheit

Für den Abschluss gilt der Grundsatz der Formfreiheit. Arbeitsverträge können daher grundsätzlich mündlich, schriftlich oder durch schlüssiges Verhalten geschlossen werden. Etwas anderes gilt nur dann, wenn ein Gesetz, ein Tarifvertrag oder eine Betriebsvereinbarung die Einhaltung der Schriftform vorsieht.

Tipp: Nachweisgesetz

Nach den Vorgaben des Nachweisgesetzes hat jeder Arbeitgeber dem Arbeitnehmer binnen eines Monats nach Aufnahme der Arbeit eine unterschriebene Niederschrift über die wesentlichen Arbeitsbedingungen auszuhändigen. Das gilt unabhängig von der Form, in der der Arbeitsvertrag geschlossen wurde.

Unbefristete Arbeitsverträge

Auf CD-ROM

Im Arbeitsleben stellt nach wie vor der unbefristete Arbeitsvertrag den Regelfall dar. Auf diesen vertraglichen Grundtypus sind in der Regel die arbeitsrechtlichen Sonderregeln zugeschnitten. Der unbefristete Arbeitsvertrag kann durch (fristgemäße oder fristlose) *Kündigung* oder durch einen *Aufhebungsvertrag* beendet werden.

Befristete Arbeitsverträge

Auf CD-ROM

Das Gesetz kennt auch den von vornherein nur befristet geschlossenen Arbeitsvertrag. Er endet zu dem vereinbarten Zeitpunkt, ohne dass es einer Kündigung bedarf. An diesem auf den ersten Blick nicht sonderlich auffälligen rechtstechnischen Unterschied knüpfen sich im Arbeitsrecht weitreichende Konsequenzen, die der arbeitsgerichtlichen Rechtsprechung Veranlassung gegeben haben, befristete Arbeitsverträge nur eingeschränkt zuzulassen.

Schriftform zwingend

Vereinbarungen über die Befristung von Arbeitsverhältnissen müssen schriftlich abgeschlossen werden. Befristete Arbeitsverträge, die nicht schriftlich abgeschlossen werden, sind unwirksam.

Tipp:

Allerdings besteht das Schriftformerfordernis ausschließlich für die Befristungsabrede, nicht aber für den Befristungsgrund und auch nicht für sonstige Aspekte des Arbeitsverhältnisses oder gar den Arbeitsvertrag insgesamt. Insoweit kann man nach wie vor von Formfreiheit sprechen.

Arbeitszeit

Arbeitszeit ist die Zeit, die der *Arbeitnehmer* dem *Arbeitgeber* zur Nutzung seiner Arbeitskraft gegen Entgelt zur Verfügung stellt. Dabei wird vom Beginn bis zum Ende der Arbeit abzüglich der Ruhepausen gerechnet.

Gesetzliche bzw. tarifliche Regeln greifen

Der Grundsatz der Vertragsfreiheit ist bei der Festlegung der Arbeitszeit erheblich eingeschränkt. Einerseits gelten die Schutzbestimmungen des Arbeitszeitgesetzes, andererseits erfolgt eine Einschränkung durch die geltenden Tarifverträge, die im Regelfall bis in Einzelheiten gehende Regelungen zur Arbeitszeit enthalten.

Arbeitszeitschutz

Darunter werden die öffentlich-rechtlichen Vorschriften über die tägliche Höchstarbeitszeit, über die Festlegung der zeitlichen Lage der Arbeitszeit während eines Tages, über Pausen und arbeitsfreie Zeiten nach Ende der täglichen Arbeit und über Sonn- und Feiertagsruhe verstanden. Damit wird dem Arbeitnehmer ein umfassender Schutz gewährt.

> **Achtung:**
> Arbeitszeitrechtliche Sonderregelungen gelten u. a. für so genannte gefährliche Betriebe bzw. gefährliche Arbeiten, für Schank- und Gastwirtschaftsbetriebe und für Kraftfahrer.

Was flexible Arbeitszeiten bringen

Regelungen zur Flexibilisierung der Arbeitszeit führen dazu, dass die Arbeitszeit der Mitarbeiter von den Betriebszeiten unabhängiger wird. Solche Regelungen liegen sowohl im Interesse der Betriebe als auch der Mitarbeiter:

- Unternehmen können Arbeitnehmer je nach Arbeitsanfall und Auslastung der Kapazitäten flexibel einsetzen.

- Für die Arbeitnehmer spielen hier individuelle Bedürfnisse, wie persönliche und familiäre Verpflichtungen, Gestaltung der Anfahrt zum Arbeitsplatz usw. eine Rolle.

Welche Modelle sind möglich?

Es gibt verschiedene Spielarten der flexiblen Arbeitszeit. Die wichtigsten sind:

- **Gleitende Arbeitszeit:** Der Arbeitnehmer kann innerhalb eines gewissen zeitlichen Spielraums Beginn und Ende seiner Arbeitszeit selbst bestimmen.
- **Schichtarbeit:** Ein Arbeitsplatz wird mit mehreren Mitarbeitern besetzt. Schichtarbeit dient insbesondere zur Erhöhung der Maschinenlaufzeiten, aber auch zur kontinuierlichen Versorgung – Energieversorger, öffentlicher Verkehr, Krankenhäuser usw.).

> **Achtung:**
> Schichtarbeit muss nicht immer regelmäßig stattfinden, auch Sonderschichten bei erhöhtem Arbeitsanfall gehören dazu. Für Nachtschichtarbeit (zwischen 22.00 und 6.00 Uhr) sind gesonderte Zuschläge zu zahlen.

- **Telearbeit:** Telearbeiter sind an einem Arbeitsplatz tätig, der sich außerhalb des Betriebs befindet. Genutzt werden dazu insbesondere Geräte der Informations- und Kommunikationstechnologie, die über Kommunikationsnetze mit dem Unternehmen verbunden sind.
- **Job-Sharing:** Zwei oder mehr Arbeitnehmer teilen sich auf Basis einer Vereinbarung mit dem Arbeitgeber einen Arbeitsplatz. In der Regel sind sie zu gegenseitiger Vertretung verpflichtet.
- **Zeitkonten:** Hier vereinbart der Arbeitgeber mit dem Arbeitnehmer, dass er je nach Arbeitsanfall relativ kurzfristig die Arbeitszeiten flexibel gestalten kann. Das ist insbesondere dann sinnvoll, wenn unregelmäßige Arbeitsbelastungen vorliegen, die nur kurzfristig vorherzusagen sind, z. B. im Einzelhandel.

Arbeitszeugnis

Beendigt der Arbeitgeber das Arbeitsverhältnis, muss er dem Arbeitnehmer ein schriftliches Zeugnis ausstellen. Während des Arbeitsverhältnisses steht dem Arbeitnehmer ein Anspruch auf Erteilung eines Zwischenzeugnisses zu, wenn er ein berechtigtes Interesse hat.

Dass Arbeitnehmer einen Anspruch auf Zeugniserteilung haben, ist in der Gewerbeordnung und im BGB geregelt. Wie solche Arbeitszeugnisse genauer auszusehen haben, wurde und wird durch fortlaufende Rechtsprechung, insbesondere durch Urteile des Bundesarbeitsgerichts, bestimmt.

Schon an die formale Erstellung werden strenge Anforderungen gestellt:

- Ein Arbeitszeugnis muss schriftlich erteilt (handschriftlich und elektronisch ausgeschlossen) sowie unterschrieben werden (bei Kopien gilt nur Originalunterschrift).
- Es muss auch seiner äußeren Form nach ordentlich erscheinen, i. d. R. auf DIN-A4-Papier sowie sauber geschrieben sein, darf keine Flecken, Radierungen, Verbesserungen, Durchstreichungen, Geheimzeichen, Unleserliches oder Ähnliches enthalten.
- Der Arbeitnehmer kann verlangen, dass der Arbeitgeber das Arbeitszeugnis auf aktuellem Geschäftspapier erstellt, ansonsten muss es einen Firmenstempel und im Briefkopf die aktuelle Adresse aufweisen.
- Durch die äußere Form darf nicht der Eindruck erweckt werden, der Arbeitgeber distanziere sich vom Wortlaut seiner Erklärung. So darf im Text nichts unterstrichen, kursiv oder in Gänsefüßchen gesetzt oder durch Ausrufe- (!) oder Fragezeichen (?) hervorgehoben werden.

In Vertretung des Arbeitgebers kann das Zeugnis von Angestellten des Arbeitgebers unterschrieben werden, die jedoch in leitender Position und erkennbar in höherer Position sein müssen als der zu beurteilende Arbeitnehmer.

Achtung:
Bei einem leitenden Angestellten, der der Geschäftsleitung unmittelbar unterstellt war, muss das Zeugnis von einem Mitglied der Geschäftsführung unterzeichnet sein. Der Unterzeichnende muss in dem Zeugnis auch auf seine Position als Mitglied der Geschäftsführung hinweisen.

Das einfache Zeugnis

In seiner einfachen Form entspricht das Arbeitszeugnis eher einer Arbeitsbestätigung und muss lediglich nur Angaben über die Person des Arbeitnehmers (Namen usw.) und die Art und Dauer der Beschäftigung enthalten. Die Art der Beschäftigung muss dabei so beschrieben sein, dass Außenstehende eindeutig über die bisherige Tätigkeit unterrichtet werden und beurteilen können, ob der Arbeitnehmer für die neue Stelle geeignet ist.

Bei der Dauer der Beschäftigung ist von der rechtlichen Dauer des Arbeitsverhältnisses auszugehen. Tatsächliche Unterbrechungen durch Krankheit oder Streiks dürfen grundsätzlich nicht angegeben werden, ausnahmsweise jedoch dann, wenn sie so ungewöhnlich lange gedauert haben, dass anderenfalls der neue Arbeitgeber ein falsches Bild von der Dauer der Beschäftigung beim alten Arbeitgeber erhielte (z. B. wenn der Arbeitnehmer wesentlich länger krank war, als er überhaupt gearbeitet hat).

Das qualifizierte Zeugnis

Muss vollständig sein

Der Arbeitnehmer kann ein qualifiziertes Zeugnis verlangen; darin sind seine Führung und seine Leistungen zu bewerten. Hier gilt insbesondere der Grundsatz der Vollständigkeit. Was üblicherweise zu erwarten ist in einem Zeugnis, darf nicht weggelassen werden. Insbesondere sollten die fachlichen wie persönlichen Kompetenzen gewürdigt werden (soziale Fähigkeiten, aber auch Kreativität, Kommunikationskompetenz u. a. m.) und die Arbeitsleistung, Arbeitsweise und bei Führungskräften auch die Managementleistung beschrieben werden.

Weil es dem Arbeitnehmer als Unterlage für eine neue Bewerbung dienen soll, soll das Zeugnis von verständigem Wohlwollen des Arbeitgebers getragen sein und das weitere Fortkommen des Arbeitnehmers nicht unnötig erschweren. Würde der Arbeitnehmer darin unterbewertet, wären seine Belange gefährdet. Andererseits soll das Zeugnis zur Unterrichtung eines Dritten dienen, der die Einstellung des Zeugnisinhabers erwägt; seine Belange sind gefährdet, wenn der Arbeitnehmer überbewertet wird.

Grundsatz des Wohlwollens

Aus dem notwendigen Ausgleich dieser sich möglicherweise widerstreitenden Interessen ergibt sich deshalb als oberster Grundsatz der Zeugniserteilung: Das Zeugnis muss wahr sein.

Oberster Grundsatz: Wahrheit

Tipp:

Weil das Zeugnis als Mitteilung an Dritte bestimmt ist und wahr sein muss, darf es vor allem infolge des gewählten Ausdrucks oder der gewählten Satzstellung nicht zu Irrtümern oder Mehrdeutigkeit bei Dritten führen. Solche Irrtümer und Mehrdeutigkeiten können z. B. dann entstehen, wenn üblicherweise nach der Verkehrssitte aufgenommene Sätze ausgelassen werden. So darf etwa der Hinweis auf die Ehrlichkeit eines Kassierers nicht fehlen.

Zeugnissprache

Da Zeugnisse einerseits der Wahrheit entsprechen, andererseits wohlwollend formuliert sein müssen, hat sich eine bestimmte Zeugnissprache herausgebildet. Für diese Sprache gibt es jedoch keine einheitlichen Regelungen, sodass man einerseits die gewollte Aussage aus dem Zusammenhang erkennen muss, andererseits der Arbeitnehmer nur begrenzt Einfluss auf bestimmte Formulierungen nehmen kann.

Beispiel: Beispiel Zeugnissprache:

Hinsichtlich der Arbeitsleistung sind etwa folgende Formulierungen üblich:

Der Mitarbeiter hat die ihm übertragenen Aufgaben ...

das wird geschrieben:	das ist gemeint:
stets zu unserer vollsten Zufriedenheit erfüllt.	sehr gut
stets zu unserer vollen Zufriedenheit erfüllt.	gut
zu unserer vollen Zufriedenheit erfüllt.	befriedigend
zu unserer Zufriedenheit erledigt.	ausreichend
im Großen und Ganzen zu unserer Zufriedenheit erledigt.	mangelhaft

Berichtigung von Zeugnissen

Der Arbeitnehmer kann die Ausstellung eines neuen Zeugnisses (nicht nur dessen Korrektur) verlangen, wenn es falsche Tatsachen oder unrichtige Beurteilungen enthält. Die Arbeitsgerichte sind befugt, das gesamte Zeugnis zu überprüfen und unter Umständen selbst neu zu formulieren.

Der Arbeitgeber hat dann das Zeugnis entsprechend auszustellen, ohne dass er auf das Gerichtsurteil verweisen darf, weil dies ein neuer Arbeitgeber negativ deuten könnte. Ein vom Arbeitgeber auf Verlangen des Arbeitnehmers berichtigtes Zeugnis ist auf das ursprüngliche Ausstellungsdatum zurückzudatieren, wenn die verspätete Ausstellung nicht vom Arbeitnehmer zu vertreten ist.

Auf CD-ROM

Checkliste Arbeitszeugnis: So vermeiden Sie (gerichtlichen) Ärger

- Beachten Sie die Formvorschriften.
- Geben Sie Aufgaben und Tätigkeiten des Arbeitnehmers genau wieder. Lassen Sie nichts Wesentliches weg.
- Achten Sie darauf, dass der Umfang der Leistungsbeurteilung auch dem Umfang der Tätigkeitsbeschreibung entspricht, damit sich ein stimmiges Bild ergibt.
- Das Zeugnis darf keine Lücken aufweisen. Schreiben Sie hinein, was üblicherweise erwartet wird.
- Vermeiden Sie doppeldeutige Formulierungen.
- In der Regel wird eine Schlussformel erwartet, auch wenn der Ausspruch von Bedauern, Dank und gute Zukunftswünsche optional sind.
- Ein Engagement im Betriebsrat dürfen Sie nicht hineinschreiben.
- Schreiben Sie nichts über den Grund des Austritts des Mitarbeiters, wenn dieser das nicht wünscht. Haben Sie ihm fristlos gekündigt, darf dies auf keinen Fall im Zeugnis stehen.
- Händigen Sie dem scheidenden Mitarbeiter das Zeugnis spätestens am letzten Beschäftigungstag aus.

Assessment-Center (AC)

Das Assessment-Center ist ein Verfahren zur Auswahl von Bewerbern. Etwa 10 bis 16 Kandidaten werden eingeladen und müssen gemeinsam verschiedene Übungen absolvieren, wobei sie von unterschiedlichen Personen beobachtet und beurteilt werden.

Grundsätzlich dienen Assessment-Center der Personalauswahl und dabei insbesondere der Frage, ob bestimmte Kandidaten für vorgesehene Positionen geeignet sind. Indem in Übungen typische Arbeitssituationen simuliert werden, will man vor allem das Gruppen- und Führungsverhalten, aber auch Arbeitsweisen, analytisches und strukturiertes Vorgehen sowie allgemeine Intelligenzparameter testen.

Hier setzt auch die Kritik an dieser Methode an: Eine realistische Simulation ist nur sehr begrenzt möglich. Die Teilnehmer stehen untereinander in Konkurrenz und wollen sich möglichst schnell möglichst gut darstellen. Das stimmt nicht immer mit den späteren Anforderungen im Unternehmen überein.

Ziele festlegen

Bevor man ein Assessment-Center konzipiert, sollte man sich über die speziellen Ziele im Klaren sein. Dann kann man geeignete Übungen auswählen.

Auf CD-ROM

Checkliste: Welche Ziele soll das Assessment-Center haben?

- Soll aus einem Kreis externer Bewerber einer (oder mehrere) für konkrete Stellen ausgewählt werden?
- Sollen aus dem bestehenden Mitarbeiterbereich Kollegen gefunden werden, die Potenzial beispielsweise für Führungsaufgaben haben? In diesem Fall geht es nicht um die Besetzung von Stellen, sondern um den zielgerichteten Einsatz von Personalentwicklungsmaßnahmen.
- Sollen individuelle Stärken und Schwächen der Teilnehmer erfasst werden?
- Sollen Mitarbeiter des Unternehmens für spezielle Aufgaben gefunden werden?
- Sollen persönliche Aus- und Weiterbildungspläne für einzelne Mitarbeiter entwickelt werden?

Übungsformen und Beurteilung

Ein Assessment-Center kann an einem Tag stattfinden, sich aber auch über mehrere Tage erstrecken. Die Teilnehmer werden dabei in verschiedenen Situationen beobachtet und anhand ihres Verhaltens bewertet.

Die wichtigsten dabei eingesetzten Übungsformen sind:

Übungsformen

- Gruppendiskussionen: Wer eröffnet? Wer hält sich zurück? Wer trägt zur Lösung bei? Wer drängt sich in den Vordergrund, ohne substanziell zur Problemlösung beizutragen? Wer abstrahiert und fasst zusammen?

- Tests: Hier werden bestimmte Fähigkeiten gezielt gecheckt, z. B. Fähigkeit zur zeitlichen Strukturierung oder Prioritätensetzung, Organisationstalent u. a. m.
- Rollenspiele
- Präsentationen
- Bearbeitung von Fallstudien
- Interviews

Auch an die Beurteiler werden bestimmte Anforderungen gestellt. Stammen sie aus dem Unternehmen, sollten sie in der Hierarchie deutlich über sämtlichen zu beurteilenden Personen stehen; auch externe Experten (Psychologen, Unternehmens- und Personalberater) können – ausschließlich oder zusätzlich – herangezogen werden. Die Beurteilung erfolgt anhand vorher festgelegter Kriterien nach möglichst objektiven Faktoren.

Achtung:
Nicht nur die Fairness gebietet es, dass sämtliche Teilnehmer nach Abschluss des Assessment-Centers ein ausführliches Feedback erhalten. Daraus müssen sowohl positive als auch negative Aspekte hervorgehen.

Trotz aller Kritik wird davon ausgegangen, dass Assessment-Center im Vergleich zu Einzeltestverfahren eine höhere Objektivität haben.

Aufhebungsvertrag

Ein Arbeitsverhältnis kann bei Einverständnis beider Vertragsparteien jederzeit durch einen schriftlichen Aufhebungsvertrag beendet werden. Gesetzliche Einschränkungen bestehen hierfür nicht, insbesondere muss weder das Kündigungsschutzrecht beachtet werden noch unterliegt die Vereinbarung einer Abfindungsverpflichtung.

Ein Aufhebungsvertrag kommt wie andere Verträge durch Angebot und Annahme zustande. Aufhebungsverträge können grundsätzlich nicht unter einer Bedingung abgeschlossen werden.

Beispiel:

Es kann also nicht ein Aufhebungsvertrag geschlossen werden, der nur dann gelten soll, wenn der Arbeitnehmer nicht rechtzeitig aus dem Urlaub zurückkehrt. Damit würden die Bedingungen des Kündigungsschutzes unterlaufen.

Der Arbeitnehmer selbst muss sich grundsätzlich über die rechtlichen Folgen dieses Schritts Klarheit verschaffen. So kann der Abschluss eines Aufhebungsvertrags die Agentur für Arbeit dazu veranlassen, eine Sperrzeit festzustellen. Außerdem kann der Anspruch auf Arbeitslosengeld ruhen, wenn beim Aufhebungsvertrag die maßgebliche Kündigungsfrist nicht eingehalten wird.

Tipp:

In Ausnahmefällen ist der Arbeitgeber verpflichtet, den Arbeitnehmer auf für diesen nachteilige Folgen hinzuweisen. Eine Aufklärungspflicht besteht insbesondere dann, wenn durch den Aufhebungsvertrag erhebliche Nachteile für den Arbeitnehmer entstehen.

Betriebsrente (betriebliche Altersvorsorge)

Die Zahlung von Betriebsrenten gehört in Deutschland neben der staatlichen Rente und der privaten Vorsorge als Säule zur Altersvorsorge. Das heißt aber nicht, dass generell jedes Unternehmen eine Betriebsrente zahlt. Denn die betriebliche Altersvorsorge beruht auf dem Prinzip der Freiwilligkeit.

Achtung:

Freiwilligkeit bedeutet nicht Willkür. Die Gewährung von Betriebsrenten beruht zumeist auf (tarif-) vertraglichen Regelungen, die dann auch eingehalten werden müssen.

Die betriebliche Altersvorsorge erfolgt in Deutschland auf folgenden Wegen:

- Direktzusage durch den Arbeitgeber. Der Arbeitgeber ist damit der Zahlungspflichtige gegenüber dem Arbeitnehmer. Die Finanzierung erfolgt durch bilanzielle Rückstellungen (*Pensionsrückstellungen*), deren Höhe nach versicherungsmathematischen Grundsätzen berechnet wird.
- Pensionskassen
- Pensionsfonds
- Direktversicherung

Achtung:

Pensionskassen und Pensionsfonds sind rechtlich selbständig. Die Unternehmen zahlen bestimmte Beträge ein, die Betriebsrenten werden dann nicht vom Unternehmen, sondern von diesen Kassen bzw. Fonds gezahlt. Bei der Direktversicherung erfolgt eine Rentenversicherung durch das Unternehmen des Arbeitnehmers bei einem Versicherungsunternehmen.

Unterstützungskassen

Während Zusagen auf diesen genannten Durchführungswegen rechtlich bindend sind, treten Unterstützungskassen als weitere Form der betrieblichen Altersvorsorge nur im Bedarfsfall ein.

Bei der betrieblichen Altersvorsorge handelt das Unternehmen als eine Art Treuhänder für die Interessen des Arbeitnehmers. Insbesondere bei der Entgeltumwandlung (Verwendung eines Teils des Arbeitsentgelts für die Altersvorsorge) muss er darauf achten, dass dem gezahlten Entgelt auch eine angemessene Leistung gegenübersteht.

Ansprüche, die der Arbeitnehmer erworben hat, sind unverfallbar, bleiben also auch bei Ausscheiden aus dem Unternehmen bestehen. Näheres hierzu regelt das Betriebsverfassungsgesetz.

Betriebsrat

→ Mitbestimmung, S. 561

Der Betriebsrat ist eine gewählte Vertretung der Arbeitnehmer, die bestimmte, im Betriebsverfassungsgesetz geregelte Rechte hat. Diese Rechte beziehen sich vor allem auf die *Mitbestimmung* in sozialen Angelegenheiten.

Voraussetzung zur Errichtung des Betriebsrats ist zunächst das Vorhandensein eines Betriebs. Der Begriff des Betriebs ist im weitesten Sinne zu verstehen. Es ist also etwa nicht nur an wirtschaftliche, landwirtschaftliche oder gewerbliche Betriebe zu denken, sondern hierher gehören auch Verwaltungen jeder Art (z. B. Reisebüros, Handelsgesellschaften), Kliniken, Anwaltsbüros, dagegen nicht Haushalte.

In Betrieben, die i. d. R. mindestens fünf ständige wahlberechtigte Arbeitnehmer beschäftigen, von denen drei wählbar sind, können Betriebsräte gewählt werden. Es ist allein Sache der Belegschaft, ob ein Betriebsrat gewählt werden soll.

Der Arbeitgeber braucht nicht darauf hinzuwirken, dass ein Betriebsrat gewählt wird oder dass die Wahl ordnungsgemäß durchgeführt wird. Es ist jedoch für jedermann bei Strafe verboten, die Wahl zu behindern oder durch Androhen von Nachteilen oder Versprechen von Vorteilen zu beeinflussen.

Betriebsvereinbarung

Eine Betriebsvereinbarung ist das rechtliche Instrument, mit dessen Hilfe Arbeitgeber und Betriebsrat die betriebliche Ordnung sowie das Rechtsverhältnis zwischen Arbeitgeber und Arbeitnehmerschaft gemeinsam gestalten.

Sie wird in den Angelegenheiten, in denen der Betriebsrat ein Mitbestimmungsrecht hat (erzwingbare Betriebsvereinbarung) oder auch in allen anderen Angelegenheiten allgemeiner Natur, die die innerbetrieblichen Verhältnisse betreffen (freiwillige Betriebsvereinbarung) zwischen Arbeitgeber und Betriebsrat abgeschlossen. Sie ist schriftlich niederzulegen, von beiden Seiten zu unterzeichnen, soweit sie nicht auf einem Spruch der Einigungsstelle beruht, und vom Arbeitgeber an geeigneter Stelle im Betrieb auszulegen.

Eine Betriebsvereinbarung wirkt wie ein Gesetz oder ein Tarifvertrag unmittelbar normativ auf das einzelne Arbeitsverhältnis ein. Sie schafft objektives Recht. Ihre Bestimmungen begründen für den einzelnen Arbeitnehmer unmittelbar Rechte und Pflichten gegenüber dem Arbeitgeber.

Tipp:

Rechte und Pflichten aus einer Betriebsvereinbarung können durch eine Einzelabmachung nicht zu Ungunsten des Arbeitnehmers geändert werden. Günstigere Einzelvereinbarungen sind aber möglich.

College-Recruiting

Unter College-Recruiting wird die zielgerichtete, zumeist auch langfristige Suche nach geeigneten Bewerbern an Hochschulen verstanden.

College-Recruiting geschieht durch

- die Vergabe von Praktika und Themen für Abschlussarbeiten,
- die Präsentation an Hochschulen, z. B. im Rahmen von Informationstagen,
- die Vergabe von Forschungs- und Entwicklungsaufgaben an Hochschulen (sog. Drittmittel),
- die Nutzung von Netzwerken der Absolventen (*Alumni*).

Mithilfe geeigneter Datenbanken (z. B. www.staffitter.de) werden die Anforderungen der Unternehmen einerseits und die Bewerberprofile der Studenten andererseits in Übereinstimmung gebracht. Der Vorteil für Unternehmen besteht vor allem darin, dass die Bewerbungen „vorsortiert“ sind.

Tipp:

Durch College-Recruiting werden zumeist langfristige Verbindungen zwischen Wirtschaft und Hochschulen aufgebaut, die dazu führen, dass bereits während des Studiums Nachwuchskräfte zielgerichtet auf konkrete Anforderungen im Unternehmen vorbereitet werden können.

Einstellungsverfahren

Das Einstellungsverfahren beginnt mit der Ausschreibung der Stelle und endet spätestens mit der Einstellung des Arbeitnehmers. Kommt es nicht zur Einstellung, endet es mit der entsprechenden Mitteilung des Arbeitgebers an den Bewerber.

In den einzelnen Stufen sind diverse rechtliche Regelungen zu beachten, vor allem im Hinblick auf den Schutz des Bewerbers vor Diskriminierungen nach dem Allgemeinen Gleichbehandlungsgesetz (AGG).

Bereits bei der Entscheidung über die Ausschreibung der Stelle kann der Betriebsrat verlangen, dass auch eine innerbetriebliche Ausschreibung erfolgt. Dem Arbeitgeber bleibt es zwar überlassen, ob er sich für einen innerbetrieblichen Bewerber oder einen externen Bewerber entscheidet. Hat er die Stelle aber gegen den Willen des Betriebsrats nicht innerbetrieblich ausgeschrieben, kann die Personalauswahl angefochten werden.

Tipp:

Die Art und Weise der innerbetrieblichen Ausschreibung, etwa über einen Aushang am Schwarzen Brett, eine Anzeige in der Betriebszeitung oder im Intranet des Unternehmens, bleibt dem Arbeitgeber vorbehalten.

Stellenausschreibung

Die Ausschreibung muss nach dem AGG streng neutral erfolgen. Die verschärften Bestimmungen dieses Gesetzes erschweren es Arbeitgebern stark, zielgerichtet auszuschreiben, da immer die Gefahr der Anfechtung wegen (angeblicher) Diskriminierung besteht.

Das Unternehmen darf in der Ausschreibung keine Erwartungen wecken, die nicht erfüllt werden können.

Achtung:

Die wirtschaftliche Situation des Unternehmens braucht grundsätzlich nicht geschildert zu werden. Dieser Grundsatz wird jedoch durchbrochen, wenn beispielsweise die Gefahr besteht, dass in absehbarer Zeit Löhne oder Gehälter nicht gezahlt werden können.

Eingereichte Bewerbungsunterlagen unterliegen der Pflicht zum Stillschweigen. Sie müssen vertraulich behandelt werden und dürfen nicht allgemein zugänglich sein. Keinesfalls dürfen ungenehmigte Rücksprachen beim gegenwärtigen Arbeitgeber geführt werden.

Kommt es zum Vorstellungsgespräch, sind dem Bewerber die Vorstellungskosten (z. B. Anreise- und Übernachtungskosten, Verdienstausfall) zu ersetzen, wenn der Bewerber zur Vorstellung aufgefordert wurde.

Tipp:

Der Ersatz der Vorstellungskosten kann ausgeschlossen werden, wenn dieser Ausschluss dem Bewerber bereits bei der Aufforderung zur Vorstellung explizit mitgeteilt wird.

Das Vorstellungsgespräch

Das Vorstellungsgespräch dient dem gegenseitigen Kennenlernen und dazu, wechselseitige Fragen zum Dienstverhältnis und den damit verbundenen Feldern stellen zu können. Fragen sind wahrheitsgemäß zu beantworten. Stellt sich später heraus, dass Fragen wahrheitswidrig beantwortet wurden, kann das die fristlose Kündigung nach sich ziehen.

Achtung:

Es gibt Fragen, die nach allgemeiner Rechtsauffassung nicht zulässig sind. Die Antwort auf solche Fragen kann verweigert werden, ja es ist sogar ohne rechtliche Folgen erlaubt, sie wahrheitswidrig zu beantworten.

Unzulässige Fragen

Fragen, die sich – auch nur mittelbar – auf die in § 1 AGG genannten Differenzierungskriterien beziehen, sind vom Grundsatz her unzulässig und in jedem Fall risikobehaftet. Insbesondere Fragen nach dem Alter und einer Behinderung sind äußerst problematisch. Will der Arbeitgeber solche Fragen dennoch stellen, sollte er sicherstellen und beweisbar dokumentieren, dass die Frage nicht zu einer Benachteiligung bei der Einstellungsentscheidung gereichen sollte, sondern aufgrund des Anforderungsprofils der konkret zu besetzenden Stelle relevant war.

Beispiele unzulässiger Fragen

- Gewerkschaftszugehörigkeit
- Gesundheitszustand (auch frühere Erkrankungen). Fragen hierzu sind gestattet, wenn sie mit den Anforderungen an die Tätigkeit im Zusammenhang stehen, z. B. ansteckende Krankheiten in der Lebensmittelbranche/Gastronomie.
- Religions- und Parteizugehörigkeit (Die Religionszugehörigkeit erfährt der Arbeitgeber spätestens bei der Vorlage der Lohnsteuerkarte. Dies muss jedoch erst nach erfolgter Einstellung erfolgen.)
- Schwangerschaft
- Höhe des bisherigen Gehalts
- Wirtschaftliche Verhältnisse
- Behinderungen
- Wehr- oder Zivildienst (Da diese Frage nur männlichen Bewerbern gestellt werden kann, widerspricht sie interessanterweise dem AGG, das eine Benachteiligung nach Geschlecht verbietet.)

In Fällen, in denen die Beantwortung der o. g. Fragen jedoch mit der Möglichkeit der Erfüllung der Arbeitsaufgaben steht, sind sie wiederum erlaubt.

Erlaubt sind Fragen nach vorliegenden Lohn- oder Gehaltspfändungen (erhöhter Arbeitsaufwand für den Arbeitgeber) oder nach Vorstrafen oder laufenden Ermittlungsverfahren, wenn sie mit der Tätigkeit zu tun haben. Nicht erwähnt werden müssen Strafen, die im Zentralregister gelöscht sind.

Beispiel:

Ein künftiger Kraftfahrer kann nach Vorstrafen wegen Verkehrsdelikten gefragt werden, ein Kassierer nach Vorstrafen oder Ermittlungsverfahren wegen Vermögensdelikten.

Das Einstellungsverfahren endet gegebenenfalls mit einer betriebsärztlichen Untersuchung (hier gilt die ärztliche Schweigepflicht) und einem Einstellungstest (*Assessment-Center*, graphologischer oder psychologischer Test). In allen Fällen muss das Einverständnis des Bewerbers vorliegen. (Andererseits wird er bei einer Weigerung wohl die Stelle nicht erhalten. Er kann aber nicht zu einer Einstellungsuntersuchung oder einem Test gezwungen werden.)

Fluktuation

Fluktuation bezeichnet man den Vorgang, wenn Mitarbeiter ein Unternehmen verlassen und andere dafür eintreten. Die Fluktuationsrate misst diese Bewegung und kann als Indiz für die Qualität des Betriebsklimas gewertet werden.

Dass in einem Unternehmen Fluktuation stattfindet, ist ganz normal. Doch wenn ein Unternehmen hohe Mitarbeiterabgänge zu verzeichnen hat, zeugt dies meistens von einem schlechten Betriebsklima. Und wenn das Unternehmen dafür ständig neue Mitarbeiter einstellen und einarbeiten muss, schlägt dies auch kostenmäßig zu Buche. Die Fluktuationsrate zu beobachten und zu steuern, ist daher eine wichtige Aufgabe des Personalmanagements.

Berechnung und Analyse

Berechnet wird die Fluktuation mithilfe der Kennzahl „Fluktuationsquote“:

Formel Kennzahl

$$\text{Fluktuationsquote} = \frac{\text{Anzahl der Abgänge}}{\text{durchschnittlicher Personalbestand}} \times 100$$

Bei der Analyse der Fluktuation muss man zwischen den außerbetrieblichen Abgängen (endgültiges Ausscheiden aus dem Berufsleben, z. B. durch Pensionierung oder Tod) und den zwischenbetrieblichen Arbeitsplatzwechseln (Wechsel zu einem anderen Unternehmen) unterscheiden. Erstere sind nicht zu beeinflussen, lassen sich aber planen, letztere sind eine kritische Größe.

Je nach Sichtweise kann die Fluktuationsquote also auch modifiziert werden: Geht es um die kritische Größe, setzt man in den Zähler nicht sämtliche Abgänge, sondern lediglich die Abgänge, die durch Neueinstellungen ersetzt wurden (bzw. ersetzt werden sollen). Diese modifizierte Quote drückt also die „ungewollte" Fluktuation aus und lässt den Teil der Mitarbeiterabgänge unberücksichtigt, der ohnehin nicht ersetzt werden soll.

Ursachen für Fluktuation

In Zeiten der Hochkonjunktur, wenn Überbeschäftigung herrscht und v. a. qualifizierte Mitarbeiter stark nachgefragt werden, steigen die Fluktuationsraten. Mitarbeiter werden schneller abgeworben, der Wechsel in ein neues Unternehmen erscheint durch bessere Konditionen oft attraktiv. In Krisenzeiten verhält es sich umgekehrt; hier sinken die Fluktuationsraten im Allgemeinen.

Unabhängig von konjunkturellen Faktoren sind Unternehmen in der Regel daran interessiert, die Ursachen für die Fluktuation herauszufinden. Dabei ist vor allem interessant, welche betrieblichen Gründe es für das von den Mitarbeitern selbst initiierte Ausscheiden geben könnte.

Mögliche betriebliche Ursachen sind u. a.

- Unzufriedenheit mit den Arbeitsinhalten,
- Differenzen mit der Unternehmensführung (trifft vor allem auf leitende Angestellte zu),
- unzureichende Entlohnung,
- Arbeitszeit und Betriebsklima,
- mangelnde Aufstiegschancen.

Überbetriebliche Gründe sind meist in der Branche, Region oder Infrastruktur zu suchen. Dazu kommen die persönlichen Gründe, die einen Mitarbeiter dazu bewegen, das Unternehmen zu verlassen: Berufswechsel, Heirat, Krankheit usw. Diese Ursachen lassen sich jedoch kaum beeinflussen. Die natürlichen Gründe wie Pensionierung oder Tod sind zwar nicht beeinflussbar, sollten im Rahmen statistischer Wahrscheinlichkeiten aber in der Personalplanung berücksichtigt werden.

Tipp:

Müssen Sie in Ihrem Unternehmen die Beschäftigung senken? Dann sollten Sie herausfinden, ob nicht die natürliche Fluktuation hierfür schon ausreicht. So vermeiden Sie Kündigungen mit den entsprechend negativen Konsequenzen für die Mitarbeiter. Gleichzeitig können Sie einen Einstellungsstopp erwägen und Anreize für die Altersteilzeit schaffen.

Welche Kosten entstehen durch Fluktuation?

In begrenztem Maß ist Fluktuation für ein Unternehmen sinnvoll. Durch neue Mitarbeiter werden frische Ideen in das Unternehmen gebracht, die Gefahr der „Betriebsblindheit“ sinkt, eventuell wird der Personalstand verjüngt etc. Kosten entstehen jedoch dadurch, dass spätestens vom Zeitpunkt der Kündigung des alten Mitarbeiters bis zur vollständigen Einarbeitung des neuen Mitarbeiters geringere Leistungen auf dessen Arbeitsplatz erbracht werden.

Beispiel: Indirekte Fluktuationskosten

Ein Mitarbeiter, der kündigt, ist mit seinem Unternehmen nicht mehr so eng verbunden. Unbewusst oder auch bewusst wird er seine Arbeitsleistung auf ein Maß reduzieren, das er für erforderlich hält. Allein durch die Tatsache, dass sich seine Lebensumstände durch einen Arbeitsplatzwechsel ändern, ist er gefordert, sein Berufsleben neu zu organisieren und wird seine Energien dort einsetzen.

Je nach Komplexität der Aufgabe wird auch ein neuer Mitarbeiter nicht von Anfang an die volle Leistung erbringen. Er benötigt eine gewisse Zeit, um Erfahrungen zu sammeln, Verbindungen und Abläufe im Unternehmen zu erkennen usw.

Diese Kosten sind nur sehr schwer zu quantifizieren. Notfalls sollte man sie mit einer Pauschale berücksichtigen. Abgesehen davon entstehen je nach Einstellungsverfahren bei der Personalsuche weitere Kosten. Diese lassen sich leichter messen und i. d. R. auch besser planen.

Führungsstil

Unter Führungsstil versteht man die Art und Weise, in der Führungskräfte ihre Führungsfunktion ausüben.

Wesentlich dabei ist das zeitlich überdauernde, idealtypische und in Bezug auf verschiedene Situationen konstante Führungsverhalten. Nicht unter den Begriff „Führungsstil" fallen demnach einzelne und für die jeweilige Führungspersönlichkeit untypische Verhaltensweisen.

In der Literatur werden eine Reihe von realtypischen und idealtypischen Führungsstilen beschrieben. Grob betrachtet lässt sich zwischen autoritärer und demokratischer Führung unterscheiden.

> **Achtung:**
> Zum Führungsstil gehört auch die Ausstattung der Mitarbeiter mit Mitwirkungsrechten, die Gestaltung der Unter- und Überstellungsverhältnisse und den Einbezug der Mitarbeiter in das bestehende Informationssystem.

Welche Führungsstile werden unterschieden?

Autoritär vs. demokratisch

An die Unterscheidung zwischen autoritärem und demokratischem Führungsstil knüpft der „eindimensionale Ansatz" an. Das Unterscheidungskriterium ist hier, wie weit der Mitarbeiter Einfluss auf die Ausgestaltung seiner Arbeit oder auf Entscheidungen nehmen kann. Dabei sinkt die Einflussnahme der Führungspersönlichkeit von autoritär in Richtung demokratisch ab, die Mitsprache der Mitarbeiter nimmt entsprechend zu.

Will man feiner differenzieren, lassen sich hier der patriarchalische, autoritäre, informierende, kooperative Führungsstil u. a. m. beschreiben.

Beim „zweidimensionalen Ansatz" orientiert man sich an zwei wesentlichen Verhaltensausrichtungen der Vorgesetzten: aufgabenorientiert und mitarbeiterorientiert.

Aufgabenorientierung *und* Mitarbeiterorientierung

Führungskräfte, die (überwiegend) die erste Ausrichtung praktizieren, sehen in den Mitarbeitern Werkzeuge zur Aufgabenerfüllung. Mitarbeiterorientierte Führungskräfte beschäftigen sich stärker mit den Wünschen, Bedürfnissen und Zielen ihrer Mitarbeiter. Eine einseitige Ausrichtung ist hier allerdings nicht wünschenswert. Eine Führungskraft muss beide Stile beherrschen und diese situationsbedingt einzusetzen wissen.

Die Frage nach dem optimalen Führungsstil

Der Führungsstil bestimmt maßgeblich den Führungserfolg, beeinflusst er doch stark die Einstellung der Mitarbeiter zur Arbeit. Wie Mitarbeiter geführt werden, wirkt sich auf deren Zufriedenheit, Motivation und Leistungsbereitschaft aus. Damit ist der Führungsstil auch ein Kriterium für den Unternehmenserfolg.

Die Frage nach dem optimalen Führungsstil ist sehr schwer zu beantworten, da sie von einer Vielzahl von Faktoren abhängt, etwa

- der Persönlichkeit des Vorgesetzten,
- der Persönlichkeit der Mitarbeiter,
- der Arbeitssituation
- oder dem gesellschaftlichen Umfeld.

Die folgende Checkliste kann demnach nur zur allgemeinen Orientierung dienen. Sicher sind zahlreiche Situationen denkbar, in denen die Frage, ob ein eher autoritärer oder ein eher demokratischer Stil zum Erfolg führt, genau andersherum beantwortet wird.

Auf CD-ROM

Checkliste: Führungsstile

Autoritärer Führungsstil: Vorteile: Schnell, präzise, kompakt. Geeignet, wenn

- rasche Entscheidungen erforderlich sind,
- die Arbeitsaufgaben von hoher Routine und geringen Anforderungen an Kreativität und Eigeninitiative gekennzeichnet sind,
- ein starker Niveauunterschied zwischen Führungspersönlichkeit und Mitarbeitern besteht,
- Hierarchie und Organisationsgrad im Unternehmen stark ausgeprägt sind.

Demokratischer Führungsstil: Vorteile: Fördert Motivation und Kreativität. Geeignet, wenn

- Mitarbeiter hohe Leistungsmotivation und Initiative haben,
- Situationen und Aufgaben viel Kreativität erfordern,
- die Organisation auf Rahmenbedingungen beschränkt ist, die von den Mitarbeitern eigenverantwortlich ausgefüllt werden,
- die Hierarchie flach ist.

Selbstcheck zum Führungsstil

Da der Führungsstil stark von der Persönlichkeit des Führenden geprägt ist, lässt er sich nur begrenzt beeinflussen. Andererseits ist er keine reine Privatsache, hat er doch Einfluss auf den Unternehmenserfolg. Am besten ist es, wenn man sich zunächst über seinen eigenen Stil klar wird. Dazu kann die folgende Checkliste hilfreich sein:

Auf CD-ROM

Checkliste: Prioritäten im Führungsverhalten

- Was motiviert Sie selbst in Ihrem Beruf?
- Was erwarten Sie von Ihren Vorgesetzten?
- Ist Ihnen vor allem die Arbeitsleistung Ihrer Mitarbeiter wichtig?
- Wie reagieren Sie, wenn die Arbeitsleistungen durch individuelle und soziale Bedürfnisse gestört werden?
- Ist Ihnen eine gute Arbeitsatmosphäre wichtig?
- Glauben Sie, dass die Motivation durch ein gutes Betriebsklima gefördert wird?
- Können Sie die Anforderungen, die Sie an Ihre Mitarbeiter stellen, in Übereinstimmung bringen mit den Erwartungen, die Sie an Ihre Vorgesetzten haben?

Gehalt

Siehe *Löhne und Gehälter*, S. 556.

Headhunting

Siehe *Personalberater*, S. 565.

Human Resource Management

Umfasst alle Aktivitäten, die im Zusammenhang mit dem Einsatz von Personal im Unternehmen stehen.

→ Auch: Personalmanagement

Human Resource Management bezeichnet im weitesten Sinn die Aufgaben im Unternehmen, die früher unter „Personalwirtschaft“ oder „Personalwesen“ zusammengefasst wurden. Sowohl „Personalmanagement“ als auch „Human Resource Management“ bringen dabei besonders die strategischen Elemente in der modernen Personalarbeit zum Ausdruck. Vereinfacht gesagt bedeutet dies: Die Ziele des Human Resource Managements leiten sich nicht nur aus den strategischen Zielen des Unternehmens ab, sondern müssen auch nachhaltig sein; im Fokus steht letztlich der langfristige Unternehmenserfolg, wobei soziale Aspekte (Unternehmenskultur, Mitarbeiterentwicklung) mit hineinspielen.

Beispiel:

Zu einem guten Personalmanagement gehören auch solche Maßnahmen wie die Ausbildung des eigenen Nachwuchses. Sicherlich ist das zunächst mit Kosten verbunden, denen erst einmal keine messbaren Erfolge gegenüberstehen. Spätestens dann, wenn in bestimmten Berufsgruppen Nachwuchs „knapp" wird, weil wegen kurzfristiger Erfolgsrechnungen nicht ausgebildet wurde, schlägt der Kostenvorteil jedoch in einen Nachteil um: Der Nachwuchs muss auf dem Arbeitsmarkt teuer „eingekauft" werden. Ein weiterer Aspekt wären Seminare zur Weiterbildung, auch über die unmittelbaren betrieblichen Aufgaben hinaus.

Zu den Aufgabenkomplexen der Human Resource Managements gehören insbesondere die *Personalplanung*, die *Personalbeschaffung* (Personalmarketing), das *Personalcontrolling*, die *Personalentwicklung*, die *Personalführung* und die *Personalverwaltung*. Ausführliche Informationen finden Sie unter den entsprechenden Stichwörtern.

Kündigung

Die Kündigung eines Arbeitsverhältnisses ist eine einseitige, empfangsbedürftige Willenserklärung. Die Kündigungserklärung wird wirksam, wenn sie dem Vertragsgegner zugeht. Eine Kündigung kann sowohl durch den Arbeitnehmer als auch durch den Arbeitgeber erfolgen.

Nach § 623 BGB muss die Kündigung eines Arbeitsverhältnisses schriftlich erfolgen und unterschrieben sein. Elektronische Formen sind nicht zulässig.

Achtung:
Eine besondere Annahme der Kündigung ist nicht erforderlich. Wer die Annahme der Kündigung ohne Grund verweigert, muss sich so behandeln lassen, als sei die Kündigung erklärt.

Rücknahme einer Kündigung

Die Kündigung als einseitige, empfangsbedürftige rechtsgestaltende Willenserklärung ist mit ihrem Zugang bindend. Sie kann danach ohne Zustimmung des anderen Vertragspartners nicht mehr zurückgenommen werden. Die Erklärung der Rücknahme der Kündigung ist daher als Angebot des Kündigenden anzusehen, das alte Arbeitsverhältnis fortzusetzen oder ein neues abzuschließen. Dieses Angebot kann der Kündigungsadressat annehmen oder ablehnen. Die Annahme kann auch durch schlüssiges Handeln geschehen, indem die Arbeit einvernehmlich fortgesetzt bzw. wieder aufgenommen wird.

Eine rechtsunwirksame Kündigung des Arbeitgebers wird rückwirkend „geheilt“, wenn der Arbeitnehmer binnen drei Wochen keine Klage erhebt. Auch in diesem Fall ist eine einseitige Rücknahme durch den Arbeitgeber nicht möglich. Erhebt der Arbeitnehmer keine Kündigungsschutzklage, so bedarf es zur Fortsetzung des Arbeitsverhältnisses des Einverständnisses des Arbeitnehmers mit der „Rücknahme“, was auch außergerichtlich geschehen kann.

Mitwirkung des Betriebsrats

Der *Betriebsrat* ist nach § 102 Betriebsverfassungsgesetz vor jeder Kündigung zu hören. Der Arbeitgeber hat ihm die Gründe für die Kündigung mitzuteilen, und zwar bei betriebsbedingter Kündigung einschließlich der Gründe, die zu der sozialen Auswahl geführt haben.

→ Betriebsrat, S. 540

Eine ohne die Anhörung des Betriebsrats ausgesprochene Kündigung ist unwirksam. Dies gilt sowohl für ordentliche wie für außerordentliche Kündigungen.

Achtung:
Eine Zustimmung des Betriebsrats zur Kündigung ist allerdings nicht erforderlich.

Auch wenn der Betriebsrat Bedenken erhebt oder der Kündigung widerspricht, kann die Kündigung ausgesprochen werden. Hat er gegen eine ordentliche Kündigung Bedenken, so hat er diese unter Angabe der Gründe dem Arbeitgeber spätestens innerhalb einer Woche mitzuteilen, anderenfalls gilt seine Zustimmung als erteilt.

Gründe, bei denen der Betriebsrat einer ordentlichen Kündigung widersprechen kann:

- Der Arbeitgeber hat bei der Auswahl des zu kündigenden Arbeitnehmers die vier sozialen Grunddaten Betriebszugehörigkeit, Lebensalter, Unterhaltspflichten und Schwerbehinderung nicht oder nicht ausreichend berücksichtigt.
- Die Kündigung verstößt gegen Auswahlrichtlinien über die personelle Auswahl bei Kündigungen.

Gründe, bei denen der Betriebsrat einer ordentlichen Kündigung widersprechen kann:

- Der zu kündigende Arbeitnehmer kann an einem anderen Arbeitsplatz im selben Betrieb oder in einem anderen Betrieb des Unternehmens weiterbeschäftigt werden.
- Die Weiterbeschäftigung des Arbeitnehmers ist nach zumutbaren Umschulungs- und Fortbildungsmaßnahmen möglich.
- Eine Weiterbeschäftigung des Arbeitnehmers unter geänderten Vertragsbedingungen ist möglich, und der Arbeitnehmer hat sein Einverständnis hiermit erklärt.

Die ordentliche Kündigung

Erforderlich sind die Kündigungserklärung, der Zugang der Kündigungserklärung und die Einhaltung der maßgeblichen Kündigungsfrist. Außerdem müssen die maßgeblichen Kündigungsschutzvorschriften berücksichtigt werden. Auf diese Weise wird ein auf unbestimmte Zeit geschlossenes Arbeitsverhältnis beendet.

Die betriebsbedingte Kündigung

In der Praxis gibt es zahlreiche außer- und innerbetriebliche Umstände, die dazu führen können, dass das Bedürfnis zur Weiterbeschäftigung von Arbeitnehmern entfällt. Gegenüber einem Arbeitnehmer, der unter den Geltungsbereich des allgemeinen Kündigungsschutzes fällt, ist eine ordentliche Kündigung nur dann sozial gerechtfertigt, wenn sie durch dringende betriebliche Erfordernisse, die seiner Weiterbeschäftigung entgegenstehen, bedingt ist.

Die Rechtsprechung hat eine Reihe von außer- und innerbetrieblichen Tatbeständen als „dringende betriebliche Erfordernisse“ anerkannt (z. B. Auftragsmangel, Umsatzrückgang, Rationalisierungsmaßnahmen, Betriebseinschränkung, Betriebsstilllegung) und überprüft organisatorische, technische und wirtschaftliche Unternehmerentscheidungen, die sich konkret nachteilig auf die Einsatzmöglichkeiten von Arbeitnehmern auswirken, nur im Rahmen einer Missbrauchskontrolle.

Bei der Auswahl der zu entlassenden Arbeitnehmer muss der Arbeitgeber soziale Gesichtspunkte berücksichtigen (s.o.). Berücksichtigt er diese nicht oder nicht ausreichend, so ist eine ordentliche Kündigung trotz Vorliegens von dringenden betrieblichen Erfordernissen sozial nicht gerechtfertigt.

Die außerordentliche Kündigung

Das Arbeitsverhältnis kann aus wichtigem Grund ohne Einhaltung einer Kündigungsfrist gekündigt werden, wenn Tatsachen vorliegen, aufgrund derer dem Kündigenden unter Berücksichtigung aller Umstände des Einzelfalls und unter Abwägung der Interessen beider Vertragsteile die Fortsetzung des Arbeitsverhältnisses bis zum Ablauf der Kündigungsfrist oder zum vereinbarten Beendigungstermin nicht mehr zugemutet werden kann.

Die außerordentliche Kündigung ist in jedem Fall aber nur zulässig, wenn ein wichtiger Grund vorliegt.

Beispiel für „wichtige Gründe":

Straftaten (Diebstahl, auch geringwertiger Sachen; Diebstahl gegenüber dem Arbeitgeber; Missbrauch von Kontrolleinrichtungen), eigenmächtiger Urlaubsantritt, grobe Beleidigungen des Arbeitgebers, konkrete Störung des Betriebsfriedens.

Achtung:

In allen Fällen ist jedoch zu beachten, dass die Umstände des Einzelfalles darüber entscheiden, ob eine außerordentliche Kündigung gerechtfertigt ist.

Löhne und Gehälter

Für Ihre Leistungen erhalten *Arbeitnehmer* regelmäßig Geld; bei Angestellten spricht man von Gehalt, Zahlungen an gewerbliche Arbeitnehmer nennt man Lohn. Das Entgelt wird regelmäßig gezahlt, seine Höhe ist vertraglich geregelt (zumeist im Arbeitsvertrag schriftlich fixiert) und frei zwischen Arbeitnehmer und Arbeitgeber verhandelbar, soweit keine tariflichen Vorschriften greifen.

Jeder Arbeitnehmer erhält am Ende des Monats eine schriftliche Abrechnung, aus der die Höhe seiner Bezüge, die gesetzlichen Abzüge sowie sonstige Be- und Abzüge zu ersehen sind. Diese Abrechnung wird wie folgt erstellt:

Lohn- bzw. Gehaltsabrechnung

Formel

	Bruttolohn oder -gehalt einschl. steuerpflichtiger Lohnbestandteile (ggf. Sachbezüge)
–	Lohnsteuer
–	Solidaritätszuschlag
–	Kirchensteuer
–	Krankenversicherung
–	Rentenversicherung
–	Arbeitslosenversicherung
–	Pflegeversicherung
=	gesetzlicher/s Nettolohn/ Nettogehalt
–	sonstige Abzüge
+	sonstige Bezüge
=	Auszahlbetrag

Maßgebend für die Berechnung der Lohn- und Kirchensteuer sowie des Solidaritätszuschlags ist die Vorlage der für das laufende Kalenderjahr gültigen Lohnsteuerkarte. Sie wird den Arbeitnehmern von der zuständigen Gemeinde am Ende eines Jahres für das folgende Kalenderjahr automatisch bzw. auf Antrag zugestellt und muss dem Arbeitgeber unverzüglich ausgehändigt werden.

Der Auszahlungsbetrag wird auf das vom Arbeitnehmer angegebene Girokonto überwiesen. Zusätzlich erfolgt gegebenenfalls die Überweisung der Vermögensbildung auf das Konto des entsprechenden Anlageinstituts und evtl. abgerechnete Pfändungen an den Gläubiger.

Der *Arbeitgeber* ist verpflichtet, die einbehaltene Lohnsteuer und die Sozialabgaben abzuführen.

Mitarbeiterbeurteilung

Die Mitarbeiterbeurteilung ist ein i. d. R. formalisiertes Verfahren, mit dessen Hilfe Vorgesetzte die Leistungen und das Entwicklungspotenzial ihrer Mitarbeiter beurteilen können. Sie wird meist in einem festen Turnus durchgeführt, es kann aber auch Anlässe außer der Reihe geben, um eine Mitarbeiterbeurteilung anzusetzen.

Die Mitarbeiterbeurteilung ist Sache des direkten Vorgesetzten. Schließlich will er genau wissen, wo sein Mitarbeiter steht, wie gut er seine Arbeit bewältigt, wo Defizite sind oder Potenziale brachliegen. Am Ende muss auch er entscheiden, welche Entwicklungsmaßnahmen angemessen sind. Gleichzeitig erhält der Mitarbeiter die Chance, auf seine Defizite oder Wünsche aufmerksam zu machen, etwa, welche Schulungen aus seiner Sicht nötig bzw. sinnvoll sind.

Achtung:

Nach § 82 BetrVG kann der Mitarbeiter verlangen, dass mit ihm die Beurteilung seiner Leistungen sowie die Möglichkeiten seiner weiteren beruflichen Entwicklung erörtert werden. Außerdem hat er ein Recht darauf, dass die Beurteilung begründet wird (auch schriftlich, für die *Personalakte*).

Form: Frei oder standardisiert

Der übliche Rahmen, in der eine solche Beurteilung stattfindet, ist das *Mitarbeitergespräch* (S. 559). Dieses Gespräch kann frei geführt werden, was aber gerade für regelmäßige Einschätzungen nicht zu empfehlen ist.

In der Praxis dominiert daher die sog. gebundene Beurteilung, die in der Regel mindestens ein Mal pro Jahr und anhand vorgegebener Kriterien durchgeführt wird. Meist stellt die Personalabteilung dazu standardisierte Beurteilungsbögen zur Verfügung (die je nach Verantwortung natürlich unterschiedlich ausgestaltet sein können). Diese Form hat den Vorteil, dass der Vorgesetzte die Fähigkeiten und Leistungen seiner Mitarbeiter relativ objektiv bewerten kann. Gleichzeitig lassen sich die Beurteilungsbögen wie ein Gesprächsleitfaden und für ein Protokoll nutzen. Auf der Grundlage der Ergebnisse können Vorgesetzter und Mitarbeiter abschließend eine Zielvereinbarung treffen; auch bereits vereinbarte Ziele lassen sich anhand eines Beurteilungsbogens gut überprüfen.

In einem Beurteilungsbogen finden sich meist folgende Angaben:

- die relevanten Daten des Mitarbeiters (z. B. Personalnummer, Abteilung),
- cinc Kurzbeschreibung seines Aufgabenfelds,
- Beurteilung der Leistung, Eignung und Entwicklung,
- Empfehlungen für Entwicklungsmaßnahmen,
- eventuell Zielvereinbarung.
- Stellungnahme des Mitarbeiters.

Im Beurteilungsteil finden sich verschiedene Skills, die bewertet werden (z. B. nach Noten: „sehr gut", „gut", „befriedigend" etc.).

Beispiel: Kriterien zur Mitarbeiterbeurteilung

Fachwissen, Umsetzungsstärke, selbständiges Arbeiten, Kostenbewusstsein, Teamfähigkeit, Kommunikation/Informationsverhalten, bei Führungskräften Entscheidungsstärke, Motivationsfähigkeit u. v. m.

Mitarbeitergespräch

Das Mitarbeitergespräch ist das wichtigste Instrument der Mitarbeiterführung. Es kann auf allen hierarchischen Ebenen durchgeführt werden.

Als Anlass kommen alle aus der Zusammenarbeit zwischen Vorgesetzten und Mitarbeitern entstehenden Gesprächssituationen infrage.

Beispiel: Mögliche Anlässe für Mitarbeitergespräche

- Ablauf bestimmter Fristen im Arbeitsvertrag (Ende der Probezeit, Ende einer Befristung),
- Lob oder Kritik,
- Rückkehr nach längerer Abwesenheit (z. B. Krankheit, Auslandsaufenthalt),
- bevorstehende oder vor kurzem absolvierte Karriereschritte,
- Konflikte im Arbeitsumfeld oder mit dem Mitarbeiter,
- Umstrukturierungen im Unternehmen,
- regelmäßig im Rahmen der Personalentwicklung.

Die Verantwortung für die Vorbereitung und korrekte Durchführung liegt beim Vorgesetzten. Regelmäßige Mitarbeitergespräche dienen der Verbesserung des Vorgesetzten-Mitarbeiter-Verhältnisses. Sie fördern die Offenheit und das gegenseitige Verständnis und erleichtern die Zusammenarbeit.

Das Mitarbeitergespräch kann in eine *Mitarbeiterbeurteilung* münden, jedoch ist eine solche formalisierte Beurteilung keinesfalls das Ziel eines jeden Mitarbeitergesprächs.

Ein Mitarbeitergespräch könnte etwa folgendermaßen strukturiert werden:

1. Darstellen der Gesprächsziele
2. Rückblick auf den Zeitraum seit dem letzten Gespräch (was ist erreicht worden, was hat sich geändert? usw.). Auch der Mitarbeiter sollte aus seiner Sicht Rückschau halten.
3. Aufzeigen von Entwicklungspotenzialen (durch den Vorgesetzten)
4. Besprechen konkreter Maßnahmen (Schulungen etc.), wobei die Vorschläge des Mitarbeiters berücksichtigt werden sollten
5. Bestimmung von Zielen
6. Zusammenfassung

Tipp:

Ein Mitarbeitergespräch sollte in einer entspannten Atmosphäre stattfinden. Dazu gehört, dass es frühzeitig angekündigt wird, die grundlegenden Inhalte auch dem Mitarbeiter bekannt sind (keine Überraschungseffekte!), sich der Vorgesetzte ausreichend Zeit nimmt und er darauf eingestellt ist, auch auf „Zwischentöne" zu achten.

Auf CD-ROM

Checkliste: So vermeiden Sie Fehler im Mitarbeitergespräch

- Informieren Sie sich über Inhalte und Vereinbarungen aus dem letzten Gespräch/den letzten Gesprächen.
- Dokumentieren Sie Wesentliches.
- Bereiten Sie das Gespräch vor und überraschen Sie Ihre Mitarbeiter weder mit dem Termin noch mit Inhalten.
- Betrachten Sie das Gespräch nicht als bloße Pflichtübung, sondern als Chance, wichtige Dinge zu erfahren.
- Ergehen Sie sich nicht in Rechtfertigungen und achten Sie darauf, dass auch der Mitarbeiter nicht in die Situation kommt, sich permanent rechtfertigen zu müssen.
- Keine Schuldzuweisungen!
- Kein Tratsch über Kollegen.
- Kein Zeitdruck, aber ein vorher festgelegter, vernünftiger Rahmen, innerhalb dessen das Gespräch abgeschlossen werden sollte.

Mitbestimmung

Die Mitbestimmung der Arbeitnehmer in betrieblichen Angelegenheiten ist in Deutschland gesetzlich geregelt. Ziel dieser gesetzlichen Regelungen ist es, die Rolle der Mitarbeiter bei bestimmten betrieblichen Entscheidungen, vor allem hinsichtlich sozialer Belange, auf eine rechtsverbindliche Grundlage zu stellen.

Während das Betriebsverfassungsgesetz vor allem die Rolle, Rechte und Pflichten von Betriebsräten regelt, hat das Mitbestimmungsgesetz, das für Kapitalgesellschaften gilt, u. a. die Mitwirkungsrechte im Aufsichtsrat zum Inhalt. Die Frage, welche gesetzlichen Grundlagen für welches Unternehmen gelten, hängt vor allem von der Anzahl der beschäftigten Mitarbeiter ab: Das Mitbestimmungsgesetz gilt für Kapitalgesellschaften ab einer Größe von 2.000 Mitarbeitern.

Mitbestimmung des Betriebsrats

Geregelt im Betriebsverfassungsgesetz (BetrVG)

Bei den Beteiligungsrechten des Betriebsrats lassen sich zwei Hauptgruppen unterscheiden:

- das eigentliche Mitbestimmungsrecht und
- sonstige Mitwirkungsrechte.

Hauptfall der echten Mitbestimmungsrechte ist die Mitbestimmung in sozialen Angelegenheiten.

Beispiele:

So etwa darf der Betriebsrat, falls keine gesetzlichen oder tariflichen Bestimmungen gelten, über Beginn und Ende der täglichen Arbeitszeit sowie Pausen mitbestimmen oder bei der Festsetzung von Akkord- oder Prämiensätzen. (§ 87 Abs. 1 BetrVG).

Bei personellen Angelegenheiten (z. B. Einstellung, Versetzung, Umgruppierung) muss der Betriebsrat – in Unternehmen mit mehr als 20 wahlberechtigten Arbeitnehmern – unterrichtet werden und kann, in engen Grenzen, auch seine Zustimmung verweigern. (§ 99 BetrVG).

Bei einer Kündigung muss er angehört werden (§ 102 BetrVG) und kann seine Bedenken schriftlich mitteilen oder sogar der Kündigung widersprechen, etwa wenn der Arbeitgeber bei einer Auswahl soziale Gesichtspunkte nicht oder nicht ausreichend berücksichtigt hat.

Der Arbeitgeber darf in diesen Fällen also nicht allein entscheiden, sondern er benötigt als Wirksamkeitsvoraussetzung für seine Maßnahme die Zustimmung des Betriebsrats.

Sonstige Mitwirkungsrechte

Innerhalb der sonstigen Mitwirkungsrechte gibt es mehrere Formen der Beteiligung, die eine unterschiedlich starke Mitwirkung des Betriebsrats vorsehen. Sie reichen von den einfachen Unterrichtungs- und Informationspflichten über Anhörungsrechte, Beratungsrechte bis hin zu den Zustimmungsrechten.

Beispiele:

So etwa bedarf die Gestaltung und Einführung von Personalfragebögen der Zustimmung des Betriebsrats. (§ 94 BetrVG). Über Um- oder Neubauten muss der Betriebsrat ebenso informiert werden wie über die Planung der Arbeitsplätze oder technischer Anlagen. Die vorgesehenen Maßnahmen müssen mit ihm beraten werden.

Nach dem Betriebsverfassungsgesetz kann in bestimmten Streitfällen zwischen Betriebsrat und Arbeitgeber eine Einigungsstelle aktiv werden, die je nach Fall von beiden Seiten angerufen werden kann. Darin sitzen eine gleiche Anzahl von Arbeitgeber- und Arbeitnehmervertretern (sog. Beisitzer). Die Einigungsstelle wird von einem neutralen Vorsitzenden geführt, meist von einem Arbeitsrichter.

Achtung:

Die erzwingbare Mitbestimmung in sozialen Angelegenheiten bedeutet nicht nur, dass der Betriebsrat gegen beabsichtigte Maßnahmen des Arbeitgebers einen Unterlassungsanspruch hat; der Betriebsrat kann hier grundsätzlich auch die Initiative ergreifen. Der Arbeitgeber muss in diesen Fällen mit dem Betriebsrat verhandeln; bei Nichteinigung hat auf Antrag die Einigungsstelle die strittige Frage zu entscheiden.

Mitbestimmung in Kapitalgesellschaften

Das Mitbestimmungsgesetz regelt detailliert, wie sich die Aufsichtsräte der Unternehmen, für die dieses Gesetz gilt, zusammenzusetzen haben. Im Grundsatz führt das dazu, dass sich der Aufsichtsrat je zur Hälfte aus Vertretern der Eigentümer und aus Vertretern der Mitarbeiter (bzw. Gewerkschaften) zusammensetzt.

Geregelt im Mitbestimmungsgesetz (MitbestG)

Beschlüsse des Aufsichtsrats bedürfen der Mehrheit der abgegebenen Stimmen, soweit im Mitbestimmungsgesetz nichts anderes geregelt ist. Ergibt eine Abstimmung im Aufsichtsrat Stimmengleichheit, so hat bei einer erneuten Abstimmung über denselben Gegenstand, wenn auch sie Stimmengleichheit ergibt, der Aufsichtsratsvorsitzende zwei Stimmen.

> **Achtung:**
> Die gesetzlichen Regelungen sind so ausgestaltet, dass, sollten sich die Vertreter der Anteilseigner und die Arbeitnehmervertreter im Aufsichtsrat nicht mit Zweidrittelmehrheit auf einen Vorsitzenden und einen Stellvertreter einigen können, letztlich die Vertreter der Anteilseigner den Vorsitzenden und die Arbeitnehmervertreter den Stellvertreter wählen.

Personalakte

Unter einer Personalakte ist jede Sammlung von Urkunden und Vorgängen zu verstehen, die Auskunft über die persönlichen und dienstlichen Verhältnisse des Arbeitnehmers geben. Der Arbeitnehmer darf Einsicht in seine Personalakte nehmen, ansonsten unterliegen die darin gesammelten Informationen dem Datenschutz.

Die Personalakte ist eines der wichtigsten Instrumente der Personalwirtschaft. In ihr werden Informationen gesammelt, die für die Personalplanung, -steuerung, -verwaltung und -entwicklung, die Lohn- und Gehaltsfindung benötigt werden. Sie soll ein möglichst vollständiges und wahrheitsgemäßes Bild des Arbeitnehmers und seines Verhältnisses zum Unternehmen ermöglichen. Damit ist sie nicht nur für alle organisatorischen Belange relevant, sondern spiegelt auch die Geschichte und Entwicklung eines Mitarbeiters im Unternehmen wider.

Rein arbeitsrechtlich ist der Arbeitgeber zwar nicht zur Führung einer Personalakte verpflichtet. Er wird jedoch anders kaum seinen handels-, gesellschafts- und steuerrechtlich gebotenen Pflichten nachkommen können. Man denke beispielsweise nur an den komplexen Informationsaustausch etwa zwischen Arbeitgeber und Rentenversicherungsträger oder Krankenkasse.

Inhalt einer Personalakte

Zum Inhalt einer Personalakte gehören beispielsweise Informationen und Unterlagen zu:

- persönlichen Daten (wie Personenstand, Alter)
- Berufsbildung, Zusatzqualifikationen, berufliche Entwicklung
- Einstellungsverfahren (Bewerbungsunterlagen, Protokolle, graphologische Gutachten, Ergebnisse von Eignungstests, Referenzen, Arbeitsvertrag)
- Arbeitsunfälle, Krankheitszeiten
- Urlaubsvertretungen
- Verwarnungen, Betriebsbußen
- Beurteilungen (*Mitarbeiterbeurteilung*)

→ Mitarbeiterbeurteilung, S. 557

Selbst ärztliche Gutachten dürfen darin aufgehoben werden, allerdings nicht die Unterlagen des Betriebsarztes; in diese darf der Arbeitgeber keinen Einblick nehmen. Der Arbeitgeber darf auch die Eignung, Befähigung und fachliche Leistung des Mitarbeiters beurteilen und dies in der Personalakte festhalten.

Tipp:

Auch die Unterlagen einer Abmahnung sollten Sie in der Personalakte führen. Arbeitsgerichtliche Vorgänge, die sich auf das Verhältnis zwischen dem Arbeitnehmer und seinem Arbeitgeber beziehen, gehören zur beruflichen Entwicklung im Unternehmen und damit in die Personalakte. Dem gegenüber dürfen aber beispielsweise Strafurteile wegen einer außerbetrieblichen Verfehlung nicht darin aufbewahrt werden.

Einsichtsrechte und Datenschutz

Jeder Arbeitnehmer hat das Recht, in die über ihn geführten vollständigen Personalakten Einsicht zu nehmen. Dieser für den privaten Dienst im Betriebsverfassungsgesetz geregelte Anspruch gilt ohne Rücksicht auf die Größe des Betriebs (also auch in Kleinbetrieben unter 5 Arbeitnehmern) und ohne Rücksicht auf das Bestehen eines *Betriebsrats*.

Nach dem Bundesdatenschutzgesetz ist der Arbeitgeber verpflichtet, die personenbezogenen Daten des einzelnen Arbeitnehmers gegen fehlerhafte Eingabe, unzulässige Veränderung der Daten und missbräuchliche Information Dritter zu schützen.

Nach dem Ausscheiden des Arbeitnehmers und in Fällen, in denen das Arbeitsverhältnis nicht zustande gekommen ist, sind die Personalakten zu vernichten, wenn der Arbeitgeber kein berechtigtes Interesse an der Aufbewahrung der Unterlagen hat. Das gilt insbesondere dann, wenn in den Akten Angaben über die Privat- oder Intimsphäre des Arbeitnehmers enthalten sind.

Personalberater

Personalberater und Personalvermittler unterstützen Unternehmen bei der Suche und Auswahl neuer Mitarbeiter.

Der Einsatz von Personalberatern ist bei gehobenen und hohen Fach- und Managementpositionen durchaus üblich. Bei hoch qualifizierten Fachpositionen werden Personalberater z. B. auch hinzugezogen, wenn die Position nur schwer über Anzeigen besetzt werden kann oder der Rat und die Marktkenntnisse eines Spezialisten erforderlich sind. Gleiches gilt, wenn bei der Besetzung der Position eine gewisse Diskretion gewünscht ist.

Für Positionen im Angestelltenbereich empfiehlt es sich, einen Personalvermittler einzuschalten, wenn z. B.

- die Position aufgrund der gewünschten Qualifikation nicht über eine Anzeige besetzt werden kann oder
- aufgrund der spezifischen Qualifikation nur über Direktansprache besetzt werden kann,
- ein Personalbereich nicht existiert bzw. der Personalbereich temporär oder permanent unterbesetzt ist,
- Diskretion oder Neutralität bei der Stellenbesetzung gewährleistet sein müssen,
- in naher Vergangenheit schon erfolglos Anzeigen zur Besetzung der gleichen Position geschaltet wurden.

Tipp:

Gerade für kleine und mittlere Unternehmen kann die Zusammenarbeit mit Beratern interessant sein, da sie sich damit auch von allen administrativen Aufgaben entlasten und ihre internen Kapazitäten für Kernaufgaben freihalten.

Im Branchenjargon werden externe Personalberater häufig auch als „Headhunter" (Kopfgeldjäger) bezeichnet, vor allem wohl deshalb, weil sie üblicherweise eine Erfolgsprämie bei Abschluss eines Arbeitsvertrags erhalten. Diese Bezeichnung ist jedoch für seriöse Personalberatungsagenturen nicht angebracht, da sie eine Dienstleistung für das Unternehmen und auch für den angesprochenen Bewerber erbringen.

Ein seriöser Berater wird immer das persönliche Gespräch mit seinem Auftraggeber suchen, um alle notwendigen Informationen mit ihm gemeinsam zu erarbeiten. Ein weiteres Kriterium für die Qualität eines Beraters ist die Genauigkeit, mit der das Anforderungsprofil für die zu besetzende Stelle erarbeitet wird. Wie differenziert werden fachliche und sonstige Qualifikationen erarbeitet? Wird auf Umfeldfaktoren eingegangen? Welche Auswahlverfahren werden eingesetzt?

Personalbeschaffung

Zur Personalbeschaffung zählen alle Aktivitäten, um Mitarbeiter für das Unternehmen zu gewinnen. Ziel dabei ist, offene Stellen optimal zu besetzen. Die Maßnahmen reichen von der internen Stellenausschreibung über *Assessment-Center* bis zu ausgeklügelten Methoden des Personalmarketings.

Ziel der Personalbeschaffung ist, auf Grundlage der Personalbedarfsplanung (siehe *Personalplanung*) durch den Einsatz geeigneter Auswahlmethoden Zeit und Kosten zu minimieren und gleichzeitig den für das Unternehmen und die Position am besten geeigneten Mitarbeiter zu finden.

→ Personalentwicklung

Bei der internen Personalbeschaffung werden frei gewordene Stellen zunächst innerhalb des Unternehmens ausgeschrieben. Doch zählen hierzu auch Maßnahmen zur Mitarbeiterentwicklung (Qualifizierung) oder die gezielte Übernahme von Auszubildenden. Im Extremfall kann ein erhöhter Personalbedarf auch durch die Verordnung von Überstunden, Jobrotation oder Joberweiterung gelöst werden.

Zu den Maßnahmen der externen Personalbeschaffung zählen in erster Linie:

- Ausschreibung offener Stellen in Printmedien oder im Internet,
- Nutzung von Jobmessen oder Jobbörsen,
- Informationsveranstaltungen oder Firmenkontaktmessen an Universitäten oder Fachhochschulen
- Spezielle Maßnahmen wie Headhunting, College-Recruiting u. a. m.
- kontinuierliche Auswertung von Blindbewerbungen,
- personalorientierte PR-Maßnahmen u. a. m.

Die Nutzung von Anzeigen, je nach Art der ausgeschriebenen Stelle und Bedeutung des Unternehmens in überregionalen Tageszeitungen oder in Online-Jobbörsen, ist nach wie vor die am meisten genutzte Methode zur externen Personalbeschaffung.

Die Stellenanzeige soll Aufmerksamkeit erwecken und für den Arbeitgeber werben. Eine attraktive Anzeige erfüllt mehrere Anforderungen gleichzeitig:

- seriöse Ansprache potenzieller Bewerber
- motivierende Beschreibung der Position
- Information über alle relevanten Aspekte der Position
- werbende Beschreibung des Unternehmens

Von besonderer Wichtigkeit sind dabei die Informationen, die ein potenzieller Bewerber erwartet. Dazu gehören etwa

- die genaue Bezeichnung der zu besetzenden Position
- ihre Einordnung in die Unternehmenshierarchie (abhängig von der zu besetzenden Stelle; werden etwa im Handel Arbeitskräfte zum Bestücken der Regale gesucht, kann man sich den Satz „Sie sind dem Vorarbeiter unterstellt" sparen.)
- den Termin, zu dem die Position besetzt werden soll
- notwendige Ausbildung und Vorkenntnisse (Schulabschluss, Ausbildung, Universitätsabschluss, Berufserfahrung, Branchenkenntnis)
- erforderliche fachliche und soziale Kompetenzen
- eventuell geforderte Mobilität und Reisetätigkeit.

Tipp:

Vermeiden Sie in der Anzeige abgegriffene Formulierungen ohne echte Informationen wie etwa: „Tätigkeit im Handel", „interessante Auslandstätigkeit", „breit qualifizierter Mitarbeiter", „vielseitig interessierter Mitarbeiter", „Vertriebsprofi".

Personalcontrolling

Personalcontrolling ist ein Planungs-, Steuerungs- und Kontrollsystem im Personalwesen. Es erstreckt sich auf alle personalwirtschaftlichen Aufgaben (z. B. Personalentwicklung) und basiert auf quantifizierbaren Informationen.

Das Personalcontrolling dient dazu, die personalwirtschaftlichen Ziele in Plandaten und konkrete Maßnahmen umzusetzen. Entsprechend können die erzielten Ergebnisse kontrolliert werden.

Auf CD-ROM

Personalwirtschaftliche Maßnahmen wirken in der Regel zeitverzögert, daher müssen sie frühzeitig geplant und angesteuert werden. Doch ein langer Planungshorizont kann zu Problemen führen.

Beispiele:

Dies gilt etwa im Fall von Qualifizierungsmaßnahmen: Plant man in der Finanzbuchhaltung ein neues Abrechnungssystem einzuführen, müssen entsprechende Schulungen durchgeführt werden; doch werden die Mitarbeiter eine gewisse Einarbeitungszeit brauchen, bis sie das System fehlerfrei bedienen können.

Noch größer wird die Diskrepanz zwischen Planung und Effekt, wenn sich ein Handwerksbetrieb, der sich stark spezialisiert hat, eine eigene Fachkraft heranziehen möchte und zu diesem Zweck erstmals Auszubildende einstellt. Doch selbst, wenn er geeignete Kandidaten findet – wer garantiert ihm, dass sie nach der Lehrzeit in der Firma bleiben?

Personalentwicklung

Die Personalentwicklung umfasst alle Maßnahmen zur Bildung und Förderung der Mitarbeiter. Durch Personalentwicklung wird sichergestellt, dass die Qualifikationen der Mitarbeiter jederzeit den Anforderungen der Arbeitsplätze entsprechen.

Personalentwicklung schließt neben der Weiterbildung auch all jene Maßnahmen ein, die der individuellen beruflichen Entwicklung der Mitarbeiter dienen. Sie soll einen Bogen spannen von der Beachtung der persönlichen Interessen des betroffenen Mitarbeiters zur Qualifikation, die ihn in den Stand versetzt, seine heutigen wie zukünftigen Aufgaben wahrzunehmen.

Personalentwicklung kann grundsätzlich auf allen Hierarchieebenen durchgeführt werden. Doch weil sie natürlich Aufwand bedeutet, wird man sich dabei vor allem auf die Bereiche konzentrieren, in denen durch gut ausgebildetes und motiviertes Personal die höchsten Effekte zu erwarten sind. Deshalb dominiert in der Praxis die gezielte Entwicklung von Führungskräften und Führungsnachwuchs.

Ziele der Personalentwicklung

Mit den Maßnahmen der Personalentwicklung soll nach Möglichkeit eine Win-Win-Situation erreicht werden:

- Das Unternehmen möchte den Bedarf an Personal decken, und zwar unter optimaler Nutzung der personellen Ressourcen.
- Der Mitarbeiter möchte sich (weiter-) qualifizieren, um seinen Marktwert zu verbessern.

Tipp:

Sie sollten nicht primär Bedenken pflegen, dass Ihre Mitarbeiter die auf Firmenkosten erworbenen Qualifikationen nutzen werden, um den Arbeitgeber zu wechseln. Auch wenn Ihre Mitarbeiter Seminare besuchen wollen, die nicht direkt mit ihrem konkreten Arbeitsgebiet verbunden sind – hier können sie Schlüsselqualifikationen erwerben, die ihrer persönlichen Entfaltung und Weiterentwicklung dienen. Das wirkt in der Regel motivierend und mitarbeiterbindend.

Wie läuft Personalentwicklung ab?

Die Personalentwicklung in Bezug auf das Gesamtunternehmen gesehen ist eine komplexe Aufgabe. Der nachfolgend dargestellte Ablauf ist deshalb lediglich als Grundstruktur zu verstehen und kann den konkreten Anforderungen angepasst werden.

Tipp:

Eine erfolgreiche Personalentwicklung endet nicht mit dem Festlegen der Fördermaßnahmen. Überprüfen Sie daher in regelmäßigen Abständen, ob die gewünschte Qualifikation auch erreicht wurde, oder ob weitere Maßnahmen erforderlich sind.

Ablauf Personalentwicklung

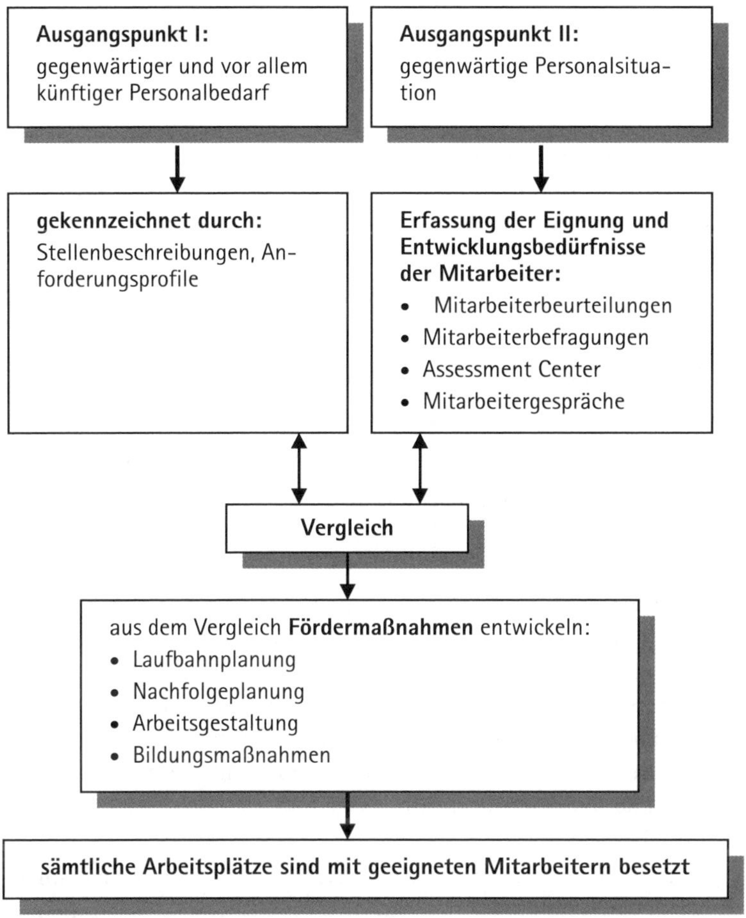

Welche Fördermaßnahmen sind möglich?

Positionsorientiert oder potenzialorientiert?

In der Personalentwicklung wird zwischen positionsorientierter und potenzialorientierter Förderung unterschieden. Bei ersterer soll eine konkrete Person auf eine ganz bestimmte Position im Unternehmen vorbereitet werden. Typische Instrumente sind die Laufbahnplanung und Nachfolgeplanung.

→ Schlüsselqualifikationen entwickeln

Bei der potenzialorientierten Förderung hingegen steht noch nicht fest, welche Position ein bestimmter Mitarbeiter später einnehmen wird. Es geht vielmehr darum, unternehmensweit ein Reservoir an qualifizierten Mitarbeitern zu schaffen, auf das zurückgegriffen werden kann, wenn Stellenbesetzungen anstehen. Das hierfür eingesetzte Instrument ist die Entwicklung von *Schlüsselqualifikationen.*

Klassische Fördermaßnahmen hierfür sind folgende:

- Qualifikation durch Bildungsmaßnahmen am Arbeitsplatz (on the job) oder außerhalb des Arbeitsplatzes (off the job);
- Maßnahmen der Arbeitsgestaltung.

Maßnahmen der Arbeitsgestaltung

- **Job Enlargement** (Aufgabenerweiterung): Der Arbeitsinhalt wird durch neue qualitativ gleichwertige Aufgaben erweitert. Sind diese Aufgaben gut erlernbar und vor allem auch in der neuen Kombination beherrschbar, führt das u. a. zur Beseitigung von Monotonie und Stärkung des Selbstwertgefühls.
  Beispiele: Eine Sekretärin pflegt zusätzlich eine Kundendatei. Ein Hausmeister übernimmt die Verteilung der Betriebspost in seinem Bereich.
- **Job Enrichment** (Tätigkeitsbereicherung): Der Arbeitsinhalt wird durch qualitativ höherwertige, aber sachlich zusammengehörige Tätigkeiten angereichert. Üblicherweise ist Job Enrichment auch mit einer Verschiebung der hierarchischen Position verbunden.
  Beispiel: Zur rein ausführenden kommt eine organisatorische oder disponierende Aufgabe hinzu. Initiative und Gestaltungsspielraum erhöhen sich.

- **Job Rotation** (Arbeitsplatzwechsel): Ziel ist es, die physischen und psychischen Belastungen monotoner Tätigkeiten zu verringern. Darüber hinaus kann Job Rotation zur Vermittlung zusätzlicher Qualifikationen dienen (Training on the job).
- **Teilautonome Arbeitsgruppen:** Verlagerung von komplexen Teilbereichen in den Arbeitsbereich der Gruppe (z. B. Arbeitsorganisation, Arbeitsvorbereitung, Kontrolle).

Personalkosten

Die Personalkosten umfassen alle Teile der betrieblichen Gesamtkosten, die direkt oder indirekt für das beschäftigte Personal aufzubringen sind. Das sind neben dem unmittelbaren Entgelt für die eigentliche Arbeitsleistung die verschiedenen gesetzlichen, tariflichen und freiwilligen Personalnebenkosten.

Damit umfassen die Personalkosten sämtliche direkten und indirekten Kosten, die durch die Bereitstellung, den Einsatz und die Koordinierung von Mitarbeitern im Unternehmen entstehen.

Personalnebenkosten

Neben dem Entgelt für die Arbeitsleistung (Lohn, Gehalt) hat der Arbeitgeber auch die Personalnebenkosten (indirekte Personalkosten) zu tragen. Insbesondere die darin enthaltenen Sozialleistungen (Arbeitgeberanteile zur Kranken-, Renten-, Pflege- und Arbeitslosenversicherung) werden dem Arbeitnehmer nicht ausgezahlt.

→ Löhne und Gehälter, S. 556

Zu den Personalnebenkosten gehören weiterhin etwa die Entgeltfortzahlung im Krankheitsfall, Aufwendungen für Gratifikationen und Beträge für die betriebliche Altersvorsorge.

> **Achtung:**
> Die Höhe der Personalkosten ist nur teilweise durch das Unternehmen zu beeinflussen; externe Faktoren, wie die allgemeine Entwicklung am Arbeitsmarkt, tarifvertragliche Abschlüsse, die Sozialgesetzgebung, der technologische Wandel, der zu immer qualifizierteren und damit in der

Regel auch höher bezahlten Stellen führt, usw. haben einen gravierenden Einfluss.

Kennzahlen im Zusammenhang mit den Personalkosten

Grundlegende Bedeutung hat der Anteil der Personalkosten an den Gesamtkosten:

Formel

$$\text{Personalkostenanteil} = \frac{\text{Personalkosten des Jahres}}{\text{Gesamtkosten des Jahres}} \times 100$$

Für Vergleiche, sowohl mit anderen Unternehmen als auch mit Werten aus der Vergangenheit, ist es sinnvoll, die Personalkosten je Mitarbeiter zu ermitteln:

Formel

$$\text{Personalkosten je Mitarbeiter} = \frac{\text{gesamte Personalkosten}}{\text{durchschnittl. Personalbestand}}$$

Um die Zusammensetzung der Personalkosten zu analysieren, bildet man den Anteil der Personalnebenkosten an den Personalkosten oder den Anteil einzelner Elemente der Personalnebenkosten (z. B. Entgeltfortzahlung im Krankheitsfall) an den Personalkosten.

Personalplanung

Die Personalplanung hat sicherzustellen, dass es zu einer weitgehenden Übereinstimmung zwischen den künftigen quantitativen und qualitativen Anforderungen an den verschiedenen Arbeitsplätzen und den dann verfügbaren Mitarbeitern nach Zahl, Art und Qualifikation kommt.

Die Personalplanung ist Teil der Unternehmensplanung und muss mit dieser abgestimmt sein. Sie erfasst alle personalwirtschaftlichen Teilbereiche. Im Mittelpunkt steht jedoch die Personalbedarfsplanung.

Ausgehend vom aktuellen Personalbestand wird durch die Personalbedarfsplanung ermittelt, wie viele Mitarbeiter mit welchen Qualifikationen zu einem künftigen Zeitpunkt benötigt werden. Der zukünftige Bedarf ergibt sich dann aus der Differenz zwischen dem zu einem bestimmten Stichtag erwarteten Bruttopersonalbedarf und der Einschätzung des zukünftigen Personalbestandes.

Auf CD-ROM

Probezeit

In der Regel wird die erste Zeit eines Arbeitsvertrags als Probezeit vereinbart. In dieser Zeit kann das Arbeitsverhältnis mit einer kürzeren als der sonst geltenden gesetzlichen Kündigungsfrist gekündigt werden.

Das Probearbeitsverhältnis soll den Arbeitsvertragsparteien die Möglichkeit eröffnen, den Vertragspartner auf Eignung usw. zu prüfen. Das Probearbeitsverhältnis dient demzufolge nicht nur dem Arbeitgeber zur Prüfung des neuen Mitarbeiters. Auch der Mitarbeiter hat, sofern ihm die Arbeit nicht zusagt, die Möglichkeit kurzfristig zu kündigen.

Tipp:

In einer Arbeitsmarktssituation mit Unterbeschäftigung erscheint die Möglichkeit, dass auch der Mitarbeiter vor der Zeit kündigen kann, eher theoretisch. Dennoch ist es auch im Interesse des Mitarbeiters, in der Probezeit keine z. B. sechsmonatige Kündigungsfrist zu haben, etwa, wenn er erkennt, dass ihm nicht die Perspektiven eröffnet werden, die ihm bei der Einstellung versprochen wurden.

Es gibt zwei unterschiedliche Gestaltungsmöglichkeiten. Am häufigsten wird das unbefristete Arbeitsverhältnis mit vorgeschalteter Probezeit (Probezeitvereinbarung) gewählt.

Achtung:

Das Probearbeitsverhältnis ist ein echtes Arbeitsverhältnis! Es gelten lediglich verkürzte Kündigungsfristen. Dabei ist jedoch die Vorschrift des § 622 (3) BGB zu beachten, wonach während einer vereinbarten

Probezeit, längstens für die Dauer von sechs Monaten, das Arbeitsverhältnis mit einer Frist von zwei Wochen gekündigt werden kann.

Gestaltung ohne notwendige Kündigung

Anstelle eines von vornherein unbefristeten Arbeitsverhältnisses kann auch das sog. „befristete Arbeitsverhältnis zum Zwecke der Erprobung" geschlossen werden. Im Unterschied zum unbefristeten Arbeitsverhältnis läuft dieses mit Erreichen des vereinbarten Endtermins aus. Für den Fall, dass die Erprobung negativ verläuft, bedarf es also keiner Kündigung.

Achtung:

Befristungsabreden müssen immer ausdrücklich, eindeutig und schriftlich getroffen werden.

Dauer, Unterbrechung und Beendigung der Probezeit

Die Dauer einer Probezeit ist grundsätzlich frei vereinbar, jedoch muss sie sachlich gerechtfertigt sein. Insbesondere muss sie dem Prinzip der Verhältnismäßigkeit genügen, also beendet sein, wenn der angestrebte Erprobungszweck sinnvollerweise erreicht ist. Bei gewerblichen Mitarbeitern ist das häufig bereits nach einem Monat der Fall, oft schreiben tarifvertragliche Vorschriften diese Fristen auch vor. In Führungspositionen sind 6 Monate üblich, in Einzelfällen wird auch darüber noch hinausgegangen.

Kurzfristige Erkrankungen unterbrechen die Probezeit in der Regel nicht, bei längerfristigen Erkrankungen ist es möglich, die Probezeit um diese Frist zu verlängern.

Befristete Probearbeitsverträge enden in der Regel durch Zeitablauf, ohne dass es einer gesonderten Kündigung bedarf. Wird die Arbeit nach Beendigung mit Wissen des Arbeitgebers fortgesetzt, gilt das Arbeitsverhältnis als auf unbestimmte Zeit verlängert.

Tipps:

Im Interesse beider Parteien sollten Sie bereits bei Abschluss des Probearbeitsvertrags eine eindeutige Regelung treffen. Machen Sie Angaben

- zu einer eventuellen Verlängerung,
- zum Übergang in ein unbefristetes Arbeitsverhältnis
- und zu Terminen, bis zu denen sich der Arbeitgeber erklären muss. (Ansonsten müsste der Arbeitnehmer bis zum letzten Tag des Probearbeitsverhältnisses warten, ob er übernommen wird oder nicht.)

Achten Sie außerdem darauf, dass auch die Einstellung eines Arbeitnehmers zur Probe der Mitbestimmung durch den Betriebsrat bedarf!

Schlüsselqualifikationen

Schlüsselqualifikationen sind vom konkreten Arbeitsplatz unabhängige Qualifikationen. Sie beziehen sich damit nicht auf eine bestimmte Tätigkeit. Es handelt sich somit um Fähigkeiten, die erforderlich sind, um bestimmte Aufgaben überhaupt zu bewältigen.

Schlüsselqualifikationen lassen sich nicht einem bestimmten Beruf zuordnen. Sie umfassen vielmehr die sog. persönlichen Skills (Charaktereigenschaften, persönliche Kompetenzen). So ist es wegen des permanenten technologischen Wandels heute oft nicht entscheidend, bestimmte Inhalte zu beherrschen, sondern es kommt vielmehr auf die Fähigkeit an, sich bei Bedarf diese Inhalte innerhalb kurzer Zeit anzueignen.

Wesentliche Schlüsselqualifikationen

Die Frage nach bestimmten Schlüsselqualifikationen stellt sich bereits bei der Personalauswahl. Im *Anforderungsprofil* für einen Arbeitsplatz werden sie zumeist genannt. Typische, häufig geforderte Schlüsselqualifikationen sind etwa folgende:

- die Fähigkeit, innovativ zu denken und sich bei geänderten Rahmenbedingungen schnell und problemlos umstellen zu können

- Lernbereitschaft und Lernfähigkeit
- Teamfähigkeit, soziale Kompetenz
- die Fähigkeit, in Zusammenhängen zu denken und Querverbindungen zwischen unterschiedlichen Problemkreisen/Aufgabengebieten herzustellen
- analytische Fähigkeiten
- Fähigkeit zur Kommunikation
- Kreativität
- Bereitschaft zur Kooperation, Teamfähigkeit
- Entscheidungsfähigkeit und Entscheidungsfreude
- Belastbarkeit
- Freundlichkeit u. v. m.

Die Entwicklung fachbezogener Fertigkeiten und Kenntnisse und die Entwicklung solcher Schlüsselqualifikationen sollten eine Einheit bilden.

Tipp:

Wenn Sie auf einem Arbeitsplatz bestimmte Schlüsselqualifikationen erwarten, aber der Mitarbeiter oder auch ausgewählte Bewerber nicht darüber verfügt, können Sie mit gezielten Maßnahmen der *Personalentwicklung* dafür sorgen, dass er sie sich aneignet.

Tarifvertrag

Der Tarifvertrag ist ein von tariffähigen Parteien (Gewerkschaften, einzelne Arbeitgeber und Vereinigungen von Arbeitgebern) geschlossener Vertrag zur Regelung von wechselseitigen Rechten und Pflichten.

Neben diesem schuldrechtlichen Teil von Tarifverträgen werden in diesen auch Rechtsnormen festgelegt, die den Inhalt, den Abschluss und die Beendigung von Arbeitsverhältnissen sowie betriebliche und betriebsverfassungsrechtliche Fragen ordnen und gemeinsame Einrichtungen der Tarifparteien zum Gegenstand haben können (normativer Teil).

Die Tarifmacht findet ihre Grenzen im Individualbereich der *Arbeitnehmer* und *Arbeitgeber*. So sind Abreden über die Verwendung des Lohns grundsätzlich unzulässig. Tarifverträge über vermögenswirksame Leistungen und über Soziallohnkassen, Urlaubskassen usw. sind jedoch zulässig.

Auch über die freie Zeit des Arbeitnehmers darf in Tarifverträgen grundsätzlich nicht verfügt werden, jedoch sind die Verbote von Nebenbeschäftigung in begrenztem Umfang in Tarifverträgen zulässig, wenn sie dazu dienen, die Verletzung von Wettbewerbsverboten oder eine übermäßige Belastung des Arbeitnehmers zu verhindern.

Teilzeitarbeit

Teilzeitarbeit ist ein Modell der Flexibilisierung der *Arbeitszeit*. Sie liegt immer dann vor, wenn die vertraglich vereinbarte Arbeitszeit eines Arbeitnehmers kürzer ist als die betriebliche Regelarbeitszeit.

Teilzeitmitarbeiter haben grundsätzlich die gleichen Rechte und Pflichten wie Vollbeschäftigte. Ausnahmen gelten nur bei sachlichen Gründen, wie anteilige Ansprüche auf Urlaubsgeld oder Weihnachtsgeld.

Achtung:

Bei Urlaubsansprüchen gibt es keine Besonderheiten. Ein Teilzeitbeschäftigter, der Urlaub hat, fehlt ja auch nicht einen vollständigen Arbeitstag, sondern nur die Zeit, die er in Teilzeit arbeiten würde.

Teilzeitmodelle

Teilzeit wird in der betrieblichen Praxis überwiegend nach folgenden Modellen vereinbart:

- Halbtagsstellen (zwei Mitarbeiter teilen sich einen Arbeitsplatz)
- verkürzte Arbeitszeit pro Tag (der Arbeitsplatz ist beispielsweise auf 6 Stunden ausgelegt – im Einzelhandel ist diese Regel auch als „Nachmittagsteilzeit“ bekannt)
- Vollarbeitszeit an einzelnen Tagen und als Ausgleich ganze freie Tage an anderen Tagen der Woche
- Regelungen zur Verkürzung der Lebensarbeitszeit (Vorruhestand und Altersteilzeit)

Altersteilzeit

Altersteilzeit soll den allmählichen Übergang älterer Arbeitnehmer vom Erwerbsleben in den Ruhestand fördern. Der volkswirtschaftliche Grundgedanke bestand darin, durch die verkürzte Arbeitszeit älterer Arbeitnehmer die Beschäftigung anderer Arbeitnehmer zu fördern und damit die Arbeitslosigkeit insgesamt zu reduzieren. Der gewünschte Effekt ist, wenn überhaupt, aber nur begrenzt eingetreten.

Unter bestimmten Voraussetzungen werden bei Inanspruchnahme der Regeln zur Altersteilzeit Fördermöglichkeiten durch die Bundesagentur für Arbeit möglich.

Tipp:

Die Bundesagentur für Arbeit fördert die Teilzeitarbeit von Arbeitnehmern, die ihre Arbeitszeit nach Vollendung des 55. Lebensjahrs auf die Hälfte vermindern und bei Beginn der Altersteilzeit versicherungspflichtig beschäftigt sind. Ferner muss der Arbeitnehmer in den letzten fünf Jahren vor Beginn der Altersteilzeit mindestens 1.080 Kalendertage (= drei Jahre) versicherungspflichtig beschäftigt gewesen sein. Die 1.080 Kalendertage müssen dabei nicht zwingend zusammenhängend und nicht im jetzigen Arbeitsverhältnis zurückgelegt sein.

Zeugnis

Siehe *Arbeitszeugnis*, S. 531.

Zielvereinbarungen

Zielvereinbarungen sind ein Bindeglied zwischen der Unternehmensführung und der Mitarbeiterführung. Sie dienen dazu, abgestimmte Pläne des Unternehmens in Handlungen der Mitarbeiter zu „übersetzen", die am Gesamtziel orientiert sind.

Nutzen von Zielvereinbarungen

Zielvereinbarungen sind ein Element des „Management by Objectives", einer Managementmethode, bei der die gegenseitigen Erwartungen von Management und Mitarbeiter klar definiert sind. Mit ihrer Hilfe werden Teilziele gebildet und zur Abrechnung der Leistung verwendet, die sich letztlich zum Gesamtziel des Unternehmens zusammensetzen.

In der Regel werden mit einzelnen Mitarbeitern oder auch Gruppen von Mitarbeitern in regelmäßigen Abständen (jährlich) quantifizierte und mit Terminen versehene Ziele vereinbart. Die Mitarbeiter wiederum haben die Gelegenheit, an den zu vereinbarenden Zielen mitzuwirken und nach Abschluss der Vereinbarung genau verfolgen zu können, ob und in welchem Maße sie ihre Ziele erreichen werden (bzw. erreicht haben). Da üblicherweise variable Lohn- oder Gehaltsbestandteile mit den Zielen verknüpft sind, bestimmen sie durch ihre Leistung teilweise ihren Verdienst mit.

Das Arbeiten mit Zielvereinbarungen stellt erhöhte Anforderungen an die Führungskräfte, es schließt ein Controlling mit ein. Der Abschluss von Zielvereinbarungen ist nur dann sinnvoll, wenn

- regelmäßige Soll-Ist-Vergleiche erfolgen,
- Abweichungen gründlich analysiert werden und
- gegebenenfalls die Ziele korrigiert bzw. neue Impulse zur Erreichung der Ziele gegeben werden.

Auf CD-ROM

Aufgabencheck: Führen mit Zielen

Es genügt nicht, wenn Sie Zielvereinbarungen vorgeben und am Ende kontrollieren, ob sie erreicht wurden; regelmäßig sollten Sie auch folgende Aufgaben erledigen:

- Lassen Sie sich von Ihren Mitarbeitern/Teams regelmäßig Rückmeldung über den erreichten Leistungsstand (Meilensteine) geben. In entsprechenden Feedback-Gesprächen äußern Sie Ihre Anerkennung und Kritik.
- Die Rückmeldungen müssen Sie aufnehmen, umsetzen und gegebenenfalls nach oben berichten.
- Stoßen Sie Maßnahmen zur persönlichen Entwicklung einzelner Mitarbeiter und des gesamten Teams im Sinne der Personalentwicklung an.
- Achten Sie auch auf Schwachpunkte der Organisation und ergreifen Sie entsprechende Maßnahmen.

Verschließen Sie nicht die Augen, wenn es Probleme mit der Zielerreichung gibt. Entscheiden Sie, wo Motivation oder sogar Ihre Unterstützung geboten ist.

9 Rechtsformen von Unternehmen

Die Rechtsform zeigt an, in welcher Form ein Unternehmen geführt wird. Die Regelungen hierzu finden sich vor allem im BGB und im HGB sowie in diversen Einzelgesetzen (z. B. Aktiengesetz, GmbH-Gesetz u. a.). Im Zuge der europäischen Harmonisierung können deutsche Unternehmen inzwischen auch als europäische oder ausländische Rechtsform geführt werden (z. B. der aus Großbritannien stammenden Limited – Ltd.).

Dieses Kapitel konzentriert sich jedoch auf die nach deutschem Recht möglichen privatrechtlichen Rechtsformen: Personenhandelsgesellschaften (z. B. OHG), Kapitalgesellschaften (z. B. AG) und Mischformen (GmbH & Co. KG), die GbR, Genossenschaften und Partnerschaften. (Neben diesen privaten gibt es öffentlich-rechtliche Rechtsformen, z. B. Körperschaften des öffentlichen Rechts).

Jedem Gründer ist freigestellt, welche Rechtsform er für sein Unternehmen wählt. Auch eine spätere Änderung ist möglich. Jedoch sind durch den Gesetzgeber bestimmte Eckpunkte vorgegeben, die seine Wahl beeinflussen werden. Unterschiede bestehen v. a. bei folgenden Punkten:

Kriterien für die Wahl der Rechtsform

- Gründungskapital und Pflichten bei der Gründung,
- erforderliche Anzahl der Gründungsgesellschafter,
- Haftung (der Besitzer/Anteilseigner),
- Übertragbarkeit der Anteile,
- Mitwirkungsmöglichkeiten der Kapitalgeber,
- betriebswirtschaftliche Auswirkungen (etwa Zugang zu weiterem Kapital, steuerliche Belastung, Aufwendungen, Liquidation),
- Publizitätspflichten.

Neben den Organen und der Haftung werden im Folgenden auch die Vor- und Nachteile der einzelnen Rechtsformen kurz genannt.

Aktiengesellschaft (AG)

Die Aktiengesellschaft ist eine *Kapitalgesellschaft*. Sie hat eine eigene Rechtspersönlichkeit und kann zu jedem gesetzlich zulässigen Zweck gegründet werden.

Wie auch die *Gesellschaft mit beschränkter Haftung (GmbH)* gilt die Aktiengesellschaft als Handelsgesellschaft, auch wenn der Gegenstand des Unternehmens nicht im Betrieb eines Handelsgewerbes besteht.

Wesen der Aktiengesellschaft

Die Gesellschaft entsteht mit der Eintragung ins Handelsregister. Vor der Eintragung ist ein Gründungsvertrag zu schließen. Der Vertrag bedarf der gerichtlichen oder notariellen Beurkundung.

→ Aktien, S. 362

Wesentliches Merkmal einer Aktiengesellschaft ist die Zerlegung des Grundkapitals in Aktien. Sie ermöglicht die Beschaffung großer Kapitalbeträge über den Kapitalmarkt und macht damit die AG zur bevorzugten Rechtsform von Großunternehmen mit hohem Kapitalbedarf.

Das Aktiengesetz sieht u. a. folgende Regeln vor:

- Das Grundkapital der Aktiengesellschaft muss auf Euro (EUR) lauten.
- Der Mindestnennbetrag des Grundkapitals einer Aktiengesellschaft beträgt 50.000 €.
- Der Mindestnennbetrag für Nennbetragsaktien beträgt 1 €. Höhere Nennbeträge werden nur in vollen Eurobeträgen zugelassen.
- Bei einer Aktiengesellschaft mit einem Grundkapital von mehr als 3 Mio. € muss der Vorstand aus mindestens zwei Personen bestehen. Ausnahme: Die Satzung sieht anderes vor.
- Der Aufsichtsrat besteht aus drei Mitgliedern. Eine höhere Anzahl ist möglich, sofern die Zahl durch drei geteilt werden kann.

Haftung

Die Gesellschaft selbst haftet, wie auch die GmbH, mit ihrem Gesellschaftsvermögen. Die Eigentümer der AG, die Aktionäre, haften nicht mit ihrem Privatvermögen, sondern lediglich mit ihrer Einlage.

Beispiel:

Ein Aktionär ist mit dem Kapital, das er in Form der Aktien erworben hat, an der Gesellschaft beteiligt. Im Insolvenzfall kann dieses Kapital schlimmstenfalls vollständig verloren gehen. Darüber hinaus gibt es aber keine weitere Haftung.

Organe der Aktiengesellschaft

Die Organe der Aktiengesellschaft sind der Vorstand, der Aufsichtsrat und die Hauptversammlung.

Der Vorstand

Er ist das geschäftsführende Organ der AG und wird durch den Aufsichtsrat gewählt und kontrolliert. Die Vertretungsbefugnis des Vorstands ist unbeschränkt, verlangt aber gemeinschaftliches Handeln, wenn die Satzung nichts anderes vorsieht. Der Vorstand hat folgende Funktionen:

Funktionen

- Geschäftsführung,
- Aufstellung des Jahresabschlusses,
- Kapitalerhöhung,
- Erteilung der Prokuren,
- Bilanzunterzeichnung.

Der Aufsichtsrat

Der Aufsichtsrat wird durch die Hauptversammlung gewählt. Darüber hinaus gehören ihm im Rahmen der *Mitbestimmung* Vertreter der Arbeitnehmer an. Er hat folgende Aufgaben:

Aufgaben

- Wahl des Vorstands,
- Kontrolle des Vorstands,

- Genehmigung des Jahresabschlusses,
- Einberufung der Hauptversammlung,
- Leitung der Hauptversammlung.

Die Hauptversammlung

Die Hauptversammlung setzt sich zusammen aus allen Aktionären und hat folgende Rechte:

Rechte

- Dividendenanspruch,
- Anspruch auf Liquidationserlös,
- Stimmrecht.

Die Aktionäre bestimmen mit bei

- der Wahl des Aufsichtsrats,
- der Wahl der Abschlussprüfer,
- der Entlastung von Aufsichtsrat und Vorstand,
- der Gewinnverteilung
- und bei Satzungsänderungen.

Das Stimmrecht in der Hauptversammlung wird nach den Aktiennennbeträgen ausgeübt.

BGB-Gesellschaft

Die BGB-Gesellschaft (auch Gesellschaft bürgerlichen Rechts – GbR) ist eine Personenvereinigung. Der Zweck ist nicht von vornherein auf den Betrieb eines Handelsgewerbes ausgerichtet.

Die BGB-Gesellschaft kann von natürlichen und juristischen Personen sowohl für gewerbliche als auch für nicht-gewerbliche Zwecke gegründet werden.

> **Achtung:**
> Die BGB-Gesellschaft ist keine Handelsgesellschaft, da sie den Vorschriften des BGB und nicht denen des HGB unterliegt.

Als „einfachste" Gesellschaftsform ist die BGB-Gesellschaft nach wie vor die bevorzugte Rechtsform insbesondere für Freiberufler und kleinere unternehmerische Zusammenschlüsse. Auch für die Verwirklichung von Gemeinschaftsinteressen, z. B. bei Arbeitsgemeinschaften in der Bauwirtschaft, wird gerne eine BGB-Gesellschaft gegründet.

Wesen der BGB-Gesellschaft

Die GbR führt keine Firma im Sinne des Handelsrechts, sie steht auch nicht im Handelsregister. Sie ist die Rechtsform, unter der sich kleinere Handwerker, die keine Kaufmannseigenschaft haben, sowie Freiberufler zusammenschließen.

Die Gründung einer GbR ist formlos gültig, bedarf also keiner Eintragung ins Handelsregister oder einer notariellen Beurkundung. Aus Gründen der Beweisbarkeit wird jedoch häufig empfohlen, den Gesellschaftsvertrag notariell abzuschließen.

Wesentliche Eckdaten zur BGB-Gesellschaft (GbR)

- Alle Gesellschafter verpflichten sich zur Leistung einer Einlage in Geld, in Sachwerten oder in Form von Arbeitskraft.
- Die Summe der Einlagen bildet das Gesellschaftsvermögen.
- Das Gesellschaftsvermögen gehört allen Gesellschaftern gemeinsam („zur gesamten Hand"). Der einzelne Gesellschafter kann folglich nur mit Zustimmung aller anderen über das gesamte Gesellschaftsvermögen oder einen Anteil daran verfügen.
- Bei der Gewinn- und Verlustbeteiligung sind die Gesellschafter frei. Haben sie keine speziellen Regelungen getroffen, dann werden alle Gesellschafter zu gleichen Teilen am Gewinn bzw. Verlust beteiligt.

Haftung

Alle Gesellschafter haften für die Verpflichtungen der Gesellschaft mit dem Gesellschafts- und ihrem Privatvermögen. Die Haftung kann allerdings durch ausdrückliche Vereinbarung mit dem jeweiligen Vertragspartner auf das Gesellschaftsvermögen beschränkt werden. Für private Verpflichtungen des Gesellschafters haftet nicht das gesamte Gesellschaftsvermögen, sondern nur sein Anteil daran.

Vorteile der BGB-Gesellschaft

- Breiter Organisationsspielraum durch flexible vertragliche Gestaltungsmöglichkeiten,
- vielseitige Verwendbarkeit, insbesondere für freie Berufe und Nichtkaufleute.

Nachteile

- Keine Haftungsbeschränkung möglich,
- Vertrauensbasis notwendig.

Einzelfirma

Die Einzelfirma (Einzelunternehmung) ist die Firma eines Einzelkaufmanns.

→ Kaufmann, S. 597

Führt der Kaufmann sein Handelsgewerbe allein, also ohne Gesellschafter oder nur mit einem stillen Gesellschafter, ist er Einzelkaufmann. Dieser muss seine Firma (Einzelfirma) mit der Bezeichnung „eingetragener Kaufmann" oder einer entsprechenden verständlichen Abkürzung (z. B. „e. K.") führen. Als Zusatz darf der Einzelkaufmann weitere Vornamen anfügen, einen Sachbegriff, eine Phantasiebezeichnung, Abkürzungen oder Buchstabenkombinationen wählen.

Tipps:

Achten Sie bei der Benennung Ihrer Firma darauf, dass die Bezeichnung auf kein anderes Unternehmen hindeutet. Schätzen Sie das Unternehmen, das Sie gründen, real ein, und lassen Sie sich bei der Namensgebung nicht von irgendwelchen Wunschvorstellungen leiten.

Wesen der Einzelfirma

Die Einzelunternehmung ist immer noch die gebräuchlichste Rechtsform in der Bundesrepublik Deutschland sowohl für ältere als auch für jüngere und neu gegründete Unternehmungen. Dies liegt nicht zuletzt daran, dass in Einzelunternehmen ein Höchstmaß an Selbstständigkeit herrscht; die klassische „Herr-im-Haus"-Position vieler Unternehmer und die Rechtsform der Einzelunternehmung sind identisch. Der Unternehmer handelt ausschließlich eigenverantwortlich nach innen und außen, ihm allein steht der Ertrag der Unternehmung zu, er allein trägt das Risiko und alle finanziellen Lasten. Eine Einzelfirma kann nur durch Verkauf übertragen werden, die teilweise Übertragung ist bei dieser Rechtsform nicht möglich.

Haftung

Der Einzelkaufmann haftet unmittelbar und unbeschränkt mit seinem gesamten privaten und betrieblichen Vermögen für alle Verbindlichkeiten seiner Unternehmung.

Vorteile der Einzelfirma

- Große Entscheidungsfreiheit,
- hohes Maß an Beweglichkeit, rasche Anpassung an geänderte Marktbedingungen möglich,
- keine Vorschriften über Mindestkapital,
- Gewinn wird nicht geteilt,
- formelle Gründung nicht erforderlich,
- geringe Gründungskosten,
- Beginn als Kleingewerbetreibender möglich.

Nachteile

- Unbeschränkte, persönliche Haftung mit Privat- und Geschäftsvermögen,
- Erweiterung der Kapital- und Kreditbasis schwieriger als bei anderen Rechtsformen,
- Fachwissen und unternehmerisches Geschick konzentrieren sich allein auf die Person des Einzelunternehmers.

Firma

Im rechtlichen Sinn der Name, unter dem ein Kaufmann seine Geschäfte betreibt, seine Unterschriften leistet und unter dem er klagen und verklagt werden kann (§ 1 HGB). Die Firma wird im Handelsregister eingetragen.

Der Geschäftsname eines Unternehmens ist frei wählbar. Die früher bestehende Pflicht, dass aus ihr der Inhaber der Unternehmung oder der Geschäftsgegenstand hervorgehen muss, ist inzwischen entfallen. Die Firma muss aber die Unterscheidung zu anderen Unternehmen ermöglichen und darf nicht irreführend sein.

Beispiel:

So ist es beispielsweise nicht erlaubt, eine Firma zu wählen, die Assoziationen zu anderen Firmen der gleichen Branche hervorruft: Die Bezeichnung „Hoss" für ein Männermodeunternehmen wird nicht zugelassen werden, auch wenn der Eigentümer so heißen sollte. Hier besteht Verwechslungsgefahr mit der eingetragenen Firma (und Marke) „Hugo Boss". Irreführend wären auch Namenszusätze wie „Erste", „Größte" und ähnliche Superlative, es sei denn, sie treffen zu und haben sich historisch herausgebildet.

Als Zusatz muss die Firma zwingend die Bezeichnung der Rechtsform des Unternehmens enthalten. Auch allgemein verständliche Abkürzungen wie AG, GmbH, e.K. (eingetragener Kaufmann) oder e.G. (eingetragene Genossenschaft) sind erlaubt.

GbR

Siehe *BGB-Gesellschaft*, S. 586.

Genossenschaft

Die Genossenschaft ist eine Gesellschaft mit freier und wechselnder Mitgliederzahl, deren Zweck darauf gerichtet ist, den Erwerb oder die Wirtschaft ihrer Mitglieder mittels gemeinschaftlichen Geschäftsbetriebs zu fördern.

Ihrer Rechtsnatur nach ist die Genossenschaft ein Verein, denn ihre Tätigkeit ist nicht direkt auf Gewinn gerichtet und sie kann jederzeit, ohne die Zustimmung der anderen Mitglieder, neue Mitglieder aufnehmen. Auch der Austritt ist jederzeit möglich.

Die Genossenschaft ist eine juristische Person, besitzt eigene Rechtsfähigkeit und wird einer Handelsgesellschaft gleichgestellt.

Haftung

Für Verbindlichkeiten der Genossenschaft haftet nur das Genossenschaftsvermögen, nicht das persönliche Vermögen der Mitglieder. Allerdings muss das Statut Regelungen dazu enthalten, ob für den Fall, dass Gläubiger bei Insolvenz nicht befriedigt werden können, eine unbeschränkte, beschränkte oder gar keine Nachschusspflicht – also Zahlungen über die Pflichtanteile hinaus – besteht. Im modernen Genossenschaftswesen ist eine Nachschusspflicht jedoch kaum noch üblich.

Organe der Genossenschaft

Die Organe der Genossenschaft sind Vorstand, Aufsichtsrat und Generalversammlung (Mitgliederversammlung).

Tipp:

Bei großen Genossenschaften ist es auch möglich, im Statut die Aufgaben der Generalversammlung auf eine Vertreterversammlung zu übertragen. Hier werden zunächst von den Mitgliedern der Genossenschaft Vertreter gewählt, die dann in der Vertreterversammlung beschließen.

Der Vorstand

Der Vorstand führt die Geschäfte und vertritt die Genossenschaft nach außen. Ihm stehen Geschäftsführung und Vertretung grundsätzlich gemeinsam zu (Gesamtvertretung), wobei davon abweichende Vereinbarungen im Statut möglich sind. Er besteht aus mindestens zwei Mitgliedern und wird von der Generalversammlung gewählt. Seine Vertretungsmacht nach außen ist unbeschränkbar.

Wichtigste Aufgaben und Pflichten des Vorstands sind

Aufgaben und Pflichten

- allgemeine Geschäftsführung,
- Buchführung,
- Aufstellung des Jahresabschlusses mit Lagebericht und Vorlage beim Aufsichtsrat und der Generalversammlung,
- Sorgfaltspflichten eines ordentlichen Kaufmanns (bei Verstößen Schadensersatzpflicht).

Der Aufsichtsrat

Mindestens drei Genossenschaftsmitglieder

Der Aufsichtsrat besteht aus mindestens drei Mitgliedern der Genossenschaft, die von der Generalversammlung gewählt werden. Ihre Bestellung kann jederzeit mit Dreiviertel-Stimmenmehrheit widerrufen werden. Der Aufsichtsrat überwacht die Tätigkeit des Vorstands, prüft den Jahresabschluss samt Lagebericht und berichtet der Generalversammlung darüber.

Die Generalversammlung

Oberstes Organ

Die Generalversammlung ist das oberste Organ der Genossenschaft, in der die Genossen ihre Mitgliedsrechte ausüben, insbesondere ihr Stimmrecht wahrnehmen. Sie wird vom Vorstand einberufen. Sie stellt den (vom Vorstand vorgelegten) Jahresabschluss fest und beschließt über die Verwendung eines Jahresüberschusses, die Entlastung von Vorstand und Aufsichtsrat, sowie über die Festsetzung von Einzahlungen auf den Geschäftsanteil.

Achtung:
Jeder Genosse hat – ohne Rücksicht auf die Höhe seines Geschäftsanteils – eine Stimme in der Generalversammlung. Es gilt also im Gegensatz zur AG und zur GmbH das Kopfprinzip.

Bereiche des Genossenschaftswesens

Genossenschaften treten hauptsächlich auf als

- Absatz- und Produktionsgenossenschaften,
- Verbrauchergenossenschaften,
- Werks- und Nutzungsgenossenschaften (dazu gehören auch Bau- und Wohnungsgenossenschaften),
- Kreditvereine (Genossenschaftsbanken),

Vorteile der Genossenschaft

- Zusammenschluss vieler Personen und zu einem gemeinsamen wirtschaftlichen Ziel
- relativ geringer Kapitalaufwand für die einzelnen Mitglieder, der sich zumeist satzungsgemäß an den in Anspruch genommenen Leistungen orientiert
- keine vordergründige Gewinnorientierung und damit die Möglichkeit, auch andere Ziele zu verfolgen (z. B. bei einer Wohnungsgenossenschaft preiswerten Wohnraum für die Mitglieder zur Verfügung zu stellen, Kündigungsschutz).

Nachteile

- Kopf-Stimmrecht fördert nicht die Übernahme zusätzlicher Genossenschaftsanteile und erschwert teilweise das Abstimmungsverhalten.
- Eigenkapital (Genossenschaftsanteile) ist grundsätzlich kündbar.

Gesellschaft mit beschränkter Haftung (GmbH)

Die GmbH ist eine *Kapitalgesellschaft*. Sie hat eine eigene Rechtspersönlichkeit (d. h. ist juristische Person) und kann zu jedem gesetzlich zulässigen Zweck errichtet werden.

Damit gilt die GmbH als Handelsgesellschaft, auch wenn der Gegenstand des Unternehmens nicht im Betrieb eines Handelsgewerbes besteht.

Tipp:

Eine GmbH kann auch eine Ein-Mann-GmbH sein. Sie hat dann lediglich einen Gesellschafter, der das gesamte Stammkapital auf sich vereinigt. Auf diese Weise wird der Vorteil der Haftungsbeschränkung mit den Vorzügen des *Einzelunternehmens* verbunden.

Einlage mindestens 25.000 €

Rechtlich ist die Gesellschaft mit beschränkter Haftung im GmbH-Gesetz verankert. Verlangt wird ein Haftungskapital von mindestens 25.000 €. Die Einlage kann in Geld- oder Sachwerten geleistet werden; der Anteil jedes Gesellschafters, die sog. Stammeinlage, muss mindestens 100 € betragen.

Der Gesellschaftsvertrag bedarf der Schriftform sowie der gerichtlichen und notariellen Beurkundung (gilt auch für die Ein-Mann-GmbH).

Wesen der GmbH

Trotz der relativ schwierigen Gründungsmodalitäten und der vom Laien nicht ohne weiteres zu überschauenden Steuermodalitäten bietet die GmbH etliche Vorteile, die sie zur beliebtesten Rechtsform der letzten Jahre werden ließen. So besteht u. a. die Möglichkeit, auch als Gesellschafter steuerlich wirksame Arbeits- und Nutzungsverträge mit der GmbH zu schließen.

Als GmbH-Gesellschafter besitzt niemand automatisch die Geschäftsführung. Die GmbH wird von einem oder mehreren angestellten Geschäftsführern geleitet.

Tipp:

Geschäftsführer können gleichzeitig Gesellschafter der GmbH sein, erforderlich ist das jedoch nicht.

Beschlüsse, welche die Gesellschafter in Bezug auf die Geschäftsführung der GmbH treffen, sind für den Geschäftsführer verbindlich. Für die Bewältigung des alltäglichen Geschäftsablaufs besitzt dieser weitgehende Handlungsfreiheit, auch vertritt er die Gesellschaft gerichtlich und außergerichtlich.

Haftung

Haftungsbeschränkung

Wichtigstes Merkmal der GmbH ist die Haftungsbeschränkung auf das Gesellschaftsvermögen. Ein Rückgriff auf das Privatvermögen der Gesellschafter ist normalerweise ausgeschlossen. Ausnahmen bestehen z. B. bei einer persönlichen Bürgschaft eines Gesellschafters für einen Firmenkredit oder für den GmbH-Geschäftsführer bzgl. der Zahlung der Sozialabgaben im Fall der Insolvenzverschleppung.

Achtung:

Das Gesellschaftsvermögen ist nicht das Stammkapital der Gesellschaft! Zum Gesellschaftsvermögen gehören sämtliche Vermögenswerte, sowohl die bei der Gründung eingebrachten als auch die während der Geschäftstätigkeit erwirtschafteten.

Vorteile der GmbH

- Beschränkte Haftung für Schulden der Gesellschaft,
- straffe Unternehmensleitung durch die Besetzung des Geschäftsführerpostens,
- Nachfolge im Todesfall kann problemlos geregelt werden.

Nachteile

- Komplizierter Gründungsaufwand und schwierige Rechtsform,
- höhere Anforderungen an die betriebswirtschaftlichen Kenntnisse und Fähigkeiten der Unternehmer,
- geringe Bonität bei Kreditverhandlungen.

Beispiel:

Die geringe Bonität bei Kreditverhandlungen resultiert aus der beschränkten Haftung. Gerade bei kleineren GmbHs oder einer Ein-Mann-GmbH wird erwartet, dass die Gesellschafter in angemessener Weise auch persönlich Risiken übernehmen. In der Praxis wird dieses Problem zumeist über Bürgschaften der Gesellschafter gelöst.

Gewerbebetrieb

Siehe *Kaufmann*, S. 597.

GmbH & Co. KG

Die GmbH & Co. KG ist eine Gesellschaft, die eine *Personenhandelsgesellschaft* (die KG) mit einer *Kapitalgesellschaft* (der GmbH) verbindet.

→ KG, S. 598

Vom Grundtyp her ist die GmbH & Co. KG eine *Kommanditgesellschaft*. Allerdings ist der Komplementär – der persönlich haftende Gesellschafter – keine natürliche Person, sondern eine GmbH. Diese haftet zwar voll mit ihrem Vermögen, jedoch wird auf diese Weise der Durchgriff auf das Privatvermögen der Gesellschafter verhindert.

Achtung:

Die gleiche Konstruktion ist auch mit einer *Aktiengesellschaft* als Komplementär möglich, dann entsteht eine AG & Co. KG.

Kapitalgesellschaften

Kapitalgesellschaften sind Handelsgesellschaften. Bei ihnen steht im Gegensatz zu den *Personenhandelsgesellschaften* die Kapitalbeteiligung der Gesellschafter (Eigentümer) im Vordergrund.

Kapitalgesellschaften müssen ein gesetzlich festgelegtes Mindesteigenkapital haben. Dieses Mindestkapital ist bei der Gründung nachzuweisen. Kapitalgesellschaften im Einzelnen sind die *Gesellschaft mit beschränkter Haftung (GmbH)*, die *Aktiengesellschaft (AG)* und die *Kommanditgesellschaft auf Aktien (KGaA)*.

Kaufmann

Kaufmann nach § 1 HGB ist, wer ein Handelsgewerbe betreibt. Kaufleute sind verpflichtet, sich in das Handelsregister eintragen zu lassen.

Ein Handelsgewerbe ist jeder Gewerbebetrieb, der einen nach kaufmännischen Gesichtspunkten eingerichteten Geschäftsbetrieb erfordert.

> **Achtung:**
> Das gelegentliche Erstellen einer Arbeit, auch gegen Entgelt, ist noch kein Gewerbebetrieb im Sinne des Gesetzes. Das heißt aber nicht, dass dafür keine Steuern anfallen!

Kennzeichen eines Gewerbebetriebs

Kennzeichen eines Gewerbebetriebs sind:

- Ausrichtung auf nachhaltige Betätigung, also auf langfristigen Erwerb,
- Selbstständigkeit,
- Absicht der Gewinnerzielung (also kein Hobby),
- Beteiligung am allgemeinen wirtschaftlichen Verkehr.

Keine Gewerbetreibende sind:

- Freiberufler (Rechtsanwälte, Steuerberater, niedergelassene Ärzte, Architekten usw.),
- künstlerisch und wissenschaftlich Tätige,
- land- und forstwirtschaftlich Tätige.

Handelsregistereintrag: Für wen Zwang, für wen Wahlrecht?

Kaufleute sind verpflichtet, sich ins Handelsregister eintragen zu lassen. Existenzgründer, deren Betrieb noch nicht nach kaufmännischen Regeln geführt werden muss, benötigen allerdings keinen Eintrag, weil sie als Kleingewerbetreibende gelten. Für diese ist der

Eintrag ins Handelsregister kein Zwang, sondern ein Wahlrecht. Lässt sich ein Kleingewerbetreibender nicht eintragen, unterliegt er den Vorschriften des BGB. Entscheidet er sich für die Eintragung, dann gelten für ihn die verschärften Vorschriften des HGB; er wird zum vollwertigen Kaufmann und unterliegt etwa der Buchführungspflicht.

Die Kapitalgesellschaften (GmbH, AG, KGaA) haben kraft ihrer Rechtsform die Kaufmannseigenschaft und damit alle Rechte und Pflichten eines Kaufmanns gemäß HGB.

Kommanditgesellschaft (KG)

Die Kommanditgesellschaft ist eine *Personenhandelsgesellschaft*, ein Zusammenschluss von Personen zum Betrieb eines kaufmännischen Handelsgewerbes unter gemeinsamer Firma.

Im Gegensatz zur OHG gibt es bei der Kommanditgesellschaft zwei Arten von Gesellschaftern:

- persönlich haftende Gesellschafter (Komplementäre, Vollhafter)
- Kommanditisten (Teilhafter).

Eine KG muss mindestens einen vollhaftenden und einen teilhaftenden Gesellschafter haben. Bei der Abfassung des Gesellschaftsvertrags sind die Gesellschafter nicht an Formvorschriften gebunden.

Wesen der Kommanditgesellschaft

Die KG wird nur von den Komplementären vertreten. Grundsätzlich sind die Kommanditisten nicht berechtigt, auf die Geschäftsführung der KG Einfluss zu nehmen oder die KG nach außen zu vertreten.

Tipp:

Bei dieser Rechtsform kann auch ein abweichender Gesellschaftsvertrag geschlossen werden, in dem z. B. einem Kommanditisten Prokura oder Handelsvollmacht erteilt wird.

Weder für den Komplementär noch für die Kommanditisten sind Mindestbeteiligungen vorgeschrieben. Am Gesellschaftsvermögen hat jeder Gesellschafter nur einen rechnerischen Anteil, nicht etwa einen Bruchteil an einzelnen Sachen oder Rechten; es handelt sich um gemeinschaftliches Vermögen.

Mitwirkungsrechte der Kommanditisten

In der Gesellschaftsversammlung wirken die Kommanditisten in allen Angelegenheiten bei der Beschlussfassung mit. Meist wird eine Stimmengewichtung nach Kapitalanteilen vereinbart.

Gewinnverteilung

Bei der Gewinn- und Verlustverteilung werden Komplementäre und Kommanditisten nach dem Gesetz unterschiedlich behandelt. Danach erhält jeder Gesellschafter vom Gewinn zunächst einen Anteil von 4 % seines Kapitalanteils; übersteigende Gewinne oder Verluste werden in einem den Umständen nach angemessenem Verhältnis (nicht nach Köpfen!) verteilt.

Entnahmerecht haben nur die Komplementäre, nicht die Kommanditisten. Letztere haben nur Anspruch auf Auszahlung ihres Gewinnanteils. Im Gesellschaftervertrag kann die Gewinn- und Verlustverteilung allerdings völlig frei vereinbart werden.

Haftung

Es gibt bei der KG mindestens einen Gesellschafter (Kommanditisten), der nicht unbeschränkt, sondern nur in Höhe seiner Einlage haftet. Im Gegensatz dazu haften die übrigen, als Komplementäre bezeichneten Gesellschafter unbeschränkt.

Achtung:

Für die Kommanditisten ist wichtig zu wissen, dass sie vor der Eintragung ins Handelsregister persönlich unbeschränkt haften. Erst nach der Eintragung ist ihre Haftung auf ihre Einlagen beschränkt.

Vor- und Nachteile der Kommanditgesellschaft

Besonders vorteilhaft hat sich die KG für die Gründung von Familienunternehmen erwiesen. Erfahrungsgemäß kommt es häufig vor, dass Ehepartner oder Verwandte des eigentlichen Gründers eigenes Vermögen in die Unternehmung einbringen wollen. Gleichzeitig sollen aber der Haftung (und in vielen Fällen auch der mittelbaren Einflussnahme auf die Geschäftsführung) Grenzen gesetzt werden.

Vorteile

- Stärkung der Kapitalbasis ohne Bankkredit möglich
- Haftungsbeschränkung für Kommanditisten möglich.

Nachteile

- Unbeschränkte persönliche Haftung des oder der Komplementäre
- Schwerfälligkeit, wenn Kommanditisten vertraglich in die Leitung einbezogen werden.

Kommanditgesellschaft auf Aktien (KGaA)

Die KGaA ist eine *Kapitalgesellschaft* mit eigener Rechtspersönlichkeit. Im Unterschied zur *Aktiengesellschaft* gibt es mindestens einen Gesellschafter, der den Gläubigern unbeschränkt haftet (persönlich haftender Gesellschafter).

Die übrigen Gesellschafter sind an dem in Aktien zerlegten Grundkapital beteiligt. Sie haften – wie die Aktionäre einer Aktiengesellschaft auch – nicht für die Verbindlichkeiten der Gesellschaft.

Die Organe der KGaA entsprechen denen der Aktiengesellschaft, wobei die Komplementäre einem nicht absetzbaren Vorstand entsprechen.

> **Achtung:**
> Die Komplementäre haben in der Hauptversammlung nur dann Stimmrecht, wenn sie auch Aktien der Gesellschaft besitzen.

Offene Handelsgesellschaft (OHG)

Die offene Handelsgesellschaft ist der vertragliche Zusammenschluss von mindestens zwei Gesellschaftern zu dem Zweck, ein kaufmännisches Handelsgewerbe unter einer gemeinsamen Firma zu betreiben.

Damit handelt es sich bei der OHG um einen Zusammenschluss von *Kaufleuten* zu einer *Personenhandelsgesellschaft.*

Eine OHG kann nur gegründet werden, wenn eine kaufmännische Einrichtung zwingend erforderlich ist. Fehlt es nach Art oder Umfang der Unternehmung an diesem Erfordernis, ist die Voraussetzung nicht erfüllt und es liegt keine OHG, sondern eine *BGB-Gesellschaft* vor.

Tipp: OHG ja oder nein?

Kriterien für die Beurteilung:

- Anzahl der Geschäftsvorfälle
- Umsatz
- Anzahl der Kunden, Lieferanten oder angebotenen Produkte
- Höhe der Kapitalbindung.

Wie bei der BGB-Gesellschaft, so geben auch bei der OHG die gesetzlichen Bestimmungen nur den Rahmen für die Unternehmung. Die Beziehung der Gesellschafter zueinander und ihre legalen und fachlichen Befugnisse sind Gegenstand eines gesonderten gesellschaftlichen Vertrags, der auch das Entstehen der OHG begründet.

Wesen der OHG

Die Gesellschafter haben die Möglichkeit, die innere Organisation der OHG weitgehend nach ihren Vorstellungen und Bedürfnissen zu gestalten, insbesondere hinsichtlich der Geschäftsführung und Vertretung, der Kontrolle und des Wechsels von Gesellschaftern oder der Fortsetzung des Vertrags nach dem Tod eines Gesellschafters. Nicht änderbar sind die Vorschriften über die Haftung der Gesellschafter und der Umfang der Vertragsvollmacht der Gesellschaft.

Für den Gesellschaftsvertrag gibt es keine Formvorschriften, er sollte sicherheitshalber aber schriftlich fixiert werden.

Alle Gesellschafter sind nach dem Gesetz vertretungsberechtigt und zugleich Geschäftsführer. Abweichungen von der Vertretungsregelung sind allerdings möglich, etwa in der Weise, dass

- einzelne Gesellschafter von der Vertretung ausgeschlossen werden,
- die Gesamtvertretung durch alle Gesellschafter oder durch mehrere Gesellschafter gemeinschaftlich vorgesehen wird,
- ein Gesellschafter die OHG nur gemeinsam mit einem Prokuristen vertreten darf.

Achtung:
Derartige Abweichungen vom Gesetz müssen im Handelsregister angemeldet werden.

Die Eintragung ins Handelsregister ist Pflicht, hat aber lediglich deklaratorischen Charakter. Denn die Gesellschaft entsteht bereits nach Abschluss des Gesellschaftsvertrags.

Auf CD-ROM

Checkliste: Gesellschaftsvertrag einer OHG

Im Gesellschaftsvertrag sollten insbesondere folgende Punkte geregelt werden:

- Wie soll die Vertretung der Gesellschaft geregelt werden?
- Wie sollen die Geschäftsführungsbefugnisse im Innenverhältnis abgegrenzt werden?
- Welche Vermögenswerte (Bargeld, Forderungen, Wertpapiere, Sachwerte) wollen die Gesellschafter in die OHG einbringen?
- Wie sind die einzubringenden Vermögenswerte zu bewerten?
- Wie hoch sollen die Tätigkeitsvergütungen sein?
- Wie soll die Entnahme geregelt werden?
- Wie soll der Gewinn/Verlust verteilt werden (nach Köpfen oder Kapitalanteilen)?
- Wie soll die Nachfolge für einen ausgeschiedenen Gesellschafter geregelt werden?

Checkliste: Gesellschaftsvertrag einer OHG

- Soll mit den Gesellschaftern für den Fall des Ausscheidens ein Konkurrenzverbot vereinbart werden?
- Wie soll die Abfindung von ausscheidenden Gesellschaftern bemessen werden und wann soll sie fällig sein?
- Sollen zur Vermeidung gerichtlicher Auseinandersetzungen strittige Fragen unter den Gesellschaftern durch Schiedsgutachten unwiderruflich entschieden werden?

Haftung

Jeder Gesellschafter haftet gegenüber den Gläubigern der Gesellschaft

- unbeschränkt, d. h. auch mit seinem Privatvermögen,
- unmittelbar: Jeder Gläubiger kann sich statt an die OHG als Gesellschaft auch an irgendeinen der Gesellschafter wenden, bei dem er die besten Chancen sieht, seine Forderung durchzusetzen. Dem Gesellschafter steht die Einrede der Vorausklage in diesem Falle nicht zu.
- gesamtschuldnerisch, d. h. für die gesamten Schulden der Gesellschaft.

Achtung:
Haftungsbeschränkungen sind nur im Innenverhältnis möglich. Nach außen haben sie keine Wirkung.

Vorteile der OHG

- Hohes Ansehen bei Geschäftspartnern und Kreditinstituten
- gute Kreditmöglichkeiten wegen persönlicher, unbeschränkter Haftung der Gesellschafter
- variable Vertragsgestaltung möglich
- geeigneter Organisationsrahmen für fachlich sich ergänzende Gesellschafter.

Nachteile

- Unbedingtes Vertrauen der Gesellschafter zueinander erforderlich
- unbegrenzte, persönliche gesamtschuldnerische Haftung.

Personenhandelsgesellschaften

Personenhandelsgesellschaften sind Gesellschaften, die auf ein Handelsgeschäft (im Sinne des HGB) gegründet sind. Die persönliche Mitgliedschaft der Gesellschafter steht im Vordergrund. Ein Mindestkapital ist gesetzlich nicht vorgeschrieben.

Die Formen, in denen Personenhandelsgesellschaften auftreten, sind

- die *Offene Handelsgesellschaft* (OHG) und
- die *Kommanditgesellschaft* (KG).

Tipp:

Personenhandelsgesellschaften sind zwar Personenvereinigungen, nähern sich in ihrer Ausgestaltung aber der juristischen Person an. So können sie unter ihrer Firma Rechte erwerben und Verbindlichkeiten eingehen (Verträge abschließen, als Eigentümer von Grundstücken im Grundbuch eingetragen werden), aber auch vor Gericht klagen und verklagt werden.

Stille Gesellschaft

Eine Stille Gesellschaft liegt dann vor, wenn sich ein Kapitalgeber an einem bestehenden Handelsgewerbe beteiligt, ohne dass das Gesellschaftsverhältnis in der Firma, durch Handelsregistereintrag oder auf andere Weise deutlich wird.

Eine Ausnahme bildet die Aktiengesellschaft. Hier muss die Beteiligung eines Stillen Gesellschafters veröffentlicht werden.

Die Stellung des Stillen Gesellschafters ist ähnlich der des Kommanditisten in der *Kommanditgesellschaft.* Er haftet nicht für die Schulden des Unternehmens.

Tipp:

Als stille Gesellschafter kommen vor allem Geldgeber infrage, die in einem Unternehmen weder mitarbeiten noch Verantwortung übernehmen wollen, sondern lediglich auf eine möglichst überdurchschnittliche Verzinsung ihrer Einlagen Wert legen.

Wesen der Stillen Gesellschaft

Rechte und Pflichten des stillen Gesellschafters sind in einem Gesellschaftsvertrag niedergelegt. Der Abschluss kann privatschriftlich ohne notarielle Beglaubigung erfolgen. Der stille Gesellschafter hat kein Mitspracherecht in der Geschäftsführung, ihm steht aber ein Kontrollrecht zu. Das heißt, er hat Anspruch auf Abschrift der Jahresbilanz und auf Einsicht in die Buchhaltung.

Für seine Einlage erhält er ein Beteiligungsrecht am Gewinn. Dies ist unabdingbar, sonst läge ein Darlehen vor. Die Beteiligung am Verlust kann durch Vertrag ausgeschlossen werden. Der Anteil am Gewinn wird am Ende eines jeden Geschäftsjahres berechnet und ausgezahlt.

Bei der atypischen stillen Gesellschaft ist der Gesellschafter nicht nur am Gewinn und bei entsprechender Vereinbarung am Verlust der Gesellschaft, sondern auch an den während der Beteiligungszeit entstehenden stillen Reserven und hierdurch am Betriebsvermögen beteiligt.

Vorteile der stillen Gesellschaft

- Gute Finanzierungsmöglichkeiten vor allem in Zeiten hoher Zinsen
- keine Rückzahlung des Kredits nötig
- kein Einfluss auf die Geschäftsführung durch den stillen Gesellschafter
- Anonymität der Beteiligung.

Nachteile

- Keine Teilung der unternehmerischen Verantwortung.

Literaturverzeichnis

Carl, Notger, Kiesel, Manfred, Unternehmensführung, München, 2002

Fridag, Herwig, Schmidt, Walter, Balanced Scorecard, Freiburg/ München, 2002

Füser, Karsten, Modernes Management, München, 1999

Geyer, Helmut, Ahrendt, Bernd, Crashkurs BWL, Freiburg/ München 2005

Geyer, Helmut, Immobilien und ihre Finanzierung, Büren, 2006

Geyer, Helmut; Ephrosi, Luis, Crashkurs Marketing, Freiburg/ München 2005

Haufe Unternehmens Office, Softwarepaket, Freiburg/München, 2006

Hufnagel, Wolfgang, Holdt, Wolfgang, Einführung in die Buchführung und Bilanzierung, Herne/Berlin, 2003

Klocke, Peter A., Crashkurs Bilanzen lesen und verstehen, Freiburg/München, 2005

Kotler, Philip u.a., Grundlagen des Marketing, München, 2003

Nagl, Anna, Rating, Freiburg/München, 2003

Nöllke, Matthias, Crashkurs Kaufmännisches Rechnen, Freiburg/ München, 2003

Perridon, Louis, Steiner, Manfred, Finanzwirtschaft der Unternehmung, München, 2007

Robbins, Steven E., Organisation der Unternehmung, München, 2001

Scheld, Guido A., Controlling, Büren, 2001

Schierenbeck, Henner, Grundzüge der Betriebswirtschaftslehre, München/Wien 2003

Singler, Axel, Businessplan, Freiburg/München, 2006

Stahl, Schnelleinstieg Kostenrechnung, Freiburg/München 2006

Wahle, Otto, Kostenrechnung für Studium und Praxis, Stuttgart, 1989

Wöhe, Günter, Einführung in die Allgemeine Betriebswirtschaftslehre, München, 2005

Wöltje, Jörg, Betriebswirtschaftliche Formelsammlung, Freiburg/München, 2007

Stichwortverzeichnis

A

B

C

D

E

F

G

L

M

Q

R

S